美丽中国建设

基于复杂科学管理的思索

陈 劲 ◎ 主 编

中国社会科学出版社

图书在版编目(CIP)数据

美丽中国建设:基于复杂科学管理的思索/陈劲主编. —北京:
中国社会科学出版社,2021.9
ISBN 978 – 7 – 5203 – 8990 – 7

Ⅰ.①美… Ⅱ.①陈… Ⅲ.①生态环境—环境保护—研究—
中国 Ⅳ.①X321.2

中国版本图书馆 CIP 数据核字(2021)第 172797 号

出 版 人	赵剑英	
责任编辑	王 曦	
责任校对	王佳玉	
责任印制	戴 宽	

出　　版　中国社会科学出版社
社　　址　北京鼓楼西大街甲 158 号
邮　　编　100720
网　　址　http://www.csspw.cn
发 行 部　010 – 84083685
门 市 部　010 – 84029450
经　　销　新华书店及其他书店

印刷装订　北京君升印刷有限公司
版　　次　2021 年 9 月第 1 版
印　　次　2021 年 9 月第 1 次印刷

开　　本　787×1092　1/16
印　　张　23.25
插　　页　2
字　　数　455 千字
定　　价　138.00 元

序

《美丽中国建设——基于复杂科学管理的思索》一书终于付梓！这是一部应用复杂科学管理思想探索美丽中国建设的论文集，是复杂科学管理学术界的学者怀着对伟大中国共产党的热爱、对伟大祖国的热爱，奉献给中国共产党成立100周年的礼物！

"美丽中国"是中国共产党第十八次全国代表大会提出的战略性思想，是我们国家的国策之一。2020年暴发的新冠肺炎疫情，时至今日仍在世界蔓延；2021年5月以来的洪涝灾害，造成了重大经济损失。面对历史罕见的冲击，2021年《政府工作报告》在"六稳"工作基础上，明确提出"六保"任务，特别是保就业保民生保市场主体，以保促稳、稳中求进。这些都让我们越来越迫切地意识到美丽中国建设的紧迫性和重要性，越来越认识到这一复杂系统建设的底层思维逻辑就是我们国家原创性理论成果——复杂科学管理（Complex Scientific Management，CSM）。

复杂科学管理归纳总结了中国人的系统和谐生态观，为我们解决复杂的系统与局域、现实与未来发展问题提供了一个较为清晰的科学思考框架。为研究复杂系统，复杂科学管理提出以系统思维模式为核心的整合战略思维；围绕"创新与和谐"，复杂科学管理提出以整合论为核心的五个基本理论——CSM整合论、CSM整体观论、CSM新资源观论、CSM互动论、CSM无序—有序论。五个基本理论告诉我们：整合即创新，整合改变资源、改变资源创造财富的能力、改变资源的产出。整合的视角是整体观的视角；整合的基础是资源，包括有形资源和无形资源；整合的机制是动力机制，互动产生活力；整合的状态是有序—无序—有序，提供创新的氛围。

用复杂科学管理认知美丽中国。美丽中国是一个围绕生态文明这一核心，强调经济、政治、社会与文化和谐发展的复杂动态系统。它的复杂性源于有人的行为介入其中，它的动态性源于时代在不断地发展、进步。美丽中国的终极目标是使人们有获得感和幸福感。美丽中国研究是复杂科学管理学者的使命。

美丽中国的科学内涵包括四层意义：创新使国家富强是美丽中国之根本；人与自然和谐是美丽中国之基础；人与人之间和谐是美丽中国之归宿；现代人与后代人和谐是美丽中国之理念。美丽中国的人文内涵有四种意义：结构美，即人—人、人—组织、组织—组织等之间的结构使每个人都能够发挥其创造力、实现其梦想；行为美，即敬重大自然、敬重生态平衡、敬重人；运作美，即任务与资源优化配置，不仅仅讲究经济效率，更注重社会效益；创新美，即创新要给人带来健康和安全，创新要保护环境和生态，创新要以可持续的绿色发展为导向，要以三个和谐（人与自然的和谐、人与人的和谐、现代人与后代人的和谐）为出发点。"美丽中国"包含了诸多元素——创新、和谐、生态、能源、社会治理、乡村振兴、绿色发展等。本论文集基于复杂科学管理的思想，从不同侧面探讨了美丽中国建设问题。

美丽中国研究有两个重要的理论问题。

第一，美丽中国应有创新理论。复杂科学管理认为，当代管理已发生从控制到激励的转变。为营造创新氛围、激发创新活动，复杂科学管理提出了CSM互动论、CSM无序—有序论。研究美丽中国，我们将进一步提出激发创新行为的创新理论，如企业家精神驱动、文化驱动、大组织引力驱动等多维的驱动创新的创新理论，以及创新的人文环境构建理论等。我们还将提出面向美丽中国的新的创新理论，如整合式创新、多因素互动式创新、跨界整合创新等。

第二，美丽中国应有和谐共生理论。复杂科学管理提出了三个和谐——人与自然的和谐、人与人的和谐、现代人与后代人的和谐。围绕创新与和谐，复杂科学管理又提出了五个基本理论。研究美丽中国，我们将进一步研究提出和谐共生理论，如集合式行为驱动的和谐共生理论、企业家精神驱动的和谐共生理论、公共资源治理机制设计、城乡共生和谐理论等。美丽中国创新理论是复杂科学管理的新的战略命题。

复杂科学管理认为，"稳"发展的战略意义是实现美丽中国的终极目标。这与2020年和2021年《政府工作报告》中提到的"六稳"和"六保"相对应。"稳"发展包括：创新强国，保证人民的安全；环境保护，提升人民的健康；开放式就业，保障人民的生活。保障广大人民的基本生活，就有一个就业问题。复杂科学管理提出"开放式就业"理念，包括基于新基建的新兴产业、互联网催生的线上服务业、线上与线下结合的服务产业、中小微企业和微型高科技企业、与健康相关的产业、地摊经济等，均是就业渠道。此外，复杂科学管理还提出，用企业家的人文关怀、胸怀、眼光、格局驱动，建立优秀文化、创新氛围等良好的人文环境，用企业家的社会责任感、历史使命感驱动，创建良好的自然环境，以及传承优秀文化，促进幸福感等，以实现"稳"发展的战略思想。

徐绪松　陈　劲

2021年7月29日

目　　录

创新与美丽中国建设

——基于整合式创新的视角

陈 劲[1] 阳 镇[2]

（1. 清华大学 经济管理学院，北京 100084；
2. 清华大学 技术创新研究中心，北京 100084）

摘要： 绿色发展是步入新发展阶段以来有效应对经济发展与资源环境的新形势和新矛盾的主导发展理念，美丽中国建设是绿色发展理念下生态文明建设的战略方向，是实现生态效益与经济效益相协调、生态平衡与社会再生产相统一的重要方略。本文首先解构了美丽中国建设的价值内涵和基本逻辑——包括工业文明演化的历史逻辑、新古典经济学增长框架下的经济增长逻辑以及政治经济学视野下的政治逻辑，然后指出美丽中国建设回应了我国绿色发展理念的基本方略、建设现代化经济体系下的新旧动能转换以及实现人与自然和谐共生的三大基本问题。重点基于整合式创新视角提出了美丽中国建设的创新体系——包括基于绿色发展战略的战略引领，以及经济子系统、社会子系统和制度子系统与环境生态的全面协同，最终实现创新驱动的经济高质量发展、社会进步与制度可持续，创造涵盖经济、社会与生态环境的整合型价值。最后指出整合式创新范式下美丽中国建设的创新方向，即从制度创新层面构建面向美丽中国建设的生态制度体系，在科技创新层面构建面向"政府—市场（产业与企业）"的全面绿色科技创新体系，在文化创新层面着重培育与深化生态文明的生态可持续文化理念，实现绿色生态价值文化引领。

关键词： 美丽中国；绿色发展；创新驱动；整合式创新

1 引言

步入新发展阶段以来，绿色发展与创新发展成为指导我国宏观经济发展与社会转

作者简介： 陈劲（1968— ），男，浙江余姚人，清华大学经济管理学院教授、博士生导师，清华大学技术创新研究中心主任，研究方向：创新管理、科技政策；阳镇（1994— ），男，湖南隆回人，清华大学经济管理学院博士研究生，研究方向：企业创新、企业社会责任。

型的重要理念，并成为统领整个经济社会高质量发展、推动中国迈向世界科技创新强国的重要纲领性指导思想。尤其是党的十八大以来，我国逐步将"碳达峰""碳中和"纳入整个生态文明建设的总体布局中。2012年党的十八大报告强调，要把生态文明建设摆在更加突出位置，并将之与其他四个方面的建设共同作为中国特色社会主义事业布局。2013年党的十八届三中全会进一步提出，推进生态文明建设，进一步健全生态文明制度以及体制机制。2014年党的十八届四中全会提出，推进生态文明建设的法律制度建设，完善相关生态法律法规，更好地保障绿色发展的法治化和规范化。尤其是党的十八大报告首次将生态文明建设纳入"五位一体"的总体布局中，并首次提出建设"美丽中国"，此后党的十八届三中全会和五中全会进一步就建设美丽中国做出了系列制度安排。党的十九大报告再次强调，"加快生态文明体制改革，建设美丽中国"，"要求到2035年，生态环境根本好转，建设'美丽中国'目标基本实现"，且进一步将绿色发展与创新发展摆在了国家发展全局的突出地位。党的十九大报告进一步提出，要构建市场导向的绿色技术创新体系。相应地，绿色发展、低碳环保以及生态优先成为我国迈向高质量发展的主要旋律。此后，美丽中国已成为我国生态文明建设的主导战略目标，成为描绘未来中国生态文明建设的价值图景。在理论层面，生态哲学、生态美学、生态创新以及生态系统论等思想逐步成为生态文明思想的重要构成部分。在实践层面，从能源消费概况看，2019年我国清洁能源中天然气、水电、风电和核电等的消费量占能源消费总量的23.4%[①]，石油、煤等污染强度高的传统能源消费依然占据主导地位，整个经济发展模式并没有摆脱旧有的劳动、土地与资本的生产要素。从污染类型看，我国大气污染、水污染以及土地污染等问题依然十分严重。2019年5月我国生态环境部发布的《2018中国生态环境状况公报》显示：2018年，在全国338个地级及以上城市中，环境空气质量超标城市数量比重高达64.2%；全国土壤侵蚀面积占普查总面积的31.1%。不管是在理论层面还是在现实层面，创新成为系统解决传统要素依赖、迈向经济高质量发展的基石，基于"创造性破坏"系统解决相应的经济、社会与环境问题。相应地，在美丽中国建设的导向下，迫切地需要从创新视角为绿色发展赋能。因此，如何从创新视角系统地为美丽中国建设、生态文明建设提供动力基础，成为创新研究者必须直面的重大现实问题。

实质上，创新驱动发展已成为党的十八大以来我国的重要战略导向。习近平总书记围绕科技创新发表了一系列重要讲话，强调了科技创新在国家发展全局中的重大战略意义。在全国科技界和社会各界的共同努力下，我国科技创新持续发力，加速赶超

---

① 数据来源：国家统计局。

跨越，实现了历史性、整体性、格局性的重大变革，重大创新成果竞相涌现，科技实力大幅增强，我国已成为具有全球影响力的科技大国。党的十九大对科技创新又做出了全面系统部署，其核心是以"习近平新时代中国特色社会主义思想"为指导，推动科技创新主动引领经济社会发展，构筑核心能力，实现高质量发展，助力科技强国建设。这是美丽中国建设的雄厚基石。建设美丽中国的前提是让中国强大并日益走到世界舞台的中央。这必须依靠创新——包括科技创新、制度创新等，创新使国家富强，乃美丽中国之根本。然而，遗憾的是，学界尚缺乏对创新与美丽中国建设之间内在关系的系统解构，缺乏从系统的整合观审视创新发展与绿色发展的内在关系。复杂科学管理（Complexity Science Management，GSM）理论以 CSM 整合论为核心，包括五个基本理论——CSM 整合论、CSM 整体观论、CSM 新资源观论、CSM 互动论和 CSM 无序—有序论，以崭新的视野为更好地实现科技创新提出了新的发展路径。

本文主要基于复杂科学管理的视角，提出以整合式创新范式中的整合论引领生态文明建设下的美丽中国建设，即基于战略驱动、纵向整合以及上下互动和动态发展的新创新管理范式，系统地应对美丽中国建设过程中的制度创新、技术创新、管理创新和文化创新等全方位创新引领，系统地基于企业主导的绿色科技创新，最终创造涵盖经济、社会和环境的综合价值和共享价值。

2 美丽中国建设的价值内涵与问题指向

2.1 新时代美丽中国建设的价值内涵与基本逻辑

自党的十八大提出建设"美丽中国"的战略目标以来，学界对美丽中国存在多重视角的解读。

第一重解读主要立足于历史逻辑的视角，认为尽管自第一次工业革命以来人类通过蒸汽机主导的新一代机械化技术的创新实现新一轮经济增长，人类社会也从手工和畜力劳动的农业社会转向基于机械化作业的工业社会。但是，在此后几百年的历史演化中，工业社会下人类加速向自然索取、开发资源，其原因是工业化时代的机器生产本质上需要大量原材料，由此形成了人类社会不断增长的物质需求与自然资源的有限性之间难以回避的矛盾。长期以来，掠夺式资源开发模式导致人类的生产活动产生了大量负面的社会与生态环境问题，尤其是在企业层面，市场逻辑本位下不合理的生产生活方式造成对环境结构和功能的破坏，并最终危害人类利益，甚至威胁到人类的基本生存权和发展权。因此，美丽中国建设的历史逻辑在于消解长期以来工业社会下资源过度消耗、过度竞争的恶性局面，它是对传统工业文明的一种全新的价值审视①，以生态文明的视野引领工业文明的演化与迭代。

第二重解读是基于新古典经济学的视角。新古典经济学的本质是既定生产函数下创造经济产出，形成企业增长与经济增长的黑箱，即投入既定的生产要素——包括劳动要素、土地要素、资本要素以及其他要素，便能够创造足够的经济产出。相应地，在新古典经济增长范式下，人类大规模社会化生产与有限自然环境资源的冲突加剧，生产边界扩展和边际报酬递减的规律要求无休止地增加要素供给和提升技术水平，绿色要素被排斥在外，这些都加剧了生态环境资源的损耗②。

1989年，美国经济学家肯尼斯·鲍尔丁在其《绿色经济蓝皮书》中首次提出"绿色经济"的概念，认为绿色经济是自然环境和人类自身"可以承受的经济"，它不会因为追求经济增长而导致各种社会问题——包括生态环境问题，也不会由于生态环境资源的损耗而制约经济的可持续发展。因此，建设美丽中国的价值内涵在于实现经济发展的可持续，即实现经济发展过程中与环境的内在统一和相容。从我国改革开放40余年的经济发展历程来看，尽管我国GDP总量已跃居世界第二位，我国是世界第二大经济体，但是长期依靠投资和出口驱动的GDP增长模式难以为继，经济结构不协调、区域经济发展不平衡以及生态环境恶化成为我国经济总量增长背后的重大现实问题，这些严重制约了我国经济发展的可持续性和发展潜力。非公有制经济中的民营经济在改革开放后迅猛发展，民营经济已在我国经济成分中居主导地位。在促进市场经济繁荣、改善民生和就业、带动宏观经济增长的同时，民营经济下的民营企业也存在剩余价值主导与市场逻辑本位的使命主导，出现利润最大化下的掠夺性开发与使用自然资源，由此不仅造成巨大资源浪费，而且严重破坏生态环境。因此，从经济学的角度，建设美丽中国，本质上是承认将环境要素纳入整个生产函数的必要性，进一步修正新古典经济学的增长框架，破除西方传统经济发展思想和理论的束缚，基于要素整合的理念，将环境承载力与环境幸福感纳入传统古典经济增长框架中，最终实现宏观经济增长和微观企业的经济产出，在环境可持续的条件下创造最大化的经济价值，实现生态效益与经济效益的内在兼容。

第三重解读是从政治经济学的视角，认为建设美丽中国本质上是中国共产党基于人民利益和人民幸福的战略政治方略和经济发展战略③。中国共产党始终代表最广大人民群众的根本利益，始终关注并全力解决人民群众关心的各项民生问题。立党为公、执政为民，是我们党长期遵循与执行的执政理念，人民群众的获得感和幸福感是党执

---

① 朱东波：《习近平绿色发展理念：思想基础、内涵体系与时代价值》，《经济学家》2020年第3期。
② 邬晓霞、张双悦：《"绿色发展"理念的形成及未来走势》，《经济问题》2017年第2期。
③ 任保平、张蓓：《马克思主义政治经济学绿色发展思想的理论基础》，《学习与探索》2017年第12期。

政水平的重要价值标尺。实质上，自中国共产党诞生以来，党的领导人便持续深切关注绿色发展和可持续发展，并将绿色思想纳入整个经济发展的内生理念中。在早期，尽管"绿色"一词并未被直接提及，但是生态思想与可持续思想是党领导人民的重要理念。毛泽东同志曾对新解放的城市提出"严禁破坏任何公私生产资料和浪费生活资料，禁止大吃大喝，注意节约"① 的要求，以鼓励节俭的消费观念，为城市的长期发展做充足准备。改革开放后，我们党从未停歇解决生态环境保护和经济建设的统一性问题。改革开放后，1983 年在第二次全国环境保护会议提出，"环境保护是我国的一项基本国策"②。1986 年全国第四次环境保护会议进一步明确提出了可持续发展战略。党的十六大将生态环境和资源保护作为奋斗目标之一；党的十七大首次提出了"建设生态文明"这一概念，并将科学发展观写入党章；党的十八大报告将生态文明建设纳入"五位一体"总体布局中，并首次提出建设"美丽中国"；党的十八届五中全会提出了"创新、协调、绿色、开放、共享"的五大发展理念，其中绿色发展不仅仅是对如何处理好人与自然的关系、经济发展与环境保护的关系的新认识，更是引领人类经济社会发展的新理念；党的十九大报告指出，"人民美好生活需要日益广泛，不仅对物质文化生活提出了更高要求，而且在民主、法治、公平、正义、安全、环境等方面的要求日益增长"③，并将"坚持人与自然和谐共生"纳入新时代坚持和发展中国特色社会主义的基本方略，将生态文明建设提升到了前所未有的高度。可见，在新时代中国社会的主要矛盾发生深刻变化的情景下，中国共产党为解决好资源环境问题而积极推进绿色发展。因此，在政治经济学视角下，美丽中国思想体现了马克思主义及其中国化的最新成果，充分彰显了中国共产党鲜明区别于西方发达资本主义国家的最新绿色可持续发展思想，是一种指引其他发展中国家以及社会主义国家推动形成生态发展与可持续发展的重要经济发展方式与人民生活方式的可供选择的中国方案。

2.2　基于复杂科学管理视角审视美丽中国建设的问题指向

问题指向是指系统回答面向何种问题以及采用何种方式解决问题。美丽中国建设回应了我国绿色发展理念的基本方略、建设现代化经济体系下的新旧动能转换以及实现人与自然和谐共生三大基本问题。

---

① 《毛泽东选集》第四卷，人民出版社 1991 年版，第 1324 页。

② http://opinion.people.com.cn/n/2014/0207/c1003-24286999.html.

③ 《决胜全面建成小康社会　夺取新时代中国特色社会主义伟大胜利——在中国共产党第十九次全国代表大会上的报告》，人民出版社 2017 年版，第 11 页。

第一大问题指向是回应绿色发展理念的基本方略。党的十八大以来，习近平总书记提出的绿色发展理念成为指导我国宏观经济建设和社会转型的基本思想，以全新的视野系统而科学地回答了"为什么实现绿色发展，实现什么样的绿色发展以及怎样实现绿色发展"等发展先导性问题。美丽中国建设正是着眼于实现什么样的绿色发展以及怎样实现绿色发展的战略性问题的路线回答。绿色发展本质上是对经济发展与环境保护之间内在统一关系的系统整合，实现经济发展与环境保护在逻辑统一性和价值共生的内在相容性。党的十八大以来，习近平总书记多次在重要场合提出绿色发展的具体方向，"我们既要绿水青山，也要金山银山。宁要绿水青山，不要金山银山，而且绿水青山就是金山银山"① 的"两山论"就是习近平新时代生态文明与绿色发展的重要思想体现。其中，"两山论"中的"绿水青山"指的是良好的生态环境，"金山银山"是指经济发展，其基本内涵是将绿水青山放在与金山银山等同的位置上②。在建设我国社会主义现代化强国的过程中，经济建设的价值目标向高质量发展方向收敛，本质上就是要解决经济与社会之间、经济与环境之间的价值割裂性。从系统论的角度，环境系统、生态系统与经济系统之间存在广泛的内在关联性，经济发展依赖于生态环境，应以生态环境作为基础。美丽中国建设本质上是基于系统观，系统回应绿色发展理念下的生态文明建设具体方略，进一步正确认识并妥善处理经济与环境的内在关系，通过制度创新和政策设计，以自然资源的可持续利用驱动经济新增长空间的可持续，内生地实现经济发展与生态环境保护的统一协调。

第二大问题指向是呼应现代化经济体系建设下的新旧动能转换。复杂科学管理的基本思想理念是基于系统论和整体观看待各类管理要素之间的内在关联性。在系统观和整体论的视角下，现代化经济体系是一个由社会经济活动各个环节、各个层面、各个领域的相互关系和内在联系构成的有机整体，包含现代产业体系、现代市场体系、现代城乡区域发展体系、现代收入分配体系、生态环境与绿色发展体系、对外开放体系以及经济体制改革等。从生产力和生产关系来看，现代化经济体系是生产力与生产关系相互统一和良性互动的经济体系，是生产力和生产关系的整体现代化③。其中，产业发展体系、市场体系、生态环境与绿色发展体系、区域与城乡发展体系、收入分配体系和对外开放体系更多是从属于生产力层面的内容，经济体制改革则为生产关系层面的内容，包括系列经济制度安排与体制机制等。改革开放 40 多年来，我国形成了较

---

① 《习近平关于社会主义生态文明建设论述摘编》，中央文献出版社 2017 年版，第 21 页。

② 安海彦、姚慧琴：《习近平绿色发展思想探析——〈资本论〉生态经济思想的意蕴》，《经济学家》2018年第 3 期。

③ 洪银兴：《建设现代化经济体系的内涵和功能研究》，《求是学刊》2019 年第 2 期。

为完善的社会主义市场经济体系，但是经济呈现出"大而不强"的特征，关键核心技术创新、高端劳动力供给和生产要素水平等与发达国家的市场经济仍有较大差距。尤其是近年来随着中美关系的深刻变化，科技竞争和贸易竞争成为大国经济博弈的主要阵地。建设现代化经济体系是系统解决我国市场发育不充分、不完全的现实问题的必然选择，是迈向经济强国的必由之路。因此，美丽中国建设是回应建设现代化经济体系中绿色低碳与循环可持续经济体系的必要战略导向和举措，摆脱传统依赖资源过度开发和先污染后治理的经济发展模式，基于绿色生产要素（绿色资本、绿色劳动供给以及绿色技术设备）实现现代化经济体系建设中的新动能培育，从依赖传统劳动和资本要素无限供给和无限投入支撑的低质量增长，转向依靠绿色创新与绿色生产要素驱动的全要素生产率提升，形成绿色产业、绿色技术、绿色经济业态以及绿色循环发展模式，培育现代化经济体系下的绿色经济新增长点。

第三大问题指向是回答人与自然和谐共生的可持续发展问题。美丽中国建设不仅仅是政治治国方略或经济发展方向，更是对人与自然关系最为深切本质的价值回应。党的十九大提出将绿色发展与建设生态文明作为实现中华民族永续发展的根本途径，其本质的价值归宿是处理好人与自然的和谐共处问题。"美丽中国"将绿色作为发展的底色，不仅强调人发展的经济需求，而且强调人发展过程与外界环境的客观联系，实现人的发展与自然发展的协调与均衡①。复杂科学管理提出整体论，即以整体而非原子式割裂的方式看待事物之间与管理要素之间的内在联系和统一状态。美丽中国建设正是坚持整体论思维下人与自然的整体观，摒弃当代人需求与子孙后代需求的对立性或冲突矛盾性，走向人的发展与自然环境的和谐统一。例如，习近平总书记提出的"两山论"本质上就是推动自然资本的增值效应，基于生态资本驱动人的全面发展，包括自然资本释放的经济价值、社会价值以及审美价值，以自然资本存量的延续实现中华民族的永续发展，在满足当代人价值诉求的同时不牺牲、不损害子孙后代的基本利益，且进一步为子孙后代积蓄自然资本存量，更好地满足绿色增长与绿色发展下的人类需求，最终实现人与自然的和谐共生。

3 整合式创新范式下美丽中国建设的逻辑构面

陈劲等系统提出了整合式创新的基本范式②。整合式创新是区别于传统熊彼特创

---

① 庄贵阳：《生态文明建设目标行动导向下的现代化经济体系研究》，《生态经济》2020年第5期。
② 陈劲、尹西明、梅亮：《整合式创新：基于东方智慧的新兴创新范式》，《技术经济》2017年第12期。

新、用户创新、公民创新、开放式创新以及人工智能驱动创新的全新创新范式。整合式创新范式理论的提出背景是系统解决传统管理范式的系统性失灵。主要体现为：受中国特色的经济基础、市场结构、社会制度、文化传统以及政府治理等情境的影响，传统创新管理范式对科学研究、技术发展、工程应用过程中的自主创新理论并未进行有效解释①，且聚焦西方的创新管理范式，其主流理论较多以原子论范式出发，聚焦特定创新活动的某个局部而非整体，如对重大创新工程中的知识转移与开放创新问题、产学研下开放式创新对知识转移和知识共享的影响、国家创新系统对科技创新活动的支持作用、重大创新工程中政府作用与政策影响等缺乏足够的理论解释，对重大科技创新工程为何成功与如何成功也缺乏整体性与系统性的思考②。简单地引进或移植西方情境下的创新理论，无法有效地解释中国创新活动的典型特征，更无法指导中国情境下的创新实践。因此，基于对中国本土创新实践的归纳与提炼，建构中国本土情境下的创新理论范式具有理论与实践意义③。

整合式创新的四个核心要素为"战略""全面""开放""协同"，四者相互联系、缺一不可，有机统一于整合式创新理论中。从研究对象来看，整合式创新的研究对象主要是大型的、复杂的系统性创新工程和技术项目，这些工程和技术项目往往含有多个子系统，具有明显的系统复杂性。因此，如何协调子系统之间的关系，使每个子系统能够相互辅助、相互协同且不发生冲突，是整合式创新需要解决的问题。钱学森关于系统工程、系统科学和系统观的研究为整合式创新提供了重要参考。从这个意义上讲，整合式创新实质上对复杂科学管理理论中的整合观、整体观、新资源观、互动观与悖论观进行了系统的吸收，实现整合式创新范式下的战略引领、开放创新、协同创新和全面创新的基本体现，最终实现系统论、整体论、互动论、协同论以及悖论管理等多重思维方式的内在相容。

从整合式创新的战略导向来看，西方经典的战略管理理论重点强调基于资源、能力构建企业的战略选择框架，即借助有价值的、稀缺的、不可模仿的以及不可替代的资源建立竞争优势④。但是，在有限的创新能力和基础资源的约束下，只有善于联合外部资源、创造性地进行资源整合，才可能实现内外部资源的充分协同，最终赢得竞争

---

① 吴欣桐、梅亮、陈劲：《建构"整合式创新"：来自中国高铁的启示》，《科学学与科学技术管理》2020 年第 1 期。

② 陈红花、尹西明、陈劲等：《基于整合式创新理论的科技创新生态位研究》，《科学学与科学技术管理》2019 年第 5 期。

③ 杨俊：《新时代创新研究的新方向》，《南开管理评论》2018 年第 1 期。

④ Barney，J.，"Firm Resources and Sustained Competitive Advantage"，*Journal of Management*，Vol. 17，No. 1，1991.

优势。因此，整合式创新理论强调的战略导向包含进攻型（Prospector）战略导向和防御型（Defender）战略导向两种，实现悖论情境中各类创新战略的协同并进，包括利用与探索、进攻与防御、领先与颠覆、稳定与动态等复杂性战略的柔性化组合。从整合式创新的开放和协同看，西方学者提出的开放式创新范式主张企业主导的内部创新以及外部各类知识主体的充分交互和深度合作，从而实现创新合作中风险和成本分摊、优势互补、缩短创新周期、提高创新效率①。但是，开放式创新中的"开放"并不能很好地解决各类创新主体与知识主体的协同问题。而整合式创新弥补了这一缺陷，其立足开放式创新的基本逻辑起点，更加强调在开放基础上的全面协同，强调在开放式创新过程中各类创新主体要在价值观、文化、行为准则、战略和利益目标上达成相互认同、匹配一致，实现"战略协同""风险和利益协同""愿景协同""知识协同"，具体通过协同主体（Synergetic Agent）、协同场景（Synergetic Context）和协同手段（Synergetic Approach）三个维度予以构建战略协同。整合式创新中的"全面"，是指在全面创新管理（Total Innovation Management）的基础上将创新过程中所需的各种要素（技术、组织、市场、战略、管理、文化和制度等）通过有效的创新管理机制、方法和工具进行组合与协同，激发创新成果②。整合式创新中的"全面"聚焦全要素创新、全员创新、全时空创新三个方面，强调实现基于资源观和系统观的全面结合。

基于整合式创新的视角，美丽中国建设过程中需要战略视野以及开放、协同和全面的创新管理新视野，最终实现生态文明建设下的绿色创新与可持续创新。如图1所示，首先，从战略视野看，美丽中国建设在战略导向上具有明确的顶层战略设计，其战略设计在于坚持和完善社会主义生态文明制度体系，最终实现人与自然和谐共生的社会主义现代化强国的总目标，并围绕"2035碳达峰"和"2050碳中和"做出系列阶段性安排。在战略部署上，将以全面绿色转型战略引领美丽中国建设，具体则要求在经济、制度、文化、社会、生态五大方面实现绿色和生态发展导向的全过程与全方位融入，体现为经济发展的低碳绿色转型、政治文明的反腐倡廉和政治生态转型、文化的可持续发展和绿色消费文化转型以及社会的绿色低碳社会转型等全方位的绿色创新转型。基于系统论的思想，美丽中国建设是一项系统工程，其基本指导理念是绿色发展理念，其经济基础是基于绿色生产和绿色创新要素驱动的经济绿色发展，实现自然资源环境与经济系统的相互依存、相互促进。在整合式创新视野下美丽中国建设的创新生态

---

① Chesbrough, H., Vanhaverbeke, W., West, J., *New frontiers in Open Innovation*, Oxford：Oxford University Press, 2014.

② 许庆瑞、郑刚、陈劲：《全面创新管理：创新管理新范式初探——理论溯源与框架》，《管理学报》2006年第2期。

系统中，核心和基础是绿色经济，牵引和动力是绿色政治，支撑和灵魂是绿色文化，保障和载体是绿色社会，承载和约束是绿色资源环境。最终，通过经济子系统、社会子系统以及制度子系统全面协同，实现经济、社会与环境的可持续，创造基于整合式创新的经济、社会与环境的整合价值（见图1）。

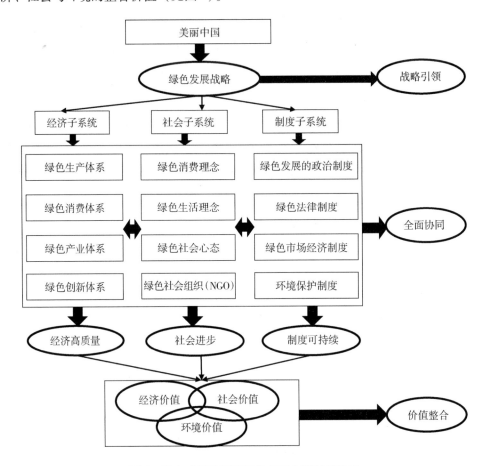

图1　整合式创新视野下的美丽中国创新体系

4　整合式创新范式下美丽中国建设的创新方向

4.1　制度创新：构建面向美丽中国建设的生态制度体系

制度是引领美丽中国建设的重要基石，是深化推进美丽中国建设、实现绿色创新驱动发展的坚实保障。从制度的基本构成看，制度创新包括正式制度层面的法律制度、政治制度和行政制度的系统创新，还包括非正式制度层面的社会规范、社会信任等的创新。从制度建构主体的视角看，制度的基本制定者和创新主体主要是政府主导的公共组织，其代表了公共社会和环境价值的逻辑起点。同时，政府也是推动制度演化和制度创新的主导力量。从法律制度看，一方面，政府要持续深化面向绿色环保与绿色发展的法律制度创新，为绿色创新发展与美丽中国建设提供有法可依的制度遵循，强化中央与地方的立法和执法体系建设，保障美丽中国建设过程中环保督察、规制和治理等有法可依、有法必依。尽管目前已有新修订的《中华人民共和国环境保护法》等相关法律规范，且第一部面向环境治理与监督规制的税法《中华人民共和国环境保护税法》也已顺利出台实施，但是驱动经济、产业与企业绿色化的各类市场法律体系、财政补助制度体系、环境责任与保险制度体系、生态补偿制度体系以及生态危机与应急管理制度体系等环境制度和政策体系尚有待进一步完善。且须进一步修订完善与当前"碳达峰""碳中和"战略背景不相融的法律制度，及时督促地方各类法律法规与绿色发展和美丽中国建设战略目标相容。另一方面，需要创新完善面向政府的绿色考核体系，构建与创新面向绿色发展理念的美丽中国建设的政治生态，构建绿色政府和绿色行政制度体系。具体而言，一是，需要明确各级政府、政府各级部门的行政事务职责和权限，加强面向绿色发展与美丽中国建设过程中的各级政府之间行政协同制度建设，基于行政法规规范政府各类面向市场主体环境的执法活动，促进绿色行政的法制化、科学化。二是，需要强化政府的绿色考核制度，将地区绿色发展体系下的环境污染强度、绿色生态保护程度等指标纳入政府业绩考核中，强化政府之间的环境竞争而非 GDP 竞争，放弃单一依赖 GDP 增速的政府业绩考核与官员晋升制度体系，构建面向绿色发展的政府考核、监督和惩戒制度体系，并基于政府行政执法制度体系系统优化，最终解决政府自觉执法意识弱化、政企环保寻租、依法依规强制执行力度不强或欠缺等一系列问题。

4.2 科技创新：构建面向"政府—市场（产业与企业）"的全面绿色创新体系

科技创新是实现美丽中国建设的根本举措和必由之路，美丽中国建设离不开科技创新领域的生态创新和绿色创新体系建设。基于熊彼特式创新、用户创新、开放式创新等的西方经典创新理论都不同程度地忽视了创新的社会价值和环境价值，经济发展与社会环境难以协调、可持续等问题久久难以破解。而美丽中国建设下科技创新的主导方向是绿色创新——包括绿色技术创新和绿色管理体系创新等，基于绿色创新体系建设能有效平衡环境生态效益与经济效益。绿色创新体系建设离不开国家层面、产业层面、区域层面和企业层面的系统整合。

（1）政府层面

一方面，政府要致力于打造面向绿色发展和美丽中国建设的宏观科技创新投入体系，通过强化绿色科技创新财政支持，定向地对开展绿色技术创新的区域、产业和微观企业实施财政支持工程，并着力于优化宏观科技创新投入结构，加大面向绿色创新发展的关键核心技术涉及的基础研究的投入比例，更好地平衡基础研究与应用开发研究的投入比例和投入结构，引导相关重点科研单位、高等院校以及社会机构参与到绿色创新体系建设中，构筑面向绿色创新的公共研发组织。另一方面，政府需要加快制定面向绿色创新主体的科技创新战略规划——包括科技发展规划、区域创新战略规划以及面向绿色创新发展的系列战略规划，更好地保证绿色创新体系战略方向的一致性和可持续性。

（2）产业层面

一方面，我国需要加快推进产业节能减排工程实施进度，通过调整产业结构、积极改造传统产业、深度利用新一轮技术革命下的数字化机遇，推动传统产业的绿色化、数字化和智能化转型。但是，需要逐步有序地推进落后产能的淘汰和产业转移，逐步淘汰一批"三高三低型"产业，并通过产业政策和科技政策系统地培育一批面向绿色发展和绿色创新的绿色产业、生态产业以及未来产业。另一方面，产业发展过程中需要坚持生态优先发展与各类产业的深度融合，构建面向产业生态化和生态化产业的生态产业创新体系。产业生态化要求产业发展和创新服从生态环境保护导向和绿色导向，进而更好地服务于环境保护和生态可持续。而生态产业化要求将生态发展、绿色发展以及可持续发展等多重创新发展理念融入市场机制中，最终打造面向生态保护和生态优先的系列新兴产业和未来产业。

（3）企业层面

一方面，政府需要强化企业在绿色技术创新中的主体地位，切实尊重和保护企业开展绿色技术创新的一系列知识产权和科技创新成果，更好地激发企业开展生态环境保护和绿色科技创新的积极性和活跃度。另一方面，政府需要通过实施一系列财政政策、产业政策和科技政策，对开展绿色技术创新动力不强但具有绿色创新紧迫性的企业实施定向激励和扶持工程，通过提供选择性补贴和功能性补贴，更好地为企业开展绿色技术创新和建设绿色创新管理体系提供丰富的科技创新要素和资源，优化企业开展绿色技术创新的市场环境和营商环境。最后，企业需要切实地将可持续发展战略、绿色发展战略与创新发展战略更好地整合，基于整合式创新更好地实现企业经济效应、社会效应以及环境效率的倍增放大效应。

4.3 文化创新：培育与深化生态文明的生态可持续文化理念

文化创新是美丽中国建设的重要血脉。绿色发展理念下的美丽中国建设，在文化价值取向上表现为绿色文化和绿色社会生态。但是，不同于一般的经济建设、政治体制和科技创新,文化具有内隐性和长期根植性的特点,需要历史长期的积淀和传承。深化绿色与生态文化创新是深化美丽中国建设的重要支撑。美丽中国建设下的文化理念实现了对传统物质消费极致主义、过度消费等文化观念的彻底颠覆,其文化内核在于追求人与自然的和谐共生。在价值导向上,人的发展需要建立在尊重自然、保护自然以及顺应自然的基础上,因此首先需要逐步形成人类社会对生产、物质消费与精神三者内涵和关系的科学理解,树立绿色导向和生态效益导向的生产观、消费观和物质观。深入推动美丽中国建设下的绿色与生态文化创新,需要从三大层面重点发力。

第一,在教育文化体系方面,需要在基础教育、高等教育等不同阶段重视我国传统文化中关于生态文明和绿色发展思想的优秀成分的价值,积极弘扬传统文化中人与自然和谐统一的思想、儒家的博爱思想、法家的生态伦理思想以及道家的修生养息思想等[1],同时积极地借鉴与吸收世界其他国家关于绿色发展、可持续发展以及生态文明建设的科学而合理的思想,对绿色发展的思想文化实现在继承中发扬、在吸收中创新。

第二,强化社会公众的绿色消费与绿色投资文化理念,推动社会公众更好地参与绿色发展和美丽中国建设。一方面,通过一系列文化宣传构筑面向美丽中国建设的文化传播体系,营造全社会绿色发展的舆论氛围;另一方面,积极发挥社会大众媒体的舆论监督和治理作用,为各类市场主体和社会公众营造一股绿色发展的文化氛围和舆论压力,强化社会媒体在绿色发展与美丽中国建设过程中的媒体治理功能,加深社会公众的绿色可持续消费和绿色可持续投资的意识。

第三,大力发展面向美丽中国建设的文化产品和产业,实施一批面向绿色生态环境保护、美丽中国建设案例的文化创意产品、视频作品、书籍以及绿色体验的系列文化基础设施建设工程,基于文化产品开发和文化产业创新,更好地为人民提供绿色生活的精神家园,促进文化市场发展与绿色创新发展的系统融合。

---

[1] 在中华民族优秀传统文化中,儒家、道家和法家等不同思想流派都对人与自然的关系和相处方式进行了论述。其中,孟子提出"数罟不入洿池,鱼鳖不可胜食也;斧斤以时入山林,材木不可胜用也"。类似表述还可见于荀子提出"草木荣华滋硕之时,则斧斤不入山林,不夭其生,不绝其长也"。道家老子提出"人法地,地法天,天法道,道法自然",生动阐释了人与自然的关系,其核心思想在于尊重自然规律。法家也提出了蕴含丰富生态思想的重要论述,包括自然天道、遵循自然规律等。《管子·形势》也曾言,"其功顺天者,天助之;其功逆天者,天违之……顺天者有其功,逆天者怀其凶,不可复振也"。同时,法家还强调对自然资源的索取和消费应有度。《管子·八观》曾言,"审度量,节衣服,俭财用,禁侈泰,为国之急也"。

驱动人与自然和谐共生的人的行为研究

徐绪松[1]　陶小龙[2]　蒋　珩[3]

(1. 武汉大学 经济与管理学院复杂科学管理研究中心，武汉　430072；

2. 云南大学 工商管理与旅游管理学院，昆明　650500；

3. 武汉工商学院 管理学院，武汉　430065)

摘要：从人与世间万物的关系出发，应用复杂科学管理的系统思维模式、CSM 整体观论，研究驱动人与自然和谐共生人的行为。得到创新性成果：和谐共生是美丽中国研究的核心理论；将和谐共生的研究对象定义为人类共生系统，是立体的、开放的，包括三个空间——"人"组成的社会空间、"大自然"组成的自然空间、"后代人"组成的虚拟空间；指出研究"和谐共生"就是研究人类共生系统中三个空间的和谐共生；提出人的行为的三个层次——微观行为、中观行为和宏观行为，指出人的行为将驱动社会、经济、文化、科研各方面发展；提出驱动人与自然和谐共生的人的行为，包括微观层面上的个人行为和企业家个体行为，中观层面上的组织行为——政府行为和企业行为，宏观层面上的人类行为；提出文化、教育、科技、创新"四轮驱动"的驱动人与自然和谐共生的措施。

关键词：和谐共生；人与自然；人的行为；驱动；美丽中国

1　研究背景

党的十八大提出："把生态文明建设放在突出地位，融入经济建设、政治建设、文

基金项目：湖北省科技厅软科学计划专项项目（2019ADC039）

作者简介：徐绪松（1945—　），女，湖北武汉人，武汉大学经济与管理学院复杂科学管理研究中心主任、教授、博士生导师，研究方向：复杂科学管理；（通讯作者）陶小龙（1977—　），男，安徽枞阳人，云南大学工商管理与旅游管理学院副教授、硕士生导师，博士，研究方向：复杂科学管理、创新创业管理；蒋珩（1964—　），女，浙江慈溪人，武汉工商学院管理学院教授，博士，研究方向：区域经济与产业发展。

化建设、社会建设各方面和全过程，努力建设美丽中国，实现中华民族永续发展。"这是美丽中国首次作为执政理念提出，也是中国建设五位一体格局形成的重要依据。党的十九大把"坚持人与自然和谐共生"纳入新时代坚持和发展中国特色社会主义的基本方略。习近平总书记指出，加快生态文明体制改革，建设美丽中国，要"坚持人与自然和谐共生"，"为把我国建设成为富强民主文明和谐美丽的社会主义现代化强国而奋斗"①，充分表明我国推进美丽中国建设的决心。同时，还指出："我们要建设的现代化是人与自然和谐共生的现代化，既要创造更多的物质财富和精神财富以满足人民日益增长的美好生活需要，也要提供更多优质生态产品以满足人民日益增长的优美生态环境需要。"② 和谐共生是美丽中国的基本问题，优美生态环境、美好生活是一个和谐共生的问题，与人的行为息息相关。那么，和谐共生需要哪些人的行为呢？如何用人的行为驱动和谐共生？这是我们要研究的。

从系统论来看，万物以系统形式存在，以系统方式普遍联系，人与自然也就可以看作是一个共生系统。著名生态经济学家 Daly 认为，经济系统是生态系统的一个子系统，一方面，依赖于环境作为原材料的输入源，另一方面，输出废弃物到环境"垃圾箱"③。在对系统中人的行为的研究方面，美国著名的管理学家 Senge 用系统基模对一些典型的人的行为模式进行分析，特别是那些反直觉行为。他认为，系统基模是分享动态行为的首要传播和交流工具，并将最常见的行为归纳成九个典型的行为模式，总结出相应的九个因果环图，称之为系统思考的基模④。Barabasi 等则用复杂网络理论研究人类行为动力学，首次指出人类某些行为的发生不是均匀的，而是阵发性的⑤。而后从系统理论和复杂性科学视角研究人的行为成了新的热点。

我国由徐绪松教授提出的复杂科学管理（Complex Scientific Management，简称 CSM）理论为研究人的行为提供了重要的理论方法基础⑥，近年来徐绪松团队基于复杂科学管理的系统思维模式、理论及方法论，又提出了人的行为研究的新范式，认为人的行为研究的新范式包括两个部分——对人的行为的认知和对人的行为研究的方法。在对人

---

① 习近平：《决胜全面建成小康社会　夺取新时代中国特色社会主义伟大胜利——在中国共产党第十九次全国代表大会上的报告》，人民出版社 2017 年版，第 12 页。

② 习近平：《决胜全面建成小康社会　夺取新时代中国特色社会主义伟大胜利——在中国共产党第十九次全国代表大会上的报告》，人民出版社 2017 年版，第 50 页。

③ Daly，H. E.，*From Uneconomic Growth to a Steady-state Economy*，UK：Edward Elgar Publishing，2014，p. 1.

④ Senge，P.，*The Fifth Discipline：The Art and Practice of the Learning Organization*，New York：Doubleday，2008，pp. 373 – 391.

⑤ Barabasi，A. L.，"The Origin of Bursts and Heavy Tails in Human Dynamics"，*Nature*，Vol. 435，No. 7039，May 2005.

⑥ 参见徐绪松《复杂科学管理》，科学出版社 2010 年版，第 35—56 页。

的行为的认知方面，按照行为主体将行为分为微观行为、中观行为和宏观行为三个类别，进行行为静态研究、行为时空研究、行为驱动研究；在对人的行为研究的方法方面，给出了数据获取方法和智能计算方法。

本文将基于人的行为研究的新范式，研究驱动人和大自然和谐共生的人的行为。

和谐共生问题是美丽中国研究的基本理论问题，本文将用复杂科学管理认知美丽中国，再认知和谐共生；继而，和谐共生与人的行为密切相关，本文将用复杂科学管理认知人的行为。在此基础上，研究驱动人与自然和谐共生的人的行为。

2 复杂科学管理对美丽中国的认知

美丽中国是我们国家的国策。用复杂科学管理认知美丽中国，认为美丽中国是一个围绕生态文明这一核心，包括自然、经济、政治、社会与文化和谐发展的复杂巨系统，而且是多因素互相驱动的动态系统。它的复杂性是因为有人的行为介入其中，它的动态性是因为时代在不断地发展、进步。美丽中国的终极目标是人们有获得感、幸福感。

应用复杂科学管理从科学与艺术两个方面认知美丽中国。

2.1 美丽中国的科学内涵

用复杂科学管理的"创新与和谐"理念和CSM系统思维模式，认知美丽中国的科学内涵，主要包括四层意义。

（1）创新使得国家富强乃是美丽中国之根本。美丽中国首先要让中国强大，日益走进世界舞台中央。这就必须依靠创新，包括科技创新、制度创新、机制创新、文化创新……创新使得国家富强乃是美丽中国之根本。

（2）人与自然的和谐乃是美丽中国之基础。融入生态文明的科学发展观，敬畏大自然，保护人类赖以生存的环境，保持生态平衡，人与自然的和谐乃是美丽中国之基础。

（3）人与人之间的和谐乃是美丽中国之归宿。提升人的素质、精神、文化，关心人、尊重人，建构具有人文关怀的人文环境，提高人民的幸福指数（包括健康、安全），让人民有获得感、幸福感，人与人之间的和谐乃是美丽中国之归宿。

（4）现代人与后代人的和谐乃是美丽中国之理念。可持续的绿色发展，包括资源的保护、优秀文化的传承，现代人与后代人的和谐乃是美丽中国之理念。

2.2 美丽中国的艺术内涵

应用复杂科学管理的系统思维模式，认知美丽中国的人文内涵，有四种意义：

（1）结构美。人—人、人—组织、组织—组织等之间的结构使得每个人都能够发挥其创造力、实现其梦想。

（2）行为美。行为美包括人的行为美、组织的行为美、网络的行为美、集群的行为美等。行为美是美丽中国这一复杂系统进化的根本，行为美就是要尊重大自然、尊重生态平衡、尊重人。

（3）运作美。以协同为核心的资源价值观，以组织—环境共生的价值体系，优化配置并调度任务与资源。

（4）创新美。创新要给人带来健康、带来安全，创新要保护环境、保护生态，创新要以可持续的绿色发展为导向 。

美丽中国的科学与艺术内涵如图 1 所示。

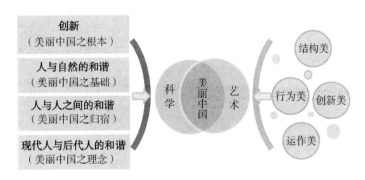

图 1　美丽中国的科学与艺术内涵

2.3 美丽中国急待解决的问题

美丽中国要研究的问题很多，依据美丽中国科学内涵的四层意义及艺术内涵的四种意义，提出美丽中国急待解决的三个方面的基本问题：

一个中心问题、两个理论问题、两个实际问题。

一个中心问题是价值体系。美丽中国就是让人们有获得感、幸福感，这就是价值。那么获得感、幸福感包括些什么？这就是美丽中国的价值体系。是美丽中国需要研究的一个中心问题。它是战略导向。

两个理论问题是创新理论与和谐共生理论。即研究基于美丽中国的新时代创新理论；研究人、自然、社会等和谐共生的和谐共生理论。这是美丽中国需要研究的两个基本理论问题。它们分别是行为准则、方向导向。

两个实际问题是城乡差距和能源问题。为了缩小城乡差距，需要我们研究城乡如何融合发展；为了实现清洁低碳能源，需要我们研究如何构建绿色能源体系及发展能源清洁低碳的机制。它们是实际体验。

3 复杂科学管理对和谐共生的认知

"共生"的概念最初出自生物学领域，指的是不同生物密切联系，共同生活在一起的自然现象[①]。随着社会的发展，"共生"一词不再局限于生物学领域，更多领域的学者也开始基于共生的视角研究，赋予"共生"新的内涵。本文将提出和谐共生的新的概念。

基于复杂科学管理的 CSM 整体观论，将对和谐共生的研究对象给出新的认知，即是一个人类共生系统。它是一个立体的、开放的，包括三个空间——人组成的社会空间、自然组成的自然空间、后代人组成的虚拟空间。如图 2 所示。

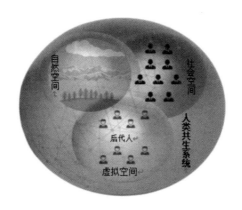

图 2 人类共生系统的三个空间

和谐共生是指这三个空间组成的"人类共生系统"的和谐共生。和谐共生的意义是指三个空间之间相互联系、相互作用，使该人类共生系统具有一种稳定有序动态发展的功能结构，在自然空间和社会空间充分实现物质、信息、能量的交换，虚拟空间向实体空间的转化中，系统向稳定有序的方向动态发展进化，其状态表现为人与自然的和谐共生、人与人的和谐共生、现代人和后代人的和谐共生。

和谐共生的三个空间中存在复杂的内在关系。人与自然之间存在某种张力，张力

① 张雷勇、冯锋、肖相泽、马雷、付苗：《产学研共生网络：概念、体系与方法论指向》，《研究与发展管理》2003 年第 2 期。

的两端分别是人、自然。张力间存在一种状态，即人回归自然、服从生态平衡，又使自然满足人类发展①。该状态既是人与自然和谐共生的平衡状态，也是实现现代人和后代人和谐共生、可持续性发展的行为准则。现代人与后代人的和谐共生是人与人和谐共生所追求的目标。人与人的和谐共生是现代人与后代人的和谐共生的基石，解决现代人与后代人的和谐共生、人与人的和谐共生，实质上是寻求人与自然的和谐共生②。人与自然的和谐共生以可持续发展为方向，全面看待人与人、现代人与后代人的资源需求，对如何利用资源、怎样产生再生资源等，都要有一个行为准则。行为准则是实现人与自然和谐共生的重要手段。

3.1 人与自然的和谐共生

人与自然的和谐共生指的是由人作为主宰者的社会空间，即社会经济系统在发展进化中，要处理好人与自然的关系，在自然环境友好下，发展进化社会经济系统。

人们从自然环境中索取财富、索取资源，应受到环境的制约。但是，在人类财富增加、经济增长的同时，出现了诸如环境污染，自然资源、物质资源日渐匮乏甚至枯竭以致最终将威胁人类生存等问题，比如，不少地区掠夺式开发，工业污染严重，从而破坏了复杂的物种网，造成物种减少，生物繁殖率降低，生物群落衰退，甚至大量动植物死亡。还有一些地区不科学的经济开发，使林草毁灭，水土大量流失，形成大片黄土高原，等等。

尤其是 2019 年年底暴发的新冠肺炎疫情至今仍在肆虐。这一切都促使人类反思人与自然的关系，更加深刻地认识到应敬畏自然、尊重自然，实现人与自然和谐共生的重要性。

3.2 人与人的和谐共生

社会是由人组成的，是一个人与人相互作用的社会系统，不同的人群有不同的利益诉求与不同的思想情感。人与人的和谐共生是指社会经济系统中人的行为应受到道德的规范、法律的约束，人与人的关系和相互作用是通过人们的各种组织形式进行的，为了发挥人与人之间的协同作用，应当充分发挥这种有活力的群体自组织作用③。

人与人的和谐共生是和谐共生的基础。社会经济的发展方向和目标，由群众动力

---

① 曾繁亮：《发展自然观：人与自然的张力关系》，《西南民族大学学报》（人文社会科学版）2009 年第 12 期。
② 沈满洪：《人与自然和谐共生的理论与实践》，《人民论坛·学术前沿》2020 年第 11 期。
③ 刘福兴：《"修己安人"：人与人和谐相处的重要准则》，《前沿》2006 年第 8 期。

准则决定。社会心理学和社会伦理学，揭示了社会群体的主观精神动力准则。人的政治目标、经济目标、学术目标的选择是人的一种主观精神动力，它服从于一定的文化和社会背景，人的物质资料生产活动也要受到这种群体动力的影响。组织行为是由组织目标决定的，自组织群体行为可以是因某个共同关心的利益而产生，也可以是因具有某些共同的特点而产生。在社会经济系统中，不同形式的组织和群体相互联系相互作用，既有竞争也有协同，同时也和环境发生交互关系，当这种相互作用使系统走向平衡状态时，就达到了人与人的和谐共生。

群体动力要受到社会价值观念、幸福观念、道德观念、感情观念等的综合作用。一个健康的社会，应该是普通民众能够过着有尊严的生活，广大知识分子不仅有物质生活享受方面的必要待遇，而且有相应的社会地位和成就感的精神享受。

3.3　现代人和后代人的和谐共生

现代人和后代人的和谐共生是指现代人要在提高人口素质和保护环境、资源永续利用的前提下推动经济和社会的发展。社会经济系统在发展中进化，在进化中发展，人是其可持续发展的中心体；系统可持续长久地发展才能真正地进化[①]。为此，现代人既要达到发展经济的目的，又要保护好人类赖以生存的大气、淡水、海洋、土地和森林等自然资源和环境，使子孙后代能够永续发展和安居乐业时，就达到了现代人和后代人的和谐共生。

此外，还有优秀的文化传承，现代人要将优秀的文化传递给后代人，后代人要继承优秀文化，并发扬光大。这也是现代人和后代人和谐共生的内涵。

4　复杂科学管理对人的行为的认知

4.1　人的行为类别

人的行为是受思想、价值观、思维、观念和环境影响的外在活动。依据复杂科学管理的 CSM 系统思维模式，从复杂科学管理的 CSM 整体观认知人的行为，将人的行为按照行为主体分为微观行为、中观行为和宏观行为。

微观行为包括个人行为和个体行为。个人行为是指一个人在与他人或环境交互活动中的表现；个体行为是指同一类型的"人"（即同一类属性的"人"）具有的共同做事的风格，如企业家行为。

---

① 周荣：《科学认识人与自然的关系促进人与自然的和谐发展》，《理论探索》2005 年第 1 期。

中观行为包括组织行为和群体行为。组织行为是从组织的角度出发，对内源性或外源性的刺激所做出的反应；群体行为是通过自组织集合在一起的人群进行的同一的活动，如，消费者行为，投资者行为，网络传播行为，网络用户行为，等等。

宏观行为是指人类行为。人类行为是指社会上的所有人的共同的行为，比如，人们的尊老爱幼、尊师重教等行为。

人的行为类别如图3所示。

图3　人的行为类别

4.2　人的行为的驱动作用

人的行为是一个促进人类社会、经济、文化、技术发展的关键性问题。

行为主体（个人、个体、组织、群体、社会等）的某种行为及其交叉行为将驱动社会、经济、文化、科研的发展。如：企业家的社会责任行为将驱动人与自然和谐共生；科学家亲社会行为将驱动科学家创新的研究；人类的环保行为将驱动美丽中国建设，等等。

但是，人的有些行为也会对社会、环境产生不良甚至恶劣影响，必须对这样的行为进行行为干预，让人的行为朝着有利于人民、有利于社会、有利于未来的方向发展。

5　驱动人与自然和谐共生的人的行为

社会经济系统是一个多目标、多层次、多变量的复杂系统，社会经济系统的发展进化最根本的问题是要处理好人与自然的关系，在环境友好下，社会经济系统才能得到发展进化。人们从自然环境中索取财富，不能不受到环境的制约，近几十年来，经济发展的同时，却出现对自然资源的损耗、对自然环境的污染、对生态平衡的破坏，人们开始思考人与自然的关系。尤其是新冠肺炎疫情的暴发更加引起了世人对人与自然关系的反思。一方面，人类可以从自然环境中获得资源、享受生态系统带来的服务体验；另一方面，人类排放废弃物等的行为也会带来环境的改变、环境的恶化，这将会通过自然灾害、卫生事件、生态退化等形式制约人类的发展。应该有什么样的人的行为关乎环境的变化、人类的发展，驱动人与自然的和谐共生？

本节将从三个层次提出驱动人与自然和谐共生的人的行为。

5.1 驱动人与自然和谐共生的微观行为

驱动人与自然和谐共生的微观行为包括个人行为和个体行为。关于个体行为，本文仅研究驱动人与自然和谐共生的企业家行为。

5.1.1 驱动人与自然和谐共生的个人行为

个人行为是由动机决定的，动机又取决于人们本身的需要。个人行为是一个不断循环的过程。人们为了满足自己的需要，就要确定自己行为的目标，为达到某一目标从而产生行动。从一定的需要出发，为达到某一目标而采取行动，进而得到需要的满足；在此基础上产生新的需要，引发新的目标行为，便是周而复始、不断循环。在人与自然的关系中，人类经历了依附自然来满足自己的需要，到征服自然来满足自己的需要，再到现在的与自然和谐共生来满足自己的需要的认知过程①。

人与自然和谐共生的个人行为表现在点点滴滴的生活日常中，驱动人与自然和谐共生的个人行为主要包括：

文明的卫生习惯。如，不随地吐痰，不向江河湖泊倾倒垃圾、粪便，常洗手，不在禁烟场所吸烟，不乱扔果皮纸屑。

文明的饮食习惯。如，不随意捕食野生动物，分食，不酗酒，不浪费食物等；低碳生活行为，如，随手关灯、关电源插座，不过度使用空调、冷暖气，多使用共享交通工具，少烧散煤，不燃放烟花爆竹，少用一次性制品。

绿色生活习惯。如，节约纸张，一水多用，少用化肥农药，使用无氟制品，垃圾分类，不焚烧垃圾、秸秆，不踩踏绿地，不乱砍滥伐树木，多种树和花草。

5.1.2 驱动人与自然和谐共生的企业家行为

个体是指同一类型的"人"（即同一类属性的"人"）的集合，是虚体，其组成元素是个人。个体行为包括科学家行为、企业家行为……本文仅研究驱动人与自然和谐共生的企业家行为。

驱动人与自然和谐共生的企业家行为包括：

企业家的社会责任感。如不以赚钱为唯一目标，敬畏大自然、回馈大自然，不以污染环境为代价发展生产，不随意排污，不随意排放废弃物，等等。

---

① 位雪燕：《新时代生态文明建设的理念探析》，《河南理工大学学报》（社会科学版）2020年第5期。

企业家的使命感。如以对社会做贡献，给人以关爱为出发点创办、经营企业，开展生态生产技术的创新，推进清洁生产、加强污水处理建设，为社会提供质量一流的品牌产品或服务，等等。

循环经济意识包括：资源取之有度；资源节约、资源循环利用；产能过剩治理；实施工业能效提升、工业固体废物综合利用；应用循环型技术、工艺、材料、组织创新，引进集约、高效、无害化的生产方式；生产适应市场需求的绿色产品；应用资源循环技术、再利用技术、减量化技术、零排放技术、系统化技术和信息化技术等，促进资源循环利用、废物综合利用，减少废弃物、废气的排放，等等①。

驱动人与自然和谐共生的微观行为如图4所示。

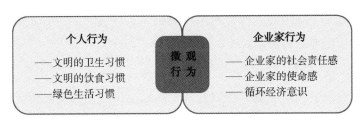

图4　驱动人与自然和谐共生的微观行为

5.2　驱动人与自然和谐共生的中观行为

中观行为的主体是组织或群体，组织行为是由组织目标决定的，自组织群体行为可以是因某个共同关心的利益而产生，也可以是因具有某些共同的特点而产生。本部分主要研究驱动人与自然和谐共生的组织行为，包括政府行为、企业行为。

5.2.1　驱动人与自然和谐共生的政府行为

驱动人与自然和谐共生的政府行为主要是政策、制度、措施等的制定，为人对自然的行为活动做出方向性引领、纲领性指导、原则性规定。具体表现在：

制定生态环保发展战略。包括制度建设、绿色发展政策制定、优化生态政策制定、各个领域的环保政策和法律法规制定等。在战略层面上，让国民高度重视环境和生态问题。

制定相关标准，提供公共服务。包括资源开发标准制定，乱砍滥伐惩治规则，工业企业、工业产品等相关的环保指标和标准的制定，环境治理过程设计，等等。让民众在实现人与自然和谐共生过程中有章可循。

宣传生态文明理念。包括绿色发展理念、绿色控制理念、敬畏大自然理念、生态科学知识普及、环境文化知识普及、经济发展和环境保护的平衡关系等。

---

①　陶柱标：《从人与自然关系的历史变迁谈人与自然的协调发展》，《东南亚纵横》2004年第1期。

环境普查和监测。环境普查和监测是指生态环境和自然资源的普查和监测，包括对国土面积内的森林、江河、湖泊、海洋、水库、沼泽、湿地、草原、山脉、沙漠、戈壁、地下资源（地下水、煤炭、石油、金属等）、耕地、土地等自然地表资源进行定期的、全面的科学探测和普查；对大气污染、气象变化等空间资源的污染实施不间断的监控；对企业进行环保监管，让破坏生态环境和自然资源环境受到监督，从源头遏制高污染高能耗高排放企业的落户①。

开发清洁能源。大力开发和实施风力发电、水力发电、太阳能发电等清洁能源工程②。

5.2.2 驱动人与自然和谐共生的企业行为

驱动人与自然和谐共生的企业行为主要是企业从自身的生存和发展角度，承担保护环境的责任。主要驱动行为表现在：

从追求单一的经济增长转变为追求经济、社会、环境的协调发展。企业要认真学习政府倡导的绿色发展政策、资源开发标准、乱砍滥伐惩治行为规定、环境治理过程设计等，坚持循环经济发展道路，通过"资源→产品→再生资源"的反馈式行为流程，通过科技创新行为，通过资源取之有度行为，通过资源节约和循环利用行为，提高资源利用率、减低资源损耗速度、提供资源再生率③。

积极采用生态生产技术。生态生产技术主要是指利用生态系统的物质循环和能量流动原理，以闭路循环的形式，在生态过程中实现资源合理而充分的利用，使整个生产过程保持高度的生态效率和环境的零污染。企业要紧密跟踪生态生产技术的研究进展，在条件许可的情况下，将最新的生态生产技术应用到生产中去，使研究出来的生态生产技术能尽快转化为生产力，造福人类。

研制并生产绿色产品。企业应研制并生产绿色产品；推动"绿色市场"的发育；对污染环境的企业采取切实有效的措施治理，等等。

驱动人与自然和谐共生的中观行为如图5所示。

5.3 驱动人与自然和谐共生的宏观行为

宏观行为是指人类行为，人类行为的主体是社会。人类的生产生活要在重视自然

---

① 蔡守秋、万劲波、刘澄：《环境法的伦理基础：可持续发展观——兼论"人与自然和谐共处"的思想》，《武汉大学学报》（社会科学版）2001年第4期。
② 秦海岩：《可再生能源架起人与自然和谐共生的桥梁》，《能源研究与利用》2020年第3期。
③ 周毅：《人的自然与自然的人——21世纪人口与资源环境可持续发展》，《系统工程理论与实践》2000年第5期。

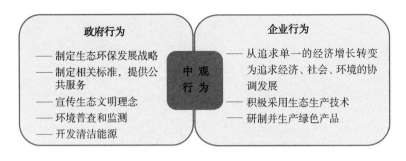

图 5　驱动人与自然和谐共生的中观行为

的生态承载能力的基础上，对自然进行开发利用。习近平总书记指出：自然是生命之母，人与自然是生命共同体，人类必须敬畏自然、顺应自然、保护自然。① 为此，人类为了实现人与自然的和谐共生，在面对大自然时，采取的行为也应该饱含敬畏之心、顺应之心、保护之心。

驱动人与自然和谐共生的人类行为表现在：

尊重自然、敬畏自然，遵循自然规律。包括：人类社会的退耕还林、治沙；不要随意填湖；不要乱砍滥伐，等等。

强化人与自然是生命共同体的意识。党的十九大报告提出"人与自然是生命共同体"，该提法极富哲学意蕴。"生命共同体"强调了人与自然平等的地位关系，人与自然不再是对立的、征服与被征服的关系，人类对大自然的伤害，都将最终危害到人类自身。

倡导环境伦理。倡导环境伦理是将伦理对象扩展到自然，是要人类以最道德的方式、最大限度地适应自然环境，实现人与自然和谐共生。倡导环境伦理包括：积极倡导尊重自然、善待自然的伦理态度；用道德的力量去反思和约束自身行为；将人与自然和谐共生作为一种世代坚守的信念等②。环境伦理是人类对环境污染和生态失衡问题的一种反思，善意和解人与生态环境之间的关系，平衡人与生态环境的利益分配。

建设人类社会与生态文明相适应的文化体系。包括"天人合一"的文化传承行为，中华传统文化中的"天人合一"思想，核心就是将天、地、人作为和谐的整体来看待，追求"天道"与"人道"、"物"与"我"高度统一的境界③。

提倡人与自然和谐共生的社会行为，是人类对自然的友善，也是对自身的救赎。人与自然和谐共生就是需要我们在面对自然的时候，放下征服者的姿态，秉持"道法

①　习近平：《在纪念马克思诞辰 200 周年大会上的讲话》，人民出版社 2018 年版，第 21 页。
②　曹孟勤：《人与自然互为存在——人与自然关系新解》，《道德与文明》2005 年第 2 期。
③　王雨辰：《论维系人与自然和谐共生关系的生态道德观》，《云梦学刊》2020 年第 4 期。

自然"的理念，心怀谦卑，最大限度地去适应环境。遵循自然规律，遵循环境伦理，传承"天人合一"的理念，实现人与自然的和谐共生，才能有利于提高人民生活质量、民生福祉，促进社会蓬勃发展、生存家园的建设、人类文明的传承。

驱动人与自然和谐共生的宏观行为如图6所示。

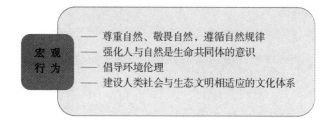

图6 驱动人与自然和谐共生的宏观行为

5.4 驱动人与自然和谐共生的措施

本文提出文化、教育、科技、创新"四轮驱动"的驱动措施。图7描述了驱动人与自然和谐共生的措施——文化、教育、科技、创新"四轮驱动"。

图7 驱动人与自然和谐共生的"四轮驱动"措施

具体内容如下：

（1）文化——文化是深深地熔铸在民族内心的灵魂

中国优秀传统文化是支撑着中华民族历经五千余年生生不息、代代相传、傲然屹立的内在力量。在优秀的传统文化下孕育出丰富的哲学思想、道德情操、价值观、世界观、人生观、行为准则等内容。为了形成人与自然和谐共生的人的行为，我们应该传承和发扬优秀的传统文化，提升道德水准。

（2）教育——教育是人类一直不断进步的重要内在源泉

个人应加强自身教育行为输出。"十年树木，百年树人"，教育既表现为知识体系的构建，也表现为自身内在修养的提升，以及个人行为习惯的形成。这需要社会教育，需要全社会共同努力来改变。要通过各种宣传工具、媒体，利用诸如影视剧、小品、相声、公益广告等多种形式进行宣传教育，在全社会达成共识。一代又一代人持续不断地进行下去，在内心深处播下人与自然和谐共生的思想种子，并不断深化为每一个人的行为准则。

（3）科技——科技是实现人与自然和谐共生的重要抓手

回顾人类发展史，科技的发展直接或间接地影响了人与自然的关系。一方面，科技的发展丰富了人类认识、保护、利用自然资源的途径，另一方面，科技也增强了人类破坏自然的能力，产生人类有能力战胜自然的错觉。为了形成人与自然和谐共生的行为，应发展并合理运用科技，科技发展以保护自然环境、保护生态平衡为准则，要成为连通人与自然和谐共生的重要桥梁①。

（3）创新——创新是引领发展的第一动力

"苟日新，日日新，又日新"，创新的根本意义在于勇于突破当前局限，不断革除不合时宜的旧体制、旧方法，创造更符合时代发展的新举措、新方法、新技术。我们应通过理论创新、制度创新、科技创新、教育创新等全方位、多层次、深层次的创新，不断探寻人与自然更理想化的和谐共生相处模式和行为方式。

6 研究结论

本文主要研究人与自然的和谐共生。从人与世间万物的关系出发，人与自然的和谐共生需要什么行为驱动？通过研究得出以下创新性结论：

（1）对"美丽中国"的新认知

从科学、艺术两个方面认知美丽中国的内涵。科学地解释了"美丽中国"的深刻含义——创新与和谐；而结构美、行为美、运作美、行为美、创新美赋予了"美丽中国"新的美学。为实现美丽中国的建设，提出美丽中国需要研究的核心问题——构建美丽中国价值体系；研究创新理论与和谐共生理论；解决城乡差距和能源问题。

（2）对"和谐共生"的新认知

基于复杂科学管理的系统思维、CSM整体观，提出"和谐共生"是一个复杂而相互关联的空间动态系统，其研究对象为"人类共生系统"。"人类共生系统"是立体的、

———————————

① 伍光和：《尊重自然与自然规律是实现人与自然和谐的前提》，《云南师范大学学报》（哲学社会科学版）2008年第3期。

开放的,包括三个空间——"人"组成的社会空间、"自然"组成的自然空间、"后代人"组成的虚拟空间。研究和谐共生就是研究人类共生系统中三个空间的和谐共生,即人与自然的和谐共生、人与人的和谐共生、现代人与后代人的和谐共生。其中,人与自然的和谐共生立足整体,为全面看待人与人、现代人与后代人的资源需求提供了契机,而人的行为是实现人与自然的和谐共生的重要手段。

(3)对"人的行为"的新认知

人的行为是人内在思想、价值观、思维等外显的结果。根据行为主体的不同,分为微观行为、中观行为和宏观行为。人的行为驱动社会、经济、文化、科研各方面发展,对人的行为进行引导、干预、规范,是保障人的行为朝着有利于人民、有利于社会、有利于未来的方向发展的关键性问题。

(4)提出驱动人与自然的和谐共生的人的行为

从人的行为的微观、中观、宏观三个层次提出驱动人与自然和谐共生的人的行为及其内涵。

微观层面主要研究个人行为和企业家行为。驱动人与自然的和谐共生的个人行为有:文明的卫生习惯、文明的饮食习惯、绿色生活习惯等;驱动人与自然的和谐共生的企业家行为有:企业家的社会责任感、企业家的使命感、循环经济意识等。

中观层面主要研究组织行为,包括政府行为和企业行为。驱动人与自然和谐共生的政府行为有:制定生态环保发展战略;制定相关标准,提供公共服务;宣传生态文明理念;环境普查和检测;开发清洁能源等。驱动人与自然的和谐共生的企业行为有:从追求单一的经济增长转变为追求经济、社会、环境的协调发展;积极采用生态生产技术;研制并生产绿色产品,等等。

宏观层面主要研究人类行为。驱动人与自然和谐共生的人类行为有:尊重自然、敬畏自然、遵循自然规律;强化人与自然是生命共同体的意识;倡导环境伦理;建设人类社会与生态文明相适应的文化体系。

(5)提出驱动人和大自然和谐共生的措施

提出文化、教育、科技、创新"四轮驱动"的驱动人与自然和谐共生的措施。四个方面共同发力,规范人的行为,通过行为输出能量,实现人与自然和谐共生,绘中国之美、塑中国之形、强中国之力。

复杂视域下"人类命运共同体"的
生态空间治理

李北伟　杨　帆

（吉林大学 管理学院，长春　130022）

摘要： "坚持推动构建人类命运共同体"作为新时代坚持和发展中国特色社会主义的一个基本方略，是新时代中国为全球治理贡献的中国智慧和中国方案。本文从复杂科学理论的视角，阐述了习近平总书记提出的人与自然生命共同体理论和全球生态空间治理方向及作用机理。

关键词： 命运共同体；复杂科学；生态空间治理

2021 年 4 月 22 日，在《巴黎协定》签署五周年之时，习近平主席出席了领导人气候峰会，鲜明地提出了全世界应对气候变化挑战的中国方案——"共同构建人与自然生命共同体"，把"人类命运共同体"的理念进一步明晰地推进到了生态空间[①]。从复杂科学视角，深刻领会习近平总书记提出的人与自然生命共同体的理论，以及该理论拓展出来的全球生态治理空间，有助于我们在当前错综复杂、高度不确定的国际环境下，在变幻莫测、极端气象频发气候条件下，深入地认识世界性生态环境治理问题。[②]

1 "天人合一"与"共同体"的和谐生态理念

面对复杂的人与自然的关系问题，中国古代的先哲们在一千年前就建立了天人合

作者简介： 李北伟（1963—　），男，吉林长春人，吉林大学管理学院院长、教授、博士生导师，研究方向：技术经济及管理；杨帆（1989—　），女，吉林长春人，吉林大学管理学院博士研究生，研究方向：技术经济及管理。

① 《习近平出席领导人气候峰会并发表重要讲话》，中国政府网，https://www.gov.cn/xinwen/2021-04/22/content_5601535.htm.

② 徐绪松：《复杂科学管理》，科学出版社 2010 年版，第 9 页。

一的宇宙观。自然中的人，与自然界的天地万物是休戚相关的，人只有充分认识自然、顺应自然规律，才能在自然中实现自我①。天地中的人与周遭万物共存于同一个地球之中，是一个紧密联系、相互依存的共同体。天地造化的人为万物之灵，有责任和义务协调处理好人与天地万物之间的关系，维护好我们赖以生存的地球空间和自然界的和谐。"天人合一"的和谐观，应该是人类社会过去、现在和未来，实现人与自然和谐共处的永恒的精神和理念。②

"共同体"思想在马克思的论著中有着大量的阐述。马克思深深关切着人的存在，在探究社会发展的理论中，把"共同体"思想全面渗透于马克思主义的唯物史观。马克思提出了"人的本质是人的真正的共同体"，他认为"真正的共同体"是在现实生活中体现出的人之为人的全部类本质和发展本质③。马克思的"共同体"可以理解为人类生存的基本方式，"现实的人"基于共同利益和共同诉求而形成的一种共同关系模式。人类只有通过"真正的共同体"即自由人的联合体才能实现自身的解放，得到自由全面的发展。

"坚持推动构建人类命运共同体"作为新时代坚持和发展中国特色社会主义的一个基本方略，习近平总书记在党的十九大作出了系统的阐述，这是新时代中国为全球治理贡献的中国智慧和中国方案。这一理论，在全球治理层面继承和发展了马克思的"共同体"思想，建立了全球多元治理共治共享的合作范式，为解决当代错综复杂的全球性问题提出了建设性理论。

当今世界，随着科学技术的迅猛发展以及工业化和现代化进程的加速，人类现行生存方式和生产方式与地球生态环境支撑能力的矛盾日趋加剧，人类已经到了不得不面对一系列严峻生态环境危机的崩溃边缘。④ 环境污染、水资源短缺、气候变暖、石油枯竭、史无前例的全球性疫情暴发等危机相继到来，已成为制约经济社会发展的瓶颈，对人类生产和生活构成了严峻威胁和挑战。习近平主席提出，共同构建"人与自然生命共同体"，动员世界各国同心协力共同应对挑战，破解这一关系人类生存与发展世界难题，要做到"六个坚持"：坚持人与自然和谐共生，坚持绿色发展，坚持系统治理，坚持以人为本，坚持多边主义，坚持共同但有区别的责任原则，这是"共同体"形成

---

① 全国干部培训教材编审指导委员会：《推进生态文明 建设美丽中国》，人民出版社 2019 年版，第10 页。

② 刘海娟、田启波：《习近平生态文明思想的核心理念与内在逻辑》，《山东大学学报》（哲学社会科学版）2020 年第 1 期。

③ 转引自刘海江《马克思实践共同体思想研究》，中国社会科学出版社 2016 年版，第 102 页。

④ 周光迅、胡倩：《从人类文明发展的宏阔视野审视生态文明——习近平对马克思主义生态哲学思想的继承与发展论略》，《自然辩证法研究》2015 年第 4 期。

与发展的要旨①。

在复杂科学理论视角下,"人与自然生命共同体"构成了一个多种要素共存、多个过程交织、多种条件制衡、多种机理发挥作用的复杂生态空间。② 应用复杂科学的理论,可以对这一复杂生态空间的形成、发展与演化规律形成一些深入的认识:生态空间主体的构成复杂;主体各成员的责任与义务划分复杂;大国间博弈构成的治理架构复杂;低碳技术创新与共享机制的确立复杂;碳基价值体系形成与作用机理复杂;中国是这些复杂关系中重要的决定变量。

2 人类共同体成为生态空间治理主体

三次全球化浪潮,迭代式地整合了世界相对分隔的经济与人文板块。第二次世界大战后,美国主导了第二次全球化浪潮,驱动殖民、产业和金融的快速全球化。当前,人类社会已进入第二次全球化的尾声,尽管以美国的不断退群和英国脱欧为代表的逆全球化沉渣泛起,但全球化进程势不可当,生态治理全球化将成为第三次全球化兴起的标志。纵观三次全球化,第一次是殖民扩张全球化;第二次是经济贸易全球化;第三次是生态治理的全球化。

生态治理的全球化意味着,随着经济全球化的深入发展,全球的整体相关性日益密切,任何一个国家或民族在全球性的生态空间中不可能独善其身,必然受到人类发展基本与共同条件的制约。全球化的发展实践验证了马克思所揭示的"历史向世界历史转变"的论断。人首次以统一的人类整体成为生态空间治理的主体,而"以人为本"的"人"也全面地扩展到了"全人类"的类本体。

与全球化生态治理相关的复杂性产生了,不同人种、民族、文明的区别在淡化,21 世纪人类的共同发展与赖以生存的生态环境危机凸显,"文明的冲突""历史的终结"的论调已显苍白,无力解释今日变化的世界。

20 世纪 80 年代,全球平均气温比 100 年前上升了 0.48℃,当科学家提出人类活动引起气候变暖的观点,对此怀疑者多,警醒者少,各国政要大多还不为所动。2021 年 4 月领导人气候峰会上,联合国秘书长古特雷斯披露了数据:过去 10 年是有记录以来最热的 10 年,全球气温已经上升了 1.2 摄氏度,正迅速逼近灾难的临

---

① 《习近平:构建人与自然生命共同体要做到"六个坚持"》,人民网,http://politics.people.com.cn/n1/2021/0422/c1024-32085293.html。

② 郑湛、陶小龙、赵伟、马海超、徐绪松:《复杂科学管理基本原理解析》,《信息与管理研究》2020 年第 2 期。

界值。① 然而，由于国家间的政治与利益冲突，全球环境的共同治理陷入争议、徘徊的困境。比尔·盖茨在其新作《气候经济与人类未来——比尔·盖茨给世界的解决方案》中呼吁，"到21世纪中叶，气候变化可能变得跟新冠肺炎一样致命。而到2100年，它的致命性可能会达到该流行病的5倍。"②《第三次工业革命》的作者杰里米·里夫金新近撰写了《零碳社会——生态文明的崛起和全球绿色新政》一书，提出"世界各国联合起来，向零碳社会转型，帮助人类社会度过灾难"。国际社会必须以前所未有的雄心和行动来面对挑战，推动人类社会进入一个全新的零碳时代，及时应对气候变化和地球上物种的大规模灭绝。③

人类生态空间治理共同体的形成过程曲折复杂，充满着各种不确定性。气候变化问题再不"简单"，已经不是一个单纯的科学问题，地缘政治、大国外交、党派争斗、经济发展等问题已与气候变化问题交织在一起，成为21世纪人类最大，也是必须应对的挑战。④

3　发展差异决定的有区别的生态责任义务

多元化的世界与生态空间的主体构成呈现出复杂的映射关系。在近现代世界工业化的历史进程中，各个国家或民族的发展有着历史、区位、文化、资源禀赋等形成的巨大差异，在生态共同体的组合中不应该、也不可能等量齐观地发挥责任义务。发展中国家如何在后发展中得到公平的发展权利，发达国家如何更多地对环境治理做出贡献，这也是世界气候谈判一直胶着的重要分歧与难点。

18世纪60年代，以英国为代表的西方国家进行了工业革命，蒸汽机大规模使用，开始了人类碳经济时代。以煤炭为核心的世界能源架构，推动西方发达国家的资本主义经济不断走向现代化。20世纪初，随着内燃机的普及，石油开始大规模利用。建立在化石燃料基础上的发达国家现代工业体系，已经走过了近200年的历史，其碳排放的污染历史也同样近200年。

---

① 《联合国秘书长敦促发达国家对气候行动作出更大贡献》，新华网，https：//baijiahao.baidu.com/s？id=1697750073677439714&wfr=spider&for=pc.
② ［美］比尔·盖茨：《气候经济与人类未来——比尔·盖茨给世界的解决方案》，中信出版集团2021年版，第14页。
③ ［美］杰里米·里夫金：《零碳社会——生态文明的崛起和全球绿色新政》，中信出版集团2020年版，第243页。
④ 周光迅、胡倩：《从人类文明发展的宏阔视野审视生态文明——习近平对马克思主义生态哲学思想的继承与发展论略》，《自然辩证法研究》2015年第4期。

世界上绝大多数的发展中国家，第二次世界大战之后才逐渐实现了独立，艰难的工业化历程只有短短几十年的历史。这些国家大多处在工业化早期和中期阶段，其生产技术、能源结构水平较低，经济发展的需求与碳排放的限制产生了难以在短期内化解的矛盾。发达国家不应以低碳的理由剥夺发展中国家发展的权利，应该帮助发展中国家尽快完善技术，在发展中逐渐有效降低碳排放。①

2009 年的联合国讨论环境问题的《哥本哈根协议》，西方发达国家提出约定碳排放权的总额，其中发达国家在 2006—2050 年分配的人均排放权是发展中国家的 2.3—5.4 倍。发展中国家的人口是发达国家的 5 倍多，发达国家用碳排放权来剥夺、限制发展中国家的发展，明显的不公平，不可能得到有效的执行，失去了约束力。

2013 年的华沙气候变化大会上，"国家自主减排承诺"机制被提出，并在 2014 年利马气候大会上得以明确，各国自主提出应对气候变化的行动目标。2015 年，《巴黎气候协定》正式达成，这个协议能够达成的一个重要原因就是在发展中国家的共同努力下，对不同发展阶段国家的责任义务进行了区别化处理，不强迫各国确定碳排放目标，鼓励各国自己确定目标，国家自主决定贡献，实现相对公平。各国的减排承诺表现为四种形式：相对于基年的绝对量减排、相对于基准情景的绝对量减排、强度减排和排放峰值年。

4 大国合作架构决定生态空间治理方向

20 世纪 90 年代以来，世界各国在联合国框架下一直在为应对气候变化作出努力。1992 年签订了《联合国气候变化框架公约》，1997 年签订了《京都议定书》。2015 年，《联合国气候变化框架公约》第 21 次缔约方大会上，196 个缔约方（195 个国家 + 欧盟）签署了《巴黎协定》，正式对 2020 年后全球气候治理进行了制度性安排。

然而，《巴黎协定》的执行并不顺利，美国曾两次毁约，以流氓加无赖的方式阻碍合约的谈判和执行进程。2001 年年初，共和党人乔治·布什取代民主党人比尔·克林顿，坐上美国总统宝座不久，就宣布美国退出《京都议定书》。2017 年 6 月 1 日，又是共和党人的特朗普，在接替民主党人奥巴马的总统职位后，兑现他的竞选承诺，宣布美国退出《巴黎协定》，停止实施"国家自主决定贡献"，停止对绿色气候基金捐资等出资义务。2021 年 1 月 20 日，美国总统拜登上台后立即签署行政令，宣布美国重新加

① ［美］杰里米·里夫金：《零碳社会——生态文明的崛起和全球绿色新政》，中信出版集团 2020 年版，第 253 页。

入《巴黎协定》。2月19日，美国单方面宣布，正式重新加入《巴黎协定》。关系世界命运，各国政府经过多年周折达成的如此重要的协议，就这样陷入美国的党争，被美国的一任任总统玩弄于掌股之中。谁能保证拜登之后的美国总统不再翻盘？这使世界性的生态环境治理合作面临着极大的不确定性。

目前，国际生态环境治理合作完全可能陷入复杂的"囚徒困境"。各国如果通力合作，会产生环境治理的最优结果，但各国也都有互不信任、不合作的动机和理由。在全球变暖加剧的情境下，只有各国都致力于减少温室气体排放，各国才会得到更大的收益；如果每个国家都想从其他国家的减排中获益，而自己又想逃避支付减排成本，结果是大家都要受到环境恶化之害。通过交流和单边支付承诺，并且建立有效的监控机制，能够减少囚徒困境的发生。然而，要有效地进行交流，并通过反复的博弈建立信任与核查机制，进而对分享合作成果达成默契，尚需时日。

中美两国，作为世界最大的经济体和碳排放国，两国在环境治理领域的合作架构，决定着生态空间的治理方向。自20世纪70年代以来，两国形成的经贸合作关系现已生变，摩擦、争斗、脱钩、对抗的事态不断发生，环境领域的合作已成为双方利益最大的交集。美国为"重返"世界领导位置，费尽心机安排了4月22—23日举行的线上领导人峰会。为此，美国总统气候问题特使克里专程来中国，力邀中国领导人参会，足见中国在世界环境问题上举足轻重的地位和作用。此次会谈，中国与美国共同就气候危机发布了联合声明，重启两国在气候领域上的对话合作通道。

此次会谈发表的《中美应对气候危机联合声明》，为全球环境治理定下了基调。中美致力于相互合作并与其他国家一道解决气候危机，按其严峻性、紧迫性的要求加以应对；走向未来，中美两国坚持携手并与其他各方一道加强巴黎协定的实施；在格拉斯哥联合国气候变化框架公约缔约方大会第26次会议（简称缔约方大会第26次会议）前，提高包括减缓、适应和支持的全球气候雄心；中美将采取其他近期行动，为解决气候危机进一步做出贡献；中美将在缔约方大会第26次会议前及其后，继续讨论21世纪20年代的具体减排行动，旨在使与巴黎协定相符的温升限制目标可以实现；双方将合作推动缔约方大会第26次会议成功，该会议旨在完成《巴黎协定》实施细则，并大幅提高包括减缓、适应、支持的全球气候雄心。①

全球生态环境治理需要世界各国联合发力，碳达峰、碳中和已成为世界各国共同缓解全球变暖的关键之举。实现碳中和的目标并非易事，各国携起手来共同推动才能

---

① 《中美应对气候危机联合声明（全文）》，新华网，https://baijiahao.baidu.com/s? id = 169733621687899
6157&wfr = spider&for = pc.

完成。确立大国间互信、合作、相向而行的协同关系，是引领国际生态环境治理健康、有序发展的关键。

5 低碳技术创新与共享决定生态空间治理能力

在工业化的化石能源时代，人类从化石能源的开发利用方向进行技术发明与创新，解决了人类能源需求问题。低碳经济的发展需要低碳技术的支撑，需要建立颠覆性的绿色能源开发利用体系。低碳技术涉及电力、交通、建筑、冶金、化工、石化等部门，以及在可再生能源及新能源、煤的清洁高效利用、油气资源和煤层气的勘探开发、二氧化碳捕获与埋存等领域开发的有效控制温室气体排放的新技术。随着低碳技术的创新发展，我们的生产、生活方式都将发生革命性的变化。

首当其冲的是能源行业将向绿色、低碳方向转型。随着风电和太阳能大规模的在配电端接入电网，能源与电力系统将会被重塑。电力系统将发生从"电从远方来"向"电从身边取"的革命性转变，"分布式智能网络""能源互联网"将成为电网主体。[①]

交通行业以汽车为代表，加速实现电动车对传统燃油车的替代，且人工智能、大数据和物联网等技术支撑无人驾驶技术，创造出汽车产业的全新业态。碳中和对交通运输业的影响是历史性的。[②]

建筑将不再仅是古老"土木工程"的产物，其作用不单单供人们居住、工作，还将是"一座发电厂"。建筑上的光伏发电板、风机，产生电力供应建筑自身，多余的电输出到电网，建筑是"能源物联网的节点"。[③]

低碳技术是高新技术，研发和推广需要大量的人力、物力和资金投入。发达国家具有低碳技术的领先优势，掌握着大量的低碳技术专利。低碳技术不应成为发达国家控制发展中国家，限制其发展的工具。低碳技术应成为造福全人类，实现碳减排、碳达峰、碳中和的工具。应建立低碳通用技术转移共享机制，帮助发展中国家解决缺少低碳技术研发能力、低碳设施投入严重不足的问题，帮助发展中国家实现低碳减排的目标。

2009 年联合国气候变化大会后，2℃ 的温控目标已成为全球共识。2015 年联合国

---

① ［美］杰里米·里夫金：《零碳社会——生态文明的崛起和全球绿色新政》，中信出版集团 2020 年版，第 61 页。

② ［美］杰里米·里夫金：《零碳社会——生态文明的崛起和全球绿色新政》，中信出版集团 2020 年版，第 95 页。

③ ［美］杰里米·里夫金：《零碳社会——生态文明的崛起和全球绿色新政》，中信出版集团 2020 年版，第 98 页。

气候变化大会后，1.5℃温控目标又成为新的热点。有研究表明1.5℃温控目标的经济成本至少是2℃温控目标的3倍。[①] 这样的目标离开了发展中国家的参与和努力是难以实现的，而发展中国家需要加速提供资金的支持才能提高碳减排能力。发达国家通过技术转移等手段既要降低自身碳足迹，又应通过区域合作支持发展中国家实现协同减排。

6 碳基价值体系决定生态空间治理绩效

第二次世界大战后，美国凭借其在军事、工业上的霸主地位，依仗其世界第一的黄金储备，构建了主宰世界70余年以美元为中心的价值体系。这一价值体系先以美元与黄金挂钩，建立在金本位的基础上；后将美元与石油挂钩，以战争相威胁，强行建立起以美元交易石油，以石油控制全世界的价值体系。美国一直以哈尔福德·麦金德在"陆权论"中提出的全球地缘政治战略著名的三段式警句作为战略导向。[②] 亨利·基辛格说得更明确：谁控制了石油，谁就控制了所有国家；谁控制了粮食，谁就控制了人类；谁掌握了货币发行权，谁就掌握了世界。

全球化发展，数字时代到来，美国无节制地滥发美元，为石油美元画上了句号。美国还想延续一轮轮靠美元霸权"薅全世界羊毛"的发财模式行将终止。美国急于寻找新的标的物绑定美元，延续统治世界的霸主地位，排碳权就是其锁定的新目标。2015年，奥巴马政府颁布了《清洁能源计划》，开始了美国政府的气候战略。奥巴马在巴黎促进达成全球气候变化新协议的过程中表现出了美国强烈的独占领导地位欲望，并欲将美国的减排目标作为其他国家的减排标准，战略意图初现端倪。特朗普上台后的"退群"，中止了这一战略的继续展开。拜登带领重回白宫的民主党，上台伊始就与前任总统特朗普划清界限，签署了让美国重新加入《巴黎协定》的行政令，可见全球环境领导权问题在美国民主党人战略中的重要性。

然而，今日世界的力量对比已经发生了根本性的变化。中国的崛起以及世界多极化格局的形成，美元已然失去再度成为绝对统治世界货币的条件和可能。特朗普政府"去气候化"，撤销、改写了近百项与环境相关的法规和政策，特别是退出《巴黎协定》，使美国一度缺席全球气候治理的谈判桌。据"德国观察"（Germanwatch）、新气候研究所（New Climate Institute）和国际气候行动网络（CAN）联合发布的《2020年

---

① 唐自华：《实现1.5℃温控目标，对中国碳排放影响几何？》，腾讯网，https://new.qq.com/omn/20210427/20210427A0CQJC00.html.

② ［美］斯皮克曼：《边缘地带论》，石油工业出版社2014年版，第2页。

气候变化绩效指数》排名，美国已从 4 年前的第 34 名跌至 61 名，影响力岌岌可危。在美国疫情肆虐、经济衰退、民意撕裂之际，拜登政府提出了 2 万亿美元用于基础设施、清洁能源等重点领域投资的气候行动计划。

全球性生态环境的治理离不开新的价值体系的构建，有针对性的碳减排放机制，首推碳税和碳交易。碳税是采取价格干预，通过相对价格的变化引导经济主体降低碳排放。碳交易则是通过数量干预，规定排放配额，由市场交易来分配碳排放权。这种碳排放的制度安排，使得碳排放价值化、货币化、可交易化。[①]

在多国合作积极应对气候变化的背景下，对生态空间碳排放的管制将日益严格。国际性的外部限制与核查，各国政府内部的自我约束，将对各国经济社会发展产生重要影响。如何在有限的碳排放空间下发展经济，成为世界各国特别是发展中国家面临的重大课题。碳排放具有较强的外部性，排放空间是典型的"公共品"，征收"环境税"是必然的选择。环境税可溯源到由福利经济学家庇古所提出的庇古税，根据污染所造成的危害程度对排污者征税，用税收来弥补排污者生产的私人成本和社会成本之间的差距，使两者相等。政策取向不外两个方向：一是将碳排放的外部成本内部化，征收碳税；二是实施碳排放总量控制下的碳交易制度。问题的核心在于谁来制定规则，谁是征收的主体，向谁征收，交易如何进行以及利益的合理分配，等等。

碳税的征收很有可能成为发达国家制约发展中国家发展新的"紧箍咒"，成为国际霸权盘剥弱势群体的新工具。西方国家可能以此附加在贸易条款上，以非市场化手段打压竞争对手，造成市场的扭曲和不公平。碳排放新的国际规则架构正在形成，这些新规则不应由霸权势力独裁，而应在联合国的框架下，采取多边机制协商完成，取得东西方利益机制与发展权利的平衡。[②]

7 中国是世界生态环境治理的主导力量

2020 年 9 月，习近平主席在联合国生物多样性峰会上强调，作为世界上最大发展中国家，我们愿承担与中国发展水平相称的国际责任，中国将秉持人类命运共同体理念，提高国家自主贡献力度，采取更加有力的政策和措施，二氧化碳排放力争于 2030 年前达到峰值，努力争取 2060 年前实现碳中和，为实现应对气候变化《巴黎协定》确

---

① ［美］杰里米·里夫金：《零碳社会——生态文明的崛起和全球绿色新政》，中信出版集团 2020 年版，第 205 页。

② 沈满洪：《习近平生态文明思想研究——从"两山"重要思想到生态文明思想体系》，《治理研究》2018 年第 2 期。

定的目标做出更大努力和贡献。①

近年来，我国政府严格履行碳减排的承诺，不断强化生态环境的治理，碳排放强度降幅远超全球平均水平。截至 2019 年年底，我国单位 GDP 二氧化碳排放量比 2005 年下降了 48.1%，"十四五"规划期间该指标还要再降 18%。我国大力推进能源全面、协调、可持续发展，成为全球能源利用效率提升最快的国家，有效降低了碳排放强度。2012 年至 2019 年，我国单位 GDP 能耗累计降低 24.4%，以能源消费年均 2.8% 的增长，支撑了 GDP 年均 7% 的增长。"十四五"规划期间单位 GDP 能耗还要再降 13.5%。②

我国大力发展绿色能源，可再生能源发电量也是连续多年位居世界第一，2020 年，全国可再生能源发电量达 2.2 万亿千瓦时，同比增长约 8.4%，占全社会用电量的比重近 30%。到 2020 年年底，我国可再生能源发电装机总规模达到 9.3 亿千瓦，规模世界第一，同比增长约 17.5%，占总装机的比重达 42.4%。我国是可再生能源领域的最大投资国，近十年的投资额超过欧盟和美国。③

特别值得称道的是，我国在国土绿化方面取得的突出成绩。28 年的时间，森林覆盖率从 13.92% 上升至 23.04%，森林蓄积量从 101.37 亿立方米增加至超过 170 亿立方米，成为全球森林资源增长最多、最快的国家。森林覆盖率的持续增加，既有效减少了重度污染天气数，又为生物固碳奠定了坚实的物质基础。

党的十八大提出的建设美丽中国的构想，要求切实增强全民生态意识，切实加强生态环境保护，把我国建设成为生态环境良好的国家。践行节能低碳理念，提倡绿色生活，促进绿色生产，共建小康社会，共享美丽中国。走向生态文明新时代，建设美丽中国，是实现中华民族伟大复兴的中国梦的重要内容，为人民创造良好生产生活环境，为全球生态安全做出贡献④。近年来，中国政府和中国人民一直在行动。

我国政府一直以积极的姿态主动参与生态建设与环境治理相关的国际协定的谈判和执行。作为一个发展中国家，特别是碳排放大国，中国努力承担着共同而有差别的责任。我们在维护自己发展权益的同时，坚守并完成控制碳排放强度的承诺。我国政府发起"一带一路"倡议，帮助沿线国家的经济发展，完善能源和基础设施建设，提

---

① 参见《习近平在联合国成立 75 周年系列高级别会议上的讲话》，人民出版社 2020 年版，第 18 页。

② 中华人民共和国国务院新闻办公室客户端：《新时代的中国能源发展》白皮书，http://www.scio.gov.cn/zfbps/32832/Document/1695117/1695117.htm.

③ 《2020 年中国可再生能源发电量达到 2.2 万亿千瓦时》，中国新闻网，http://www.chinanews.com/cj/2021/03-30/9443384.shtml.

④ 沈满洪：《习近平生态文明思想研究——从"两山"重要思想到生态文明思想体系》，《治理研究》2018 年第 2 期。

高环保技术水平，不断降低碳排放。①

    当今世界正处于百年未有之大变局，第二次世界大战后形成的旧的国际秩序在蜕化，新的国际格局在形成。无论是西方发达国家还是发展中国家，都在变局中谋划如何完善、重塑全球新秩序。习近平主席代表中国提出了构建人类命运共同体的构想，号召世界各国协调一致，共同面对全球性的发展和生存挑战，共同制定应对气候变化的国际规则，在合理分担各方的责权利基础上采取共同行动。中国是有担当的大国，中国是诚信的大国，中国"双碳"目标的实现，对全球环保生态治理将产生决定性的影响，中国政府倡导的人与自然生命共同体建设，具有重要的全球意义。②

---

① 参见全国干部培训教材编审指导委员会《推进生态文明　建设美丽中国》，人民出版社 2019 年版，第 17 页。
② 参见全国干部培训教材编审指导委员会《推进生态文明　建设美丽中国》，人民出版社 2019 年版，第 22 页。

复杂管理系统的定性模拟分析法

胡　斌

（华中科技大学 管理学院，武汉　430074）

摘要： 管理系统模拟属于管理学领域的系统分析方法之一，它分析管理系统随时间推移在各类不确定性内外环境因素影响下而表现的性能，当表述这些因素的信息是模糊的、不完备的，甚至是歧义的时候，就要使用管理系统模拟中的定性模拟分析方法，而信息的模糊性、不完备性和歧义性是复杂管理系统的重要特征。为此，本文介绍了定性模拟的分类和历史发展，介绍了定性模拟分析中的主流方法—QSIM方法的原理，包括基本概念、定性模型建模、定性状态转换和QSIM算法，最后以某封闭市场某个商品的产量与价格演化为例，展示了QSIM对复杂管理系统进行定性模型建模与模拟以及进行系统稳定状态分析的整个过程。

关键词： 复杂管理系统；定性模拟；定性变量；路标值；稳定状态

1　引言

定性模拟是面向包含人要素在内的复杂管理系统的。本文先归纳人所造成的管理系统的复杂特性，以此引出定性模拟原理及其应用。

对于包含人要素的复杂管理系统，可用下式表示：$Z = \Phi(E, D, X)$，其中，E 为环境变量，$E = \{e1, e2, \cdots, en\}$，$D$ 为决策变量，$D = \{d1, d2, \cdots, do\}$，$X$ 为结构变量，$X = \{x1, x2, \cdots, xp\}$，$Z$ 为输出变量或行为评价变量，$Z = \{z1, z2, \cdots, zm\}$，$\Phi$ 为 E、D、X 与 Z 之间的关系。

以人力资源管理中的某特定群体绩效管理系统为例，E 指该群体所处的环境，包括外部环境和内部环境，前者指群体所在企业所处的社会、市场等环境，后者指企业内

基金项目： 国家自然科学基金重点项目（71531009）

作者简介： 胡斌（1966—　），男，湖北武汉人，华中科技大学管理学院教授、博士生导师，博士，研究方向：管理系统模拟。

部的企业文化、员工道德规范等环境，这些对群体的行为是有影响的；D 可指管理措施、激励手段等，这对群体的绩效有直接的影响；X 为群体的结构和内容，如群体由组或子群体组成，各组或子群体的员工素质、工作能力等；Z 为整个群体的工作绩效。

显然，这些变量都很难用定量值来衡量，是抽象的、模糊的、定性的，有时又无法获取其值，如企业外部环境，总是处于动态变化之中，因此，这些变量的值还是信息不完备的。

另外，关系Φ不仅无法用数学模型描述清楚，而且因为变量的动态特征，造成了Φ也是变化的。

更为复杂的是，变量 X 有时还具有突变性。如前所述，个体人行为的突变性不再赘述，群体人遇到环境变化时，总有个相互协商、集体拿定主意的过程，于是，群体人行为的突变性就不如个体人那么突出，但这也不能说就完全不存在突变，比如，管理者对该群体进行了一番激情的企业忠诚度培训，或发布了一项诱人的激励政策，就有可能使群体突然干劲冲天，行为发生突变，尽管持续的时间不一定长。如此更加深了Φ的描述难度。

进一步分析可看出，上述问题都是因为复杂管理系统中有"人"的存在而造成的，除此之外，"人"还导致系统具备学习能力，使管理系统存在均衡回归现象。

人与物的本质区别之一就是人具有学习能力，这也是复杂管理系统与其他系统之间的区别之一。首先体现在复杂管理系统的记忆功能上，对过去的经历按信息分类进行储存，如当时的内外环境、管理者采取了哪些措施、人群有什么反应、经过了多长时间、系统达到了什么效果等。然后等到往后复杂管理系统又遇到新情况需要处理时，就把过去的信息调出来，与现在的信息一一比较，寻找和决定处理问题的办法。这也是基于范例知识库的思想。

管理系统中普遍存在着均衡回归现象。比如企业管理者制定的政策，肯定要同时考虑企业和员工（人群）的双方利益得失，而不会偏重一方，否则就摆不平，这样的政策就是一种均衡，这是从经济或社会利益的角度来衡量的均衡。新政策出台后，引起人群心态的波动，经过人群的自适应，即采取应对或自我调剂的措施，人群会从波动状态逐渐达到平稳状态，这个平稳状态也是一种均衡，这是从人们心理满意的角度衡量的均衡。

总之，复杂管理系统的特征包括：

1. 突变性。状态变量受环境变量、决策变量动态变化的影响，其值有可能发生突变。

2. 不确定性。包括随机性和模糊性。随机性指环境发生变化后，企业从众多决策策略中选择哪一种，群体会有哪些反应都是随机的，当然，在存在大量样本的条件下可以统计出其规律。模糊性指对变量值的描述是非量化的，须采取模糊量词的形式描述，如"很高""高""一般"等。

3. 不完备性。指描述变量时，无法获取有关变量的全面信息，如企业的外部环境、内部环境、群体的行为特征等是无法全面描述的。另外还指，由于上述特征，导致了环境变量、决策变量和状态变量之间的关系无法描述得详尽。

4. 歧义性。在信息的传递环节中，由于各节点上有人的参与，导致传递的信息在含义上会发生偏差，甚至背离原意，这是企业管理活动中的普遍现象。

5. 学习性。对于各类变量变化的历史，系统都有记载，于是，对于环境变量的变化、决策变量如何应对，状态变量又会如何变化，都可以从历史记载中找到变化的规律，以指导将来的变化。

6. 均衡性。决策变量的变化是以均衡性为指导的，状态变量的变化是趋于均衡的。

对于带有上述特征的问题，离散模拟和连续模拟方法是无法解决的，因为这两类方法都以数学模型为基础；多 Agent 模拟方法也解决不了，因为多 Agent 模拟方法无法表达突变性、不完备性、歧义性等特征。

这些缺憾正是定性模拟所能弥补的。

2 定性模拟的发展与分类

2.1 发展过程

早在 20 世纪 60 年代，经济学家们便开始探索系统的定性分析技术了。为了处理那些无法建立精确模型的问题，他们按照自己思考问题的方式发展了因果序和统计比较等方法。后来，自动控制领域的学者们对定性问题的研究也产生了兴趣。他们期望从系统的定性行为中获得其性质。由于这些研究结果是从一般模型的微分方程中得来的，因而其结果具有一定的普遍性，对其他领域的研究有很大的潜在应用价值，为后来的定性建模、模拟和定性控制理论的发展奠定了基础。

进入 20 世纪 80 年代，人工智能领域的学者们对定性代数的研究，使定性问题的研究出现了一个转机，即人们想构造出一个类似人类（如工程师）那样研究物理系统的计算机系统，也就是要复制一个人类思维模型去研究物理系统。例如，De Kleer 开发了一个 NEWTON 系统，该系统可以用来定性地研究一些简单的机械运动问题。1984 年 *Artificial Intelligence* 第一次出版了关于定性问题的专辑，包括 De Kleer 和 Brown 的 Envision、Forbus 的定性过程理论 QPT，以及后来 Kuipers 提出的 QSIM 算法等，定性模拟的概念也开始逐渐被其他学者认同。由于定性模拟有推理能力和学习能力，能初步模仿人的思维，所以成为人工智能和系统建模与模拟领域的一个研究热点。1991 年 *Artificial Intelligence* 出版了有关定性推理的第二本专辑，它标志着该领域理论研究逐渐成熟并且向应用领域扩展。

20 世纪 90 年代以来，在 IEEE 的相关杂志和人工智能等国际刊物上，经常可以看到定性模拟方面的研究成果。在人工智能的年会上，定性模拟和定性推理也多次成为会议的热点，人们相继提出模糊模拟方法、基于图表的推理方法等。我国学者在引进、改进定性模拟方法上做了大量工作，并且将定性模拟方法引用到企业管理领域，例如改进或集成定性推理方法，包括 QSIM 和因果推理等，将它们用于群体行为变化过程的定性模拟。

2.2　分类[①]

目前的定性模拟方法主要是基于"推理"的，它们可分为非因果关系推理和因果关系推理。

2.2.1　非因果关系推理方法

非因果类方法在系统建模时不需要明确指出其内部状态变迁过程的因果方向，EN-VISION、QSIM、QPT 以及 TCP 时间推理等方法都属于这一类范畴。其中的·些方法都已逐步从实验阶段发展到工程实践阶段。

2.2.1.1　De Kleer 的展望方法

展望方法（Envision）采用面向部件的方法来表示系统。它将系统分成部件和连接。不同的部件有自己的行为规则。部件之间通过连接产生作用。无连接的部件间互不影响。行为规则用部件变量的定性方程形式来描述。变量的量空间用符号集 S = {-，0，+,?} 来表示。从结构看，系统由各子部件连接而成。从行为上说，系统总体行为由各部件的行为导出。系统的可能状态，通过状态间的关系由状态转换图描述。这样，给定初始状态，通过求解定性方程获得系统所有可能的行为状态。

2.2.1.2　Forbus 的定性过程方法

定性过程理论（QPT）用个体视图和过程来描述实际的物理系统。物理状态用对象集和它们的联系来表示。对象又用个体视图来表示。一个个体视图通常包括：个体集合、前提条件、量值条件、关系集合四个部分。过程用来描述实际物理变化的原因。它除了包括个体视图的四个部分外，还包括影响集合。系统的行为状态用视图结构和

---

① 胡斌、蒋国银：《管理系统的集成模拟原理与应用》第 1 册，高等教育出版社 2010 年版，第 7 页。

过程结构来描述。给定一个对象集和它们之间的关系，QPT 就可能通过以下步骤进行推理：

1. 根据给定的对象集和过程集，决定在给定的状态下哪些过程的实例是存在的。

2. 检查过程实例的条件，如满足，则启动相应的活动，否则，活动保持静止。

3. 确定活动过程的影响。如果有几个过程同时作用于一个变量，则确定其综合作用效果。

4. 预测行为。通过过程的发生、停止和引起的变化来预测将来的事件。

2.2.1.3 Kuipers 的 QSIM 方法

QSIM 方法直接用系统部件的参量作为状态变量来描述系统结构，依据适用于系统的物理定理建立定性方程，系统结构就是用参量和参量间的约束来表示。参量的变化是连续的。因此，可从当前值推出下一步的可能值。其推理过程如下：从给定初始状态出发，先生成变量的所有可能后续状态，再通过约束过滤消除不可能状态。将新的状态加入到初始状态表中。重复此过程，直到没有新状态出现为止。

2.2.2 因果关系推理方法

2.2.2.1 Wasaki 和 Simon 的因果顺序方法

定性因果推理法源于 Simon 于 1950 年提出的因果序（Causality Ordering）理论。因果顺序法用一组联立的方程来描述系统。方程中的变量是非对称的。建立因果顺序就是寻找这样的变量子集，这些子集中的变量可以独立于方程中的其他变量而计算出来。而后将这些变量当作已知量，将它们带回方程中进一步简化，使之成为一个只含有剩余变量的较小方程组。重复这一过程，直到推理不出新的变量子集为止。

2.2.2.2 归纳推理法

归纳推理法的基本思想是将系统视为一个黑箱，通过观察其输入输出值，发现其变化规律，并生成定性行为模型，而后对任一输入序列预测系统行为。归纳推理法是定性模拟的一个新方向，它起源于通用系统理论，主要利用通用系统问题求解（General System Problem Solve）技术来实现定性模拟。即在系统中输入尽可能多的行为，通过归纳学习的方式，构造系统的定性模型，进行模拟研究。归纳推理法的优势在于它完全不需要对象系统的结构信息，不需要预先提供任何模型。由于它能够模仿人类固有的概括总结和学习的能力，它可以处理观测数据辨识系统中的依赖关系，并运用观测数据自动建模，并优化系统定性行为模型，以此预测系统行为。但是，这种方法需要采集大量的数据并处理和维护；而且，由于现实条件的限制，不能保证归纳的完备性。

3　QSIM 方法[①②]

QSIM 用定性微分方程来描述模拟对象，定性微分方程由变量和约束组成，约束描述变量之间的关系。QSIM 算法的主要模拟步骤可归纳如下：

1. 产生变量的所有可能的后续状态；

2. 通过约束过滤掉不合理的后续状态；

3. 组合剩余的后续状态；

4. 通过全局过滤排除不合理的组合。

3.1　基本概念

3.1.1　可推理函数（Reasonable Function）

函数 f 为可推理函数，当且仅当 $f: [a, b] \rightarrow R^*$ 满足下列条件：

1. f 在闭区间 $[a, b]$ 上连续；

2. f 在开区间 (a, b) 上连续且可微；

3. f 有有限个奇点；

4. $\lim\limits_{t \to a} f'(t)$，$\lim\limits_{t \to b} f'(t)$ 都存在，且 $f'(a) = \lim\limits_{t \to a} f'(t)$，$f'(b) = \lim\limits_{t \to a} f'(t)$。

3.1.2　路标值（Landmark Value）

路标值是指可推理函数 f 在行为上有标志性意义的重要点处的取值，一般存在多个路标值，它们按照一定顺序组成有序路标值集合。每个可推理函数 f 都对应着一个有限的有序路标值集合，该集合包括 f 为 0 时的点以及在闭区间 $[a, b]$ 边界上的点 $f(a)$ 和 $f(b)$。随着定性模拟的进行，可以发现和使用新的路标值。各变量的定性状态包括由它与路标值的顺序关系确定的定性值和它的变化方向两部分，f 的定性值或者等于一个路标值，或者在两个路标值之间。

3.1.3　显著时间点（Distinguished Time）

在定性模拟中，系统当前的时间，或者是在显著时间点上，或者是在两个显著时间点之间。设 f 为可推理函数，则 t 成为显著时间点的充分必要条件为：$t \in [a, b]$ 且 $f(t) = x$，其中 x 是 f 的路标值。因此，显著时间点集合与路标值集合分别表示为 $T = \{t \mid t = t_0 < t_1 < \cdots < t_n\}$，$L = \{l \mid l = l_0 < l_1 < \cdots < l_n\}$。

---

① Kuipers, B., "Qualitative Simulation", *Artificial Intelligence*, Vol. 29, No. 3, March 1986.

② 白方周、张雷：《定性仿真导论》第 1 册，中国科学技术大学出版社 1998 年版，第 59—97 页。

3.1.4 定性状态与定性行为

设 f：$[a, b] \to R^*$ 有路标值集合 $L = \{l \mid l = l_0 < l_1 < \cdots < l_n\}$，对应有显著时间点集合 $T = \{t \mid t = t_0 < t_1 < \cdots < t_n\}$，$t \in [a, b]$，则有如下定义。

1. 定义 f 在 t 时刻的值为：

$$QVAL\ (f,\ t) = \begin{cases} l_j & (f\ (t) = l_j) \\ (l_j,\ l_{j+1}) & (f\ (t) \in (l_j,\ l_{j+1})) \end{cases}$$

2. 定义 f 在 t 时刻的方向为：

$$QDIR\ (f,\ t) = \begin{cases} inc & (f'\ (t) > 0) \\ std & (f'\ (t) = 0) \\ dec & (f'\ (t) < 0) \end{cases}$$

3. 定义 f 在 t 时刻的定性状态为：

$$QS\ (f,\ t) = \langle QVAL\ (f,\ t),\ QDIR\ (f,\ t) \rangle$$

其中，$\langle QVAL\ (f,\ t),\ QDIR\ (f,\ t) \rangle$ 为二元组。例如：QS（temperature，t_k）= $\langle (0, 100),\ inc \rangle$ 表示 $t = t_k$ 时水温在0℃与100℃之间，且正在上升。

4. f 在 $t \in [a, b]$ 上的定性行为定义为 f 的定性状态序列：

$QS\ (f,\ t_0)$，$QS\ (f,\ t_0,\ t_1)$，$\cdots$，$QS\ (f,\ t_i)$，$QS\ (f,\ t_i,\ t_{i+1})$，$\cdots$，$QS\ (f, t_{n-1},\ t_n)$，$QS\ (f,\ t_n)$

即定性行为由 f 在显著时间点上的定性状态和显著时间点间的定性状态间隔组成。

3.2 定性模型

3.2.1 约束

对系统的结构用一个变量间约束的集合来进行描述，这些约束包括：

1. 加约束 ADD $(f,\ g,\ h)$：

对于任意 $t \in [a, b]$，f, g, h：$[a, b] \to R^*$，满足 $f\ (t) + g\ (t) = h\ (t)$。

2. 乘约束 MULT $(f,\ g,\ h)$：

对于任意 $t \in [a, b]$，f, g, h：$[a, b] \to R^*$，满足 $f\ (t) \cdot g\ (t) = h\ (t)$。

3. 反约束 MINUS $(f,\ g)$：

对于任意 $t \in [a, b]$，f, g：$[a, b] \to R^*$，满足 $f\ (t) = -g\ (t)$。

4. 微分约束 DERIV $(f,\ g)$：

对于任意 $t \in [a, b]$，f, g：$[a, b] \to R^*$，满足 $f'\ (t) = g\ (t)$。

5. 单调增约束 M + $(f,\ g)$：

$$f'(t) > 0 \leftrightarrow g'(t) > 0$$
$$f'(t) = 0 \leftrightarrow g'(t) = 0$$
$$f'(t) < 0 \leftrightarrow g'(t) < 0$$

6. 单调减约束 M − (f, g)：

$$f'(t) > 0 \leftrightarrow g'(t) < 0$$
$$f'(t) = 0 \leftrightarrow g'(t) = 0$$
$$f'(t) < 0 \leftrightarrow g'(t) > 0$$

3.2.2 定性微分方程（Qualitative Differential Equation）

在定量模拟中，系统结构由一组常微分方程（ODE，Ordinary Differential Equation）来描述，采用上述六种约束，将常微分方程抽象为定性微分方程（QDE，Qualitative Differential Equation），这是定性模拟对系统结构的描述。ODE 和 QDE 之间的抽象关系如图 1 所示。

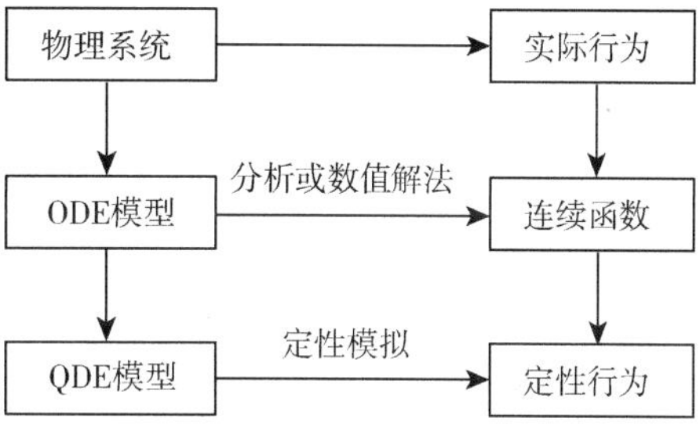

用一个例子来说明抽象过程。

图 1　物理系统到 ODE 和 QDE 的抽象关系

$\mathrm{d}y/\mathrm{d}t = kt^2 + t$ 为线性微分方程。令 $A = \mathrm{d}y/\mathrm{d}t$，$B = kt^2$，$C = t$，$T = t^2$，则原方程可分解为：$\mathrm{d}y/\mathrm{d}t = A$，$B + C = A$，$k \cdot T = B$，$C \cdot C = T$。

从而得到定性微分方程：DERIV (y, A)，ADD (B, C, A)，MULT (k, T, B)，MULT (C, C, T)。

3.3 定性状态转换

从本质上说，QSIM 是一种定性推理方法，即由当前定性状态推导出其后继状态的推理过程。推理是按照一定的规则来进行的，这些规则如表 1 所示。

表 1　通用函数状态转换

P − 转换	$QS(f, t_i) \rightarrow QS(f, t_i, t_{i+1})$	I − 转换	$QS(f, t_{i-1}, t_i) \rightarrow QS(f, t_i)$
P_1	$\langle l_j, \text{std} \rangle \rightarrow \langle l_j, \text{std} \rangle$	I_1	$\langle l_j, \text{std} \rangle \rightarrow \langle l_j, \text{std} \rangle$
P_2	$\langle l_j, \text{std} \rangle \rightarrow \langle (l_j, i_{j+1}), \text{inc} \rangle$	I_2	$\langle (l_j, l_{j+1}), \text{inc} \rangle \rightarrow \langle l_{j+1}, \text{std} \rangle$
P_3	$\langle l_j, \text{std} \rangle \rightarrow \langle (l_{j-1}, i_j), \text{inc} \rangle$	I_3	$\langle (l_j, l_{j+1}), \text{inc} \rangle \rightarrow \langle l_{j+1}, \text{inc} \rangle$
P_4	$\langle l_j, \text{inc} \rangle \rightarrow \langle (l_j, i_{j+1}), \text{inc} \rangle$	I_4	$\langle (l_j, l_{j+1}), \text{inc} \rangle \rightarrow \langle (i_j, l_{j+1}), \text{inc} \rangle$
P_5	$\langle (l_j, l_{j+1}), \text{inc} \rangle \rightarrow \langle (l_j, i_{j+1}), \text{inc} \rangle$	I_5	$\langle (l_j, l_{j+1}), \text{dec} \rangle \rightarrow \langle l_j, \text{std} \rangle$
P_6	$\langle l_j, \text{dec} \rangle \rightarrow \langle (l_{j-1}, i_j), \text{dec} \rangle$	I_6	$\langle (l_j, l_{j+1}), \text{dec} \rangle \rightarrow \langle l_j, \text{dec} \rangle$
P_7	$\langle (l_j, l_{j+1}), \text{dec} \rangle \rightarrow_s \langle (l_j, i_{j+1}), \text{dec} \rangle$	I_7	$\langle (l_j, l_{j+1}), \text{dec} \rangle \rightarrow \langle (l_j, l_{j+1}), \text{dec} \rangle$

		I_8	$\langle (l_j,\ l_{j+1}),\ \text{inc} \rangle \rightarrow \langle l^*,\ \text{std} \rangle$
		I_9	$\langle (l_j,\ l_{j+1}),\ \text{dec} \rangle \rightarrow \langle l^*,\ \text{std} \rangle$

其中，P-转换表示从显著时间点上到显著时间点之间的定性状态转换。I-转换表示从显著时间点之间到显著时间点上的定性状态转换。它们的图形解释如图 2 至图 17 所示。

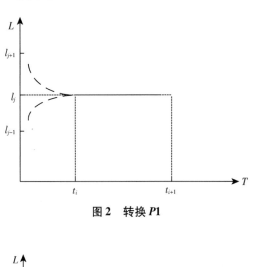

图 2　转换 *P1*

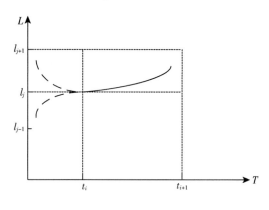

图 3　转换 *P2*

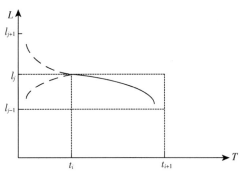

图 4　转换 *P3*

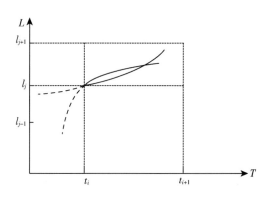

图 5　转换 *P4*

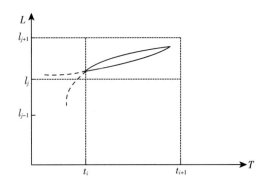

图 6　转换 *P5*

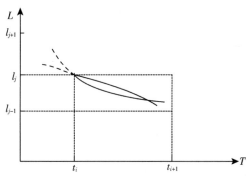

图 7　转换 *P6*

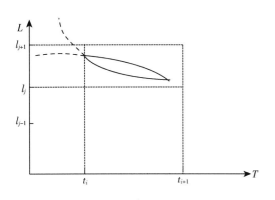

图 8　转换 *P7*

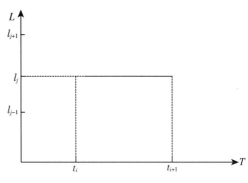

图 9　转换 *I1*

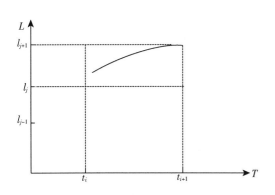

图 10　转换 *I2*

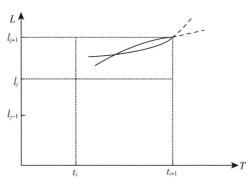

图 11　转换 *I3*

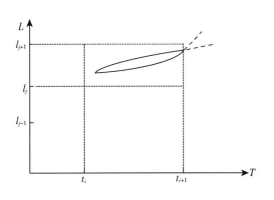

图 12　转换 *I4*

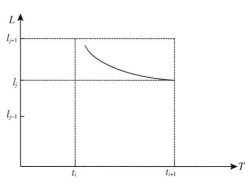

图 13　转换 *I5*

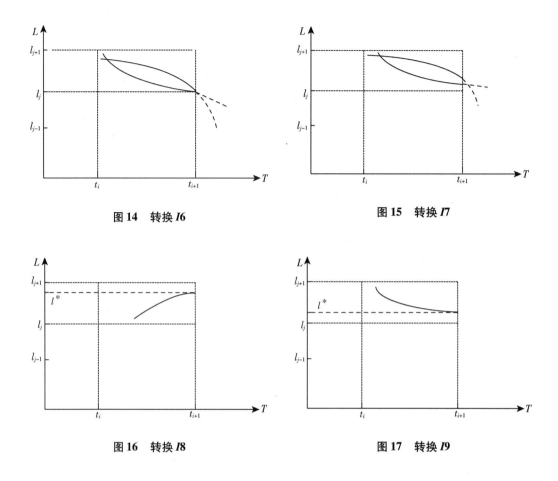

图 14　转换 *I*6　　　　　　　　　图 15　转换 *I*7

图 16　转换 *I*8　　　　　　　　　图 17　转换 *I*9

3.4　QSIM 算法

Kuipers 定性模拟理论的核心是 QSIM 算法，它用定性微分方程来描述系统的结构，用定性状态转换及过滤来推导系统行为。在每个方程的初始定性状态给定的前提下，QSIM 首先生成所有可能的后继状态，然后用方程间的定性限制和全局相容规则来删除不相容的或多余的状态组合。如此一直下去，模拟系统的行为。

下面分别从数据输入、数据输出、算法步骤及过滤与解释等几个方面来介绍 QSIM 算法。

3.4.1　数据输入

1. 代表系统 m 个变量的一个可推理函数集合 $F = \{f_1, f_2, \cdots, f_m\}$。

2. 用六种约束关系（ADD、MULT、MINUS、DERIV、M +、M −）建立的约束方程集合 $E = (e_1, e_2, \cdots, e_u)$。

3. 每一个变量有一个代表路标值的有序集合 $L_i = \{l_1, l_2, \cdots, l_{r_{i-1}}, l_{r_i}\}$，（$i = 1, 2, \cdots, m$），其中至少包括 $\{-\infty, 0, +\infty\}$。

4. 每个变量取值的上下极限。

5. 初始时间点 t_0 和每个变量 $f_i = (i = 1, 2, \cdots, m)$ 在 t_0 时的定性状态 $\langle$ QVAL (f_i, t_0)，QDIR $(f, t_0) \rangle$。

3.4.2　数据输出

1. 显著时间点集合：$T = \{t_0, t_1, \cdots, t_n\}$。

2. 每个变量的完整的、可能扩展了的有序路标值集 $L' = \{l_1, l_2, \cdots, l_{w_i - 1}, l_{w_i}\}$，$(i = 1, 2, \cdots, s)$。

3. 每个变量 f_i $(i = 1, 2, \cdots, m)$ 在显著时间点 t_j 上和显著时间点之间 (t_j, t_{j+1}) 的定性状态 $\langle$ QVAL (f_i, f_j)，QDIR $(f_i, f_j) \rangle$ 和 $\langle$ QVAL $(f_i, (t_j, t_{j+1}))$，QDIR $(f_i, (t_j, t_{j+1})) \rangle$。

3.4.3　算法步骤

步骤 1：从活动状态表中取出一个状态作为当前状态（注：系统所有变量取值的组合即为系统的一个状态）。

步骤 2：根据通用状态转换表，确定每一个变量（函数）由前状态可能转换到的状态集合。

步骤 3：对每个约束，产生状态转换的二元或三元组集合，根据约束的限定，过滤掉与约束不一致的元组。

步骤 4：对元组进行配对一致性过滤，即具有相同函数的两个元组，对同一个变量的转换必须一致。

步骤 5：将经过上述过滤剩余的元组加以组合，产生系统状态的全局解释。如果全局解释失败，则当前状态即为系统的结束状态；否则，把全局解释产生的状态作为系统的后继状态，并加入活动表。

步骤 6：判断活动状态表是否为空，若为空，模拟结束，否则返回步骤 1，模拟继续进行。

3.4.4　过滤与解释

QSIM 算法中，依次包括了约束一致性过滤、配对一致性过滤、全局解释、全局过滤。

1. 约束一致性过滤

约束一致性过滤是指在 QSIM 算法中对每个约束根据变量间的约束关系，将各个变量的独立转换组合为相应的元组，得到状态转换的二元或三元组集合，再根据限定它们的约束方程进行检验，与约束不一致的元组将被过滤掉。其检验主要包括变量定性值的一致性和变量变化方向的一致性两方面。

例如，对于满足约束 M + (f, g) 的变量 f、g，根据状态转换表得到后续状态，其中一个状态转换组合为（I^1，$I4$），由于 $I1$ 为 $\langle l^j$，std$\rangle \rightarrow \langle l^j$，std$\rangle$，$I4$ 为 $\langle (l^j$，$l^{j+1})$，inc$\rangle \rightarrow \langle (l^j$，$l^{j+1})$，inc$\rangle$，而 M + （$f$，$g$）要求变量 f、g 保持变化方向相同，因此，这个状态转换组合与约束不一致，被过滤掉。

2. 配对一致性过滤

在 QSIM 算法中，若两个约束有公共变量，则称这两个约束是相邻的。配对一致性过滤就是对相邻约束中的公共变量的状态转换的一致性进行检验，不一致的将被过滤掉。配对一致性过滤遵循 Waltz 算法，即逐个访问每个约束，查看所有与它相邻的约束，对由它们所联系着的元组组成的元组对，如果一个元组赋予公共变量的转换在和它相邻的一个约束的所有元组中均不存在，则删除这个元组。如此类推，直到最后一个不一致状态转换得到过滤为止。配对一致性过滤可在很大程度上减少状态转换空间，从而提高了 QSIM 算法的效率。

例如，三个变量 f、g、h 分别满足约束 M + （f，g），M - （g，h），在根据状态转换表转换并且经过约束一致性过滤后，剩下符合条件的状态转换组合按照约束组对如下：

①对约束 M + （f，g）有（P2，P2），（P5，P4）；

②对约束 M - （g，h）有（P2，P3），（P3，P2）；

g 为两个约束的公共变量，则两约束是相邻的。根据 Waltz 算法，由于按约束 M + （f，g）组成的元组对（P2，P2）在按其相邻约束 M - （g，h）的元组对（P2，P3）中，公共变量 g 存在一致的状态转换 P2，则两元组被保留。而（P5，P4）与（P3，P2）因在对应的相邻约束中 g 并不存在与之一致的状态转换，则双双被过滤掉。

3. 全局解释

全局解释就是根据约束一致性过滤与配对一致性过滤后剩余的函数转换，得到相应的函数后续状态，系统中所有函数的后续状态的组合即为系统的全局解释。

要说明的是并不是所有元组的组合都是全局解释。由于全局解释是根据深度优先算法遍历所有可能的元组空间来完成的，若一个全局解释失败了，则当前状态的所有后继状态被删除，而认为当前状态就是系统的结束状态。

4. 全局过滤

全局解释后，还要进行全局过滤，主要是对状态循环、状态不变以及取极点值时的状态转换进行处理，具体过程如下。

①前后直接相邻状态一致则过滤掉新的状态。若全局解释中的所有转换都是在集合｛I1，I4，I7｝中，则认为新的状态和它的直接前驱状态是一致的，新状态被过滤掉。

②前后状态出现循环则过滤掉新的状态。若新的状态和它前面的某个状态所有函数定性值与变化方向都一致，即定性状态一致，则认为系统行为在该处出现循环，新

的状态被过滤掉。

③有一个变量取值为区间的终点，如 ∞，则过滤掉新的状态。

总之，由系统的一个初始状态出发，按通用函数状态转换表得到每个变量当前状态的后继状态，把每个变量的后继状态按约束组合起来依次进行约束一致性过滤与配对一致性过滤，再从整体上组合进行全局解释，经过全局过滤，剩下的当前状态集合即为系统的后继状态。就这样按显著时间点顺序不断往后模拟，最终将得到系统状态的有向图，从根结点到叶结点的路径就是系统的一个定性行为。

4 商品产量与价格演化的定性模拟[①]

假设某个封闭市场，人口数量稳定，某企业生产两种不同的产品 A 和 B，每年的产量分别为 QA 和 QB，价格分别为 PA 和 PB（假设没有竞争者）。价格受当前市场上供应量的影响，供应量大，价格就低，供应量小，价格就高。企业在资源有限的条件下为追求利益，下年度追加当前价格高的产品产量，减少当前价格低的产品产量。随着时间推移，该企业在市场上产品 A 和 B 的产量和价格会呈现波动状态。

我们将上述过程视为一个系统，应用 QSIM 方法来模拟该系统行为（主要是产量和价格的波动）的演化过程。

4.1 系统变量的定义及其约束

4.1.1 定性变量及其量空间

QA 和 QB 分别为产品 A 和 B 的供应量，量空间分别为：[0, QAmax]、[0, QBmax]。

PA 和 PB 分别为产品 A 和 B 的价格，量空间分别为：[PAmin, PAmax]、[PBmin, PBmax]。

DP = PB – PA，为价格之差，是产品和价格波动的驱动力，量空间为：[– ∞，0, + ∞]

4.1.2 约束

变量之间的约束为：

M –（QA, PA）

M –（QB, PB）

---

① 胡斌、胡晓琳：《管理系统模拟》第 1 册，科学出版社 2017 年版，第 130—149 页。

M + （QA，DP）

M – （QB，DP）

ADD （PA，DP，PB）

下面从 $t = t_0$ 时刻开始推演该系统的演化过程。

4.2 系统行为的演化

4.2.1 初始状态（$t = t_0$）

假设系统从下面的初始状态出发：

QS （QA，t） = 〈QAmax，dec〉

QS （QB，t） = 〈0，inc〉

QS （PA，t） = 〈PAmin，inc〉

QS （PB，t） = 〈PBmax，dec〉

QS （DP，t） = 〈（0，+∞），dec〉

4.2.2 在时间区间中的状态（$t = (t_0, t_1)$）

因为时间阶段是从时间点 $t = t_0$ 转移到两个时间点之间 $t = (t_0, t_1)$，所以，运用表1的P转换来推演系统，得到系统在时间阶段 $t = (t_0, t_1)$ 时每个变量的定性值。

QA （运用 P6 规则）：〈QAmax，dec〉→〈（0，QAmax），dec〉

QB （运用 P4 规则）：〈0，inc〉→〈（0，QBmax），inc〉

PA （运用 P4 规则）：〈PAmin，inc〉→〈（PAmin，PAmax），inc〉

PB （运用 P6 规则）：〈PBmax，dec〉→〈（PBmin，PMmax），dec〉

DP （运用 P7 规则）：〈（0，+∞），dec〉→〈（0，+∞），dec〉

运用约束，对每个变量的值进行过滤，可以看到在每个约束内变量之间的关系都是符合逻辑的，因此，没有被过滤掉的定性值，即：

M – （QA，PA）

〈（0，QAmax），dec〉〈（PAmin，PAmax），inc〉

M – （QB，PB）

〈（0，QBmax），inc〉〈（PBmin，PMmax），dec〉

M + （QA，DP）

〈（0，QAmax），dec〉〈（0，+∞），dec〉

M – （QB，DP）

〈（0，QBmax），inc〉〈（0，+∞），dec〉

ADD （PA，DP，PB）

〈（PAmin，PAmax），inc〉〈（0，+∞），dec〉〈（PBmin，PMmax），dec〉

4.2.3 在时间点上的状态（t = t₁）

1. 状态转换

因为时间阶段是从时间区间 t = （t₀，t₁）转移到时间点 t = t₁ 上，所以，运用表1的 I 转换来推演系统，得到系统在时间点 t = t₁ 时每个变量的定性值。

QA（运用 I5 规则）：〈（0，QAmax），dec〉 →〈0，std〉

（运用 I6 规则）：→〈0，dec〉

（运用 I7 规则）：→〈（0，QAmax），dec〉

（运用 I9 规则）：→〈QA*，std〉

QB（运用 I2 规则）：〈（0，QBmax），inc〉 →〈QBmax，std〉

（运用 I3 规则）：→〈QBmax，inc〉

（运用 I4 规则）：→〈（0，QBmax），inc〉

（运用 I8 规则）：→〈QB*，std〉

PA（运用 I2 规则）：〈（PAmin，PAmax），inc〉 →〈PAmax，std〉

（运用 I3 规则）：→〈PAmax，inc〉

（运用 I4 规则）：→〈（PAmin，PAmax），inc〉

（运用 I8 规则）：→〈PA*，std〉

PB（运用 I5 规则）：〈（PBmin，PBmax），dec〉 →〈PBmin，std〉

（运用 I6 规则）：→〈PBmin，dec〉

（运用 I7 规则）：→〈（PBmin，PBmax），dec〉

（运用 I9 规则）：→〈PB*，std〉

DP（运用 I5 规则）：〈（0，+∞），dec〉 →〈0，std〉

（运用 I6 规则）：→〈0，dec〉

（运用 I7 规则）：→〈（0，+∞），dec〉

（运用 I9 规则）：→〈DP*，std〉

其中，*表示新发现的路标值。

2. 约束内过滤

运用每个约束内变量之间的关系，对每个变量的值进行过滤（后面打"X"者表示该组合被过滤掉，因变化方向不一致）：

M −（QA，PA）

〈0，std〉〈PAmax，std〉

〈PAmax，inc〉 X

⟨ (PAmin, PAmax), inc⟩ X

⟨PA*, std⟩

⟨0, dec⟩ ⟨PAmax, std⟩ X

⟨PAmax, inc⟩

⟨ (PAmin, PAmax), inc⟩

⟨PA*, std⟩ X

⟨ (0, QAmax), dec⟩ ⟨PAmax, std⟩ X

⟨PAmax, inc⟩

⟨ (PAmin, PAmax), inc⟩

⟨PA*, std⟩ X

⟨QA*, std⟩ ⟨PAmax, std⟩

⟨PAmax, inc⟩ X

⟨ (PAmin, PAmax), inc⟩ X

⟨PA*, std⟩

M − (QB, PB)

⟨QBmax, std⟩ ⟨PBmin, std⟩

⟨PBmin, dec⟩ X

⟨ (PBmin, PBmax), dec⟩ X

⟨PB*, std⟩

⟨QBmax, inc⟩ ⟨PBmin, std⟩ X

⟨PBmin, dec⟩

⟨ (PBmin, PBmax), dec⟩

⟨PB*, std⟩ X

⟨ (0, QBmax), inc⟩ ⟨PBmin, std⟩ X

⟨PBmin, dec⟩

⟨ (PBmin, PBmax), dec⟩

⟨PB*, std⟩ X

⟨QB*, std⟩ ⟨PBmin, std⟩

⟨PBmin, dec⟩ X

⟨ (PBmin, PBmax), dec⟩ X

⟨PB*, std⟩

M + (QA, DP)

$\langle 0,\text{ std}\rangle$ $\langle 0,\text{ std}\rangle$

    $\langle 0,\text{ dec}\rangle$ X

    $\langle (0,\text{ }+\infty),\text{ dec}\rangle$ X

    $\langle DP^*,\text{ std}\rangle$

$\langle 0,\text{ dec}\rangle$ $\langle 0,\text{ std}\rangle$ X

    $\langle 0,\text{ dec}\rangle$

    $\langle (0,\text{ }+\infty),\text{ dec}\rangle$

    $\langle DP^*,\text{ std}\rangle$ X

$\langle (0,\text{ QAmax}),\text{ std}\rangle$ $\langle 0,\text{ std}\rangle$ X

      $\langle 0,\text{ dec}\rangle$

      $\langle (0,\text{ }+\infty),\text{ dec}\rangle$

      $\langle DP^*,\text{ std}\rangle$ X

$\langle QA^*,\text{ std}\rangle$ $\langle 0,\text{ std}\rangle$

    $\langle 0,\text{ dec}\rangle$ X

    $\langle (0,\text{ }+\infty),\text{ dec}\rangle$ X

    $\langle DP^*,\text{ std}\rangle$

M – （QB，DP）

 $\langle QBmax,\text{ std}\rangle$ $\langle 0,\text{ std}\rangle$

     $\langle 0,\text{ dec}\rangle$ X

     $\langle (0,\text{ }+\infty),\text{ dec}\rangle$ X

     $\langle DP^*,\text{ std}\rangle$

 $\langle QBmax,\text{ inc}\rangle$ $\langle 0,\text{ std}\rangle$ X

     $\langle 0,\text{ dec}\rangle$

     $\langle (0,\text{ }+\infty),\text{ dec}\rangle$

     $\langle DP^*,\text{ std}\rangle$ X

 $\langle (0,\text{ QBmax}),\text{ inc}\rangle$ $\langle 0,\text{ std}\rangle$ X

      $\langle 0,\text{ dec}\rangle$

      $\langle (0,\text{ }+\infty),\text{ dec}\rangle$

      $\langle DP^*,\text{ std}\rangle$ X

 $\langle QB^*,\text{ std}\rangle$ $\langle 0,\text{ std}\rangle$

     $\langle 0,\text{ dec}\rangle$ X

     $\langle (0,\text{ }+\infty),\text{ dec}\rangle$ X

〈DP*, std〉

ADD（PA，DP，PB）

〈PAmax, std〉 〈0, std〉 〈PBmin, std〉

〈PBmin, dec〉 X

〈（PBmin, PBmax）, dec〉 X

〈PB*, std〉

〈0, dec〉 〈PBmin, std〉 X

〈PBmin, dec〉

〈（PBmin, PBmax）, dec〉

〈PB*, std〉 X

〈（0, +∞）, dec〉 〈PBmin, std〉 X

〈PBmin, dec〉

〈（PBmin, PBmax）, dec〉

〈PB*, std〉 X

〈DP*, std〉 〈PBmin, std〉

〈PBmin, dec〉 X

〈（PBmin, PBmax）, dec〉 X

〈PB*, std〉

〈PAmax, inc〉 〈0, std〉 〈PBmin, std〉 X

〈PBmin, dec〉 X

〈（PBmin, PBmax）, dec〉 X

〈PB*, std〉 X

〈0, dec〉 〈PBmin, std〉

〈PBmin, dec〉

〈（PBmin, PBmax）, dec〉

〈PB*, std〉

〈（0, +∞）, dec〉 〈PBmin, std〉

〈PBmin, dec〉

〈（PBmin, PBmax）, dec〉

〈PB*, std〉

〈DP*, std〉 〈PBmin, std〉 X

〈PBmin, dec〉 X

$\langle$ (PBmin, PBmax), dec$\rangle$ X

$\langle PB^*,\ std\rangle$ X

$\langle$ (PAmin, PAmax), inc$\rangle$ $\langle 0,\ std\rangle$ $\langle PBmin,\ std\rangle$ X

$\langle PBmin,\ dec\rangle$ X

$\langle$ (PBmin, PBmax), dec$\rangle$ X

$\langle PB^*,\ std\rangle$ X

$\langle 0,\ dec\rangle$ $\langle PBmin,\ std\rangle$

$\langle PBmin,\ dec\rangle$

$\langle$ (PBmin, PBmax), dec$\rangle$

$\langle PB^*,\ std\rangle$

$\langle$ (0, $+\infty$), dec$\rangle$ $\langle PBmin,\ std\rangle$

$\langle PBmin,\ dec\rangle$

$\langle$ (PBmin, PBmax), dec$\rangle$

$\langle PB^*,\ std\rangle$

$\langle DP^*,\ std\rangle$ $\langle PBmin,\ std\rangle$ X

$\langle PBmin,\ dec\rangle$ X

$\langle$ (PBmin, PBmax), dec$\rangle$ X

$\langle PB^*,\ std\rangle$ X

$\langle PA^*,\ std\rangle$ $\langle 0,\ std\rangle$ $\langle PBmin,\ std\rangle$

$\langle PBmin,\ dec\rangle$ X

$\langle$ (PBmin, PBmax), dec$\rangle$ X

$\langle PB^*,\ std\rangle$

$\langle 0,\ dec\rangle$ $\langle PBmin,\ std\rangle$ X

$\langle PBmin,\ dec\rangle$

$\langle$ (PBmin, PBmax), dec$\rangle$

$\langle PB^*,\ std\rangle$ X

$\langle$ (0, $+\infty$), dec$\rangle$ $\langle PBmin,\ std\rangle$ X

$\langle PBmin,\ dec\rangle$

$\langle$ (PBmin, PBmax), dec$\rangle$

$\langle PB^*,\ std\rangle$ X

$\langle DP^*,\ std\rangle$ $\langle PBmin,\ std\rangle$

$\langle PBmin,\ dec\rangle$ X

$$\langle \text{ (PBmin, PBmax) , dec} \rangle \text{ X}$$
$$\langle \text{PB}^*, \text{ std} \rangle$$

下面根据约束之间的关系来过滤。

3. 约束之间过滤

任意一个变量，如果在不同的约束中同时出现，该变量的变化方向应该在不同的约束中保持一致，根据此规则来过滤掉变化方向不一致的组合。

QA：在 M - (AQ, PA) 和 M + (QA, DP) 中同时存在，经检查，没有删掉的值。

QB：在 M - (QB, PB) 和 M - (QB, DP) 中同时存在，经检查，没有删掉的值。

PA：在 M - (QA, PA) 和 ADD (PA, DP, PB) 中同时存在，经检查，没有删掉的值。

PB：在 M - (QB, PB) 和 ADD (PA, DP, PB) 中同时存在，经检查，没有删掉的值。

DP：在 M + (QA, DP)、M - (QB, DP) 和 ADD (PA, DP, PB) 中同时存在，经检查，没有删掉的值。

4. 全局解释

对过滤后剩下的值，进行全局解释：

M - (QA, PA)
$$\langle 0, \text{std} \rangle \langle \text{PAmax, std} \rangle \quad \text{X2}$$
$$\langle \text{PA}^*, \text{std} \rangle \text{ X}$$
$$\langle 0, \text{dec} \rangle \langle \text{PAmax, inc} \rangle \quad \text{X2}$$
$$\langle \text{ (PAmin, PAmax) , inc} \rangle \text{ X}$$
$$\langle \text{ (0, QAmax) , dec} \rangle \langle \text{PAmax, inc} \rangle \text{ X}$$
$$\langle \text{ (PAmin, PAmax) , inc} \rangle$$
$$\langle \text{QA}^*, \text{std} \rangle \langle \text{PAmax, std} \rangle \text{ X}$$
$$\langle \text{PA}^*, \text{std} \rangle$$

M - (QB, PB)
$$\langle \text{QBmax, std} \rangle \langle \text{PBmin, std} \rangle \quad \text{X5}$$
$$\langle \text{PB}^*, \text{std} \rangle \text{ X}$$
$$\langle \text{QBmax, inc} \rangle \langle \text{PBmin, dec} \rangle \quad \text{X5}$$
$$\langle \text{ (PBmin, PBmax) , dec} \rangle \text{ X}$$
$$\langle \text{ (0, QBmax) , inc} \rangle \langle \text{PBmin, dec} \rangle \text{ X}$$
$$\langle \text{ (PBmin, PBmax) , dec} \rangle$$

⟨QB*, std⟩ ⟨PBmin, std⟩ X

　　　　　　　⟨PB*, std⟩

M + （QA, DP）

　　⟨0, std⟩ ⟨0, std⟩ X3

　　　　　　⟨DP*, std⟩ X3

　　⟨0, dec⟩ ⟨0, dec⟩ X3

　　　　　　⟨ (0, +∞), dec⟩ X3

　　⟨ (0, QAmax), dec⟩ ⟨0, dec⟩

　　　　　　　　　⟨ (0, +∞), dec⟩

　　⟨QA*, std⟩ ⟨0, std⟩ X4

　　　　　　⟨DP*, std⟩

M − （QB, DP）

　　⟨QBmax, std⟩ ⟨0, std⟩ X4

　　　　　　　⟨DP*, std⟩ X6

　　⟨QBmax, inc⟩ ⟨0, dec⟩ X6

　　　　　　　⟨ (0, +∞), dec⟩ X6

　　⟨ (0, QBmax), inc⟩ ⟨0, dec⟩

　　　　　　　　⟨ (0, +∞), dec⟩

　　⟨QB*, std⟩ ⟨0, std⟩ X4

　　　　　　⟨DP*, std⟩

ADD （PA, DP, PB）

　　⟨PAmax, std⟩ ⟨0, std⟩ ⟨PBmin, std⟩ X

　　　　　　　　　⟨PB*, std⟩ X

　　　　　　⟨0, dec⟩ ⟨PBmin, dec⟩ X

　　　　　　　　⟨ (PBmin, PBmax), dec⟩ X

　　　　　　⟨ (0, +∞), dec⟩ ⟨PBmin, dec⟩ X

　　　　　　　　⟨ (PBmin, PBmax), dec⟩ X

　　　　　　⟨DP*, std⟩ ⟨PBmin, std⟩ X

　　　　　　　　⟨PB*, std⟩ X

　　⟨PAmax, inc⟩ ⟨0, dec⟩ ⟨PBmin, std⟩ X

　　　　　　　　⟨PBmin, dec⟩ X

　　　　　　　　⟨ (PBmin, PBmax), dec⟩ X

$$\langle PB^*, std\rangle \ X$$

$$\langle (0, +\infty), dec\rangle \ \langle PBmin, std\rangle \ X$$

$$\langle PBmin, dec\rangle \ X$$

$$\langle (PBmin, PBmax), dec\rangle \ X$$

$$\langle PB^*, std\rangle \ X$$

$$\langle PA^*, std\rangle \ \langle 0, std\rangle \ \langle PBmin, std\rangle \ X$$

$$\langle PB^*, std\rangle \ X \ (注：因 A 和 B 是两种不同的产品)$$

$$\langle 0, dec\rangle \ \langle PBmin, dec\rangle \ X$$

$$\langle (PBmin, PBmax), dec\rangle$$

$$\langle (0, +\infty), dec\rangle \ \langle PBmin, dec\rangle \ X$$

$$\langle (PBmin, PBmax), dec\rangle$$

$$\langle DP^*, std\rangle \ \langle PBmin, std\rangle \ X$$

$$\langle PB^*, std\rangle \ X$$

$$\langle (PAmin, PAmax), inc\rangle \ \langle 0, dec\rangle \ \langle PBmin, std\rangle \ X$$

$$\langle PBmin, dec\rangle \ X$$

$$\langle (PBmin, PBmax), dec\rangle$$

$$\langle PB^*, std\rangle$$

$$\langle (0, +\infty), dec\rangle \ \langle PBmin, std\rangle \ X$$

$$\langle PBmin, dec\rangle \ X$$

$$\langle (PBmin, PBmax), dec\rangle$$

$$\langle PB^*, std\rangle$$

5. 按水平值过滤

根据各约束内，把水平值不符合逻辑规律的组合过滤掉。

M − (QA, PA)：后面带"X"的组合，都是被删除掉的。

M + (QA, DP) 和 M − (QB, DP)：内部变量之间不为同一量纲，无法判断，所以不过滤。

ADD (PA, DP, PB)：后面带"X"的组合，都是被删除掉的。

由于 ADD 中，PA 的 $\langle PAmax, std\rangle$ 和 $\langle PAmax, inc\rangle$ 已删，那么与 ADD 相邻的 M − (AQ, PA) 中，删除后面带有"X2"的组合。

由于 M − (QA, PA) 中，QA 的 $\langle 0, std\rangle$、$\langle 0, dec\rangle$ 已删，那么与 M − (QA, PA) 相邻的 M + (QA, DP) 中，删除后面带有"X3"的组合。

回到 ADD 中来，DP 的 $\langle 0, std\rangle$ 已删，那么与 ADD 相邻的 M + (QA, DP) 和

M −（QB，DP）中，删除后面带有"X4"的组合。

回到 ADD 中来，PB 的〈PBmin，std〉、〈PBmin，dec〉已删，那么与 ADD 相邻的 M −（QB，PB）中，删除后面带有"X5"的组合。

这样一来，M −（QB，PB）中的 QB 的〈QBmax，std〉、〈QBmax，inc〉已删，那么与之相邻的 M −（QB，DP）中，删除后面带有"X6"的组合。

通过上述过滤后，剩下的组合为：

M −（QA，PA）

〈（0，QAmax），dec〉〈（PAmin，PAmax），inc〉

〈QA*，std〉〈PA*，std〉

M −（QB，PB）

〈（0，QBmax），inc〉〈（PBmin，PBmax），dec〉

〈QB*，std〉〈PB*，std〉

M +（QA，DP）

〈（0，QAmax），dec〉〈0，dec〉

〈（0，+∞），dec〉

〈QA*，std〉〈DP*，std〉

M −（QB，DP）

〈（0，QBmax），inc〉〈0，dec〉

〈（0，+∞），dec〉

〈QB*，std〉〈DP*，std〉

ADD（PA，DP，PB）

〈PA*，std〉〈0，dec〉〈（PBmin，PBmax），dec〉

〈（0，+∞），dec〉〈（PBmin，PBmax），dec〉

〈DP*，std〉〈PB*，std〉

〈（PAmin，PAmax），inc〉〈0，dec〉〈PB*，std〉

〈（PBmin，PBmax），dec〉

〈（0，+∞），dec〉〈（PBmin，PBmax），dec〉

〈PB*，std〉

对剩下的组合，进行全局解释，则只有下列三条是符合逻辑的：

QA	PA	DP	PB	QB

a. 〈QA*，std〉〈PA*，std〉〈DP*，std〉〈PB*，std〉〈QB*，std〉

b. 〈QA*，std〉〈PA*，std〉〈（0，+∞），dec〉〈（PBmin，PBmax），dec〉〈（0，

QBmax〉, inc〉

  c. 〈QA*, std〉〈PA*, std〉〈0, dec〉〈(PBmin, PBmax), dec〉〈(0, QBmax), inc〉

  上述三条全局解释, 表明系统在时间点 t = t_1 上, 有三种可能的状态。其中, 第 a 条表明系统存在一套新的路标值, 产品 A 和 B 的产量、价格等变量达到此值时, 系统处于一种稳定状态。

  第 b、c 条仍处于不稳定状态, 可以继续推演下去, 我们选择对第 b 条进行推演。

4.3 第 b 条路径的演化

4.3.1 在时间区间中的状态 (t = (t_1, t_2))

1. 状态转移

  由于第 b 条路径的初始值位于时间点 t = t_1 上, 下一步要转移到时间区间 t = (t_1, t_2) 中, 因此, 运用表 1 的 P 转换规则。

  QA (运用 P1 规则): 〈QA*, std〉→〈QA*, std〉

  (运用 P2 规则): →〈(QA*, QAmax), inc〉

  (运用 P3 规则): →〈(QAmin, QA*), dec〉

  PA (运用 P1 规则): 〈PA*, std〉→〈PA*, std〉

  (运用 P2 规则): →〈(PA*, PAmax), inc〉

  (运用 P3 规则): →〈(PAmin, PA*), dec〉

    QB (运用 P5 规则): 〈(0, QBmax), inc〉→〈(0, QBmax), inc〉

    PB (运用 P7 规则): 〈(PBmin, PBmax), dec〉→〈(PBmin, PBmax), dec〉

    DP (运用 P7 规则): 〈(0, +∞), dec〉→〈(0, +∞), dec〉

2. 约束内过滤

M - (QA, PA)

〈QA*, std〉〈PA*, std〉

〈(PA*, PAmax), inc〉X

〈(PAmin, PA*), dec〉X

  〈(QA*, QAmax), inc〉〈PA*, std〉X

〈(PA*, PAmax), inc〉X

〈(PAmin, PA*), dec〉

  〈(QAmin, QA*), dec〉〈PA*, std〉X

〈(PA*, PAmax), inc〉

〈 (PAmin, PA*), dec〉X

M － (QB, PB)

〈 (0, QBmax), inc〉〈 (PBmin, PBmax), dec〉

M ＋ (QA, DP)

〈QA*, std〉〈 (0, ＋∞), dec〉X

　　〈 (QA*, QAmax), inc〉〈 (0, ＋∞), dec〉X

〈 (QAmin, QA*), dec〉〈 (0, ＋∞), dec〉

M － (QB, DP)

〈 (0, QBmax), inc〉〈 (0, ＋∞), dec〉

ADD (PA, DP, PB)

〈PA*, std〉〈 (0, ＋∞), dec〉〈 (PBmin, PBmax), dec〉

〈 (PA*, PAmax), inc〉〈 (0, ＋∞), dec〉〈 (PBmin, PBmax), dec〉

　　〈 (PAmin, PA*), dec〉〈 (0, ＋∞), dec〉〈 (PBmin, PBmax), dec〉

上述后面带有"X"的组合是被过滤掉的，那么剩下的组合为：

M － (QA, PA)

　　〈QA*, std〉〈PA*, std〉X

　　〈 (QA*, QAmax), inc〉〈 (PAmin, PA*), dec〉X

　　〈 (QAmin, QA*), dec〉〈 (PA*, PAmax), inc〉

M － (QB, PB)

　　〈 (0, QBmax), inc〉〈 (PBmin, PMmax), dec〉

M ＋ (QA, DP)

　　〈 (QAmin, QA*), dec〉〈 (0, ＋∞), dec〉

M － (QB, DP)

　　〈 (0, QBmax), inc〉〈 (0, ＋∞), dec〉

ADD (PA, DP, PB)

　　〈PA*, std〉〈 (0, ＋∞), dec〉〈 (PBmin, PMmax), dec〉X2

　　〈 (PA*, PAmax), inc〉〈 (0, ＋∞), dec〉〈 (PBmin, PMmax), dec〉

　　〈 (PAmin, PA*), dec〉〈 (0, ＋∞), dec〉〈 (PBmin, PMmax), dec〉X2

3. 约束之间过滤

M ＋ (QA, DP) 中，QA 的值为 〈(QAmin, QA*), dec〉，因此，删除 M － (QA, PA) 中的其他值，即删除上述后面带有"X"的组合。

这样，M － (QA, PA) 中的 PA 只剩下 〈(PA*, PAmax), inc〉，那么，删除 ADD

中 PA 的其他值，即删除上述后面带有"X2"的组合。所以，全局解释如下。

4. 全局解释

QA   PA   QB
$\langle$（QAmin, QA*），dec$\rangle$ $\langle$（PA*, PAmax），inc$\rangle$ $\langle$（0, QBmax），inc$\rangle$

PB   DP
$\langle$（PBmin, PBmax），dec$\rangle$ $\langle$（0，+∞），dec$\rangle$

4.3.2 在时间点上的状态（t = t$_2$）

1. 状态转移

由于下一步要转移到时间点 t = t$_2$ 上，因此，运用表 1 的 I 转换规则。

QA（运用 I5 规则）：$\langle$（QAmin, QA*），dec$\rangle$ →$\langle$QAmin, std$\rangle$

（运用 I6 规则）：→$\langle$QAmin, dec$\rangle$

（运用 I7 规则）：→$\langle$（QAmin, QA*），dec$\rangle$

（运用 I9 规则）：→$\langle$QA**, std$\rangle$

PA（运用 I2 规则）：$\langle$（PA*, PAmax），inc$\rangle$ →$\langle$PAmax, std$\rangle$

（运用 I3 规则）：→$\langle$PAmax, inc$\rangle$

（运用 I4 规则）：→$\langle$（PA*, PAmax），inc$\rangle$

（运用 I8 规则）：→$\langle$PA**, std$\rangle$

QB（运用 I2 规则）：$\langle$（0, QBmax），inc$\rangle$ →$\langle$QBmax, std$\rangle$

（运用 I3 规则）：→$\langle$QBmax, inc$\rangle$

（运用 I4 规则）：→$\langle$（0, QBmax），inc$\rangle$

（运用 I8 规则）：→$\langle$QB**, std$\rangle$

PB（运用 I5 规则）：$\langle$（PBmin, PBmax），dec$\rangle$ →$\langle$PBmin, std$\rangle$

（运用 I6 规则）：→$\langle$PBmin, dec$\rangle$

（运用 I7 规则）：→$\langle$（PBmin, PBmax），dec$\rangle$

（运用 I9 规则）：→$\langle$PB**, std$\rangle$

DP（运用 I5 规则）：$\langle$（0，+∞），dec$\rangle$ →$\langle$0, std$\rangle$

（运用 I6 规则）：→$\langle$0, dec$\rangle$

（运用 I7 规则）：→$\langle$（0，+∞），dec$\rangle$

（运用 I9 规则）：→$\langle$DP**, std$\rangle$

其中，$**$表示新发现的路标值。

2. 约束内过滤

M－（QA, PA）

$\langle$QAmin，std$\rangle$ $\langle$PAmax，std$\rangle$

$\langle$PAmax，inc$\rangle$ X

$\langle$（PA*，PAmax），inc$\rangle$ X

$\langle$PA**，std$\rangle$

$\langle$QAmin，dec$\rangle$ $\langle$PAmax，std$\rangle$ X

$\langle$PAmax，inc$\rangle$

$\langle$（PA*，PAmax），inc$\rangle$

$\langle$PA**，std$\rangle$ X

$\langle$（QAmin，QA*），dec$\rangle$ $\langle$PAmax，std$\rangle$ X

$\langle$PAmax，inc$\rangle$

$\langle$（PA*，PAmax），inc$\rangle$

$\langle$PA**，std$\rangle$ X

$\langle$QA**，std$\rangle$ $\langle$PAmax，std$\rangle$

$\langle$PAmax，inc$\rangle$ X

$\langle$（PA*，PAmax），inc$\rangle$ X

$\langle$PA**，std$\rangle$

M－（QB，PB）

$\langle$QBmax，std$\rangle$ $\langle$PBmin，std$\rangle$

$\langle$PBmin，dec$\rangle$ X

$\langle$（PBmin，PBmax），dec$\rangle$ X

$\langle$PB**，std$\rangle$

$\langle$QBmax，inc$\rangle$ $\langle$PBmin，std$\rangle$ X

$\langle$PBmin，dec$\rangle$

$\langle$（PBmin，PBmax），dec$\rangle$

$\langle$PB**，std$\rangle$

$\langle$（0，QBmax），inc$\rangle$ $\langle$PBmin，std$\rangle$ X

$\langle$PBmin，dec$\rangle$

$\langle$（PBmin，PBmax），dec$\rangle$

$\langle$PB**，std$\rangle$ X

$\langle$QB**，std$\rangle$ $\langle$PBmin，std$\rangle$

$\langle$PBmin，dec$\rangle$ X

$\langle$（PBmin，PBmax），dec$\rangle$ X

$\langle$ PB**, std$\rangle$

M + （QA, DP）

$\langle$ QAmin, std$\rangle$ $\langle$0, std$\rangle$

$\langle$0, dec$\rangle$ X

$\langle$（0, +∞）, dec$\rangle$ X

$\langle$ DP**, std$\rangle$

$\langle$ QAmin, dec$\rangle$ $\langle$0, std$\rangle$ X

$\langle$0, dec$\rangle$

$\langle$（0, +∞）, dec$\rangle$

$\langle$ DP**, std$\rangle$ X

$\langle$（QAmin, QA*）, dec$\rangle$ $\langle$0, std$\rangle$ X

$\langle$0, dec$\rangle$

$\langle$（0, +∞）, dec$\rangle$

$\langle$ DP**, std$\rangle$ X

$\langle$ QA**, std$\rangle$ $\langle$0, std$\rangle$

$\langle$0, dec$\rangle$ X

$\langle$（0, +∞）, dec$\rangle$ X

$\langle$ DP**, std$\rangle$

M − （QB, DP）

$\langle$ QBmax, std$\rangle$ $\langle$0, std$\rangle$

$\langle$0, dec$\rangle$ X

$\langle$（0, +∞）, dec$\rangle$ X

$\langle$ DP**, std$\rangle$

$\langle$ QBmax, inc$\rangle$ $\langle$0, std$\rangle$ X

$\langle$0, dec$\rangle$

$\langle$（0, +∞）, dec$\rangle$

$\langle$ DP**, std$\rangle$ X

$\langle$（0, QBmax）, inc$\rangle$ $\langle$0, std$\rangle$ X

$\langle$0, dec$\rangle$

$\langle$（0, +∞）, dec$\rangle$

$\langle$ DP**, std$\rangle$ X

$\langle$ QB**, std$\rangle$ $\langle$0, std$\rangle$

$\langle 0,\ \text{dec} \rangle$ X

$\langle\ (0,\ +\infty),\ \text{dec} \rangle$ X

$\langle \text{DP}^{**},\ \text{std} \rangle$

ADD（PA，DP，PB）

$\langle \text{PAmax},\ \text{std} \rangle\ \langle 0,\ \text{std} \rangle\ \langle \text{PBmin},\ \text{std} \rangle$

$\langle \text{PBmin},\ \text{dec} \rangle$ X

$\langle\ (\text{PBmin},\ \text{PBmax}),\ \text{dec} \rangle$ X

$\langle \text{PB}^{**},\ \text{std} \rangle$

$\langle 0,\ \text{dec} \rangle\ \langle \text{PBmin},\ \text{std} \rangle$ X

$\langle \text{PBmin},\ \text{dec} \rangle$

$\langle\ (\text{PBmin},\ \text{PBmax}),\ \text{dec} \rangle$

$\langle \text{PB}^{**},\ \text{std} \rangle$ X

$\langle\ (0,\ +\infty),\ \text{dec} \rangle\ \langle \text{PBmin},\ \text{std} \rangle$ X

$\langle \text{PBmin},\ \text{dec} \rangle$

$\langle\ (\text{PBmin},\ \text{PBmax}),\ \text{dec} \rangle$

$\langle \text{PB}^{**},\ \text{std} \rangle$ X

$\langle \text{DP}^{**},\ \text{std} \rangle\ \langle \text{PBmin},\ \text{std} \rangle$

$\langle \text{PBmin},\ \text{dec} \rangle$ X

$\langle\ (\text{PBmin},\ \text{PBmax}),\ \text{dec} \rangle$ X

$\langle \text{PB}^{**},\ \text{std} \rangle$

$\langle \text{PAmax},\ \text{inc} \rangle\ \langle 0,\ \text{std} \rangle\ \langle \text{PBmin},\ \text{std} \rangle$ X

$\langle \text{PBmin},\ \text{dec} \rangle$ X

$\langle\ (\text{PBmin},\ \text{PBmax}),\ \text{dec} \rangle$ X

$\langle \text{PB}^{**},\ \text{std} \rangle$ X

$\langle 0,\ \text{dec} \rangle\ \langle \text{PBmin},\ \text{std} \rangle$

$\langle \text{PBmin},\ \text{dec} \rangle$

$\langle\ (\text{PBmin},\ \text{PBmax}),\ \text{dec} \rangle$

$\langle \text{PB}^{**},\ \text{std} \rangle$

$\langle\ (0,\ +\infty),\ \text{dec} \rangle\ \langle \text{PBmin},\ \text{std} \rangle$

$\langle \text{PBmin},\ \text{dec} \rangle$

$\langle\ (\text{PBmin},\ \text{PBmax}),\ \text{dec} \rangle$

$\langle \text{PB}^{**},\ \text{std} \rangle$

⟨DP**，std⟩ ⟨PBmin，std⟩ X

⟨PBmin，dec⟩ X

⟨（PBmin，PBmax），dec⟩ X

⟨PB**，std⟩ X

⟨（PA**，PAmax），inc⟩ ⟨0，std⟩ ⟨PBmin，std⟩ X

⟨PBmin，dec⟩ X

⟨（PBmin，PBmax），dec⟩ X

⟨PB**，std⟩ X

⟨0，dec⟩ ⟨PBmin，std⟩

⟨PBmin，dec⟩

⟨（PBmin，PBmax），dec⟩

⟨PB**，std⟩

⟨（0，+∞），dec⟩ ⟨PBmin，std⟩

⟨PBmin，dec⟩

⟨（PBmin，PBmax），dec⟩

⟨PB**，std⟩

⟨DP**，std⟩ ⟨PBmin，std⟩ X

⟨PBmin，dec⟩ X

⟨（PBmin，PBmax），dec⟩ X

⟨PB**，std⟩ X

⟨PA**，std⟩ ⟨0，std⟩ ⟨PBmin，std⟩

⟨PBmin，dec⟩ X

⟨（PBmin，PBmax），dec⟩ X

⟨PB**，std⟩

⟨0，dec⟩ ⟨PBmin，std⟩ X

⟨PBmin，dec⟩

⟨（PBmin，PBmax），dec⟩

⟨PB**，std⟩ X

⟨（0，+∞），dec⟩ ⟨PBmin，std⟩ X

⟨PBmin，dec⟩

⟨（PBmin，PBmax），dec⟩

⟨PB**，std⟩ X

$\langle DP^{**}$，std$\rangle$ $\langle PBmin$，std$\rangle$

$\langle PBmin$，dec$\rangle$ X

$\langle$（PBmin，PBmax），dec$\rangle$ X

$\langle PB^{**}$，std$\rangle$

上述后面带有"X"的组合，由于不符合约束逻辑，因而被过滤掉。剩下的组合为：

M－（QA，PA）

$\langle QAmin$，std$\rangle$ $\langle PAmax$，std$\rangle$

$\langle PA^{**}$，std$\rangle$ X2

$\langle QAmin$，dec$\rangle$ $\langle PAmax$，inc$\rangle$

$\langle$（PA^*，PAmax），inc$\rangle$ X2

$\langle$（QAmin，QA^*），dec$\rangle$ $\langle PAmax$，inc$\rangle$ X2

$\langle$（PA^*，PAmax），inc$\rangle$

$\langle QA^{**}$，std$\rangle$ $\langle PAmax$，std$\rangle$ X2

$\langle PA^{**}$，std$\rangle$

M－（QB，PB）

$\langle QBmax$，std$\rangle$ $\langle PBmin$，std$\rangle$

$\langle PB^{**}$，std$\rangle$ X3

$\langle QBmax$，inc$\rangle$ $\langle PBmin$，dec$\rangle$

$\langle$（PBmin，PBmax），dec$\rangle$ X3

$\langle$（0，QBmax），inc$\rangle$ $\langle PBmin$，dec$\rangle$ X3

$\langle$（PBmin，PBmax），dec$\rangle$

$\langle QB^{**}$，std$\rangle$ $\langle PBmin$，std$\rangle$ X3

$\langle PB^{**}$，std$\rangle$

M＋（QA，DP）

$\langle QAmin$，std$\rangle$ $\langle 0$，std$\rangle$ X5

$\langle DP^{**}$，std$\rangle$

$\langle QAmin$，dec$\rangle$ $\langle 0$，dec$\rangle$ X5

$\langle$（0，$+\infty$），dec$\rangle$

$\langle$（QAmin，QA^*），dec$\rangle$ $\langle 0$，dec$\rangle$ X5

$\langle$（0，$+\infty$），dec$\rangle$

$\langle QA^{**}$，std$\rangle$ $\langle 0$，std$\rangle$ X5

$\langle DP^{**},\ std\rangle$

M － （QB, DP）

$\langle QBmax,\ std\rangle\ \langle 0,\ std\rangle$ X5

$\langle DP^{**},\ std\rangle$

$\langle QBmax,\ inc\rangle\ \langle 0,\ dec\rangle$ X5

$\langle (0,\ +\infty),\ dec\rangle$

$\langle (0,\ QBmax),\ inc\rangle\ \langle 0,\ dec\rangle$ X5

$\langle (0,\ +\infty),\ dec\rangle$

$\langle QB^{**},\ std\rangle\ \langle 0,\ std\rangle$ X5

$\langle DP^{**},\ std\rangle$

ADD （PA, DP, PB）

$\langle PAmax,\ std\rangle\ \langle 0,\ std\rangle\ \langle PBmin,\ std\rangle$ X4

$\langle PB^{**},\ std\rangle$ X4

$\langle 0,\ dec\rangle\ \langle PBmin,\ dec\rangle$ X4

$\langle (PBmin,\ PBmax),\ dec\rangle$ X4

$\langle (0,\ +\infty),\ dec\rangle\ \langle PBmin,\ dec\rangle$ X4

$\langle (PBmin,\ PBmax),\ dec\rangle$

$\langle DP^{**},\ std\rangle\ \langle PBmin,\ std\rangle$ X4

$\langle PB^{**},\ std\rangle$ X4

$\langle PAmax,\ inc\rangle\ \langle 0,\ dec\rangle\ \langle PBmin,\ std\rangle$ X4

$\langle PBmin,\ dec\rangle$ X4

$\langle (PBmin,\ PBmax),\ dec\rangle$ X4

$\langle PB^{**},\ std\rangle$ X4

$\langle (0,\ +\infty),\ dec\rangle\ \langle PBmin,\ std\rangle$ X4

$\langle PBmin,\ dec\rangle$ X4

$\langle (PBmin,\ PBmax),\ dec\rangle$

$\langle PB^{**},\ std\rangle$ X4

$\langle (PA^{**},\ PAmax),\ inc\rangle\ \langle 0,\ dec\rangle\ \langle PBmin,\ std\rangle$ X4

$\langle PBmin,\ dec\rangle$ X4

$\langle (PBmin,\ PBmax),\ dec\rangle$ X4

$\langle PB^{**},\ std\rangle$ X4

$\langle (0,\ +\infty),\ dec\rangle\ \langle PBmin,\ std\rangle$ X4

$$\langle PBmin, \ dec \rangle \ X4$$

$$\langle \ (PBmin, \ PBmax), \ dec \rangle$$

$$\langle PB^{**}, \ std \rangle$$

$$\langle PA^{**}, \ std \rangle \ \langle 0, \ std \rangle \ \langle PBmin, \ std \rangle \ X4$$

$$\langle PB^{**}, \ std \rangle \ X4$$

$$\langle 0, \ dec \rangle \ \langle PBmin, \ dec \rangle \ X4$$

$$\langle \ (PBmin, \ PBmax), \ dec \rangle \ X4$$

$$\langle \ (0, \ +\infty), \ dec \rangle \ \langle PBmin, \ dec \rangle \ X4$$

$$\langle \ (PBmin, \ PBmax), \ dec \rangle$$

$$\langle DP^{**}, \ std \rangle \ \langle PBmin, \ std \rangle \ X4$$

$$\langle PB^{**}, \ std \rangle$$

3. 约束之间过滤

由于任意变量在不同约束中同时出现时，变化方向一致，因此没有可过滤的。

4. 按水平值过滤

根据各约束内，把水平值不符合逻辑规律的组合过滤掉。

M－（QA，PA）：上述剩下组合中后面带"X2"的，被过滤掉。

M－（QB，PB）：上述剩下组合中后面带"X3"的，被过滤掉。

ADD（PA，DP，PB）：上述剩下组合中后面带"X4"的，被过滤掉。

在 ADD 中，DP ＝ $\langle 0, \ std \rangle$ 和 $\langle 0, \ dec \rangle$ 已删，那么，删掉 M＋（QA，DP）和 M－（QB，DP）中的 DP ＝ $\langle 0, \ std \rangle$ 和 $\langle 0, \ dec \rangle$，即上述剩下组合中后面带"X5"的，被过滤掉。

经过上述过滤后，剩下的组合为：

M－（QA，PA）

$$\langle QAmin, \ std \rangle \ \langle PAmax, \ std \rangle$$

$$\langle QAmin, \ dec \rangle \ \langle PAmax, \ inc \rangle$$

$$\langle \ (QAmin, \ QA^*), \ dec \rangle \ \langle \ (PA^*, \ PAmax), \ inc \rangle$$

$$\langle QA^{**}, \ std \rangle \ \langle PA^{**}, \ std \rangle$$

M－（QB，PB）

$$\langle QBmax, \ std \rangle \ \langle PBmin, \ std \rangle \ X6$$

$$\langle QBmax, \ inc \rangle \ \langle PBmin, \ dec \rangle \ X6$$

$$\langle \ (0, \ QBmax), \ inc \rangle \ \langle \ (PBmin, \ PBmax), \ dec \rangle$$

$$\langle QB^{**}, \ std \rangle \ \langle PB^{**}, \ std \rangle$$

M + （QA，DP）

〈QAmin，std〉〈DP**，std〉

〈QAmin，dec〉〈（0，＋∞），dec〉

〈（QAmin，QA*），dec〉〈（0，＋∞），dec〉

〈QA**，std〉〈DP**，std〉

M −（QB，DP）

〈QBmax，std〉〈DP**，std〉X7

〈QBmax，inc〉〈（0，＋∞），dec〉X7

〈（0，QBmax），inc〉〈（0，＋∞），dec〉

〈QB**，std〉〈DP**，std〉

ADD（PA，DP，PB）

〈PAmax，std〉〈（0，＋∞），dec〉〈（PBmin，PBmax），dec〉

〈PAmax，inc〉〈（0，＋∞），dec〉〈（PBmin，PBmax），dec〉

〈（PA**，PAmax），inc〉〈（0，＋∞），dec〉〈（PBmin，PBmax），dec〉

〈PB**，std〉

〈PA**，std〉〈（0，＋∞），dec〉〈（PBmin，PBmax），dec〉

〈DP**，std〉〈PB**，std〉

上述剩下组合中 M −（QB，PB）中的 PB ＝〈PBmin，std〉、〈PBmin，dec〉在 ADD 中没有，所以，上述后面带"X6"的组合，被过滤掉。

又由于 M −（QB，PB）的 QB ＝〈QBmax，std〉和〈QBmax，inc〉已删，所以，上述后面带"X7"的组合，被过滤掉。

经过上述过滤后的全局解释如下：

QA	PA	DP	PB	QB

a. 〈QAmin，std〉〈PAmax，std〉〈（0，＋∞），dec〉〈（PBmin，PBmax），dec〉〈（0，QBmax），inc〉

b. 〈QAmin，dec〉〈PAmax，inc〉〈（0，＋∞），dec〉〈（PBmin，PBmax），dec〉〈（0，QBmax），inc〉

c. 〈（QAmin，QA*），std〉〈（PA*，PAmax），inc〉〈（0，＋∞），dec〉〈（PBmin，PBmax），dec〉〈（0，QBmax），inc〉

d1. 〈QA**，std〉〈PA**，std〉〈（0，＋∞），dec〉〈（PBmin，PBmax），dec〉〈（0，QBmax），inc〉

d2. 〈QA**，std〉〈PA**，std〉〈DP*，dec〉〈PB*，std〉〈QB*，std〉

在 a 中，QA = 〈QAmin, std〉与 PB = 〈(PBmin, PBmax), dec〉不符合逻辑。在 b 中，QA = 〈QAmin, dec〉与 PA = 〈PAmax, inc〉不符合逻辑。所以，剩下的组合为：c、d1、d2，其中 d2 是发现的又一个均衡状态。

由上述例子可见，QSIM 方法可以推演系统行为（主要是商品的产量与价格）随时间的演化过程，解释系统的行为变化，发现系统的稳定状态。

5 QSIM 方法的特征

物理系统的定性模拟方法分三个学派：朴素物理学派、模糊数学学派和归纳推理学派。其中，朴素物理学派中的 QSIM 方法已被国内外学者普遍接受，它是从基于流的定性物理理论和定性过程理论提炼而来，其特征分析如下：

5.1 特征分析

5.1.1 变量表达的特点：二元组

QSIM 方法显著的特点是，用大致处在什么"水平"和大致变化的"方向"二元组来表示状态变量的值，而传统模拟技术是用精确的数量表示变量的值。这样做的好处是可以描述管理系统中大量不完备的信息，甚至歧义的信息。

5.1.2 建模的特点：6 个约束

第 2 个显著特点就是 6 个约束。管理系统中个人采取什么行动、管理者采取什么措施，多是相互之间比照着进行的，讲究大致的相对性，因而变量之间的关系，无需用精确的定量数学模型描述。

可见，这种建模方法的核心思想是，只考虑变量的活动范围和大致的活动方向，而不同于传统管理系统模拟方法有明确的局部规则或精确的数学模型。显然这样做可以化解人在管理系统中所造成的麻烦，并且，在现实管理系统中，管理者依据大致的信息就能做出正确的决策，管理者大致的判断就能应付日常的管理工作了。因此，定性模拟的做法是适合于管理系统的实际现象的。

5.1.3 变量的状态转移的特点：I、P 规则

I、P 规则对于连续的、可微的变量而言，符合一般的数学逻辑关系，单从这一点看，I、P 规则还不能算作 QSIM 方法的核心技术，但是，I、P 规则的使用，体现了 QSIM 方法的第 3 个显著特点，即局部规则。QSIM 方法也是从下到上的方法，不讲究整体建模，而是令每个变量在每个时间阶段依照 I、P 规则，进行局部变化。

5.1.4 状态转移的收敛的特点：过滤方法

第 4 个显著特点是过滤方法。因为变量的描述方法、变量之间关系的描述方法都带有显著的大致性、相对性，那么每个变量在每个时间阶段依照一般数学逻辑关系 I、P 规则变化时，会有多种可能的行为，或者说变量的变化是一个范围，不是一个点。随着时间阶段的推移，系统所有变量的行为会造成组合爆炸。

为了避免这种情况发生，QSIM 设计了过滤方法：约束过滤和全局过滤。形象地说，过滤方法是对变量及其组合的变化范围进行聚焦处理，处理为一个或几个点。QSIM 方法运行的这些步骤可归结为：

1. 产生每个变量的所有可能的后续状态；
2. 通过约束过滤掉不合理的后续状态；
3. 组合剩余的后续状态；
4. 通过全局过滤排除不合理的组合。

5.1.5 运行特点

与离散模拟方法相比，QSIM 方法的步骤是倒过来的，即先用局部规则，再用聚焦处理，因此，QSIM 方法的原理可总结为："局部规则" + "聚焦"，如图 18 所示。

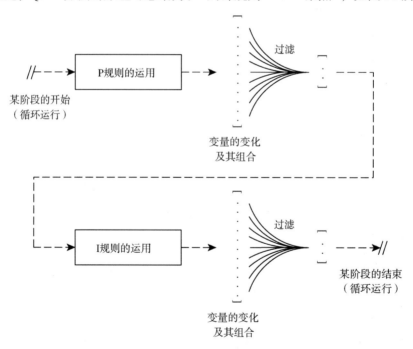

图 18 QSIM 方法的原理示意

但是，QSIM 方法的运行规则要求变量连续变化，过滤方法是从数学逻辑的角度过滤变量不应该发生的行为，这些做法不太适合考虑人的因素的管理系统。众所周知，一方面，现实生活中人的行为有可能发生突变；另一方面，人的行为也是讲究自己的章法的，如服从社会学、心理学、组织行为学的原理，不能按照一般性的数学逻辑来度量。因此，面向管理系统时，传统定性模拟方法要做相应的改进。

因此，QSIM 方法的主要部件及结构如图 19 所示。

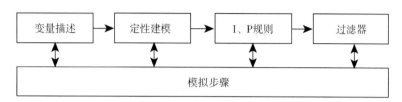

图 19　QSIM 方法的主要部件与结构

通过上面的特征分析，QSIM 的核心技术可归纳为：

1. 变量描述方法。用（水平，方向）二元组的方式描述系统的状态变量，其中，第 1 元为变量的水平，第 2 元为变量的方向。

2. 定性建模方法。用 6 个约束描述系统的结构（即变量之间的关系）。

3. 状态转换规则。变量的状态变化依据为数不多的几个转化规则（I、P 规则）。

4. 过滤器。变量状态每变化一次，用过滤方法排除不符合逻辑的变化。

6　结论

通过定性模拟原理和特征的分析，以及自由市场环境下商品产量与价格演化过程的模拟可以看出，当面对复杂管理系统掌握的信息不确定、不完备，甚至是歧义性信息时，我们仍能采用计算机模拟分析方法研究其行为的演化过程，这就是定性模拟所擅长之处。

现实环境中，一方面，企业管理者和决策者往往都是在掌握的信息不确定、信息不完备时，就要做出决策，因为市场形势和市场机会变化太快，不允许决策者在完全掌握信息的条件才做出决策。另一方面，由于企业系统的复杂性，决策者掌握的信息往往部分是假的，即歧义性信息，这种场景即便是在企业信息系统发达的今天也是比较常见的，这是因为，随着信息技术以及新兴信息技术的推广，企业实现大规模集成化管理、跨地域管理、分布式并发管理逐渐成为常态，面对这样的复杂系统，信息统计和传递可能会不及时、不完备，甚至因为人员涉及广泛而会人为造成假信息、歧义信息。

在这样的场景下，传统的定量模拟分析方法因为缺乏数据而无法派上用场，定性模拟分析方法就能适应这种局面，定性模拟方法无需模拟对象内部构成的全部细节，无需其运行的完全信息，因而模拟的结果也是其运行演化的大致趋势，即围绕其在各个均衡状态之间转移的大致趋势，企业管理者和决策者依靠这样的趋势信息，就能在信息不确定、信息不完备，甚至是歧义信息的条件下作出决策了。

复杂科学管理视角下的社区治理体系创新

谢科范　滕良文

（武汉理工大学 管理学院，武汉　430070）

摘要： 新冠肺炎疫情的暴发，使我国的基层社区治理面临巨大的挑战。为更好地应对挑战、促进社区完善公共卫生应急管理体系、推进国家治理体系和治理能力现代化，本文引入复杂科学管理范式，构建面向美丽中国建设的"四治协同＋三委合一"的社区治理创新体系，即居委会主治、业主自治、志愿者协治、对口机构帮治的协同治理，以及居委会、业主委员会、物业管理委员会的协商治理。同时，运用协同学和博弈论原理，分别对"四治协同"和"三委合一"展开分析，并对其具体运行机制进行探讨和设计。

关键词： 复杂科学管理；社区治理；协同治理；合作博弈

1　研究背景

2020 年，新冠肺炎疫情在全球蔓延，人类生命安全和身体健康面临巨大威胁。世界各国结合自身国情，积极采取疫情防控措施。中国经验表明，及时检测和采取隔离是阻断疫情传播的有效途径[1][2]。其中，社区治理在疫情防控过程中扮演着重要角色，

基金项目： 江汉大学武汉研究院 2020 年开放性课题重点课题（IWHS20201002）

作者简介： 谢科范（1963—　），男，湖南益阳人，武汉理工大学管理学院教授、博士生导师，博士，研究方向：创新管理、风险管理；滕良文（1995—　），男，湖南衡阳人，武汉理工大学管理学院硕士研究生，研究方向：创新管理、社会管理。

① Cyranoski, D. , "What China's Coronavirus Response Can Teach the Rest of the World", *Nature* (*London*), Vol. 579, No. 7800, Mar. 2020.

② Taghrir, M. H. , Akbarialiabad, H. , and Ahmadi, M. M. , "Efficacy of Mass Quarantine as Leverage of Health System Governance During COVID-19 Outbreak: A Mini Policy Review", *Archives of Iranian Medicine*, Vol. 23, No. 4, Apr. 2020.

主要体现在提升民众响应、严格相互监督、落实隔离制度①②等方面。

　　社区是居民生活的主要场所，社区治理则是政府维护社会稳定、促进民主自治、提升治理能力的主要路径③。新冠肺炎疫情暴发初期，习近平总书记便指出，社区是疫情联防联控、群防群控的关键防线，要推动防控资源和力量下沉，把社区这道防线守严守牢④。在此次疫情防控中，中国的基层社区联动国家治理和社区治理，完成信息排查和信息认证，鼓励居民自治和合作共治，在联防联控、群防群控、稳防稳控，防止疫情输入、蔓延、输出，控制疫情传播上发挥了极大的作用。但是，新冠肺炎疫情具有传染能力强、传播范围广的特点⑤；另外，有效的抗病毒药物、疫苗尚未进入临床阶段，导致感染患者和医疗资源的矛盾、疫情防控和复工复产的矛盾逐渐突出。而作为国家治理的基础单元，社区治理在各种矛盾的影响下，其资源配置不均衡、行政任务有负担、协调作用不明显、技术利用不充分等现实困境也逐渐显现。由此可见，进一步改进、完善和创新社区治理体系十分必要。

　　目前，我国社区治理的基本模式是社区党组织领导、居委会和业主委员执行、广大居民参与⑥。朱仁显、邹文英提出我国社区治理模式最终将演进为政府与居民合作共治的复合治理模式⑦。近年来，已经有许多国内外学者在社会治理研究领域引入复杂系统理论。范如国认为，复杂系统理论是研究系统复杂性及非线性关系，以系统的网络化结构为分析基础的整体性学科⑧。社会治理具有主体多元化、人群多样性、人员密集型等复杂性特征⑨，这使得社会治理和复杂系统理论之间存在一定的内在契合性。借助复杂系统理论，可以挖掘社会治理复杂性的内在规律、形成原因及作用机制，为社会治理提供新的研究范式。曾维和基于复杂系统理论构建社会管理分析框架，对社会管

　　① Taghrir, M. H., Akbarialiabad, H., and Ahmadi, M. M., "Efficacy of Mass Quarantine as Leverage of Health System Governance During COVID-19 Outbreak: A Mini Policy Review", *Archives of Iranian Medicine*, Vol. 23, No. 4, Apr. 2020.

　　② Hua, J., Shaw, R., "Corona Virus (COVID-19) 'Infodemic' and Emerging Issues through a Data Lens: The Case of China", *International Journal of Environmental Research and Public Health*, Vol. 17, No. 7, Mar. 2020.

　　③ 王德福：《城市社会转型与社区治理体系构建》，《政治学研究》2018 年第 5 期。

　　④ 《习近平重要讲话单行本（2020 年合订本）》，人民出版社 2021 年版，第 40 页。

　　⑤ Huang, C., Wang, Y., Li, X., et al., "Clinical Features of Patients Infected with 2019 Novel Coronavirus in Wuhan, China", *The Lancet*, Vol. 395, No. 10223, Feb. 2020.

　　⑥ 张雷：《构建基于社区治理理念的居民自治新体系》，《政治学研究》2018 年第 1 期。

　　⑦ 朱仁显、邹文英：《从网格管理到合作共治——转型期我国社区治理模式路径演进分析》，《厦门大学学报》（哲学社会科学版）2014 年第 1 期。

　　⑧ 范如国：《复杂网络结构范型下的社会治理协同创新》，《中国社会科学》2014 年第 4 期。

　　⑨ O'Hare, P., "Resisting the 'Long-Arm' of the State? Spheres of Capture and Opportunities for Autonomy in Community Governance", *International Journal of Urban and Regional Research*, Vol. 42, No. 2, Mar. 2018.

理的系统思维和内在机理进行探索和分析①。武霏霏和王峥借鉴复杂系统理论，厘清了影响城乡接合部社区管理的主要因素②。邓建高等认为要实现多元化社会主体在复杂系统中形成良性协同与互动，需要建立协同治理创新系统③。基于此，卫志民④和王岳等⑤分别结合北京和重庆的案例，探讨中国社区协同治理模式的构建与创新。原珂提出推进社区、社会组织、社会工作者的"三社协同"可以有效破除基层社区治理的现实困境⑥。而在此次疫情防控中，甘肃等地建立"三社协同"社区治理体系，鼓励社会力量有序参与社区公共卫生突发事件应急处理工作，很好地遏制了疫情的传播⑦。

随着我国进入后疫情时代，基于美丽中国建设需要，引入复杂科学管理范式⑧，明确社区的功能定位，优化和创新社区治理体系，对完善重大疫情社区防控体制机制、健全社区公共卫生应急管理体系、推进国家治理体系和治理能力现代化具有重要的现实意义。本文旨在结合前人研究和疫情防控实际，基于复杂科学管理思想和视角⑨，面向美丽中国建设，构建"四治协同＋三委合一"的社区治理模式。

2 "四治协同＋三委合一"的社区治理体系框架

在后疫情时代，创新社区治理体系，强化社区功能，是实现社会治理结构重心下移、防控社会风险的必然选择。社区治理机制创新的方向应当是"四治协同＋三委合一"。"四治协同"，是指居委会主治、业主自治、志愿者协治、对口机构帮治。"三委合一"，是指居委会、业主委员会、物业管理委员会通过联席会议机制协商沟通。"四治协同＋三委合一"的社区治理体系如图1所示。

协同是指系统中存在差异性的组成成分相互协调、补充，自组织地产生有序的系统结构和功能，或使系统从有序状态演化为更优有序状态。协同论作为系统科学的重

① 曾维和：《创新乡镇社会管理：一个复杂系统的分析框架》，《社会科学》2013年第4期。
② 武霏霏、王峥：《北京市城乡结合部管理问题根源探析：基于复杂科学管理的视角》，《城市发展研究》2015年第7期。
③ 邓建高等：《社会治理协同创新系统社会网络分析》，《中国科技论坛》2016年第4期。
④ 卫志民：《中国城市社区协同治理模式的构建与创新——以北京市东城区交道口街道社区为例》，《中国行政管理》2014年第3期。
⑤ 王岳等：《新时代街道和社区公共服务设施规划探索——从"服务短缺"到"治理协同"的重庆实践》，《城市规划》2019年第8期。
⑥ 原珂：《"三社协同"的社区治理与服务创新——以"项目"为纽带的协同实践》，《理论探索》2017年第5期。
⑦ 范鹏、莫兴邦、路华等：《新冠肺炎疫情期社区防控工作调查分析及建议》，《卫生职业教育》2020年第11期。
⑧ 徐绪松：《复杂科学管理》，科学出版社2010年版，第1—25页。
⑨ 徐绪松：《复杂科学管理的创新性》，《复杂科学管理》2020年第1期。

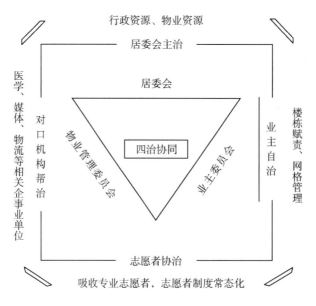

图1 "四治协同+三委合一"的社区治理体系

要分支，它主要用来反映复杂系统与子系统间的协作关系，并用于解决系统出现的综合性、复杂性问题。由于社会环境和突发事件的复杂性与不确定性，要实现社区功能的优化和社区治理效益的提升，不同的社区治理主体在复杂管理中要做到高度协同，这就需要构建社区治理的协同机制。

协同系统包含三个核心要素：目标、意愿和沟通。协同意愿是各主体协同的基础，而协同目标是协同意愿的前提，沟通则是协同过程中信息传播的媒介。因此，要实现社区治理的四治协同，参与主体间要形成共同的治理愿景、达成一定的治理共识、聚成有效的治理合力。

社区治理的目标是提升治理效益，主要体现在保障和改善基本民生，提升社区居民的安全感、获得感和幸福感；改进和完善社区功能，促进公共服务的多样化、层次化和个性化；巩固和推进国家治理，加强基层治理的稳定性、高效性和主动性。居委会、业主、志愿者、对口机构等参与主体在共同目标的作用下，形成社区治理"共建共享共荣"的协同意愿。

协同意愿是主体间实现有机协作的核心，在协同意愿的牵引下，社区治理各个主体可以从自发的无序独立运动演化为关联的有序协同运动。协同意愿主要体现在各个主体积极参与社区治理，并将自身掌握的资源、知识与其他主体进行共享和交换，以实现共同的治理目标。例如，在疫情防控期间，对口机构为社区提供物流、物资方面的支援，而居委会则为对口机构的复工、复产提供行政支持。

沟通是协同过程中信息交互、协商交流的主要路径，它具有主体多元性、内容多面性、程序自发性的特征。沟通的主体即参与社区治理的多个主体，内容则包括国家政策导向、社区公共事务、居民利益诉求等，沟通程序由主体间自行协商决定，有的直接沟通也有的通过定期的协商会议机制来沟通。良好的沟通可以使治理信息得到及时收集、妥善处理与合理运用，有效防范治理风险，提升社区治理效益。

根据上述分析，结合新冠疫情防控过程中遇到的问题和挑战，并借鉴全国各地的创新和实践，本文提出四治协同，主要内容如下：（1）居委会主治。将居委会作为社区的治理主体，主要可以通过夯实党的组织基础、密切党群关系，加强居委会干部队伍建设、提升治理能力与服务水平，整合物业资源、组建物业联盟等方式，强化居委会的主体作用。居委会主治可以使社区治理更好地连接国家指向和社会活动，实现战略部署和基层响应一盘棋。（2）业主自治。社区居民积极参与社区治理，实现"自我管理，自我服务"，引导业主委员会的功能从维权互助、邻里守望向响应政府号召、对接公共服务、维护安全稳定、培育小区文化等演化。业主自治可以发挥舆论引导、协调沟通、监督反馈等作用，并可以作为主要力量协助居委会进行社区治理。（3）志愿者协治。形成长期的社区志愿服务机制，对接共青团、高校、公益组织，有组织、有计划、常态化地吸引大学生志愿者、专业技术人员参与社区活动。志愿者可以发挥专业优势，参与社区治理过程中知识科普、心理疏导、学业辅导等活动。（4）对口机构帮治。鼓励辖区周边行政、企事业单位参与社区治理，对接联系的社区可获得其业务指导、资源支持等。对口机构帮治可以拓展社区治理的维度、提高社区治理的质量。根据李汉卿的研究①，本文提出的四治协同符合主体多元化、目标明确化、自组织协作化的协同治理特征。因此，四治协同的提出对于改善治理效果、实现"善治"目标有重要的实践意义。

博弈论主要用于研究主体间的相互作用和均衡状态②。根据参与博弈的主体是否合作，博弈可以分为合作博弈和非合作博弈。合作博弈的关键在于是否有一份具有约束力的协议促使主体间进行合作以获取最大收益。合作博弈较之非合作博弈往往能获取更高的效率或效益。因此，这里提出社区治理中的"三委合一"，即居委会、业主委员会、物业管理委员会形成联盟、开展合作，提升社区治理的效益。三委合一是四治协同的理论补充，同时也是四治协同的主要实践路径。居委会主要负责社区基层党建、联系团结群众，物业管理委员会负责监督物业管理、维护环境卫生，业主委员会则主

---

① 李汉卿：《协同治理理论探析》，《理论月刊》2014 年第 1 期。
② 简兆权、李垣：《战略联盟的形成机制——非零和合作博弈》，《科学学与科学技术管理》1998 年第 9 期。

要代表业主权益、反映业主需求。

三者相互合作亦互相制衡，业主委员会代表全体业主聘用物业管理企业，物业管理委员会则协调业主和物业管理企业的关系，而居委会则对业主委员会和物业管理委员会的工作进行指导、监督和建议。由此可见，建立具体的、科学的、有效的三委合一运行机制，对加强"三委"协商沟通、凝聚"三委"合力、提升社区治理效益具有重要的现实意义。当居委会、业主委员会、物业管理委员会均参与社会治理时，整体的收益指将达到最优状态。因此，要使社区治理效益达到最大化，三委合一需要三个主体共同协作而非将三者融为一体。

3 四治协同机制

3.1 四治协同的运行机制

3.1.1 居委会主治的运行机制

居民委员会是居民自我管理、自我教育、自我服务的基层群众性自治组织，是人民民主专政和城市基层政权的重要基础，也是党和政府联系人民群众的桥梁和纽带之一。将居委会作为社区的治理主体，可以有效地联动国家治理和社区治理，促进国家治理改革和社区治理创新协同，推进国家治理体系和治理能力现代化建设。居委会直接面向人民群众，它在国家治理和社区治理之间可以形成有序的沟通机制以及高效的执行体系，能使国家的倡导、计划、方向迅速、有效地在社区落地，也能促进基层的成功经验、创新成果最大化地实现共享和推广。

在此次新冠肺炎疫情防控中，我国基层社区展现极强的执行能力和动员能力，国务院发布《关于加强新型冠状病毒感染的肺炎疫情社区防控工作的通知》后，社区、居委会积极响应、迅速动员，按照通知要求实施网格化管理、地毯式摸排，联防联控、群防群控、稳防稳控，在疫情防控第一阶段，基本做到了"外防输入，内防输出"。然而，部分社区暴露出居委会深入群众不够、与群众沟通吃力；居委会干部业务能力不足、解决问题简单粗暴；物业管理监督缺位、不及时回应居民诉求等问题。如何发挥居委会的主体作用，促进与群众的情感联系和价值认同值得思考。

在协同治理的视角下，首先要理顺社区治理的主体间关系。居委会是社区治理的核心主体，也是参与治理的直接实施主体，所以明确居委会主治是"四治协同"的前提。可以通过夯实党的组织基础、密切党群关系，加强居委会干部队伍建设、提升治理能力与服务水平，整合物业资源、组建物业联盟等方式强化居委会的主体作用。中国特色社会主义进入新时代，完善基层党组织建设、扩大基层党组织覆盖面、强化基层党组织的核心领导作用十分重要，以思想引领和深入群众为主要抓手夯实党群基础，有利于增强公信力，扩大基层民主，维护政治稳定。居委会加强干部队伍建设，完善干部选拔、培养、训练、使用、激励等制度，增加有社会工作、家政、心理学等专业背景的人才，有利于提升居委会服务居民、化解矛盾、解决问题、处置突发事件的能力。居委会整合物业资源、组建物业联盟可以建立小区间信息互通、决策互商、资源互融的渠道，深挖社区居民的难点痛点，解决社区居民在日常生活中的实际问题，真正做到社区治理"重心下移，关口前移"，有利于促进公共服务能力提高、服务资源提质、服务环境提档。

3.1.2 业主自治的运行机制

社区治理离不开社区居民的切实参与，这也是我国坚持和完善人民当家作主制度体系、发展社会主义民主政治的要求。社区是居民生活的主要场所，他们对社区的环境熟、情况熟、居民熟，具有参与社区治理的独特优势。随着我国住房商品化，社区居民即为各个封闭小区的小区业主，为应对小区的集体事务、公共服务，业主们成立业主委员会。业主委员会借助业主的归属感和信任感、调动业主的主动性和积极性，鼓励业主积极参与社区治理，为社区贡献智慧和力量，营造社区居民个个参与治理、人人共享成果的良好局面。当前，业主委员会的主要功能是维权互助、邻里守望，下一步可以考虑增加响应政府号召、对接公共服务、维护安全稳定、培育小区文化等功能。

在此次新冠肺炎疫情防控中，业主自治贡献了蓬勃的创新活力。疫情暴发后，从国家到社区做出了统一部署，业主委员会积极响应，鼓励、动员、组织居民参与所在社区的防疫工作，很好地发挥了舆论引导、协调沟通、监督反馈等作用。他们快速反应设立防线，保障安全健康；及时通报疫情信息，稳定居民情绪；竭力做好劝导宣传，降低潜在风险；积极联系企业商家，保障物资供应；细心摸排小区住户，给予精准帮扶。其中，部分社区采取楼栋赋责的方式以确保疫情排查的信息和数据准确无误，保障防疫物资和生活物资符合居民需求和防疫要求。楼栋赋责充分体现了业主的自组织能力。但是，在疫情的冲击下，也出现了一些问题值得思考：部分老旧小区老龄化严重、基础设施老化，业主委员会的选举产生、职责履行、危机应对等都存在困难，等等，要充分发挥业主自治的积极作用还需要改进和完善相关机制。

在协同治理的视角下，业主委员会需要丰富自身功能，提升自身自组织能力。目前，大部分业主委员会的职责是维护业主权益，将业主共同关切的问题反馈到居委会或物业管理委员会，仅停留在解决日常琐碎的矛盾纠纷阶段，在公共卫生事件发生后，常常处于被动应对、依赖上级行政机构的状态。因而，丰富业主委员会的功能、提升业主委员会的自组织能力可以使之更好地降低治理成本、提升治理效益。（1）积极响应政府号召：在政府提出倡议或颁布政策后，积极响应并动员群众，迅速开始行动，弥补政府在"第一时间""第一现场"的缺位。（2）主动对接公共服务：支持政府将公共服务供给平台下沉到社区，业主委员会主动对接，提升公共服务的效率、提高群众办事的便利，距离成本的降低同时也意味着信息风险的降低，群众可以更明晰、更准确地了解政策，政府也可以更真实、更快捷地获知群众需求。（3）助力维护安全稳定：提升发现问题和化解问题的能力，将群众的矛盾于细微处化解、将社区的风险在潜伏期消除，形成危机前预防、危机时应对、危机后修复的机制。通过楼栋赋责、网格管理等方式，联系到户、细致到人，掌握居民信息，加强风险点的筛选和干预；像老旧小区的基层组织建设不全、设备设施陈旧等问题，可以通过业主大会或请求上级行政部门援助解决。（4）认真培育小区文化：业主委员会是由业主选举产生，代表业主的基本利益，因而它在价值引领、文化培育、氛围营造上具有天然优势。建议业主委员会以社会主义核心价值观为引领，树立群众对小区、对社区的"根情文化观"，营造社区众志成城、万众一心、团结互助的文化氛围。此外，业主委员会可以就群众养成的卫生习惯、生活习惯做进一步宣传、引导和监督，提升民众的安全卫生意识和健康生活意识。例如，养成正确佩戴口罩、勤洗手、勤喝水、居家消毒的卫生习惯；不捕猎、不食用野生动物，积极倡导分餐制和使用公筷的饮食习惯等。

3.1.3 志愿者协治的运行机制

志愿者协治是社区治理的重要补充，它能补足政府资源短板、满足居民个性需求、充足社区文化生活等。社区通过与共青团、高校、志愿服务组织合作，建立长期的社区志愿服务机制。社区结合自身需求，引进社会工作、家政服务、心理咨询、社区服务、工商管理或者艺术专业背景的志愿者参与社区治理。志愿者的参与可以有效缓解政府的人力资源压力，同时也可以结合其专业所长，协助社区处理相关事务，开展有用于民、有利于民的志愿服务活动，提升居委会、社区的公信力，加强"四治协同"中沟通的有效性，融洽居民和居委会、社区的关系，促进社区治理提质提效。

在此次新冠肺炎疫情防控中，志愿者为社区防疫注入了源源不断的动力。志愿者活跃在医护服务、防疫宣传、心理咨询、秩序维护、人员摸排、物资保障、物流运输、学业辅导等各条战线，他们充分发挥了其专业化和专注化的特点，助力社区防疫工作。但是，部分社区出现居民不信任、不配合志愿者；也有社区出现志愿者防护不充分、业务不熟练的情况。由此可见，志愿者协治也亟待完善和改进，以便更好地在社区治理中发挥作用。

在协同治理的视角下，志愿者协治需要做到三个"提升"，以促进社区治理的资源整合协同。（1）提升志愿服务的专业水平：参与社区治理的志愿者需要有社会工作、家政服务、心理咨询相关的专业背景，并在治理过程中发挥知识专长、专业权威的作用；此外，鉴于社区治理系统的复杂性，社区志愿者的构成应该尽可能全面，形成"社区工作＋医疗服务＋心理咨询＋管理咨询"多元化专业背景的志愿服务团队。（2）提升志愿服务的精准程度：社区人群有不同的层级，所以在志愿服务的过程中要做好差异化。例如，为留守儿童、孤寡老人、残障人士提供关爱帮扶；为下岗职工、待业人员提供就业指导；为文化程度不高、信息获取不便的人群提供政策咨询、科普教育等。（3）提升志愿服务的工作效率：志愿者要充分认识和利用科技手段，借助互联网工具和技术实现信息的快速互联互通，这也是资源整合协同的保障。

3.1.4 对口机构帮治的运行机制

对口机构帮治可以促进国家资源和社区治理的对接、吸引社会资本和社区居民的参与、减轻行政任务和重复工作的负担。辖区内行政、企事业单位对社区进行资源的倾斜和共享，使得更多的机构、群众愿意参与社区治理，从而降低政府基层治理成本、减缓政府基层治理压力、提高社区治理的质量。

在此次新冠肺炎疫情防控中，对口机构帮治为社区疫情防控提供了踏实稳定的助力。辖区内行政、企事业单位以个人名义、分支机构或整体参与的方式助力社区防疫。他们基于专业特长、行业背景，为对口联系社区提供咨询服务、业务指导或资源支持等。浙江省阿里巴巴集团为支持企业"复产复工"，基于支付宝APP推出了"健康码"小程序，极大地简化了社区务工人员疫期外出复工的流程；武汉市中百仓储、武商量贩、中商平价等商超为社区制定团购套餐，提供生活物资保障；基层人民法院为社区防疫提供法务咨询和司法保障。

在协同治理的视角下，对口机构帮治需要做到两个"促进"，以推进社区治理的利益整合协同。（1）促进社区与相关机构对接常态化：社区在此次疫情防控中建立的与相关机构的联系要继续保留并形成常态化机制，这样使得在下一次再遇到重大公共突发事件时，两者之间能够有更充分的回应与合作。社区可以通过咨询求助、请求指导等方式将辖区内党政机关、企事业单位的部分社区群众培养为社区治理过程中的积极分子，建立更紧密的联系；（2）促进多元治理主体互动平台化：完善党政机关、企业、社会组织共同参与的合作网络，制定衔接机制，建立互动平台，使得各个利益体形成以"为社区居民服务"为核心的"社区治理共同体"。

综上所述，"四治协同"可以有效避免基层工作作风不扎实、群众协调作用不明显、科技手段利用不充分、政府资源配置不均衡等现实问题，可以促进国家治理改革和社区治理创新的协同、社区危机预防和危机应对能力的再造、工作重心下移和沟通关口前移的落实以及社区法制治理和社区德行治理的并行。

3.2 四治协同的保障机制

构建四治协同需要完善社区治理的制度协同机制、信息协同机制、应急预警协同机制以及监督评价协同机制。

政府要建立健全社区协同治理的制度机制,支持和鼓励居委会、业主、志愿者、对口机构参与社区治理,形成多元参与、中心协同的社区治理网络。引导治理主体依法参与社区治理,并有效承接社区服务和委托的社区事务。

社区治理主体间要建立协同治理的信息机制,整合传统媒介、借助新媒体,形成覆盖率高、协同性高的信息共享网络,实现信息的通畅沟通。

社区治理要有完备的应急预警协同机制,参与治理的主体结合自身业务及面向人群辨识可能存在的治理风险,并及时预防、应对和修复,降低协同治理系统"脆弱性"的可能性,提高社区风险防范和处置能力。

社区协同治理要建立科学有效的监督评价机制,主要用于对治理主体的激励和约束,以及治理过程中的纠错和纠偏。

4 三委合一机制

4.1 三委合一的运行机制

三委合一的运行机制可以考虑建立健全联席会议机制,使得居委会、业主委员会、物业管理委员会三者都可以参与到社区治理中来。在联席会议中,居委会应该发挥领导核心作用,把党和国家的重要政策、重大部署落实落细,并借助自身的政治优势和组织优势支持,保障业主委员会依法行使自治权利;业主委员会应自觉服从居委会的领导,并充分代表业主权益行使自治权利;物业管理委员会则需要在居委会的指导下,协调好社区居民、业主委员会和物业管理企业的关系。通过联席会议机制,居委会可以引导社会组织与居民需求对接,业主委员会可以丰富治理手段、拓宽治理覆盖面,而物业管理委员会则可以及时反馈信息、化解早期风险。三委要形成治理合力,需要做到平台共建、资源共享、决策共商。

4.1.1 平台共建

在政府有关部门的政策指引和业务指导下,居委会、业主委员会、物业管理委员会应搭建"促进社区治理、加强沟通交流、提升居民服务"的协作平台,固化并常态化三委的联席会议机制。居委会要充分发挥领导者、监督者的功能,对联席会议要有引领、主持、调整、监督和叫停的权限，并鼓励和指导业主委员会和物业管理委员会加入联席会议，同时在联席会议上对治理主体间的利益诉求及时回应、对反馈问题及时解决；业主委员会则要增强自我管理、自我服务、自我提升的意识，积极支持、参与联席会议，通过联席会议汇报社区居民关注的热、难点问题，并对联席会议的召开、议事和落实进行评价、监督和反馈；物业管理委员会要发挥补位作用，提升联席会议的全面化和精准化，促进联席会议形成"发现问题"到"解决问题"的闭环。三委合一联席会议机制的建立和完善有助于提升社区治理的规范性、社区服务的可达性以及资源整合的有效性。

4.1.2 资源共享

三委合一的核心便是资源、信息、数据的共享。居委会有基层党建和居民自治两大属性，所以居委会既是党和国家政策的"解读者"和"执行者"，也是挖掘、掌握居民多元需求的"分析者"和"回应者"。同时，居委会还要负责社区的日常事务管理以及对接政府有关部门、企事业单位，这就意味着居委会拥有资源集成的优势，其中就包括多元化的治理资金筹集、多渠道的治理人才招募等。业主委员会直接代表居民，可以深入居民了解实际情况，从而获得最真实、最完整、最集中的居民诉求；业主委员会对所在小区、楼栋具备天然的地理优势和熟人优势，他们通过联系到户、细致到人对居民的基本数据有详细的掌握；业主委员会还可以充分挖掘民间"意见领袖"和专业人才的作用，获得其威信支持和智力支持，比如在新冠肺炎疫情防控期间，部分社区就充分发挥了社区内心理咨询师的专业作用，帮助社区居民开展心理关怀和心理疏导；物业管理委员会具有民间性、公益性的特征，一定程度上弥补了居委会和业主委员会的功能不足，在对物业管理企业的评价与监督过程中，可以发现并捕捉到安全隐患；除此之外，因为人员构成的复合性，物业管理委员会在提高社区治安水平、丰富居民精神生活上也有人力和专业的优势。由此可见，在三委合一的过程中，每个社区治理主体都有自己独特的资源，只要各主体间明确分工、加强合作、促进共享、优势互补，便可以实现社区治理的良性发展。

4.1.3 决策共商

决策共商是指居委会、业主委员会、物业管理委员会在经过联席会议的信息获取、交流沟通后，对社区治理中遇到的公共问题做出决策，以达到利益表达、协调与实现的目标[①]。在社区治理的过程中，居委会、业主委员会、物业管理委员会的地位相差不大，较为平等，符合开展广泛、深入、有效协商的前提。业主委员会较好地保障了居

---

① 闫彩霞、刘涛：《协商民主视域下政府共商型决策模式之建构》，《行政与法》2019年第2期。

民参与社区治理的权利，也为居民提供了表达意见的空间和渠道，居民在理性、有序的条件下参与社区事务决策；物业管理委员会则将物业管理企业等社会组织代表纳入决策过程，提高了意见征集的广泛性。此外，决策共商加大了外部监督的力度，以及决策的执行力度。由此可见，三委合一下的决策共商有利于规范和明确各个主体参与社区治理的程序和步骤，增强合作共治的科学性和有效性，加深三委之间的信任和合作，从而推进社区治理的协调发展。

4.2 三委合一的保障机制

推进三委合一需要完善社区治理的协议保护机制、经费保障机制、持续完善机制以及监督评价机制。

政府有关部门要通过立法或者出台政策来建立健全三委合一的协议保护机制，合作博弈的关键在于是否有一份具有约束力的协议促使主体间进行合作以获取最大收益。为更好地推进三委合一，居委会、业主委员会、物业管理委员会应该在政府有关部门的指导和支持下形成具有约束力的共同协议。一方面，共同协议的制定可以明确三方的权利和义务；另一方面，共同协议的存在可以促进三委合一的可持续发展。

三委合一需要完善经费保障机制。政府财政加大对社会治理现代化的投入，提升基层社区治理创新的资助。同时，区、街道加强对社区治理经费的审核、发放、监管与评价。

三委合一需要建立持续完善机制。三委合一是由武汉市在不久前提出的，目前尚处于探索阶段。在理论研究和实践研究中，要根据在社区治理中的实际运用情况，不断调整、完善三委合一的运行模式，提升三委合一的治理效益。

三委合一同样需要建立科学有效的监督评价机制，主要用于对合作过程中居委会、业主委员会、物业管理委员会的激励和约束，并督促三委开展平等的协商、对话与合作。

5 结论

党的十九届四中全会就推进国家治理体系和治理能力现代化给出了实施路径，并对基层社会治理提出了具体要求。在新冠肺炎疫情防控常态化的背景下，明确基层社区的功能定位、优化和创新社区治理体系对完善重大疫情社区防控体制机制、健全社区公共卫生应急管理体系、推进国家治理体系和治理能力现代化具有重要的现实意义。本文结合疫情防控过程中遇到的问题和挑战，借鉴全国各地疫情防控的创新和实践，构建"四治协同 + 三委合一"的社区治理创新体系。同时，运用复杂管理科学、协同学、博弈论等理论和方法，分别对"四治协同"和"三委合一"展开分析，并对其具体功能和运行机制进行探讨和设计。

推进国家治理体系和治理能力现代化，对党的执政、国家的安定、社会的和谐、人民的幸福具有重大意义。而构建基层社会治理新格局、优化和创新社区治理体系是推进国家治理体系和治理能力现代化的关键一环，所以如何健全社区管理和服务、鼓励居民自治、发挥群团组织和社会组织治理作用，促进资源下沉基层便成为一个重要的研究课题，具有重要的现实意义。

考虑创新属性感知的电动汽车采纳行为研究

——基于中国市场的仿真分析

冯　博[1]　叶绮文[2]

（1. 苏州大学 东吴商学院，苏州　215000；

2. 华南师范大学 经济与管理学院，广州　510000）

摘要： 国家关于推进新能源汽车发展的战略部署，是供给侧结构性改革与生态文明制度建设结合的重要举措，凸显了国家全面"推进绿色发展"的决心。然而，我国电动汽车在个人层面的采纳上却陷入了发展瓶颈。唯有真正解决电动汽车私人用车领域采纳率低、市场规模难以扩大等现实问题，才能从根本上突破现有的僵持局面，促进电动汽车的发展。因此，如何有效地促进电动汽车的推广、充分了解顾客的采纳行为成为电动汽车发展至关重要的问题。考虑到电动汽车采纳的动态性与复杂性，本文基于中国电动汽车推广的实际情景，建立考虑创新属性感知的电动汽车采纳动态仿真模型，重点分析各项电动汽车属性及其相互作用在长周期内对顾客采纳行为模式的动态影响。其中，为了使模型更加符合现实系统，本文采用更加适合刻画人类决策过程的"模糊逻辑"来处理顾客对电动汽车创新属性的模糊感知。

关键词： 系统动力学；电动汽车；采纳行为

1　研究背景

"美丽中国"在党的十八大上首次被提出并纳入了"十三五"规划；在党的十九大报告中，习近平总书记进一步强调"加快生态文明体制改革，建设美丽中国"①。为了

作者简介： 冯博（1981—　），女，苏州大学东吴商学院学院院长、教授、博士生导师，博士，研究方向：服务运营管理；叶绮文（1990—　），女，华南师范大学讲师，博士，研究方向：服务运营管理。

① 《习近平谈治国理政（第三卷）》，外文出版社 2020 年版，第 39 页。

落实这一战略目标，政府相继推出了各项防治大气、水、土壤污染的政策措施。然而，真正的绿色发展应该是全方位的，在"治标"的同时，应结合技术创新从本质上预防环境污染。其中，国家关于推进新能源汽车发展的战略部署，则是供给侧结构性改革与生态文明制度建设结合的重要举措，凸显了国家全面"推进绿色发展"的决心。因此，与新能汽车发展的相关问题不仅关乎国家未来一段时间的产业经济发展，还影响着社会可持续发展。

电动汽车作为目前市场上最受瞩目的新能源汽车，凭借其零排放、电力驱动等优点，俨然成为缓解环境污染与石油资源短缺的有效方案。此外，电动汽车作为汽车领域的颠覆性技术革新，将引领产业的转型升级，为我国传统支柱性产业发展带来重大契机。因此，电动汽车成为各国政府关注的重点战略产业。我国政府早在2001年提出了"863"计划"电动汽车"重大科技专项，确定了电动汽车在汽车行业发展中的重要战略地位，并在"十二五"规划及"十三五"规划中先后投入2000亿元人民币用于落实购买补贴、技术研发、充电设施建设等激励政策的实施，以加速电动汽车市场的发展。然而，在政府的大力推动下，电动汽车市场，尤其是私人用车领域市场的发展却遭遇瓶颈。截至2019年底，我国电动汽车数量为310万辆，其中公共交通及专用乘务车占比较大，个体顾客对于电动汽车的采纳程度较低，严重地阻碍了电动汽车产业的发展，削弱了电动汽车在环境保护、实现智能交通与智能电网等方面的作用。

为了明晰顾客对于电动汽车的采纳态度及行为模式，学术界对影响顾客采纳的因素进行了探索。相关文献主要围绕顾客采纳行为的影响因素开展，具体研究视角也随着时间不断变化。早期相关研究主要以定性分析为主，多以电动汽车的发展为主题，主要是描述国内外电动汽车的发展现状，分析其中存在的问题，即分析阻碍顾客采纳和市场扩散的原因，并提出相关的应对措施[1][2]。随着电动汽车投入到实际应用中，顾客对其的认知逐渐形成，学者开始使用问卷和访问等调研方式，了解顾客对电动汽车的态度。这一类研究多从实际角度出发，通过收集顾客对于电动汽车的技术、价格等属性的偏好程度，使用统计分析的方法了解顾客的购买意愿[3][4]。此外，也有学者从顾

---

[1]　徐哲：《我国电动汽车发展现状与对策》，《汽车工业研究》2006年第6期。

[2]　Hasegawa, T., "Diffusion of Electric Vehicles and Novel Social Infrastructure from the Viewpoint of Systems Innovation Theory", *IEICE Transactions on Fundamentals of Electronics*, *Communications and Computer Sciences*, Vol. 93, No. 4, April 2010.

[3]　李小楠等：《消费者选择电动汽车的影响因素》，《汽车与配件》2012年第6期。

[4]　Axsen, J., Orlebar, C., Skippon, S., "Social Influence and Consumer Preference Formation for Pro-environmental Technology: The Case of a UK Workplace Electric-vehicle Study", *Ecological Economics*, Vol. 9, November 2013.

客的角度出发,分析顾客年龄、收入、教育程度等特征对其购买意愿或采纳行为的影响,从而对顾客进行分类,为电动汽车市场细分提供依据①②。随着相关研究的积累,越来越多的学者关注电动汽车采纳这一课题,并开始了理论层面的研究。基于计划行为理论(The Theory of Planned Behavior,TPB)、理性选择理论(Rational Choice Theory,RCT)等相关理论模型进行实证研究,有针对性地识别电动汽车采纳影响因素以及因素的作用机制③④⑤⑥⑦。在对影响因素有一个系统的研究后,学者们的研究视角则转向使用量化模型研究各类因素对电动汽车采纳行为的影响;由于影响电动汽车采纳的因素较多,这类研究通常会侧重其中一类因素,如续航里程对采纳的影响、价格对采纳的影响⑧⑨⑩。

然而,在现实情景中,电动汽车属性的状态将随着技术发展、资金的投入、市场规模的扩大而变化,从而对顾客的采纳行为产生不一样的影响。此外,不同因素之间还存在相互作用,使得这些因素对于顾客的采纳行为与电动汽车市场扩散的作用机理变得更加复杂。举例而言,即使电动汽车的性能满足顾客对汽车使用的需求,但过高的价格依然会阻碍顾客的购买行为⑪;而电动汽车的充电便利性则可以提高顾客对价格

① Saarenpää, J., Kolehmainen, M., Niska, H., "Geodemographic Analysis and Estimation of Early Plug-in Hybrid Electric Vehicle Adoption", *Applied Energy*, Vol. 107, July 2013.

② Plötz, P., Schneider, U., Globisch, U., Dütschke, E., "Who Will Buy Electric Vehicles? Identifying Early Adopters in Germany", *Transportation Research Part A: Policy and Practice*, Vol. 67, September 2014.

③ Carley, S., Krause, R., Lane, B., Graham, J., "Intent to Purchase a Plug-in Electric Vehicle: A Survey of Early Impressions in Large US Cites", *Transportation Research Part D: Transport and Environment*, Vol. 18, January 2013.

④ Moons, I., De Pelsmacker, P., "Emotions as Determinants of Electric Car Usage Intention", *Journal of Marketing Management*, Vol. 28, No. 3-4, March 2012.

⑤ Ajzen, I., "The Theory of Planned Behavior", *Organizational Behavior and Human Decision Processes*, Vol. 50, No. 2, December 1991.

⑥ Vernengo, M., Caldentey, E., Rosser, Jr. B., *The New Palgrave Dictionary of Economics*, Basingstoke: Palgrave Macmillan, 2008, p. 19.

⑦ Degirmencia, K., Breitnerb, M., "Consumer Purchase Intentions for Electric Vehicles: Is Green More Important than Price and Range?" *Transportation Research Part D: Transport and Environment*, Vol. 51, March 2017.

⑧ Barter, G., Tamor, M., Manley, D., West, T., "Implications of Modeling Range and Infrastructure Barriers to Adoption of Battery Electric Vehicles", *Transportation Research Record: Journal of the Transportation Research Board*, Vol. 2502, December 2015.

⑨ Dumortier, J., Siddiki, S., Carley, S., Cisney, J., Krause, R., Lane, B., Rupp, J., Graham, J., "Effects of Providing Total Cost of Ownership Information on Consumers' Intent to Purchase a Hybrid or Plug-in Electric Vehicle", *Transportation Research Part A: Policy and Practic*, Vol. 72, February 2015.

⑩ Egbue, O., Long, S., Samaranayake, V. A., "Mass Deployment of Sustainable Transportation: Evaluation of Factors that Influence Electric Vehicle Adoption", *Clean Technologies and Environmental Policy*, Vol. 19, No. 7, June 2017.

⑪ Knutson, B., Rick, S., Wimmer, E., Prelec, D., Loewenstein, G., "Neural Predictors of Purchases", *Neuron*, Vol. 53, No. 1, January 2007.

的容忍度①②③④；信息通信技术（Information Communication Technology，ICT）的应用虽然提高了电动汽车的效用，但同时也提高了技术成本，对顾客购买能力提出了更高的要求⑤。顾客采纳行为的复杂性除了体现在各电动汽车属性的相互作用上，同时也受到对电动汽车创新属性的模糊感知的影响。全球五大市场研究公司之一 Growth from Knowledge（GfK）于2013年进行的电动汽车认知态度调研发现，仅有12%的我国参与者对电动汽车有所了解，其中对产品特点非常了解的仅占1%。这说明大部分的顾客对于电动汽车的属性感知和相关信息的了解是模糊的、不完全的⑥。顾客对于电动汽车的价格、动力性能等传统汽车具备的属性的感知通常以燃油汽车属性作为参考值；但对于充电便利性、电池能耗情况等创新属性，顾客的感知是模糊的。当顾客无法准确感知电动汽车属性时，对其采纳决策也会有明显的影响。以往的研究认为顾客属于完全理性，能够清晰感知电动汽车各项属性带来的效用，多采用精准量化模型刻画顾客感知。

基于上述分析，针对系统的复杂性与动态性，本研究将建立考虑创新属性感知的电动汽车采纳动态模型，重点分析各项电动汽车属性及其相互作用在长周期内对顾客采纳行为模式的动态影响。其中，为了使模型更加符合现实系统，本研究采用更加适合刻画人类决策过程的"模糊逻辑"来处理顾客对电动汽车创新属性的模糊感知⑦⑧。

2 考虑创新属性感知的电动汽车采纳动态模型构建

2.1 模型框架

根据已有文献可知，影响顾客采纳的电动汽车属性包括车辆技术、成本和充电便

① Mohseni，P.，Stevie，R. G.，Electric vehicles：Holy grail or fool's gold，*Power & Energy Society General Meeting*，Calgary，AB，Canada：IEEE，2009.
② Anderson，E.，"Customer Satisfaction and price Tolerance"，*Marketing Letters*，Vol. 7，No. 3，1996.
③ Calisir，F.，Calisir，F.，"The Relation of Interface Usability Characteristics，Perceived Usefulness，and Perceived Ease of Use to End-user Satisfaction with Enterprise Resource Planning（ERP）Systems"，*Computers in Human Behavior*，Vol. 20，No. 4，July 2004.
④ Luo，X.，Homburg，C.，Wieseke，J.，"Customer Satisfaction，Analyst Stock Recommendations，and Firm Value"，*Journal of Marketing Research*，Vol. 47，No. 6，December 2010.
⑤ Zhang，H.，Lu，Y.，Gupta，S.，Zhao，L.，"What Motivates Customers to Participate in Social Commerce? The Impact of Technological Environments and Virtual Customer Experiences"，*Information & Management*，Vol. 51，No. 8，December 2014.
⑥ Wang，S.，"Chinese Consumers Reluctant about Electric Vehicles"，https：//www. gfk. com/blog/2014/04/chinese-consumers-reluctant-about-electric-vehicles.
⑦ Zadeh，L.，"The Concept of a Linguistic Variable and Its Application to Approximate Reasoning—I"，*Information Sciences*，Vol. 8，No. 3，1975.
⑧ Zadeh，L.，"Fuzzy Logic = Computing with Words"，*IEEE Transactions on Fuzzy Systems*，Vol. 4，No. 2，June 1996.

利性三个部分，在很大程度上决定了电动汽车给顾客带来的效用。基于 Engel 等提出的购买决策过程，对于更加熟悉燃油汽车的顾客而言，将把燃油汽车的各项属性作为参考标准并与顾客所感知的电动汽车属性作逐一对比[①]。只有电动汽车在两者比较中胜出，顾客才会对电动汽车有较高的采纳意愿。为了体现这个替代产品间的比较过程，本模型将使用 Thaler 提出的交易效用来刻画顾客感知到的电动汽车与燃油汽车车辆技术、成本和充电便利性三个主要属性所带来的效用差异[②]。此外，电动汽车所特有的 ICT 技术应用能够通过电动汽车网络实现实时定位、实时信息的共享来提高其他属性的效用，如充电桩信息的共享将能够提高电动汽车的充电便利性；并带来各类智能社交应用与商业模式创新。对于这一部分效用，我们将其归为社交效用，直接作用于顾客的采纳决策。而顾客的不同采纳决策将对电动汽车的整个扩散过程产生动态影响，本研究的模型框架如图 1 所示。

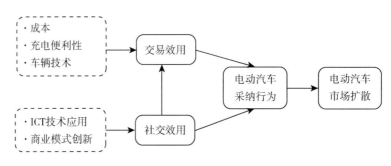

图 1 模型框架

2.1.1 交易效用

交易效用由美国经济学家 Thaler 基于前景理论提出的，指商品实际价格与顾客心理上设定的参考价格之间的差额所带来的效用[③]。考虑到顾客在决策过程中对可选商品属性进行对比，而燃油汽车作为顾客所熟知的汽车类型，其属性将成为顾客的"参考属性"。在本研究的模型中，我们对交易效用进行了引申，假设顾客采纳电动汽车的交易效用是基于与燃油汽车在成本、充电便利性和车辆技术等方面的比较结果。

1. 成本比较：在模型中，将比较电动汽车与燃油汽车的购置成本与使用成本，具体内容见表 1。

---

① Engel, J. F., Kollat, D. T., Blackwell, R. D., *Consumer Behavior*, New York：Holt, Rinehart and Winston, 1968, p. 32.

② Thaler, R., "Mental Accounting and Consumer Choice", *Marketing Science*, Vol. 4, No. 3, August 1985.

③ Thaler, R., "Mental Accounting and Consumer Choice", *Marketing Science*, Vol. 4, No. 3, August 1985.

表1   电动汽车与燃油汽车成本比较

成本分类	项目	选择原因
购置成本	汽车价格	性能相当的电动汽车和燃油汽车价格差异较大
	购置税	在我国，购置税与车辆价格成正比（10%），且购车价格差异越大，购置税的差异也越大；其他税费差异较小
使用成本	充电成本	电费与汽油价格差异较大，而维修费用、年度税费与保险费用主要和车主的用车情况相关，难以测量

由于购置成本为一次性成本，为了方便对比电动汽车与燃油汽车的年度费用，将购置成本按照汽车使用年限平均分摊。电动汽车的充电成本，以1.4—1.6升排量的燃油汽车和比亚迪E6电动汽车为例，其估算的加油/充电成本见表2。估算结果表明，与燃油汽车的加油费用相比，使用电动汽车每年在充电费用上可节省超过5000元。

表2   燃油汽车加油费用与电动汽车充电费用估算

汽车类型	每百公里汽油/用电消耗	汽油/用电价格	每年行驶里程	每年加油/充电费用
燃油汽车	8升（汽油）[a]	6.34元/升[b]	15000千米[c]	7608元
电动汽车	19.5千瓦时（电）[d]	0.73元/千瓦时[e]	15000千米	2135.25元

注：a. 是我国最受欢迎前十名1.4—1.6升排量汽车的平均排量，数据来源于网易汽车的网络调查，http://auto.163.com/.

b. 我国2020年12月30日的95号汽油均价是6.34元/升。

c. 根据Feng等的实验数据可知，被试的年平均驾驶里程是15000千米[1]。

d. 比亚迪官方网站所公布的数据，E6型号电动汽车每百公里耗电19.5千瓦时，http://www.byd.com/hk/e6.html.

e. 参考广州市第二梯度电价（中间梯度电价）。

2. 充电便利性比较：充电便利性也是顾客最为关注的电动汽车属性之一[2]。然而充电便利性对顾客而言不是一个具体的概念，难以通过一个精确的数值来告知顾客。因此，顾客需要借助一个熟悉的概念作为参考，如燃油汽车的加油网络。这在充电设施建设的实际操作中也有所体现。为了提高电动汽车的充电便利性，英国政府要求所有的加油站和高速公路服务站加设充电设施。壳牌和BP等主要的石油公司正计划在其加油站安装电动汽车充电桩，以顺应市场趋势。因此，在本研究模型中，将现有加油站的数量作为顾客感知电动汽车便利性的参考值，通过对比加油设施与充电设施的数量，同时考虑燃油汽车加油和电动汽车充电的时间差异来确定顾客对电动汽车充电便利性的感知。

---

① Feng, B., Lai, F., Ye, Q., "Breaking'Chicken or Egg First' Dilemma: Optimizing Government Incentive Polices for Electric Vehicle Industry in China", Working paper, https://papers.ssrn.com/sol3/papers.cfm? abstract_ id = 3589977.

② Mohseni, P., Stevie, R. G., Electric vehicles: Holy grail or fool's gold, *Power & Energy Society General Meeting*, Calgary, AB, Canada: IEEE, 2009.

3. 车辆技术比较：电动汽车技术日趋成熟，在安全性和动力性能方面可与燃油汽车媲美。不同国家已经颁布了关于电动汽车安全的各种法规和检测要求，电动汽车只有达到各项标准和通过所有测试后才能进入市场。至于动力性能，特斯拉 Model S 是先进电动汽车技术的代表，百公里加速时间和最高时速都已达到了燃油汽车的跑车级别。电动汽车的平均续航里程虽然与燃油汽车存在一定差距，但部分电动汽车达到了顾客期望的 500 公里以上的续航里程，只是在价格上相对昂贵。因此，本研究认为顾客对于电动汽车技术的顾虑将转移到价格顾虑上，并通过"经验曲线"将技术因素的影响转移到价格对顾客采纳行为的影响上[①]。

2.1.2 社交效用

电动汽车的社交效用主要体现在 ICT 技术的应用结果上。在智能信息技术的发展以及国家关于智能网联汽车的政策指引下，电动汽车也在逐步往智能化、网络化的方向发展。百度、阿里巴巴和腾讯（BAT）这三家互联网巨头也开始涉足电动汽车行业，并投入了超过 2 亿美元来打造"互联网汽车"生态系统，拟将电动汽车改造成新一代的智能终端系统。腾讯与广汽集团有限公司携手推出 iSPACE 概念电动汽车，其"AI in car"智能电子系统融合了移动网络、地理信息系统、人工智能和社交媒体等新技术。具备先进的 ICT 和智能技术以及不断增长的汽车网络，电动汽车将输出大量的用户生成内容、实时信息以及实时定位等数据，具有很大的潜在商业价值，将带来大量的商业模式创新机会[②③]。

ICT 技术在电动汽车的应用，一方面，为电动汽车赋予了传统汽车以外的社交功能，为电动汽车转型为智能移动终端提供了技术支持，其所提供的网络通信功能，扩展了汽车物联网，提高了电动汽车的感知有用性，对于追求高科技和时尚产品的年轻人非常有吸引力；另一方面，智能和网络应用使得汽车网络成为双向网络，增强了电动汽车系统的网络外部性，将对电动汽车的市场扩散产生显著影响。本模型将使用 Gartner Hype Cycle 中物联网的成熟度来衡量电子商务社交商务中 ICT 的水平[④]。

在 ICT 技术的支持下，电动汽车网络正在成为下一个社交网络，伴随而来的是各

① Wright, T. P., "Factors Affecting the Cost of Airplanes", *Journal of the Aeronautical Sciences*, Vol. 3, No. 4, February 1936.

② Goh, K., Heng, C. S., Lin, Z., "Social Media Brand Community and Consumer Behavior: Quantifying the Relative Impact of User and Marketer-generated Content", *Information Systems Research*, Vol. 24, No. 1, March 2013.

③ Kourouthanassis, P., Giaglis, G. M., "Introduction to the Special Issue Mobile Commerce: the Past, Present, and Future of Mobile Commerce Research", *International Journal of Electronic Commerce*, Vol. 16, No. 4, December 2012.

④ Fenn, J., "Gartner's Hype Cycle Special Report for 2011", Stamford, CT: Gartner, August 2011.

种社交活动和重要的商业机会。为了向顾客提供良好的社交网络体验，如社交支持、社交存在、情感和信息支持以及更多的社交效用，融合社交网络的商业模式创新是必不可少[1][2][3]。一方面，借助社交网络提供的用户生成内容，更能为商业决策带来更多的信息，而各类实时定位信息则可以在汽车网络中实现共享商业模式，并借助用户的社交活动拓展传播途径；另一方面，商业活动的发展能够更好地吸引商业资金对电动汽车及其汽车网络的发展和完善提供经济保障，给用户带来更多的社交效用。本研究采用"商业模式创新"来反映电动汽车网络商业活模式的创新及发展水平，并使用Wirtz 提出的商业模式的四个生命周期阶段进行衡量[4]。

2.2 要素的相互作用与因果关系分析

电动汽车采纳系统的各个变量之间存在着相互作用，并形成循环反馈最终对系统行为产生动态影响。其中，交易效用和社交效用所包含的变量存在四方面的相互关系：（1）电动汽车的充电便利性能够提高顾客对其的感知易用性，因此顾客将愿意花费更多的金钱来购买这一部分性能，即提高了顾客对电动汽车价格的容忍度[5][6]。（2）ICT技术是电动汽车网络社交与商务活动实现的基础，该要素的发展也将促进"商业模式创新"，直接或间接地提高电动汽车给顾客带来的社交效用[7]。（3）利用电动汽车网络的实时信息与定位信息，可以实现车辆、充电设施的共享商业模式，从而提高车辆与配套设施的利用率，即"商业模式创新"的发展能够提高充电设施所带来的交易效用。（4）ICT技术虽然能够对社交效用产生积极影响，但是该技术的研发却增加了电动汽车的生产成本，从而降低电动汽车带来的交易效用。

系统各主要变量之间的相互关系通过经验曲线、网络外部性效应将系统的各个部分连接起来，形成图 2 中的反馈回路，对系统行为产生复杂的动态影响。

① Zhang, H., Lu, Y., Gupta, S., Zhao, L., "What Motivates Customers to Participate in Social Commerce? The Impact of Technological Environments and Virtual Customer Experiences", *Information & Management*, Vol. 51, No. 8, December 2014.

② Hajli, N., "The Role of Social Support on Relationship Quality and Social Commerce", *Technological Forecasting and Social Change*, Vol. 87, September 2014.

③ Liang, T. P., Turban, E., "Introduction to the Special Issue Social Commerce: a Research Framework for Social Commerce", *International Journal of Electronic Commerce*, Vol. 16, No. 2, December 2011.

④ Wirtz, B., *Business Model Management Design*, Gabler Verlag, 2011, p. 47.

⑤ Mohseni, P., Stevie, R. G., Electric Vehicles: Holy Grail or Fool's Gold, *Power & Energy Society General Meeting*, Calgary, AB, Canada: IEEE, 2009.

⑥ Calisir, F., Calisir, F., "The Relation of Interface Usability Characteristics, Perceived Usefulness, and Perceived Ease of Use to End-user Satisfaction with Enterprise Resource Planning (ERP) Systems", *Computers in Human Behavior*, Vol. 20, No. 4, July 2004.

⑦ Fenn, J., "Gartner's Hype Cycle Special Report for 2011", Stamford, CT: Gartner, August 2011.

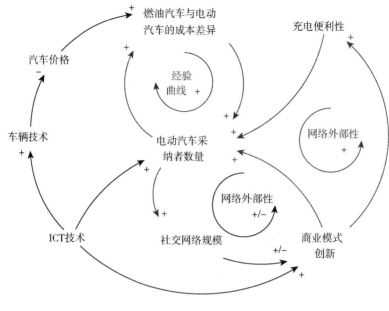

图 2　因果循环

（1）经验曲线正向反馈回路：该回路描述了经验曲线对电动汽车采纳人数所带来的正向反馈。如图 2 所示，随着电动汽车采纳者的增长，电动汽车的累计产量增加，由经验曲线可知，生产成本的下降所带来的燃油汽车与电动汽车成本差异变化将提高顾客的采纳率，再次作用于电动汽车采纳者，提高其数量。

（2）网络外部性正向反馈回路：该正向反馈回路描述的是商业模式创新与充电便利性借助网络外部性而相互促进的关系。一个高水平的充电便利性将为系统带来更多的电动汽车采纳者并扩大电动汽车的社交网络规模。网络外部性将有助于创新商业模式的拓展，并提高电动汽车的充电便利性（由商业模式创新与充电便利性的相互关系可知）。

（3）网络外部性双向反馈回路：该回路表述的是网络外部性对商业创新的双向影响。在电动汽车发展初期，采纳者较少，其小规模的社交网络规模将影响社交活动与商业活动的实现，实际带来的社交效用与顾客的期望存在一定差距，给电动汽车采纳带来一定的负面影响[1]。电动汽车社交网络规模的扩大，将能够产生积极的网络外部性，促进商业活动与模式创新的发展，从而提高社交效用并促进电动汽车采纳与扩散。

---

[1] Song，J.，Walden，E.，"How Consumer Perceptions of Network Size and Social Interactions Influence the Intention to Adopt Peer-to-Peer Technologies"，*International Journal of E-Business Research*，Vol. 3，No. 4，January 2007.

2.3 总体模型构建

本模型根据研究重点，对模型提出下列假设，以剔除其他关系不大的影响因素，使模型结构更加清晰、研究重点更加明确。

（1）潜在采纳者包括第一次购车者与再次购车者，两者对电动汽车的偏好态度一致，其中再次购车者是因为已有车辆由于达到平均使用年限而需要购买新车以做替换。

（2）电动汽车每年的产量能够满足采纳者需求，且电动汽车的累计产量为其采纳总量。

（3）模型基准仿真情景的参数设置均参考国内 2013 年的政策规定及市场实际数据。

基于上述模型假设，本模型可分为两大部分，第一部分为电动汽车采纳过程，顾客采纳决策将考虑电动汽车属性所带来的交易效用以及社交效用，具体如图3（a）和图3（b）所示。

第二部分是基于顾客采纳行为的电动汽车市场扩散过程，可用于分析采纳行为的宏观影响，具体如图3（c）所示。随着电动汽车属性的动态发展，将影响顾客对电动汽车的采纳行为，从而影响汽车市场中潜在采纳者以及汽车市场份额的流动方向。因此，可以通过观察模型中潜在采纳者与采纳者的存量与流量状态以及电动汽车市场份额的变动来分析电动汽车市场扩散的演进模式。其中，作为描述系统状态的重要变量，与采纳者相关的存量与流量由以下方程表示：

存量"首次购车者"是指此前从未购车，但目前具有购车能力与意愿的顾客，是流量"每年新增购车者"的积累状态，并以"购买电动汽车者"与"购买燃油汽车者"两种方式流出，这里记"首次购车者"对时间的积分为首次购车者（t），具体表达是式（1），其中首次购车者（0）＝5.2863e＋06，即为 2013 年中国汽车保有量的 6%（首次购车者的增长率）。

$$首次购车者（t）= \int_0^t 每年新增购车者（t）\mathrm{d}t - 购买燃油汽车者（t）\mathrm{d}t - 购买电动汽车者（t）\mathrm{d}t + 首次购买者（0） \tag{1}$$

存量"再次购车者"是指由于所拥有汽车达到平均使用年限而需要更换汽车的顾客，该类顾客可以选燃油汽车或者电动汽车作为替换。记"再次购车者"对时间的积分为再次购车者（t），具体表达是式（2），其中再次购车者（0）＝0。

$$再次购车者（t）= \int_0^t 换车者1（t）\mathrm{d}t + 换车者2（t）\mathrm{d}t - 换电动汽车者（t）\mathrm{d}t - 换燃油汽车者（t）\mathrm{d}t + 再次购买者（0） \tag{2}$$

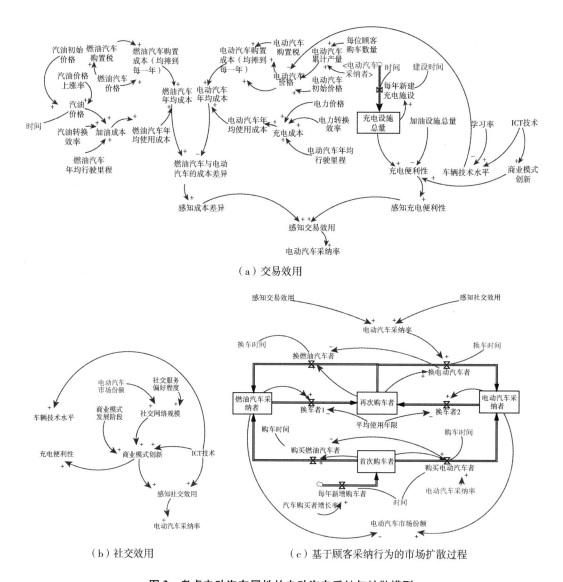

（a）交易效用

（b）社交效用　　　　　　（c）基于顾客采纳行为的市场扩散过程

图3　考虑电动汽车属性的电动汽车采纳与扩散模型

存量"燃油汽车采纳者"是指私人燃油汽车所有者人数，等同于私人燃油汽车保有量，是流入流量"购买燃油汽车者"（首次购买）、"换燃油汽车者"（再次购买）以及流出流量"换车者1"的累积状态。这里记"燃油汽车采纳者"对时间的积分为燃油汽车采纳者（t），具体表达是如式（3），其中燃油汽车采纳者（0）=8.8105e+07，即为2013年中国小型私人燃油汽车保有量。

$$燃油汽车采纳者（t）=\int_0^t 购买燃油汽车者（t）\mathrm{d}t+换燃油汽车者（t）\mathrm{d}t-换车者1（t）\mathrm{d}t+燃油汽车采纳者（0）\tag{3}$$

类似地，存量"电动汽车采纳者"是指电动汽车所有者人数，即电动汽车保有量。

这里记"电动汽车采纳者"对时间的积分为电动汽车采纳者（t），具体表达是如式（4），其中电动汽车采纳者（0）=38592，即为2013年中国私人电动汽车保有量。

$$电动汽车采纳者（t）= \int_0^t 购买电动汽车者（t）\,dt + 换电动汽车者（t）\,dt - 换车者2（t）\,dt + 电动汽车采纳者（0）$$ (4)

存量"充电设施总量"是指国内已建成的电动汽车充电设施，是流入存量"每年新建充电设施"的累积状态。这里记"充电设施总量"对时间的积分为充电设施总量（t），具体表达是如式（5），其中充电设施总量（0）=27708，即2013年国内电动汽车充电设施数量。

$$充电设施总量（t）= \int_0^t 每年新建充电设施（t）\,dt + 充电设施总量（0）$$ (5)

3 顾客模糊感知设置

在本模型中，我们使用不同的模糊逻辑规则来衡量顾客的感知交易效用和感知社会效用。对于顾客而言，与传统汽车属性相关的交易效用才是购买汽车时考虑的首要因素，而ICT技术应用所带来的社交效用则是电动汽车的附加价值，并将放大交易效用对顾客采纳行为的影响。此外，影响社交效用的变量如ICT技术水平、商业模式创新水平等均为抽象概念，因此将使用间接模糊逻辑，以区间[0，1]的数值来衡量社会效用的相关变量。其中，0表示不存在ICT技术的应用以及相关商业活动，1表示ICT技术与相关商业活动模式已经十分成熟。电动汽车的交易效用由于涉及多个带有清晰值的变量，则使用直接模糊逻辑，构建隶属度函数并使用相关推理规则求取其模糊值。

3.1 模糊数转换

影响电动汽车交易效用的属性包括了与燃油汽车作对比得到的成本差异（考虑技术发展的影响）以及充电便利性。考虑到顾客对于属性的感知通常使用自然语言表达，具有一定的模糊性，本模型使用李克特七级量表语言集来度量顾客对成本差异与充电便利性感知的主观判断。其中，语言集 U = $\{u_0, u_1, u_2, u_3, u_4, u_5, u_6\}$ 为顾客对燃油汽车与电动汽车成本差异的不同程度感知。根据实验数据可知，私人燃油汽车年均成本（包括年均购置成本及使用成本）约为15000元。本模型认为，当电动汽车的年均成本翻倍或更高时，顾客将认为成本差异带来的效用非常低，反之，顾客则感知到较高的成本差异。为了便于计算，将顾客对成本差异的感知程度分为七个水平，并以 5000 元为间隔区间。

语言集 V = $\{v_0, v_1, v_2, v_3, v_4, v_5, v_6\}$ 为顾客对不同充电设施数量所感知的充电便利性程度。为了统一各个语言集的感知度量，同样将顾客对电动汽车充电便利性的感知程度分为七个水平。考虑到加油设施数量仍在增长中，因此本模型认为当充电设施数量多于加油设施数量时，顾客将感知到非常高的充电便利性。

语言集 W = $\{w_0, w_1, w_2, w_3, w_4, w_5, w_6\}$ 为顾客所感知的交易效用程度。与前面两个语言集相似，顾客所感知到的交易效用分为从"非常低"到"非常高"七个程度。

在进行模糊数转换时，本研究使用经典的一维隶属度函数，即三角隶属度函数将电动汽车属性的清晰值转换为对应的模糊数。关于语言集 U、V 和 W 的语言变量、语义、三角模糊数及隶属度函数图像如表 3 至表 5 所示。

表3　　　　　　　　　　　　　　　　　　　语言集 U

语言变量及其语义	三角模糊数[a]	隶属度函数图像
u_0 = 非常低（DL）	$(-\infty, -1.5, -1)$	
u_1 = 很低（VL）	$(-1.5, -1, -0.5)$	
u_2 = 低（L）	$(-1, -0.5, 0)$	
u_3 = 中等（M）	$(-0.5, 0, 0.5)$	
u_4 = 高（H）	$(0, 0.5, 1)$	
u_5 = 很高（VH）	$(0.5, 1, 1.5)$	
u_6 = 非常高（DH）	$(1, 1.5, \infty)$	

注：a. 为方便计算，将隶属度函数的区间设为 0.5（5000 元/10000 元）。

b. x：燃油汽车与电动汽车年均成本差异的清晰值/10000 元。

表4　　　　　　　　　　　　　　　　　　　语言集 V

语言变量及其语义	三角模糊数[a]	隶属度函数图像
v_0 = 非常低（DL）	$(0, 0, 0.2)$	
v_1 = 很低（VL）	$(0, 0.2, 0.4)$	
v_2 = 低（L）	$(0.2, 0.4, 0.6)$	
v_3 = 中等（M）	$(0.4, 0.6, 0.8)$	
v_4 = 高（H）	$(0.6, 0.8, 1)$	
v_5 = 很高（VH）	$(0.8, 1, 1.2)$	
v_6 = 非常高（DH）	$(1, 1.2, \infty)$	

注：a. 考虑到加油设施数量仍在增长，本模型认为当充电设施数量为加油设施的 1.2 倍时，顾客对电动汽车充电便利性感知程度为非常高，其中为了计算方便，隶属函数的区间设为 0.2。

b. y：充电设施数量与加油设施数量的比例。

表5 语言集 W

语言变量及其语义	三角模糊数	隶属度函数图像
$w_0 =$ 非常低（DL）	(0, 0, 1/6)	
$w_1 =$ 很低（VL）	(0, 1/6, 1/3)	
$w_2 =$ 低（L）	(1/6, 1/3, 1/2)	
$w_3 =$ 中等（M）	(1/3, 1/2, 2/3)	
$w_4 =$ 高（H）	(1/2, 2/3, 5/6)	
$w_5 =$ 很高（VH）	(2/3, 5/6, 1)	
$w_6 =$ 非常高（DH）	(5/6, 1, 1)	

注：a. z：顾客感知交易效用的清晰值。

3.2 模糊逻辑推理规则

根据推理规则的完备性、交叉性和一致性等基本性质，本研究将使用多维模糊规则，在得到顾客对成本差异与充电便利性感知的模糊数后，将模拟顾客的决策过程，使用"IF…THEN"的模糊逻辑规则推理顾客感知的交易效用。形式如下：

$$\text{IF } U \text{ is } u_1 \text{ and } V \text{ is } v_1, \text{ then } W \text{ is } w_0$$

由于交易效用由成本差异与充电便利性两个变量所决定，同时考虑顾客对成本差异的容纳程度随充电便利性提高而提高，且每个变量分别具有七个水平（u_i，$i = 0$，1，2，3，4，5，6 与 v_j，$j = 0$，1，2，3，4，5，6），根据模糊规则库的完备性、交叉性与一致性三个基本性质，将能够得到 49 条规则，如用式（6）所示。

$$R\,(u_i,\ v_j) \begin{cases} w_0, & i \leqslant 3 - j \\ w_1, & 3 - j < i \leqslant 6 - j \\ w_{Min(i+j-5,0)}, & i > 6 - j \end{cases} \tag{6}$$

根据上述推理规则，使用 Larsen 推理法，通过对成本差异与充电便利性的模糊值进行乘积合成运算，得到顾客感知交易效用的模糊值，如式（7）所示[1]：

$$w\,(z) = u\,(x)\,v\,(y) \tag{7}$$

其中，x，y，z 分别是成本差异、充电便利性和感知交易效用的清晰值。

3.3 降模糊化

在得到顾客感知交易效用的模糊值后，为了能够在系统动力学模型中进行计算，

---

[1] Larsen, M., "Industrial Applications of Fuzzy Logic Control", *International Journal of Man-Machine Studies*, Vol. 12, No. 1, January 1980.

需要将其转换为对应的清晰值，而转换的过程也称为降模糊化。本研究将采用 Opricovic 和 Tzeng 提出的降模糊法，能够有效地映射模糊变量的清晰值，减少失真，具体计算过程如式（8）所示[①]。

$$C_i^{def} =$$

$$L + \frac{\Delta \left[(f_i^M - L)(\Delta + f_i^R - f_i^M)^2 (R - f_i^L) + (f_i^R - L)^2 (\Delta + f_i^M - f_i^L)^2 \right]}{(\Delta + f_i^M - f_i^L)(\Delta + f_i^R - f_i^M)^2 (R - f_i^L) + (f_i^R - L)(\Delta + f_i^M - f_i^L)^2 (\Delta + f_i^R - f_i^M)}$$

$$(8)$$

其中，C^{def} 为是对三角模糊数 $F_i = (f_i^L, f_i^M, f_i^R)$，$i = 1, 2$；$L = \min \{f_1^L, f_2^L\}$，$R = \max \{f_1^R, f_2^R\}$，$\Delta = R - L$ 转换所得的清晰值。

4 模型仿真分析

4.1 模型检验

由于系统动力学是基于复杂系统循环反馈的仿真建模，为了确保模型的逻辑结构与系统要素之间的关系符合实际情况，且整个模型能够准确反映真实世界并做出精确预测，在进行仿真分析之前，需要对所构建的系统动力学模型进行逻辑结构和系统行为等方面的检验，以确保模型的有效性和精确性。

根据 Senge 和 Forrester[②]、Barlas 等[③]学者对仿真模型的探讨，本研究在 Windows 10 专业版操作系统下使用 Vensim PLE 7.2a 软件进行并通过了三个方面的模型验证，具体包括：模型结构检验（Direct Structure Tests）、基于模型结构的系统行为检验（Structure-oriented Behavior Tests）和基于历史数据的系统行为检验（Behavior Pattern Test）。

4.2 模型仿真分析

本研究对模型进行了两部分的仿真。第一部分主要对比顾客的精确感知与模糊感知对于电动汽车采纳行为的影响；第二部分则基于第一部分的结果，模拟不同情境（电动汽车具备不同属性）下顾客采纳行为模式的演进过程，从微观和宏观层面分析各个电动汽车属性对顾客采纳行为与电动汽车市场扩散的作用机理。

---

① Opricovic, S., Tzeng, G. H., "Defuzzification Within a Multicriteria Decision Model", *International Journal of Uncertainty, Fuzziness and Knowledge-Based Systems*, Vol. 11, No. 5, October 2003.

② Senge, P., Forrester, J., "Tests for Building Confidence in System Dynamics Models", *System Dynamics*, *TIMS Studies in Management Sciences*, Vol. 14, January 1980.

③ Barlas, Y., "Tests of Model Behavior that Can Detect Structural Flaws: Demonstration with Simulation Experiments", *Computer-based Management of Complex Systems*, Berlin, Heidelberg: Springer, 1989, pp. 246 – 254.

4.2.1 基于顾客感知的模型仿真

由模型分析可知，电动汽车属性对于顾客采纳行为的影响主要取决于顾客对属性的感知。在传统经济学中，顾客被假设为完全理性，能够掌握与决策相关的所有信息，并且足够敏感，能够在决策过程中感知到信息所有微细的变化。在实际情况下，顾客处于有限理性的状态，对于客观信息的感知具有模糊性，尤其在表述主观感知的时候，多使用模糊的自然语言。为确定顾客的感知方式是否对系统行为产生影响，这里先设置与顾客感知相关的两个情景，并对模型进行仿真分析，具体设置见表6。

表6　　　　　　　　　　　　与顾客感知相关的仿真情景参数设置

情景序号	情景	电动汽车采纳率
S1 - 1	顾客为完全理性，能够感知电动汽车属性的微细变化	MIN（（0.025 +（1 -（（1 -（燃油汽车与电动汽车的成本差异/（燃油汽车年均成本 + ABS（燃油汽车与电动汽车的成本差异））+ 0.5））*（1 -（感知充电便利性/1.2））^（1/2）））*（1 + 感知社交效用），1）
S1 - 2	顾客为有限理性，对电动汽车属性具有模糊感知	MIN（感知交易效用 *（1 + 感知社交效用），1）

在情景（S1 - 1）中，假设电动汽车的技术性能、充电便利性等属性与燃油汽车相当，且两者的成本差异为0时，顾客对电动汽车的采纳可能性为50%；若其他属性相当，电动汽车的年均成本比燃油汽车年均成本高出一倍时，顾客对电动汽车的采纳可能性为0；若电动汽车年均成本为0时，则顾客的采纳可能性为100%。根据上述假设，得到只考虑成本差异时顾客采纳电动汽车的可能性为$\frac{燃油汽车与电动汽车的成本差异}{燃油汽车年均成本}$ + 0.5。此外，根据创新扩散理论，创新者（不需要其他要素驱动，首批采纳创新技术的顾客）的比例为0.025[①]。综上原因，根据独立概率的计算方法，得到完全理性下顾客的"电动汽车采纳率"计算公式。在情景（S1 - 2）中，我们假设ICT技术应用所带来的社交效用对顾客而言是电动汽车的附加价值，将放大交易效用对顾客采纳行为的影响，从而得到表6中的"电动汽车采纳率"的计算公式。

基于表6的仿真结果绘制图4。首先，在假设顾客完全理性的情景（S1 - 1）中，电动汽车采纳率和市场份额曲线相对平滑，而且增长速度明显领先于情景（S1 - 2）。根据基于历史数据的系统行为检验结果可知，顾客具有模糊感知情景（S1 - 2）下的电动汽车的市场扩散趋势更加符合现实情况。

接着，我们对情景（S1 - 2）的仿真结果进行更加详细的分析。如图4（a）所示，

① Rogers, E., *Diffusion of innovations*, Free Press, 2010, p. 76.

在顾客具有模糊感知的情景下，电动汽车的采纳率呈现阶梯状的增长趋势，反映出模糊感知给顾客采纳行为带来的延迟效应。根据韦伯定理，顾客对于成本差异、基础设施数量等电动汽车属性变化的心理认知程度并非如想象中的敏感和理性[①]。举例而言，当成本差异变动太小的时候，顾客通常无法感知到差异；基础设施虽然一直在增长，但由于我国地域广阔，小范围内的数量增长是顾客难以感知的；而社交效用的变动更是渗透于日常使用之中，只有经过长时间的积累和对比才能感知到效用的变化。这在一定程度上解释了我国电动汽车市场在政府政策大力支持下仍然增长缓慢的现象。综上，在进行电动汽车属性对顾客采纳行为与市场扩散过程的影响研究中，考虑顾客对属性的模糊感知是十分必要的。

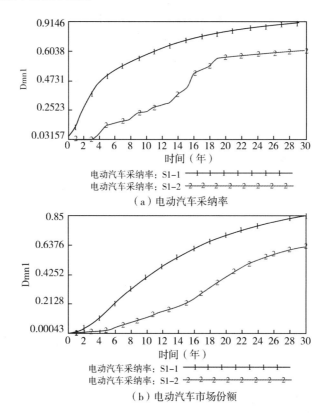

图4 关于顾客感知的仿真结果

4.2.2 基于电动汽车属性的模型仿真

基于4.2.1的仿真结果可知，考虑顾客模糊感知的电动汽车采纳与扩散模型更加符合现实情况。因此，下面对于电动汽车属性影响的仿真分析均基于顾客具有模糊感

---

① Weber, E. H. , *EH Weber on the tactile senses*, London：Psychology Press, 1996, p. 21.

知的假设。

4.2.2.1　关于电动汽车购置成本的仿真分析

和其他高端商品相似，购置成本是顾客在购买汽车时考虑的关键因素，而已有相关实证研究证明购置成本是顾客对电动汽车采纳行为的主要影响因素之一[①]。本模型中所指的汽车购置成本包括了汽车价格和汽车购置税（根据我国规定，汽车购置税为汽车价格的10%），因此汽车购置成本的变化主要源于汽车价格。对于电动汽车汽车而言，其价格受到了规模经济、技术发展等因素的影响而随时间变动。为此，这里使用"经验曲线"模拟电动汽车价格的变动（由于本研究是基于中国情景开展的，因此汽车价格主要来自其生产成本，不受关税影响）。当累计产量翻倍时，价格将按照一定的比例下降。而这一比例也被称为学习率，反映了电动汽车的电池、驱动系统等造车技术水平，即随着技术的发展，电动汽车价格的下降速度也会加快。燃油汽车则由于技术相对成熟，价格下降区间较少，因此其价格在模型中是一个常量值。

本模型认为，燃油汽车与电动汽车的购置成本差异与顾客对电动汽车交易效用的感知相关，进而影响其采纳行为。下面将针对电动汽车车辆技术水平设置不同的情景，以观察技术水平以及规模经济所带来的电动汽车价格变动如何影响电动汽车的顾客采纳行为与市场扩散演进模式。

基于表7的仿真结果绘制图5。从图5（a）可以看出，随着造车技术水平的提高（即学习率的降低），电动汽车价格的下降速度也在增加；但由于经验曲线的边际效应，对于同样幅度的技术提升，所带来的价格下降速度却逐渐减小。类似的系统行为趋势同样出现在顾客的采纳行为和电动汽车的市场扩散模式中。此外，从图5（b）和图5（c）中可以看到，情景（S2-3）、情景（S2-4）和情景（S2-5）的采纳率和市场份额曲线非常接近，即学习率从90%下降到80%所带来的采纳与扩散增长并不明显，曲线间的差异主要出现在早期（0—8年），然后趋向一致。这是由于随着情景（S2-3）、情景（S2-4）和情景（S2-5）的车辆技术水平提高，电动汽车价格下降速度较快；当价格下降到与燃油汽车价格相近时，就很难引起顾客感知交易效用的提高。由此可知，提高技术水平和降低汽车价格在电动汽车发展初期是促进采纳与市场扩散的有效途径，投入的相关资源也能更好地发挥作用；但这并非一个长久的策略，随着技术趋向成熟，其促进的效率就会降低，政府和汽车企业就需要从其他方面确保电动汽车市场的持续发展。

---

① Burgess, M., King, N., Harris, M., Lewis, E., "Electric Vehicle Drivers' Reported Interactions with the Public: Driving Stereotype Change?", *Transportation Research Part F: Traffic Psychology and Behaviour*, Vol. 17, February 2013.

表7   与电动汽车购置成本相关的仿真情景参数设置

情景序号	情景	学习率（%）
S2 – 1	造车技术水平很低	90
S2 – 2	造车技术水平低	85
S2 – 3	造车技术水平一般	80
S2 – 4	造车技术水平高	75
S2 – 5	造车技术水平很高	70[a]

注：a. 70% 是机械装配类产品的生产成本最低下降速度①。

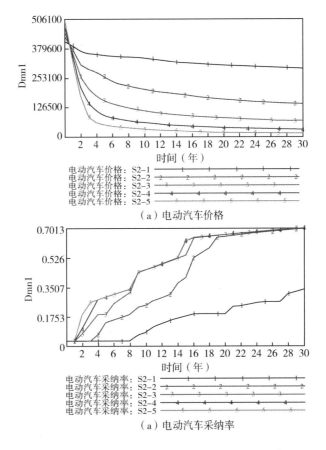

图5　关于电动汽车购置成本的仿真结果

4.2.2.2　关于电动汽车使用成本的仿真分析

汽车的使用成本相比购置成本虽然是一笔较小的支出，但考虑到汽车对于大部分顾客而言属于耐用品，其使用成本将成为顾客每年的固定支出，因此也成为影响顾客

---

① Tsuchiya，H.，Kobayashi，O.，"Mass Production Cost of Pem Fuel Cell by Learning Curve"，*International Journal of Hydrogen Energy*，Vol. 29，No. 10，August 2004.

采纳行为的重要因素[1]。在本模型中，由于关注的是燃油汽车与电动汽车的成本差异，因此使用成本只考虑存在较大差异的加油/充电费用。

由于电力价格相对稳定，因此电动汽车的充电费用相对固定；但燃油价格则容易受到其他行业的使用情况，甚至是国际关系等多种因素的影响，价格波动较大。因此，下面将针对燃油价格的变动趋势设置四个仿真情景（如表8所示），用以分析燃油价格变动对顾客采纳行为与电动汽车市场扩散的作用机理。

表8   与电动汽车使用成本相关的仿真情景参数设置

情景序号	情景	汽油价格上涨率	汽油价格
S3 – 1	汽油价格呈线性增长	0.4129[a]	汽油价格上涨率×时间 + 7.79[b]
S3 – 2	汽油价格呈对数增长	2.2[c]	汽油价格上涨率×LN（时间 + 16）+ 1.5414
S3 – 3	汽油价格固定不变	0	汽油价格上涨率×时间 + 7.79
S3 – 4	汽油价格呈线性下降	– 0.4129[d]	MAX（汽油价格上涨率×时间 + 7.79，0）

注：a. 0.4129：利用我国1998—2013年的93号汽油价格历史数据进行线性拟合得到。

b. 7.79：我国2013年12月93号汽油的价格。

c. 2.2：利用我国1998—2013年的93号汽油价格历史数据进行对数曲线拟合得到。

d. – 0.4129：选用与情景（S3 – 1）对应的汽油价格下降率。

通过对仿真结果（见图6）的分析，主要有三点发现：（1）总体而言，汽油价格的变动对电动汽车采纳与扩散有着明显的影响。汽油价格的上涨能够促进电动汽车的采纳及市场扩散演进过程，如图6（c）所示，情景（S3 – 1）的曲线基本呈现出完整的S形增长曲线。（2）汽油价格变动对电动汽车采纳的影响在初期并不明显。这是因为早期电动汽车的购置成本过高，增加燃油汽车的使用成本也难以缩小两者总体成本的差异，无法给顾客带来感知交易效用的提高。（3）汽油价格的增长与下降趋势对电动汽车采纳与扩散存在不对称的作用。通过对比图6（b）或（c）中情景（S3 – 1）、情景（S3 – 3）与情景（S3 – 4）的曲线之间的距离可知，对于同样的价格增长和下降幅度，在仿真中后期汽油价格上升的促进作用更为明显。由此推测，因为仿真中后期市场已经进入了电动汽车总体成本与燃油汽车相当甚至更低的状态，根据前景理论，汽油价格上涨导致的燃油汽车成本增加对于顾客而言是一种损失（因为使用电动汽车的成本更低），因此顾客将对汽油价格上涨更加敏感[2]。

① Graham-Rowe，E. D.，Gardner，B.，Abraham，C.，Skippon，S.，Dittmar，H.，Hutchins，R.，Stannard，J.，"Mainstream Consumers Driving Plug-in Battery-electric and Plug-in Hybrid Electric Cars：A Qualitative Analysis of Responses and Evaluations"，*Transportation Research Part A：Policy and Practice*，Vol. 46，No. 1，January 2012.

② Kahneman，D.，Tversky，A.，"Prospect Theory：An Analysis of Decision under Risk"，*Econometrica*，Vol. 47，No. 2，March 1979.

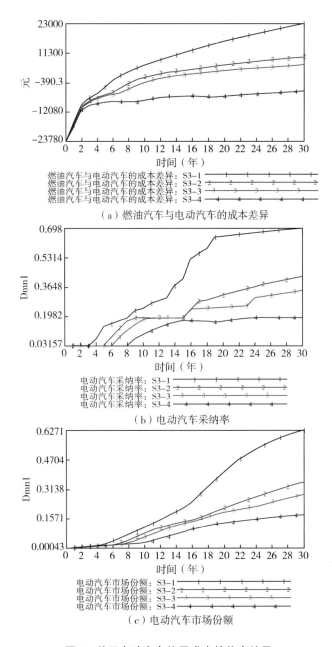

图6 关于电动汽车使用成本的仿真结果

4.2.2.3 关于电动汽车充电便利性的仿真分析

充电便利性作为电动汽车的兼容属性，被多个实证研究证明是影响顾客采纳的重要因素[①]。我国政府为促进电动汽车发展，在"十二五"规划中投入了1000亿元用于

---

① Sierzchula, W., Bakker, S., Maat, K., van Wee, B., "The Influence of Financial Incentives and Other Socio-economic Factors on Electric Vehicle Adoption", *Energy Policy*, Vol. 68, May 2014.

充电设施的建设，为搭建电动汽车充电网络奠定了基础。本小节将以"十二五"规划中充电设施建设的计划作为基准情景（表9的情景S4－3）进行仿真，同时设置其他对比情景，通过增加和减少投资额来改变基础设施的增长速度，用以分析电动汽车充电便利性的作用机理，具体如表9所示。

表9 与电动汽车充电便利性相关的仿真情景参数设置

情景序号	情景	充电设施总投资（亿元）
S4－1	减少40%的政府投资	600
S4－2	减少20%的政府投资	800
S4－3	"十二五"投资金额	1000
S4－4	增加20%的政府投资	1200
S4－5	增加40%的政府投资	1400

基于表9的仿真结果绘制图7。按照仿真情景的设置，政府资金虽然是在前15年进行投资，但充电设施对于系统行为的影响却在第10年之后才开始显现。这说明充电便利性对电动汽车采纳与扩散的促进作用具有延迟性，这个延迟性主要源于两个方面：一方面，由于顾客具有模糊感知，只有当充电设施数量积累到一定规模后才会被顾客感知到较高的充电便利性；另一方面，充电便利性所带来的电动汽车网络规模扩大将进一步通过网络外部性提高电动汽车规模经济以及社交效用，因此不同情景下的市场扩散差异在仿真后期越发明显。此外，我们可以留意到，对于同等幅度的充电设施增量，将导致不同的市场份额增长趋势［如图7（b）中情景（S4－2）、情景（S4－3）的曲线之间的距离和情景（S4－3）、情景（S4－4）的曲线之间的距离］。因此，如果政府希望在短期内通过充电设施的建设促进电动汽车的采纳与扩散，需要在投资金额上有一个较好的把控，如果资金增量不足，可能难以达到预想效果。

4.2.2.4 关于电动汽车ICT技术的仿真分析

传感器技术、移动网络、智能技术等新一代信息与通信技术的应用是连接电动汽车网络，实现互联互动的社交活动的基础。随着ICT技术水平的提升将能够有效提高顾客所感知的电动汽车社交效用。为了分析ICT技术水平如何通过影响顾客的感知社交效用进而影响其采纳行为与电动汽车的市场扩散，这里针对ICT技术水平设置相关的仿真情景（表10），并使用Gartnet技术成熟度曲线作为ICT技术水平的度量。

基于表10的仿真结果绘制图8。从图8（a）可以看出，ICT技术水平的提升有助于顾客感知的社交效应。这是因为ICT技术的提高能够促进信息的传递以及丰富电动汽车的社交软件应用，这对于顾客而言是直接可见的。此外，作为相关社交商业活动的实现基础，ICT技术提升的同时也能够促进相关商业模式的创新发展［如图8（b）

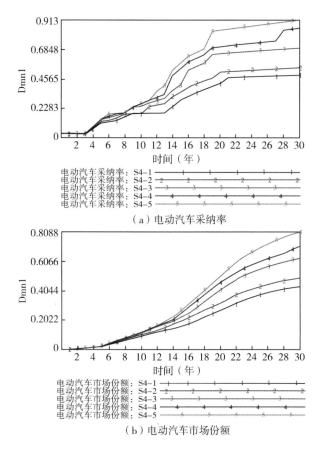

（a）电动汽车采纳率

（b）电动汽车市场份额

图7　关于电动汽车充电便利性的仿真结果

所示］，进一步作用于感知社交效用。然而，ICT 技术的提升对降低电动汽车价格的作用和促进电动汽车扩散却是边际递减的［如图 8（c）和（d）所示］，这是因为在技术发展初期，ICT 技术与造车技术的整合难度较大，反而会影响电动汽车价格的下降。换言之，ICT 技术对电动汽车采纳与扩散的促进作用取决于汽车技术是否足够成熟以及电动汽车网络是否达到一定的规模。

表 10　　　　　　　　　与电动汽车 ICT 技术水平相关的仿真情景参数设置

情景序号	情景	ICT 技术[a]
S5－1	处于技术成熟度的第一阶段：创新萌发期	0.2
S5－2	处于技术成熟度的第一阶段：过热期	0.4
S5－3	处于技术成熟度的第一阶段：幻灭低谷期	0.6
S5－4	处于技术成熟度的第一阶段：复苏期	0.8
S5－5	处于技术成熟度的第一阶段：生产力成熟期	1

注：a. Gartnet 技术成熟度曲线共包括技术发展的五个阶段，通过间接模糊化，将技术成熟度按照不同阶段映射到区间［0.2，1］。

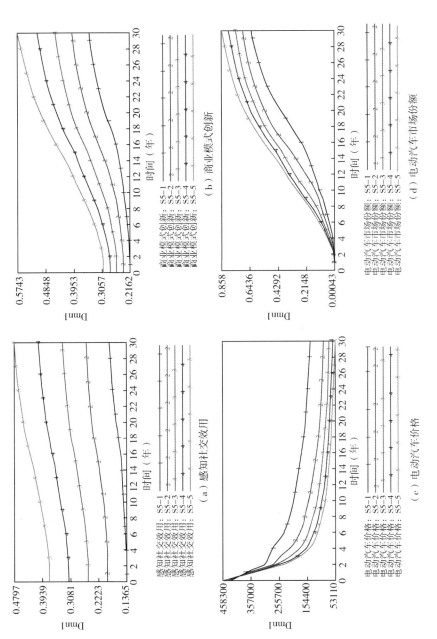

图 8 关于 ICT 技术的仿真结果

4.2.2.5 关于电动汽车商业模式创新的仿真分析

ICT 技术的应用实现了电动汽车社交网络的互联互通，并促进了社交商务中市场营销、信息收集、产品推荐等商务活动的进行。电动汽车作为一个新的社交商务载体，必然会带来商业模式上的创新。但一个新的商业模式往往充斥着不确定性，只有一个成熟且成功的社交商务商业模式才能够为顾客带来稳定的社交效用。而稳定的商业模式需要经历多个商业模式发展阶段，并因应不同阶段进行模式调整与创新。为了分析依托于电动汽车社交网络的商业模式发展程度对于顾客采纳行为与电动汽车市场扩散的影响，这里将根据 Wirtz 给出的商业模式生命周期设置关于电动汽车商业模式创新的仿真情景，具体如表 11 所示①。

表 11 与商业模式创新相关的仿真情景参数设置

情景序号	情景	商业模式发展阶段[a]
S6 – 1	处于商业模式生命周期第一阶段：创始期	0.25
S6 – 2	处于商业模式生命周期第二阶段：成长期	0.5
S6 – 3	处于商业模式生命周期第三阶段：成熟期	0.75
S6 – 4	处于商业模式生命周期第四阶段：稳定期	1

注：a. Wirtz（2011）给出的商业模式生命周期共包括四个阶段，通过间接模糊化，将变量 "商业模式发展阶段" 按照不同阶段映射到区间 [0.2, 1]。

基于表 11 的仿真结果绘制图 9。从图中可以看出，商业模式发展对于增加电动汽车的社交效用、提高充电便利性等的作用基本都在仿真后期（15 年后）变得明显。这是因为社交商业模式的发展需要一定的网络规模作为支撑。因此，网络外部性在 "商业模式发展阶段" 与其他变量的交互之间起着催化剂的作用。当电动汽车网络达到一定规模后，一方面，创新的商业模式能够为顾客带来更多的社交支持（Social Support）与更加明显的社交展现（Social Present），从而提高感知社交效用；另一方面，更大的网络规模可以丰富信息源与用户之间的互动，对于如充电设施共享模式的商业活动有着积极的影响，提高电动汽车的充电便利性。综上，商业模式的创新发展在电动汽车发展初期作用并不明显，但将会是中后期保持电动汽车持续发展的重要推动力。

5 针对电动汽车发展阶段与电动汽车属性的管理建议

通过上一小节的动态仿真分析，我们对电动汽车的顾客采纳行为有了更加深入的

---

① Wirtz, B. W., Business Model Management Design, Retrieved from Instrumente-Erfolgsfaktoren von Geschäftsmodellen, 2011.

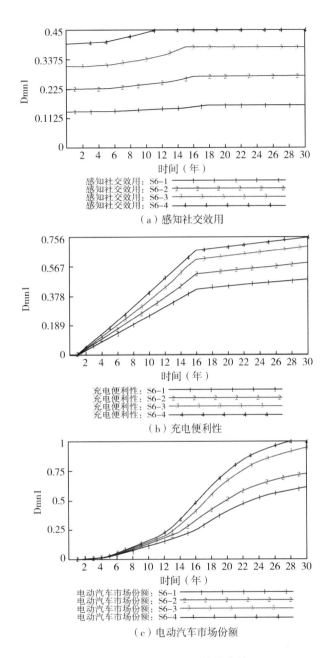

图9 关于商业模式创新的仿真结果

了解。根据仿真结果，我们发现许多电动汽车属性对于系统行为的影响在电动汽车总成本与燃油汽车总成本相当的时候出现变化，而这个变化的转折点可以将电动汽车的发展划分为不同的阶段。电动汽车成本高于燃油汽车的阶段被称为高成本阶段，反之被称为低成本阶段。我们认为，电动汽车作为燃油汽车的替代品出现，顾客对其的感知和判断都会以燃油汽车的各项指标作为标准。由于电动汽车的汽车性能在技术上基本达到与燃油汽车相当的水平，而充电设施的建设缺乏商业投资，且需要进行多方面的协调，短时间内难以达到与加油设施分布密度相当的水平，因此，成本成为划分电动汽车发展阶段的关键因素。政府和汽车企业应该关注不同发展阶段下顾客对于电动汽车属性的关注重点，从而调整政策和业务重点。下面将基于上一小节的仿真结果，针对不同的电动汽车发展阶段以及电动汽车属性的作用，提出以下几点建议。

（1）顾客对于电动汽车属性存在模糊感知，从而影响顾客的采纳态度。顾客感知模糊性是电动汽车市场扩散过程产生延迟效用的关键。由于电动汽车的价格、充电设施数量、技术水平以及社交服务等属性处于一个相对缓慢的变化过程，顾客无法在每一个时刻精确感知到这些属性的改善与提升，从而导致顾客的低采纳率。因此，政府和汽车企业需要针对顾客的模糊感知采取相关措施。一方面，及时地为顾客指出电动汽车的实际费用，克服顾客模糊感知所带来的信息延迟。在政府宣传和汽车企业营销上应该着重于电动汽车的补贴优惠以及电力驱动所带来的购置成本下降与使用成本优势，正如已有研究指出的，教育顾客正确计算电动汽车的生命周期成本能够有助于促进电动汽车的采纳①②；另一方面，为了提高顾客对充电便利性的感知，充电设施的建设应选址在主干道、商业区等交通、人流密集的区域，既可以使得从充电设施被充分利用，也可以引起潜在采纳者的注意。此外，借助电动汽车的 ICT 技术，实现充电、停车位的共享商业模式，既可以提高使用电动汽车的便利性，也可以促进车主的社交互动，提高电动汽车带来的社交效用。

（2）根据图 7 的仿真结果，充电设施的增量是影响顾客采纳行为与电动汽车市场扩散的关键。许多地方政府都会在国家政策的基础上增加充电设施建设的投入，但需要注意的是，只有充电设施的增量达到一定规模才能够带来相对明显的促进作用。在地方财政预算有限的情况下，将资金投入到研发、补贴等其他方面的效果相对更好。此外，我们认为利用同样的投资，将充电设施建设在少数几个集中的区域的促进效果比在分散的多个示范点的效用更高。因为同样数量的充电设施分布在少数的集中区域可以提高当地顾客对电动汽车充电便利性的感知并促进该区域的顾客采纳，形成示范效应，吸引商业投资辐射周边区域，进而促进市场扩散。

（3）和其他商品一样，电动汽车也存在规模经济，尤其作为技术主导的产品，技术水平对于价格的规模经济存在重要的影响。但技术水平提升对于降低电动汽车价格

---

① Caperello, N. D., Kurani, K. S., "Households' Stories of Their Encounters with A Plug-in Hybrid Electric Vehicle", *Environment and Behavior*, Vol. 44, No. 4, July 2012.

② Turrentine, T. S., Kurani, K. S., "Car Buyers and Fuel Economy?", *Energy Policy*, Vol. 35, No. 2, February 2007.

以及促进市场发展的作用是边际递减的。因此，政府应该在电动汽车发展初期投入资金辅助汽车企业进行相关技术研发，而汽车企业也应该将其早期业务重点放在技术研发上，除了能够以较小的成本获得较大的技术提升，还可以有效地促进电动汽车价格的下降，使得投资发挥最大的作用。此外，价格对于电动汽车的促进作用，在进入低成本阶段时出现明显递减。当电动汽车总成本等于或低于燃油汽车时，顾客的关注点将会转移到其他汽车属性上。因此，政府和汽车企业应明确在不同阶段顾客对于电动汽车的关注点，并及时调整政策和宣传的重点。

（4）政府和汽车企业应关注汽油价格在电动汽车不同发展阶段的作用。图6所示，在高成本阶段早期，由于汽油价格变化的影响较小，电价补贴或者凸显电动汽车低使用成本的营销策略在这一阶段的促进效果未必能达到预期。但在高成本阶段的后期，汽油价格的波动开始发挥作用，汽油价格的下降将可能成为顾客对电动汽车采纳的另一个阻碍，因此政府和汽车企业就应该针对这一情况准备好相关的应对措施。在进入低成本阶段，顾客更加关注长远的使用成本，对于汽油价格上升趋势更加敏感，因此上面提到的电价补贴与凸显电动车经济性的相关政策与营销方案在这一阶段能够更好地发挥作用。

（5）相比传统燃油汽车，电动汽车不只是一项交通工具，更是社交网络的新载体。ICT技术的应用以及相关社交服务的提供赋予了电动汽车作为新一代智能移动终端的功能，从而为顾客带来了燃油汽车所不具备的社交效用并促进了电动汽车的发展。然而图8和图9的仿真结果表明，无论是ICT技术还是社交商务的商业模式创新都在进入低成本阶段后才能发挥作用。过早地在电动汽车中引入ICT技术和社交服务可能会适得其反，因为ICT技术与造车技术的整合将提高电动汽车的技术难度，阻碍汽车价格下降；过小的网络规模也难以发挥社交服务的实际功能，难以达到顾客对于电动汽车社交效用的期望。对此，本文提出以下两点建议：

第一，目前电动汽车制造商主要分为传统汽车企业和新兴的互联网造车企业两类，前者具有成熟的造车技术而后者专长于ICT技术并拥有一定的社交用户量。两者的合作将能够更好地发挥所长，一方面可以克服各自的技术短板，降低研发成本；另一方面可以为传统汽车企业带来一群偏好社交服务的潜在客户群体。此外，我们建议提高相关应用软件的用户界面友好程度，也可以在电动汽车的电子系统中预装相关应用，从而提高顾客对电动汽车社交效用的感知。

第二，利用社交服务提高使用电动汽车的便利性。通过共享实施定位信息，实现车辆、充电桩、停车位等真正意义上的共享模式，除了能够提高相关设施的利用率，还可以拓展电动汽车的使用范围，增强顾客的采纳意愿。

"美丽社会"的复杂性治理及其多维度协同分析

范如国

（武汉大学 经济与管理学院，武汉　430072）

摘要： 社会是一个的复杂系统，社会治理本质上是一项庞大而又复杂的系统工程。建设"美丽中国"包含美丽社会建设与美丽社会治理要求。面对社会治理的系统性、复杂性、不确定性，我们需要弄清楚"美丽社会"治理的应有逻辑，建构新的社会治理范式，从复杂性科学出发，开展"美丽社会"的复杂性治理及其多维度协同。

关键词： 复杂性治理；协同；美丽中国

社会作为一个复杂系统，复杂性是许多社会生活与社会问题内在的要求和本质特征。社会治理本质上是一项庞大而又复杂的系统工程，不仅涉及政治、经济、文化和社会发展等方方面面复杂的活动，而且涉及人与社会、人与自然环境的相互作用等复杂关系。"美丽中国"包含美丽社会建设与美丽社会治理的要求。今天，社会治理能力已经成为影响我国制度优势充分发挥、事业顺利发展的重要因素，是关系国家长治久安、人民幸福安康的重大问题[①]。面对社会治理的系统性、复杂性、不确定性特征，我们需要弄清楚"美丽社会"治理的应有逻辑，解决美丽社会治理中"头疼医头、脚疼医脚"，以及"碎片化"治理等问题。

2010 年，复杂性科学研究领域的重要期刊 *Emergence* 在第 1 期以"公共行政与公共政策的复杂性理论"为主题，刊登了一组关于"如何应用复杂性理论以改善人们对公共政策与公共行政理论和实践的理解"的学术论文，[②]集中展示了运用复杂性理论进行

作者简介： 范如国（1965— ），男，湖北潜江人，武汉大学经济与管理学院教授、博士生导师，博士，研究方向：产业集群、复杂性管理、房地产投资与管理、演化博弈理论、供应链与物流管理。

① 习近平：《习近平谈治国理政（第三卷）》，外文出版社 2020 年版，第 118 页。

② Scott, R. J. , "The Science of Muddling Through Revisited", *Emergence*, Vol. 12, No. 1, Jan. 2010.

社会治理分析的价值①。美丽中国需要"美丽"的社会治理体系,"美丽社会"治理体系是一个有机的、协调的、动态的和整体的运行系统。

1 "美丽中国"建设社会治理的复杂性场景

随着全球化时代和信息化社会的到来,国际交流与往来日益紧密和复杂,人类进入一个充满各种复杂性的社会,社会的政治基础、经济基础、社会形态、上层建筑、科技能力和文化价值都在发生着前所未有的改变,社会呈现出系统性、非线性、耗散性、不确定性、网络化、风险性等特点,社会的复杂性和不确定性与日俱增,泰勒和韦伯时代以工业社会活动要求及管理原理为特征的社会管理模式面临着巨大的挑战。

在中国,伴随着党的十九大的召开,中国社会进入新时代,社会主要矛盾的转化和高质量发展成为新时代中国社会的关键词,复杂性成为当今中国社会诸多问题与事物的共同特征和内在要求。面对中国社会的复杂性特征和要求,新时代中国的社会治理同样面临着诸多复杂性挑战。导致社会的可治理危机、信任危机、失灵危机、权威危机等在中国社会治理中处处显现,对社会的治理迫切需要寻找新的治理模式、新的治理认知和新的治理理论。

当前,我国社会面临着许多新情况新问题,既有国际的也有国内的,在社会生活全球化和信息传播网络化的情况下,国际问题与国内问题交织在一起,深刻影响国内社会事务的治理效果。伴随着信息化、智能化、网络化等重大技术革命的出现,处在经济转型、社会转轨、心态转换重要时期的中国社会,经济成分、组织形式、就业方式、利益关系和分配方式日益多样化、复杂化,面临着从贫困、失业、腐败、通胀、经济增长、社会活力,到污染、能源、金融等方面的严重问题,社会风险和危机事件频发,社会矛盾和问题的专业性、复杂性不断增强,社会处在高度复杂、高度多元和高度不确定的状态之中,社会治理及社会治理面临诸多新问题、新挑战、新契机,社会治理越来越复杂,同时,社会的多元性、利益的分化、结构的多样化、社会的民主化等使得整个社会生活和社会问题变得异常复杂,社会治理领域的"治理失灵"处处存在,传统的治理思路和方法越来越力不从心,社会治理面临着诸多复杂性困扰②。

---

① Gerrits, L., "Public Decision-Making as Coevolution", *Emergence*, Vol. 12, No. 1, Jan. 2010.
② 张康之:《论高度复杂性条件下的社会治理变革》,《国家行政学院学报》2014 年第 8 期。

这些问题的存在，一方面反映了处于经济转轨、社会转型历史时期的中国，社会改革存在着的许多不均衡，另一方面说明了处于市场化、工业化、信息化和全球化中的中国，社会治理面临着的许多新情况、新问题，社会治理存在许多失当和诸多的不适应，存在着复杂性困扰。在治理过程中习惯于老思路老套路，结果不是不对路子，就是事与愿违，甚至南辕北辙。

上述这些社会的深刻变化给美丽中国社会建设带来的一个巨大挑战就是，面对这样一个变化了的、陌生的、复杂的社会，要想实现社会的稳定和长治久安，需要我们对现有社会治理进行认真的审视和思考，打破固有的原则体系，认真研究社会系统的种种复杂性特征①。

近些年来，人们普遍感受到一种快速增加的社会压力，这种压力本质上来源于社会复杂性和不确定性的迅速增长。社会已经进入一个高度复杂性和高度不确定性阶段，而社会治理理念、社会治理体系和社会治理方式所遵循的仍然是确定性范式。工业化社会中构建起来的治理习惯、准则等只能适应低复杂性和低不确定性社会治理的要求，无法应对信息化社会高度复杂性和高度不确定性所产生的各种冲突和问题。

因应着社会的复杂性特征和要求，社会治理也成为一项复杂的社会系统性工程，涉及教育、医疗、卫生、住房、就业、社会保障、公共安全和社会福利等多层次领域，不同社会问题间的耦合规律及复杂关系需要得到充分的揭示和分析。美丽中国社会治理遭遇到复杂性挑战。

2 美丽中国社会治理的复杂性范式及其内在要求

面对高复杂性和高不确定性现代社会的治理，美丽中国社会治理必须抛弃传统的确定性和线性思维，建构起新型的社会治理方式，前瞻性地思考、设计治理工具与治理体系，实现社会治理逻辑上和方法论上的转向，从牛顿范式向复杂科学管理范式转变②，即社会复杂性治理，包括复杂网络治理、混沌治理、分形治理、"二相"性治理、不确定性治理、风险治理等，实现美丽中国社会的复杂性治理。

把复杂性理论引入管理之中就形成了"复杂性管理"，或者叫作"以复杂性为基础的管理方法"。复杂性治理要求打破牛顿力学还原性、稳定性思维，用不确定性和复杂性思维来看待自然与社会，它关注治理对象的复杂性特征，如整体性、非线性、混沌、

① 时和兴：《复杂性时代的多元公共治理》，《人民论坛·学术前沿》2012 年第 4 期。
② 徐绪松：《复杂科学管理》，科学出版社 2010 年版，第 27 页。

分形、不确定性、自组织临界、分岔以及涌现，等等。"美丽中国"社会治理的复杂性是指运用复杂性科学、社会治理理论等多学科理论方法对"美丽中国"社会治理的本质、逻辑、模式、机制及对策等理论与实践问题展开系统研究，揭示不同层次美丽社会问题间的复杂性关系，从复杂科学管理理论出发系统设计"美丽中国"社会治理方案，优化社会治理结构，以期实现"美丽中国"社会治理的目的。

W. R. 阿什比曾说，"管理系统的复杂性需要与管理对象系统的复杂性相适应"，这被人们称作必要的多样性定律①，这告诉我们，只有用复杂性来应对复杂性才是有效的。"美丽中国"社会复杂性治理要求从影响美丽中国社会治理的基础性问题入手，从复杂社会现象、社会问题中寻找内在的联系，从社会的动态演化中寻找相对稳定的因素，从随机中寻找规律性，变"碎片化"治理为"系统化"治理，变"无效"治理为"有效"治理，解决以往社会治理中一些政策和措施不管用、不好用、不能用，使用效果不佳等问题，减少"美丽中国"社会治理的成本，降低社会治理中的震荡。

现代治理理论认为，当代社会治理危机的根本原因在于传统自上而下的国家单方面管控格局，忽视和违背了现代社会系统的多样性、非线性、动态性、不确定性等复杂性特征，使得传统的治理归于无效。传统的社会管理基于社会控制的要求往往把多样性、非线性、复杂性、动态性看作是有害的东西，而现代治理理论则认为这些特征恰恰是治理的基础，各种社会问题常常出现在社会治理主体之间的复杂互动之中，社会治理需要充分考虑到社会的多样性、复杂性、动态性和不确定性②。

当代社会治理已突破传统的线性模式，走向网络化治理，呈现出网络化、多样化、自组织的特征，社会治理需要从传统的行政管理向复杂科学治理范式转变，认真研究社会系统的种种复杂性特征，找到科学、有效的社会治理方法。实践表明，复杂科学理论能够揭示社会治理复杂现象的内在规律性，有助于辨识出社会治理复杂性形成的真正机制和原因，为创新社会治理提供新的研究范式。

3　基于复杂网络理论的美丽中国社会治理模式分析

社会作为人们依据一定的关系连接而成的集合，是一个动态演化、具有交互作用和适应性的复杂系统，具有复杂性特征。网络是自然界以及人类社会中普遍存在的客观现象，几乎所有的系统都可以抽象为网络模型，社会系统也不例外。如果将个人或

---

① Ashby, W. R., *An Introduction to Cybernetics*, London：Chapman and Hall, 1956.

② 杜海峰、李树苗等：《公共管理与复杂性科学》，《浙江社会科学》2009 年第 3 期。

组织机构视为"节点",将他们之间的各种社会关系或相互行为视为"边",那么社会就是一个将大量的"节点"通过各种相互关系的"边"连接而成的复杂网络系统(图1)。由于相同"节点"在不同的社会网络中有不同的行为方式,再加上不同的社会网络之间彼此交错,社会网络的复杂性由此而生(图2),人们把这些网络称为复杂网络[①],发现它们还有许多的共性,如小世界性和无标度性等[②]。

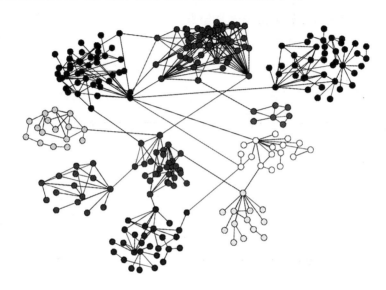

图1 复杂网络及其"社团"结构

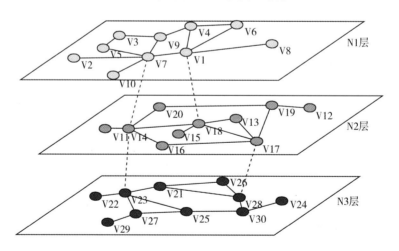

图2 复杂美丽社会网络多层拓扑结构

---

① Watts, D. J., *Small Worlds: The Dynamics of Networks between Order and Randomness*, Princeton: Princeton University Press, 1999.

② Barabási, A. L., Bonabeau, E., "Scale-free Networks", *Scientific American*, Vol. 288, No. 5, May 2003.

复杂网络可以广泛地用来描述自然与社会领域的许多既有现象，可以作为理解很多复杂现象的平台，如在社会关系网络上讨论舆论或谣言等的传播，在接触关系网络上分析传染病的传播；在互联网络或邮件网络上分析计算机病毒的传播[1]；在商业网络中研究企业之间的合作与竞争关系，等等。

社会是一个复杂系统，具有复杂网络结构。社会复杂网络所具有的无标度及小世界属性、鲁棒性与脆弱性、社团结构、偏好连接等特征，为美丽社会治理的路径选择与模式构建，提供了很好的思路（图3）。

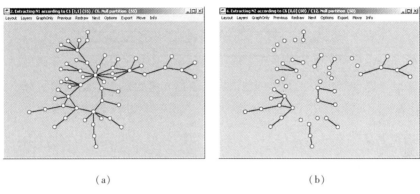

（a） （b）

图3 复杂网络的鲁棒性（a）与脆弱性（b）结构

复杂网络作为反映主体之间联系的一种存在方式[2]，给我们研究美丽中国社会治理的路径与模式、美丽社会治理主体之间相互依赖相互作用的方式与途径等，提供了区别于传统研究视角的理论依据和量化研究方法。美丽社会治理可以运用复杂网络理论的原理和方法来分析其实现的有效路径和模式要求。社会的复杂网络结构既是社会治理的载体，又是社会治理的条件和机制，它不仅影响到社会治理的方式，也影响到社会治理的结果及其效率。社会的复杂网络结构对优化社会治理行为、推进美丽中国社会治理体系和治理能力现代化有着重要价值。

3.1 基于小世界、无标度网络理论的美丽中国社会治理分析

3.1.1 实现社会公平公正的小世界网络分析

社会网络既不是规则网络，也不是随机网络，而是小世界和无标度网络。规则网络过于整齐划一，管得太死，计划性规则性强，缺乏个性和灵活性；随机网络又过于

---

① Newman, M. E. J., "The Structure and Function of Complex Networks", *SIAM Review*, Vol. 45, No. 2, Jan. 2003.

② Albert, R., Barabási, A. L., "Statistical Mechanics of Complex Networks", *Reviews of Modern Physics*, Vol. 74, No. 1, Jan. 2002.

随性和混乱，市场灵活性强，市场经济体制就是如此。

小世界网络的形成是将规则网络中的每条边以相同的概率随机地与其他节点重连，这一过程表现出以下几个方面的公平性：每个节点之间的平等性；所有边都以相同的概率被重连；连接的点是随机选定的。

在现实中，许多复杂网络之所以表现出小世界网络，就是源于网络形成及演化过程中的这些公平性机制，这一机制也很好地体现了社会治理公平正义根本目的的要求。如何才能形成小世界网络，显然既要遵循一定的规则又要具有一定的弹性，这样形成的小世界网络具有较短的平均路径和较高的聚集度，具有快速响应以及同步稳定的功能。

小世界网络也启示我们，社会治理既有规则性又有灵活性，既有民主又有法制，既要计划手段又要市场机制，既要依法治国又要培育社会的自组织治理能力。

3.1.2 社会舆情控制的小世界网络分析

小世界特征意味着网络较短的平均路径和较高的聚集度，平均路径长度表示信息和资源交互时间的长度。在社会治理中，获取社会治理信息、资源的路径越长，时间也越长，反应也越慢，效率也越低；反之，路径越短，信息和资源获取的时间成本越低，反应就越快，效率就越高。因此，在小世界网络里，信息传递速度快，并且少量改变几个核心节点的"长程连接"，就可以显著地改变网络的结构和功能。

为了应对复杂社会治理的挑战，可以充分利用社会网络"小世界"的特征，对现有不适合于协同的社会治理流程进行梳理、重构和再造，成立更具有权威性的社会治理工作领导机构（提高政府的聚集度），重新设计社会治理的沟通、信息传递、危机处理等作业流程，缩短平均路径长度，推动多主体间的协调与合作，形成简单易懂的信息沟通与指挥结构，增强协同应急反应能力；改变治理的"平均路径长度"和主体聚集度的大小，减少管理层次，免除决策中的繁文缛节，形成便于信息快速传递及减少信息扭曲与时滞、有利于治理协同的扁平化管理流程，以最短的时间、最短的平均路径、最快的响应能力、最权威的信息或声音，形成协同的组织行为，化解问题或矛盾，迅速传递有价值的信息或抑制社会治理的有害舆论、谣言[①]。

3.1.3 无标度网络与社会治理中的"关键少数"

复杂社会网络的无标度特征表明，社会治理现代化需要狠抓"关键少数"。新形势下创新社会治理，重点是要抓好各级领导干部的思想建设和服务意识。经济治理中的

---

① 范如国：《复杂网络结构范型下的社会治理协同创新》，《中国社会科学》2014 年第 4 期。

"关键少数"主要是抓好重点国有企业。在艺术治理上的"关键少数"是明星及知名演艺人员。科技治理上的"关键少数"是大学及研究院所的知名教授和研究人员。基层治理上的"关键少数"是基层党组织、社区主任及村委会主任，等等。抓住这些"关键少数"，也就抓住了相应领域治理的关键。

3.2 基于"鲁棒性"和"脆弱性"理论的美丽中国社会治理分析

3.2.1 复杂社会网络的鲁棒性与加强基层社会治理

社会治理离不开有效的基层治理，基层治理是社会治理创新的重点领域。复杂社会网络表现出来的鲁棒性，说明社会系统中有相当部分处于一般性节点位置，基层的社会公众、社会结构、社会组织相对于政府组织而言是"冗余"（Redundancy）的，它们作用的随机性消失，不会影响整个社会网络的结构和秩序，社会网络由此表现出较强的抗风险能力。就这一特性而言，似乎基层民众或社会组织在保持社会系统的结构和功能的稳定性方面，远不如少部分起核心作用的中心节点重要，但这些一般性"冗余"社会主体的存在还是很有意义的，它们是社会系统容错能力的基础，它们的存在也是社会治理多样性的良好表现，其对于社会治理功能的多样化是不可或缺的。

在社会治理中，要加强基层社会治理体系建设，推动社会治理重心向基层下移，积极地、规范地培育基层社会公众或社会组织，发挥其结构灵活、专业性强、社情谙熟、应急迅速等特点，相信人民群众，增强社会治理网络系统的鲁棒性与社会治理的稳定性和冗余性，实现政府治理和社会调节、居民自治良性互动。社会公众不是被动接受管理和服务的消极参与者，他们是积极主动的参与者，是具有参与公共事务治理动力和能力的人群。社会需要鲁棒性，政府需要给予社会更多的空间和职能，这将为政府换回更大余地和潜能①。

"冗余性"社会治理主体或结构的存在是确保社会治理主体之间以及不同管理模式之间竞争的基础。比如网络反腐、微博反腐、电视问政成为新时期中国社会反对腐败、提高行政效率新的、有效的方式，它们的存在对现有体制内的反腐和问政模式是一个很好的创新和补充，同时也构成了对现有模式的挑战，倒逼反腐和勤政工作。如在改革开放之前，我国施行高度集权、精确控制的计划分配社会经济管理方式，在所有制结构上追求单一的公有制形式，低估了集体所有制和其他经济成分存在和发展的必要性、合理性；改革开放之后，"公有制实现形式可以而且应当多样化"的共识逐步形

---

① 顾严：《中国社会治理的新进展与新期待》，《领导科学》2017 年第 28 期。

成，中国原有单一的公有制结构终于被多元化的所有制结构所取代。实践证明，没有中小企业的发展，没有中等收入人群的扩大，将严重影响社会财富分配的公平，也将极大地制约就业机会的增加。

3.2.2 基于网络鲁棒性、脆弱性的利益集团治理分析

一个自治的社会一定是一个多中心的社会，多中心的社会有着蛛网般的承重墙，其中某道承重墙或某几道承重墙的塌陷，其局部影响并不足以造成全局塌陷，社会表现出较强的鲁棒性。当某一主体属于社会网络核心节点（权力）位置时，该主体就具有强势地位，对社会治理影响的作用力大；相反，具有弱势或"冗余"地位的主体，对社会治理影响的作用力就较小。当下的中国社会治理有一个重要特征，就是一些社会治理决策及其活动常常被处于社会核心权力位置的利益集团主导。这种利益集团的形成是多因素的，财产、规模、合作、声望等因素都有可能造成强势地位，由这些利益集团主导的社会治理其最终结果必然有利于强势集团本身。因此，加强社会治理，建立起对具有强势地位利益集团的约束是关键。

3.2.3 基于网络鲁棒性的社会容错机制分析

复杂社会网络的鲁棒性表明，网络系统中存在容错机制。社会系统存在"冗余"性结构，这些冗余结构或社会主体的存在使社会系统具有容错能力，为建立社会治理创新的容错机制奠定了基础。

社会的演化是在容错机制下自然而然不断地向前发展的，因为容错机制下的错误并不会影响系统的鲁棒性，不会影响系统的正常功能和结构稳定；如果没有容错机制，社会创新就没有人敢去做，也没有人愿意去做，社会就会陷入僵化守旧，没有人愿意承担任何创新的可能责任。在现实中，容错机制的存在是给改革创新者撑腰鼓劲，让人毫无后顾之忧地创新，不怕犯错，敢于尝试，勇于创新。

3.3 美丽中国社会治理的"社团结构"与择优连接分析

3.3.1 基于网络"社团结构"的社会群体性事件分析

复杂社会网络的社团结构对社会网络的演化有着重要影响。在由分散的社会主体由于偶发性事件聚集而成的"偶然群体"（Casual Group）性社会网络中存在社会主体的择优连接问题。随着社会网络不断生长，不同社会主体出于自身利益的需要，彼此之间结成不同的"社团结构"就成为一种可能，而且有少数社会主体逐步成为核心，整个系统出现新的聚类①。

---

① 杰弗里·韦斯特：《规模：复杂世界的简单法则》，张培译，中信出版社2018年版。

在社会系统中，社会主体往往具有特殊的多样化需求，他们很少以个体形式出现来表达自己的诉求，而更多的是以社会网络中特定的"偶然群体"或者稳定的"社团结构"（组织或机构、利益集团、阶级或阶层、各级政府）的形式出现。这主要是由于在众多复杂的社会关系中，个体实现自身目的的行为相较于非线性复杂的社会整体行为而言，充其量只是一个弱小的、单一的、线性的行为，若他们基于相同的利益偏好、共同的价值观结成社会组织，形成"安全共同体"，一起参与到与自身利益相关的社会决策和利益分配之中，表达自身的价值诉求，形成有组织、有秩序的利益表达，就能增强自我谈判的能力，实现自身的安全感、归属感和社会价值。社会组织就是复杂社会网络中"社团结构"的各种形式化表现，是公众最为理想的参与社会治理的主导形式，社会组织的形成也是社会协同的结果，反过来，它又具有协调社会治理的能力，是政府与社会公众之间协同、沟通的桥梁，也是社会公众自我管理、自我服务的渠道和平台。

复杂社会网络存在的"社团结构"特征决定了对维持社会稳定和社会秩序起基础性、广泛性作用的，必定是多样化的社会组织及基层自我治理。社会组织是社会公众参与社会治理的重要方式，也是社会自我治理能力的重要体现。政府应该赋予并尊重各类社会组织以相应权利，推动社会组织实行自我治理、自我组织、自我服务、自我教育等自主治理活动。

3.3.2 基于网络"社团结构"的破除利益集团垄断分析

要实现美丽社会治理的目标，对处于权力位置的主体进行有效的制约是关键。要想稳步有序地推进社会治理创新，必须以强大的政治勇气和智慧、强有力的措施和办法打破利益集团利益固化的藩篱，打破其内部的"社团结构"，坚决反对一些利益集团"闹利益"，克服部门利益的掣肘，建立起对利益集团的约束，使其逐步走向市场化、现代化和规范化。

在社会治理中，研究复杂社会网络中的"社团结构"是了解整个社会网络的结构与功能，分析社会网络整体与局部的关系与特征，分析和把握其发展态势，优化社会治理的重要途径。

3.3.3 基层社会治理创新的复杂社会网络"社团结构"分析

随着市场经济的发展、社会体制改革的深化，我国基层社会治理出现了体制内单位缺失严重、基层社会人与人之间的业缘关系越来越淡化、联系越来越弱化、基层社会治理的制度供给严重不足等问题。面对基层社会治理这些新的变化，我们可以从复杂社会网络的"社团结构"特征出发，通过构建形态各异、内容千差万别的基层"社团"组织，对基层社区治理实现"组织再造"，把人重新组织起来，以适应新时期基层社会治理的要求。比如，上海一些街道提出以居民区"团队党建"为依托的基层社会治理模式，按照"支部领导团队、党员融入团队、团队凝聚群众"的工作要求开展基层社区治理，以社区团队作为基层社区治理的基础和重心，弥补基层治理结构中单位缺失造成的组织缺位；以兴趣为基础组织社区团队，化解社区人与人之间的业缘关系淡化、联系弱化的问题；以社区团队中设置党组织为保障，解决群众凝聚力不足问题。既实现了"群众在哪里，党支部就在哪里"的党建全覆盖目标，又达到了通过党建来凝聚群众、激发基层社会活力的目的①。

3.3.4 社会治理路径优化的复杂社会网络择优连接分析

在复杂社会网络系统中，参与社会治理的主体会根据个人的目标函数自发地与其他主体进行择优连接，也会被其他主体连接，形成自己在复杂社会网络的聚集度（影响力）和在网络中的权力位置，进而对社会治理产生与其在网络中位置相对称的影响，获得自己的利益优势或社会治理"话语权"。社会节点进行择优连接的目的在于使自身在网络中得到尽可能大的利益。

由于择优连接，一些具有较大聚集度（影响力）的主体，往往成为其他主体择优连接的对象，最终处于社会网络的中心位置，拥有较大的社会影响力，决定着社会治理的内容、方向和结果。比如，2009 年起，北京市将市团委、市妇联、市科协等 30 家人民团体确定为社会治理网络中的"枢纽型"节点，由这些"枢纽型"节点再分门别类地与民间社会组织连接，先后联系到 24000 多家民间组织，引导同类别社会组织正确发展，扭转了民间组织一盘散沙的局面，较好地解决了民间组织的管理问题。

在社会复杂网络内，基于"生存"的本能和"生存得更好"的欲望，主体之间存在同向匹配特征，每一个社会主体只熟悉与他相邻的社会邻域网络中主体的行为和情感模式，在这些模式中，他择优选择自己认为"最好的"、模仿"最成功的"。近些年来，中国社会出现的年轻人争相报考公务员，展现的就是公务员这一制度安排对年轻人产生的"偏好连接"现象。同时，择优连接带来社会治理的突变，导致新的社会准则、社会秩序、社会特征和社会功能涌现的同时，也可能造成社会治理的路径依赖。

4 美丽中国社会治理的多维度协同治理分析

美丽社会治理是一个巨大而复杂的系统，美丽社会治理需要协同，即协同社会治

---

① 郝宇青：《基层社区治理能否实现"组织再造"》，《解放日报》2017 年 10 月 24 日。

理，协同需要建立系统科学的协同机制。越是复杂的系统，系统的协同性要求就越强，系统协调对实现系统发展期望目标的作用就越显著。

4.1 美丽中国社会治理的五维协同

美丽中国社会治理必须紧紧围绕"人"这个核心，既要治人之"行"、治人之"德"，更要治人之"心"、治人之"能"，同时，还要强化现代科技创新成果的应用，用强有力的治理工具和治理技术，不断提高社会治理的科学化、智能化水平，实现"智慧"化、"智能"化治理。因此，围绕着"人"这一社会主体需要系统推进法治、德治、美治、智治、善治与自组织治理等多维协同治理模式①，系统优化我国社会治理的有效路径，协同提升社会治理的效果（图4）。

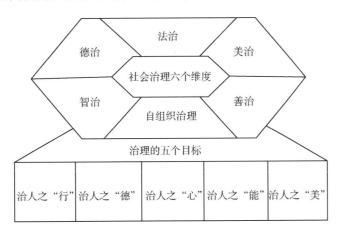

图4 美丽中国社会治理方式的多维协调

构建美丽中国社会治理多维协同治理模式正是复杂社会治理及国家治理能力现代化的内在客观性要求，充分体现了以人为本和系统治理、依法治理、综合治理、复杂性治理、源头治理的理念，五种治理方式各有侧重，相互强化、不可或缺。其中，德治是法治、美治、智治和自组织治理的思想基础和精神要求，既是治理的根基也是治理的归属；法治是德治、美治、智治和自组织治理的保障，从根本上解决治理的合规问题；美治是德治、法治、智治和自组织治理的升华，重点解决治理的过程、手段和结果的品质与社会形象问题；智治是实现法治、德治、美治和自组织治理由"经验治理"到"智慧化治理"的根本保证，也是社会治理能力现代化内涵的具体体现；自组织治理既是一种治理方式，也是法治、德治、智治和美治下社会的常态化运行

---

① 周天勇、卢跃东：《构建"德治、法治、自治"的基层社会治理体系》，《光明日报》2014年8月31日。

目标。

德治、法治、美治、智治和自组织治理协同起来，统一于"人"这个核心，共同激发"人"的责任感、道德感、审美感和现代感，促进人与人和谐相处、社会安定有序。通过治人之"行"、修人之"德"、怡人之"心"、拓人之"能"，实现美丽中国社会安定有序、国家"善治"之目的。

4.2　复杂性社会需要依法治理

复杂社会治理，首要的是依法治理，依"法"治理人之"行"，实现社会治理的法治化。法治是指运用法律规则来规范和指导人们的行为，把人们的行为约束在法律的框架内，运用法律来化解社会矛盾和冲突。法治之所以应该成为社会治理的首要模式，是因为法治是国家迈向现代社会的必然要求，其在社会治理方面具有强制性、权威性、明确性、科学性、稳定性和社会凝聚力等特点。党的十八届四中全会系统地提出了依法治国，建设社会主义法治国家的目标，要求把社会治理纳入法治化轨道，提高社会治理的法治化水平。

治理的目的是要达到"善治"①。党的十八届四中全会提出法律是治国之重器，良法是善治之前提。党的十九大报告重申：推进科学立法、民主立法、依法立法，以良法促进发展、保障善治。这意味着党和政府将"善治"纳入了中国社会治理的理想目标体系。

实现复杂社会"法治"的本质是实现社会治理的规范化、程序化和制度化。"法治"需要制度性保障，这是依法治国的前提条件。

4.3　复杂性社会需要自组织治理

社会作为一个复杂系统，它的存在和演化主要源于其自组织能力，现代化的社会治理应该是一个典型的自组织过程，社会自组织治理能力是社会发展进步的基本内容和重要标志。美丽中国社会治理需要强人之"能"，提高社会的自组织治理能力。培养社会的自组织治理能力是美丽中国社会治理的重要内容。

所谓自组织是指一个系统在内在机制作用下，各类主体、系统的各部分之间各尽其责，相互协调，系统自动地由简单走向复杂、从混沌无序演化成时空有序，涌现出新的结构、模式和功能的过程②。"自"意味着行为的"自发"性、"自主"性、"自

---

① 俞可平：《论国家治理现代化》，社会科学文献出版社 2014 年版。
② 吴彤：《自组织方法论研究》，清华大学出版社 2001 年版。

觉"性、"自律"性、"自序"性，"组织"是指系统中所包含的各种行为、过程之间的相互竞争与协同，使系统具备自我修复能力和自主变革能力，呈现出目的性、整体性和有序性特征。

自组织是复杂系统发展演化的重要法则，一个复杂系统自组织功能越强，自我修复能力也就越强，其保持和产生新功能的能力也就越强[①]。社会作为一个复杂系统它的存在和演化主要源于其自组织能力，美丽中国社会治理应该是一个典型的自组织过程，社会自组织治理能力是美丽中国社会发展进步的基本内容。通过"组织"特别是自组织方式，系统发展出原来没有的特性、结构和功能。所以，在一定意义上，自组织意味着创新。

社会自组织在某种意义上，体现的是民主和公平、自由与平等、公开与透明、开放与妥协，以及交互、修复、容错、协同等。社会自组织治理强调广泛的社会参与，强调社会主体的自我依赖、自我约束、自我协调、自我发展能力，增强解决社会矛盾与社会冲突的能力[②]。实践证明，自组织治理能够有效地弥补市场机制和行政机制的不足，有助于社会治理"善治"目标的实现。

现代中国社会要成为一个高度有"序"的美丽社会，需要强调社会"序"的自组织涌现；社会治理及公共事务应由政府、非营利组织、公民、家庭、社区、企业等主体共同参与治理，形成参与合作的多中心社会治理格局和治理体系。对于中国这样一个规模巨大的复杂社会而言，多元化的异质性主体在结构中的位置不同，其重要程度也不同。这一特点决定了社会治理需要建立起多主体间自组织协同结构，实现社会治理行为的耦合同步及结构有序，达成社会治理的自组织，在时间、空间和功能上实现社会新的有序结构（图5）。

社会系统的复杂结构特征及社会问题的复杂性说明，现代社会治理必须由传统以政府为主导的强化行政管理、强化控制的"他组织"模式，向以政府、社会组织和社会公众为主体、社会自主治理为核心的自组织治理模式转型。

复杂社会系统的整合和社会发展的管控，从来就不仅仅是政府，而且是政府与社会行动者共同的责任。社会治理不单单强调政府与市场的协调与合作，更重要的是寻求政府、社会与市场三者之间的合作和互动，寻求一种通过调动各种力量和资源达到社会事务得以"善治"的方式。简而言之，美丽社会治理是各利益相关方通过博弈形成的一种对社会事务的"自组织""共同治理"过程。

① 许志国：《系统科学》，上海科技教育出版社 2000 年版。
② 杰弗里·韦斯特：《规模：复杂世界的简单法则》，张培译，中信出版社 2018 年版。

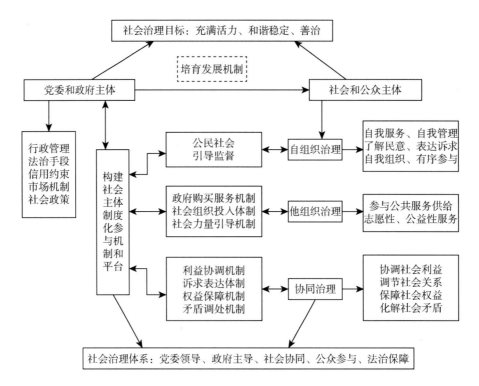

图5 美丽中国社会协同治理结构关系

4.4 复杂社会治理离不开"德"治

治理现代化需要人的现代化。依法治国的核心是法，但法的形成离不开道德，法律的制定必须体现社会主义道德要求，不然"法"难以形成，法治也难以实现，依法治国需要法治下的道德基础做支撑①。依法治国、依法行政仅仅依靠法律是不够的，社会治理还需要润人之"德"，治人之灵魂，实施"德治"，促进人心良善，培育自尊自信。"德治"既是治理的根基也是治理的归属，心坏了，灵魂没有了，再多治理的"技"与"术"，最终都是本末倒置。

为了应对高度复杂性和高度不确定性条件下的社会治理，人们也不断地把视野转向人的道德方面。因为法治只有对于那些遵守法律的人来说才有价值，对法律的遵守恰恰也属于道德范畴的行为，"服从法治是一项道德原则"②，在社会治理方面，法律与道德完全不同的特征决定了它们在社会治理过程中的价值，然而工业化社会的治理常常排斥道德的途径，更多地讲究法律的强制性。没有法治的"德治"最终会变成人治，

① 黄浩明：《建立自治法治德治的基层社会治理模式》，《行政管理改革》2018 年第 3 期。
② 米尔恩：《人的权利与人的多样性：人权哲学》，夏勇、张志铭译，中国大百科全书出版社 1995 年版。

而没有德治的"法治"最终会变成权力的傲慢,就会丧失灵魂。"德治"具有柔性和非强制性,如果不提高人的道德素养、强化道德自律,社会法治的效果也会非常有限。

德治和法治、自组织治理相互补充,在社会治理中相得益彰。在社会治理中,德治不能单一存在,它需要配以相关的政策和制度,即法治对其进行保证。此外,伦理道德只有依靠政府、社会组织和广大民众的自组织努力,才能发挥它在社会治理过程中的作用①。

4.5 复杂社会治理需要审美自觉

党的十九大报告在关于加强和创新社会治理中强调,要不断满足人民日益增长的美好生活需要,不断促进社会公平正义,形成有效的社会治理、良好的社会秩序。美好生活的形成及其保持离不开有效的、充满审美的社会治理,这要求治理过程及治理结果具有审美性。社会治理的本质是一项"审美"性活动。社会治理除了强调制度与法律外,还有一个极为重要的因素,即人的素质,特别是审美素质。良好的社会审美观是现代社会治理不可缺少的基本素养,"绿水青山就是金山银山"传递的是自然美和社会美的共同要求。如果治理主体及治理对象审美情趣低下,纵然有完备的治理体系,也实现不了社会治理的目的。因此,社会治理还要治人之"心"、怡人之情,拥有一颗审美之心。为此,转型中的中国,需要具有建立良好社会审美能力的勇气与信心,以及自我反省的文化能力,社会治理需要"美治"。

美丽社会治理是建立在"人"良好的道德修养和高雅的审美情趣基础之上的,需要"人"良好的道德水准和崇高的审美情趣做支撑。

社会治理过程也是一个"审美"的过程②,是自省自觉的文明或文化"审美"发挥作用的过程,它既包括治理过程的审美,又包括治理行为和治理手段的审美,更包括治理结果和治理目标的审美,其中,良好的社会审美观是现代社会不可缺少的基本素养,"美的社会"也是社会治理的主要目的。社会审美通过潜移默化,渗透到整个社会生活,影响民意形成的内容和民意表达的方式。社会治理需要审美自觉,它是中国净化国民风尚、提升国家软实力、凝练民族气质的重要基础。提升社会治理能力和效率需要人本精神,需要提升人的道德修养和文明素质,依法治国需要增强法治的道德底蕴。所以,社会治理需要"美治",需要审美自觉。

今天,中国拥有越来越强大的物质基础、越来越发达的产业制造技术,但在开拓

---

① 王建敏:《社会治理需要法治与德治相结合》,《法制日报》2014 年 11 月 10 日。
② 范如国:《加强新时代城乡社区治理体系建设》,《国家治理》2018 年第 35 期。

"一带一路"、引领全球治理、向世界展示自己"硬实力"的过程中，也要用自己的文化审美、优雅的大国形象等"软实力"去赢得全世界人的心，"不战而屈人之兵"，除了秉承全球命运共同体的主张，还需要树立起与中国国家实力相匹配的良好的国民素养和高雅的审美形象。无数事实证明，社会转型治理下的中国，如果缺乏良好的底蕴、优雅的审美意识和自我反省的行为能力，是不可能建成美好社会的，也是不可能进入现代化发达国家的行列的。

4.6 复杂社会治理需要智慧化治理

美丽中国社会治理需要法治，离不开德治、美治、自组织的协同，同时也需要治理的强有力工具和技术支持，美丽中国社会治理的现代化必然也是器物、技术和工具的现代化。信息化、网络化、智能化技术的发展，改变了人们的行为方式和思维方式，给国家和社会治理带来了前所未有的机遇和挑战，世界各国不断创新现有的社会治理思维模式和行动方式，纷纷利用互联网、大数据为社会治理增添"智慧"力量[1]。

"智慧化"是当前信息发展的核心特征。美丽中国社会治理智能化是在大数据环境下，通过创造性地把物联网、互联网、云计算、大数据这些信息技术的成果广泛地应用于社会治理领域[2]，对社会存在和演化过程中海量、动态、异质性、多样态数据的记录和处理，适时获取高价值信息，揭示出社会内在的各种复杂关系和演化特征，展示社会全貌，有效地降低问题的复杂性和研究的不确定性，显著提高社会的决策能力，实现从"经验化治理"到"智慧化治理"的升级，做到精准决策、精准治理、精准服务、精准监督，开创社会的"智治化"治理美好时代，使治理过程更加科学、更加精准、更加优化、更加智慧，提高社会治理的法制化、科学化、智能化水平。

因此，在社会治理实践中，我们要主动适应智能化时代的要求，将互联网、大数据、云计算、人工智能等新兴技术和工具运用到社会治理过程中去，实现社会治理决策的智慧化[3]。

5 结语

美丽中国建设下的美丽社会治理是一项庞大而又复杂的系统工程，需要对社会治

---

① 维克托·迈尔·舍恩伯格、肯尼斯·库克耶：《大数据时代——生活、工作与思维的大变革》，盛杨燕、周涛译，浙江人民出版社2013年版。

② Hey, T., Tansley, S., Tolle, K. 等：《第四范式：数据密集型科学发现》，潘教峰、张晓琳译，科学出版社2012年版。

③ 耿亚东：《大数据对传统政府治理模式的影响》，《青海社会科学》2016年第6期。

理的系统性、整体性、协同性、复杂性及科学评价等问题给予充分回应；需要对国内国际不同社会问题间的复杂关系给予充分的揭示和分析；需要引入新的治理范式，即复杂社会治理；需要建立具有中国特色的美丽中国社会治理格局，创新社会治理体制机制，实现美丽中国社会治理体系和治理能力的现代化。

生态文明建设导向的美丽中国建设评价与实现路径

王宗军[1]　蒋振宇[2]

(1. 华中科技大学 管理学院，武汉　430074；2. 江南大学 商学院，无锡　214122)

摘要：美丽中国建设是实现可持续发展和中国民族伟大复兴的重要战略部署。本研究基于美丽中国建设的内涵，结合"五位一体"的总体战略布局，构建了以生态文明建设为导向的美丽中国建设评价体系，并运用信息熵技术的层次分析模型对我国 31 个省份美丽中国建设进行评价与分析。结果表明：美丽中国建设五个一级指标得分和综合得分均存在较为显著的省际差异，其中西部地区的生态文明建设得分较高，东南沿海地区的经济和社会建设位居前列，文化建设与经济建设存在一定的正相关关系，但前者表现出更显著的地域差异，政治建设的评估结果则更能体现中国的发展特色。整体来看，在美丽中国建设过程中，多数省份未能完全保持各要素的全方位发展，其中中部地区是美丽中国建设的薄弱环节。为了实现美丽中国建设的目标，必须始终坚持"五位一体"的总体战略布局，将生态文明融入经济和政治建设中，此外，可以通过设置样板试点、以优势牵引弱势等方式推动区域建设与发展。

关键词：生态文明建设；美丽中国；评价体系；实现路径

1　研究背景

党的十八大明确指出："把生态文明建设放在突出地位，融入经济建设、政治建设、文化建设、社会建设各方面和全过程，努力建设美丽中国，实现中华民族永续发展。"①

基金项目：华中科技大学人文社会科学发展专项基金资助

作者简介：王宗军（1964—　　），男，山东青岛人，华中科技大学管理学院原院长、教授（二级）、博士生导师，博士，华中科技大学华中卓越学者，研究方向：评论理论与方法、创新与战略管理、金融风险管理；蒋振宇（1992—　　），男，湖南衡阳人，江南大学商学院讲师，博士，研究方向：技术创新管理、知识管理、绿色创新。

① 《坚定不移沿着中国特色社会主义道路前进　为全面建成小康社会而奋斗——在中国共产党第十八次全国代表大会上的报告》，人民出版社 2012 年版，第 39 页。

自此以后，建设美丽中国成为党的重要执政理念，并贯穿于整个中华民族伟大复兴的过程之中。2018 年 5 月，在全国生态环境保护大会上，习近平总书记进一步明确了美丽中国建设的时间规划和执行方针，强调到 2035 年，生态环境质量实现根本好转，基本实现美丽中国建设目标，"到本世纪中叶，……物质文明、政治文明、精神文明、社会文明、生态文明全面提升，绿色发展方式和生活方式全面形成，人与自然和谐共生，生态环境领域国家治理体系和治理能力现代化全面实现，建成美丽中国"[①]。党的十九大报告中同样指出，要"加快生态文明体制改革，建设美丽中国"[②]。基于生态文明导向的美丽中国建设不仅是中华民族伟大复兴的必要条件，同时也推动了绿色经济、环保生态以及可持续发展等领域的科学研究。

为了更好地把握美丽中国建设的进程和方向，寻找美丽中国建设的正确路径，学者们从多个视角出发，对美丽中国建设进行了科学的探索性评价。例如，甘露等基于"五位一体"的视角构建了包含政治、经济、社会、文化以及生态等几个层面的评估体系，以此来对比分析省会城市和副省会城市之间美丽中国建设水平的差距[③]。谢炳庚等从生态位理论出发，设计了美丽中国建设的多维评价体系，该体系涵盖了经济发展、社会文明以及环境治理三个子维度的相关指标[④]。方创琳等从生态环境、社会和谐、体制完善、文化传承以及绿色发展五个方面构建了美丽中国建设在地级行政单位的评价体系，并进一步分析了美丽中国建设进程的空间差异[⑤]。此外，还有部分研究重点从生态文明视角来考察美丽中国和美丽乡村的建设水平[⑥]，这些研究也为美丽中国建设的评价指标构建提供了重要参考[⑦]。遗憾的是，学者们在构建美丽中国建设的评价体系时并未根植于统一的理论内涵和基础，这使得相关评价结果存在较大差异，对美丽中国建设进程的判断也不尽相同[⑧]。

2020 年 2 月 28 日，国家发展和改革委员会印发《美丽中国建设评估指标体系及实施方案》，该文件指出美丽中国建设评估指标体系应包括空气清新、水体洁净、土壤安全、生态良好、人居整洁等基本指标，在实际评估时可根据地方特征进行调整

---

① 《习近平谈治国理政（第三卷）》，外文出版社 2020 年版，第 366 页。

② 《习近平谈治国理政（第三卷）》，外文出版社 2020 年版，第 39 页。

③ 甘露、蔡尚伟、程励：《"美丽中国"视野下的中国城市建设水平评价——基于省会和副省级城市的比较研究》，《思想战线》2013 年第 4 期。

④ 谢炳庚、陈永林、李晓青：《基于生态位理论的"美丽中国"评价体系》，《经济地理》2015 年第 12 期。

⑤ 方创琳、王振波、刘海猛：《美丽中国建设的理论基础与评估方案探索》，《地理学报》2019 年第 4 期。

⑥ 邓伟、宋雪茜：《关于美丽中国体系建构的思考》，《自然杂志》2018 年第 6 期。

⑦ 王晓广：《生态文明视域下的美丽中国建设》，《北京师范大学学报》（社会科学版）2013 年第 2 期。

⑧ 黄磊、邵超峰、孙宗晟、鞠美庭：《"美丽乡村"评价指标体系研究》，《生态经济》（学术版）2014 年第 1 期。

和改进①。美丽中国建设基本评价指标的提出明确了以生态文明建设为导向的根本原则，本研究在此基础上进一步融入政治建设、经济建设、文化建设和社会建设的关键指标，以期为我国省级单位实现美丽中国建设提供全方位的评价和指导。

2　美丽中国建设的内涵

2.1　美丽中国建设的界定

美丽中国建设是以生态文明建设为导向，同时融入经济、政治、文化和社会建设的综合性战略部署。它不仅是我国实现经济绿色增长和社会可持续发展的重要指导方针，也是提升国家综合实力和国际竞争力的必要条件。

从广义上看，美丽中国建设指的是在国家战略规划的基础上，综合考虑经济社会的可持续性、生态环境的绿色性以及国家发展的永续性，全方位贯彻落实经济建设、政治建设、文化建设、社会建设以及生态文明建设"五位一体"的总体布局，进而形成空气清新、水体洁净、土壤安全、生态良好、人居整洁的建设新格局。广义上的美丽中国建设是国家实现社会主义现代化的核心目标之一，更是实现中华民族伟大复兴中国梦的必由之路。

从狭义上看，美丽中国建设可以具体到特定对象或特定区域的生态文明建设和可持续发展。例如，基于省市级维度，美丽中国建设可以理解为紧密围绕国家经济社会的可持续发展规律和生态环境的永续性，同时结合地方和区域发展条件和生态优势，形成绿水青山、生活富裕、社会和谐的地方特色新格局②。又如，基于城乡发展视角，美丽中国建设可以涉及社会主义新农村建设、全面实现脱贫攻坚、城乡一体化以及美丽城市和美丽乡村建设等多个层面③。

2.2　美丽中国建设的理论基础与架构

美丽中国是一个多层次、全方位的概念，它的理论源泉十分丰富。部分学者认为，美丽中国建设的理论基础是人地和谐共生论。该理论的核心思想是，人地关系是一种客观存在的、互为因果的自然规律，人类只有通过有效地控制开发自然与保护自然之

---

① 国家发展和改革委员会：《美丽中国建设评估指标体系及实施方案》，2020 - 2 - 28，https：//www. ndrc. gov. cn/xxgk/zcfb/tz/202003/P020200306348031133922. pdf.

② 时朋飞、李星明、熊元斌：《区域美丽中国建设与旅游业发展耦合关联性测度及前景预测——以长江经济带11省市为例》，《中国软科学》2018年第2期。

③ 柳兰芳：《从"美丽乡村"到"美丽中国"——解析"美丽乡村"的生态意蕴》，《理论月刊》2013年第9期。

间的平衡，才能实现永续性发展①。基于人地和谐共生的视角，方创琳②等强调人与自然和谐共生的生态文明思想是美丽中国建设的基石，而生态文明的繁荣既要求遵循顺应自然规律的环境保护与绿色发展，也要求将可持续思想融入政治、经济、文化和社会建设的全过程。吴文盛同样从人地共生理论阐释了美丽中国建设的内涵，他认为美丽中国建设是一个系统性的愿景，涵盖自然环境之美、人居环境之美、绿色发展之美、和谐共生之美以及经济社会文化繁荣之美等多个层面，因此，对美丽中国建设的探索和认知也需要从人地共生的系统视角来进行③。

除此之外，还有部分观点强调，美丽中国建设的理论基石源于社会主义发展思想与中国传统文化的结合。解保军在研究马克思主义理论时指出，"按照美的原则和规律来开发自然是社会主义为人类生产发展提出了一大难题"④。恩格斯也认为，人类本身就是大自然中的一部分，美的发展就是个人与其所处环境之间的协同共进⑤。基于上述观点，人类在生产活动中应该正确把握改造自然、建设自然和美化自然之间的关系，因地制宜地建设美丽家园。在中国传统文化中也可以找到相关的思想渊源。例如，儒家思想倡导"天人合一"爱护自然的生态伦理观；佛家思想强调尊重自然规律，崇尚自然发展；道家始祖老子则指出"人法地，地法天，天法道，道法自然"⑥。这些传统思想都在一定程度上反映了人与自然和谐相处的观念。黄治东和高占认为，美丽中国建设不仅体现了社会主义对美的要求，同时也融入了我国传统文化和思想对人与自然和谐关系的崇尚⑦。

基于美丽中国建设的广义内涵以及"五位一体"的总体战略布局，结合美丽中国建设的理论根基，可以形成以生态文明建设为导向，同时融入政治、经济、文化和社会建设等要素的理论架构（图1）。

从图1可以看出，美丽中国建设根植于我国基本国情和传统思想文化以及全球范围内的可持续发展理念和人地谐共生目标等，它包含核心层面生态文明、支撑层面中层圈和准则层面外层圈三个维度的领域，需要兼顾绿色发展、经济繁荣、体制健全、文化传承以及社会和谐等基本要求。该理论架构是美丽中国建设评价指标体系构建的基础。

① Li, X., Yang, Y., and Liu, Y., "Research Progress in Man-land Relationship Evolution and its Resource-Environment Base in China", *Journal of Geographical Sciences*, Vol. 27, No. 8, Aug. 2017.
② 方创琳、王振波、刘海猛：《美丽中国建设的理论基础与评估方案探索》，《地理学报》2019年第4期。
③ 吴文盛：《美丽中国理论研究综述：内涵解析、思想渊源与评价理论》，《当代经济管理》2019年第12期。
④ 解保军：《马克思自然观的生态哲学意蕴》，黑龙江人民出版社2002年版。
⑤ 参见《马克思恩格斯文集》第9卷，人民出版社2009年版，第38—39页。
⑥ 转引自邹富汉《中国传统文化中的和谐思想及其当代思考》，《兰州大学学报》2006年第1期。
⑦ 黄治东、高占：《从中国传统文化谈美丽中国建设》，《中国成人教育》2015年第3期。

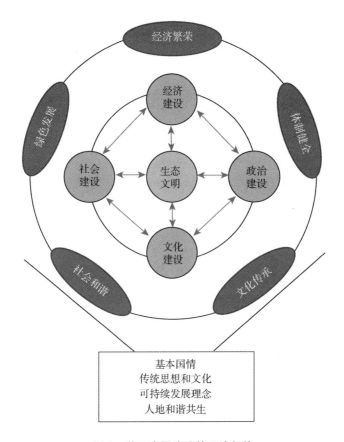

图 1   美丽中国建设的理论架构

3   生态文明建设导向的美丽中国建设评价体系与评价方法

3.1   美丽中国建设评价体系构建的原则

通过构建科学的评价体系来准确把握美丽中国建设的进程和方向是深入践行习近平总书记生态文明思想，努力打造青山常在、绿色长流、空气常新的美丽中国的重要举措。本研究基于美丽中国的内涵，结合国家"五位一体"的总体战略布局及相关文献资料，设计了全方位、多维度的美丽中国建设评价体系，其基本原则有以下几点：

第一，目标导向、突出重点。构建美丽中国建设的评价体系要坚持以生态文明建设为基本导向，聚焦生态环境重点领域指标，同时融入经济、政治、社会、文化等层面的核心指标，科学设置评估体系，不求面面俱到。

第二，立足国情，合理可行。美丽中国建设评价指标的筛选要充分考虑我国发展阶段特征和产业结构特点，平衡好发展与保护的关系，合理设置各项数据的预期标准和权重。

第三，普遍适用，便于分析。美丽中国建设评价指标体系应综合考量各地区发展水平、资源环境禀赋等实际，尽量确保全国各地区的通用性和普适性，以便后续评价结果的对比分析。

3.2　美丽中国建设评价体系及数据来源

基于美丽中国建设的内涵与国家相关指导方针和战略部署，本研究将生态文明建设、经济建设、政治建设、文化建设以及社会建设作为美丽中国建设评价的一级指标，其中生态文明建设是美丽中国建设的根本导向，其他四个方面的建设则是美丽中国建设的重要支撑。在一级指标确立后，结合美丽中国建设评价指标构建的基本原则，本研究进一步参考国家有关部门发布的《生态文明建设考核目标体系》①《绿色发展指标体系》②《美丽中国建设评估指标体系及实施方案》③，同时借鉴国际普遍认可的环境绩效指数（EPI）④、人类发展指数（HDI）⑤ 等相关评价体系，设计了美丽中国建设评价体系的二级指标和三级指标。整体评价体系和对应的具体指标如表1所示。

表1　　　　　　　　　　美丽中国建设的评价体系与权重设置

一级指标	权重	二级指标	权重	三级指标	权重
生态文明建设	0.4000	生态环境	0.2510	城市污水处理率（+）	0.0162
				单位土地面积 SO_2 排量（-）	0.0473
				森林覆盖率（+）	0.0739
				自然保护区占辖区面积比重（+）	0.1136
		人居状况	0.1490	生活垃圾无害化处理率（+）	0.0258
				人均公园绿地面积（+）	0.0559
				每万人拥有公共厕所数（+）	0.0673
经济建设	0.1500	经济增长	0.1315	人均GDP（+）	0.0471
				人均财政收入（+）	0.0844
		绿色经济	0.0185	单位GDP能耗（-）	0.0118
				单位GDP用水量（-）	0.0067

---

① 由国家发改委于2016年12月印发。
② 由国家发改委于2016年12月印发。
③ 由国家发改委于2020年2月印发。
④ 由耶鲁大学环境法律与政策中心、哥伦比亚大学国际地球科学信息网络中心（CIEsIN）联合实施，可以用来反映区域生态环境建设水平。
⑤ 由联合国开发计划署（UNDP）在《1990年人文发展报告》中提出，它从收入水平、教育情况等方面进行测度，用以衡量联合国各成员国经济社会发展水平。

续表

一级指标	权重	二级指标	权重	三级指标	权重
政治建设	0.1500	信息公开	0.0225	政府透明度指数（+）	0.0225
		体制完善	0.1275	政府环境治理投资占 GDP 比重（+）	0.0893
				政府效率指数（+）	0.0382
文化建设	0.1500	文教状况	0.0727	人均拥有公共图书馆藏量（+）	0.0451
				教育经费占 GDP 比重（+）	0.0277
		文化传承	0.0773	国家级非物质文化遗产数量（+）	0.0197
				单位土地面积文物业机构数（+）	0.0576
社会建设	0.1500	社会发展	0.0571	城镇化率（+）	0.0126
				城乡居民可支配收入差距（－）	0.0083
				互联网普及率（+）	0.0362
		公共服务	0.0929	每万人拥有卫生技术人员数（+）	0.0330
				社区服务机构覆盖率（+）	0.0599

注：三级指标括号内的"＋"表示正向指标（即数值越大，美丽程度越高）；"－"表示逆向指标（即数值越小，美丽程度越高）。

3.2.1 生态文明建设

生态文明建设是美丽中国建设的核心内容。结合国家发改委印发的《美丽中国建设评估指标体系及实施方案》，本研究从生态环境和人居状况 2 个子维度来进一步评估生态文明建设水平。考虑到数据的可获取性和指标的普适性，本研究设置了城市污水处理率、单位土地面积 SO_2 排量、森林覆盖率、生活垃圾无害化处理率等 7 个三级指标，相关指标数据主要源于国家统计局、各省份统计年鉴以及 EPS 中国环境数据库、中国卫生数据库。

3.2.2 经济建设

经济建设是推动社会发展和进步的动力之源，也是美丽中国建设的重要组成部分。在生态和环保主导的美丽中国建设中，绿色发展已经成为经济建设中不可避免的主题。鉴于此，本研究的评价体系中，经济建设包含经济增长和绿色经济 2 个二级指标，以及人均 GDP、人均财政收入、单位 GDP 能耗、单位 GDP 用水量 4 个三级指标，相关指标数据主要源于国家统计局、各省份统计年鉴和 EPS 中国能源数据库。

3.2.3 政治建设

政治建设虽然不是美丽中国建设的核心内容，但也具有非常关键的支持作用。本研究的评价体系中，政治建设包含信息公开和体制完善 2 个二级指标，以及政府透明度指数、政府环境治理投资占 GDP 比重、政府效率指数 3 个三级指标，相关指标数据主要源于中国社会科学院发布的《中国政府透明度年度报告》、EPS 中国环境数据库以及各省份统计年鉴。

3.2.4 文化建设

文化建设是地区发展软实力的重要体现，也是美丽中国建设的必要条件之一。本研究的评价体系中，文化建设包括文教状况和文化传承 2 个二级指标，以及人均拥有公共图书馆藏量、教育经费占 GDP 比重、国家级非物质文化遗产数量、单位土地面积文物业机构数 4 个三级指标，相关指标数据主要源于国家统计局、各省份统计年鉴、中国非物质文化遗产网和 EPS 中国文化数据库。

3.2.5 社会建设

社会建设水平可以直接反映出居民的生活状况和条件，同样是美丽中国建设的支持要素之一。本研究的评价体系中，社会建设包含社会发展和公共服务 2 个二级指标，以及城镇化率、互联网普及率、每万人拥有卫生技术人员数、社区服务机构覆盖率等 5 个三级指标，相关指标数据主要源于国家统计局、各省份统计年鉴和 EPS 中国卫生数据库。

3.3 美丽中国建设评价方法

现有文献中对于美丽中国建设的评价方法主要有两种。第一种是基于均衡发展的思想，对同级指标的权重进行等量处理，再通过加权计算出目标地区的单维度美丽指数和综合美丽指数，并据此进行评估与分析（例如谢炳庚和向云波的研究[①]）。另一种评价方法则采用熵技术支持下的层次分析模型或模糊评价模型，计算出各级指标的具体权重，再以标准化后的数据得出美丽中国建设的评价指数。尽管我国"五位一体"的总体战略布局强调政治、经济、文化、社会和生态文明的协同共进，但实际情况是，我国各地区的发展水平存在较大差异，故采用均衡思想进行评价可能会造成较大的误差，影响评估结果的应用价值。鉴于此，本研究采用熵技术支持下的层级分析法来对我国各省份美丽中国建设的情况进行评价。另外，考虑到数据的时效性和可获取性，本研究选取 2018 年的数据计算各级指标的权重系数。评价分析的具体步骤如下。

（1）对 2018 年各三级指标原始数据进行标准化处理。

数据标准化的方式有许多种，本研究借鉴联合国开发署对人类发展指数的标准化方法进行数据标准化[②]。假定第 i 个三级评价指标的原始值为 X_i，上限阈值和下限阈值分别为 X_{imax} 和 X_{imin}，则 X_i 标准化后的值 Y_i 可以通过式（1）或式（2）进行计算。

---

① 谢炳庚、向云波：《美丽中国建设水平评价指标体系构建与应用》，《经济地理》2017 年第 4 期。
② 王志平：《"人类发展指数"（HDI）：含义、方法及改进》，《上海行政学院学报》2007 年第 3 期。

正向指标的标准化公式：

$$Y_i = \frac{X_i - X_{i\min}}{X_{i\max} - X_{i\min}} \times 100 \tag{1}$$

逆向指标的标准化公式：

$$Y_i = \frac{X_{i\max} - X_i}{X_{i\max} - X_{i\min}} \times 100 \tag{2}$$

（2）确定各级指标权重。

考虑到美丽中国建设需要同时把握以生态文明建设为导向的基本原则和"五位一体"的总体战略布局，因此在进行指标权重分配时，生态文明建设一级指标赋予40%的权重，经济、政治、文化及社会建设4个一级指标分别赋予15%的权重。

对于三级指标的权重分配，本研究采用熵权法进行计算。在信息论中，熵可以用于描述信息的变化情况，它与信息的不确定性成正比，与信息量的大小成反比[1]。基于熵的特性，我们可以把它作为一种客观赋权方法，通过计算指标的信息熵来判断其相对变化程度（离散程度），指标的相对变化程度越大，其信息的效用价值就越大，该指标在综合评价体系中对系统整体的影响就越大，故对应指标的权重设置也会相对较高[2]。本研究根据美丽中国建设一级评价指标的权重划分，基于信息熵和层次分析法来判断各一级指标所对应三级指标的具体权重。

最后，将每个二级指标下的三级指标权重进行加总，以获取各二级指标的权重。美丽中国建设评价指标体系的具体权重分配见表1。

（3）计算目标年份各一级指标得分和综合得分，进行对比分析。

假定 S 代表美丽中国建设综合得分；S_k 代表各一级指标的得分，k 为一级指标序数；w_i 代表各三级指标对应的权重，i 为三级指标序数；Y_i 代表各三级指标数据标准化后的值，则各一级指标得分 S_k 的计算公式如下：

$$S_k = \frac{\sum Y_i w_i}{\sum w_i} \tag{3}$$

美丽中国建设综合得分 S 的计算公式如下：

$$S = 0.4S_1 + 0.15 \sum_{k=2}^{4} S_k \tag{4}$$

① Zou, Z., Yun, Y., Sun, J., "Entropy Method for Determination of Weight of Evaluating Indicators in Fuzzy Synthetic Evaluation for Water Quality Assessment", *Journal of Environmental Sciences*, Vol. 18, No. 5, May 2006.
② 朱喜安、魏国栋：《熵值法中无量纲化方法优良标准的探讨》，《统计与决策》2015年第2期。

4 生态文明建设导向的美丽中国建设评价结果分析

为了更好地掌握各省级单位美丽中国建设的情况，本研究从单维度和综合维度两个层面对比分析 2013 年和 2018 年美丽中国的建设水平，以此挖掘美丽中国建设的薄弱环节，为美丽中国建设的推进提供方向性指导。

4.1 美丽中国建设单维度评价结果分析

4.1.1 生态文明建设维度的结果分析

生态文明建设是美丽中国建设的根本导向与核心内容。基于本研究构建的评价体系可知，2018 年全国各省份生态文明建设得分在 29.55 和 64.03 之间，平均值为 48.66，总体来看呈现出较高的空间差异性。各省份具体得分及排名情况如表 2 所示。

表 2　　　　　　　　　　　生态文明建设维度的评估结果

省份	2018 年得分	2013 年得分	得分变化	2018 年排名	2013 年排名	排名变化
内蒙古	64.03	53.19	↑10.84	1	2	↑1
西藏	59.97	60.40	↓0.44	2	1	↓1
云南	59.05	46.99	↑12.06	3	12	↑9
黑龙江	57.43	51.69	↑5.74	4	4	—
青海	56.10	50.79	↑5.31	5	5	—
福建	55.33	49.36	↑5.97	6	8	↑2
广东	54.55	48.75	↑5.80	7	9	↑2
重庆	54.24	50.66	↑3.57	8	6	↓2
四川	54.13	52.24	↑1.88	9	3	↓6
江西	54.00	50.00	↑4.00	10	7	↓3
北京	53.24	44.52	↑8.72	11	17	↑6
吉林	52.95	47.17	↑5.78	12	11	↓1
甘肃	52.49	36.80	↑15.68	13	26	↑13
陕西	50.98	45.61	↑5.37	14	15	↑1
浙江	49.75	48.12	↑1.64	15	10	↓5
广西	48.66	46.72	↑1.94	16	14	↓2
辽宁	48.52	45.35	↑3.17	17	16	↓1
海南	48.48	46.85	↑1.63	18	13	↓5
贵州	48.09	38.70	↑9.39	19	22	↑3
宁夏	46.74	43.46	↑3.28	20	18	↓2

续表

省份	2018 年得分	2013 年得分	得分变化	2018 年排名	2013 年排名	排名变化
湖南	46.35	41.58	↑4.77	21	19	↓2
湖北	43.51	39.96	↑3.54	22	20	↓2
河南	42.87	32.73	↑10.14	23	29	↑6
河北	42.25	39.72	↑2.53	24	21	↓3
安徽	41.78	38.08	↑3.69	25	23	↓2
新疆	41.76	35.58	↑6.18	26	27	↑1
江苏	41.14	37.15	↑3.99	27	25	↓2
山东	40.58	37.18	↑3.40	28	24	↓4
山西	37.98	35.41	↑2.57	29	28	↓1
上海	31.96	16.93	↑15.03	30	31	↑1
天津	29.55	27.99	↑1.56	31	30	↓1

从评价结果可知,内蒙古、西藏、云南、黑龙江和青海等西部和北部地区的生态文明建设指数最高,相反,江苏、山东、上海、天津等东部地区的生态文明建设处于落后位置,这表明当前我国尚未实现社会发展与生态保护的双赢,许多经济形势较好的地区其生态文明建设还有待加强。另外,从地域视角来看,河北、山西等华北平原地区以及河南、湖北等中部地区的得分均偏低,这可能与地区的生态分布及产业结构有关。通过对比 2018 年和 2013 年各省份生态文明建设的得分情况和排位变化可知,我国生态文明建设得分整体上呈现良好的上升态势,仅西藏出现了小幅度下滑。在排名方面,甘肃、云南、北京和河南四省份美丽中国生态文明建设排位进步非常显著,而四川、浙江、海南等省份的排位则出现一定程度的下降。此外,值得注意的是,天津和上海作为我国重要的直辖市和港口城市,其美丽中国生态文明建设却长期处于尾端位置,这一方面可能是由于地方政府对生态文明建设的重视程度不够,另一方面也可能是由于指标选取造成的偏差。

4.1.2 经济建设和政治建设维度的结果分析

经济建设和政治建设是美丽中国建设的重要支撑。表 3 显示了各省份经济和政治建设指标的具体得分及变化情况。

表 3　　　　　　　　　　　经济建设和政治建设维度的评估结果

省份	经济建设指标			政治建设指标		
	2018 年得分	2013 年得分	得分变化	2018 年得分	2013 年得分	得分变化
上海	98.20	57.75	↑40.45	27.33	36.02	↓8.69
北京	94.86	60.36	↑34.50	66.10	67.08	↓0.98

续表

省份	经济建设指标			政治建设指标		
	2018 年得分	2013 年得分	得分变化	2018 年得分	2013 年得分	得分变化
江苏	51.33	35.62	↑15.71	36.03	47.27	↓11.24
天津	49.80	54.05	↓4.25	21.58	43.90	↓22.32
浙江	49.57	31.44	↑18.13	36.09	39.69	↓3.60
广东	44.83	28.57	↑16.26	32.77	27.59	↑5.17
福建	40.62	25.82	↑14.80	31.83	38.43	↓6.59
重庆	32.66	22.01	↑10.65	35.27	35.42	↓0.15
山东	29.89	23.31	↑6.58	43.81	39.86	↑3.95
海南	29.83	19.47	↑10.37	30.36	32.12	↓1.76
湖北	29.18	17.54	↑11.64	40.45	28.74	↑11.71
陕西	27.26	19.73	↑7.53	40.54	37.12	↑3.43
内蒙古	27.09	28.15	↓1.06	61.11	61.90	↓0.79
西藏	25.04	10.26	↑14.78	36.55	54.16	↓17.61
辽宁	23.87	29.82	↓5.95	32.58	35.90	↓3.33
安徽	23.38	14.11	↑9.27	49.79	60.22	↓10.43
江西	22.74	14.59	↑8.15	45.07	43.03	↑2.05
四川	22.26	14.07	↑8.19	36.21	30.25	↑5.96
湖南	21.64	14.59	↑7.05	24.58	22.66	↑1.93
河南	21.12	12.98	↑8.13	40.40	27.48	↑12.92
山西	19.86	13.46	↑6.40	46.01	58.64	↓12.63
吉林	19.46	19.51	↓0.05	26.27	24.31	↑1.96
贵州	19.29	9.63	↑9.66	46.33	23.76	↑22.57
河北	18.58	13.60	↑4.98	46.22	41.73	↑4.49
云南	18.47	11.49	↑6.98	28.60	32.11	↓3.51
宁夏	18.44	11.77	↑6.67	57.86	55.08	↑2.78
新疆	18.03	10.27	↑7.75	52.08	55.34	↓3.26
广西	16.24	11.96	↑4.29	26.69	30.53	↓3.84
青海	15.29	10.69	↑4.59	40.19	37.70	↑2.49
黑龙江	12.89	13.60	↓0.71	27.27	44.72	↓17.45
甘肃	11.69	7.16	↑4.53	31.84	50.28	↓18.43

相较于生态文明建设，美丽中国经济建设水平的省际差异更大。以 2018 年的评价结果为例，全国 31 个省份经济建设指标得分的最大值为 98.20（上海），最小值为 11.69（甘肃），而平均值仅为 30.76，大部分省份的得分都处于低位，其中得分第三的江苏与得分第二的北京之间有 40 分以上的差距，这表明美丽中国的经济建设水平存在

严重的失衡。在地域上，上海、江苏、浙江、广东、福建等东南沿海省份占据绝对的领先地位，甘肃、黑龙江、青海、新疆等西部和北部地区则处于相对落后位置，呈现出东高西低、南高北低的态势，这与我国经济发展的整体情况相吻合①。从时间维度来看，2013 年到 2018 年，大部分省份美丽中国经济建设指数呈上升趋势，其中上海、北京、江苏、浙江、广东等经济强省增速显著，中西部地区的增速则相对较缓，而黑龙江、内蒙古、吉林和辽宁等东北部地区甚至出现下降，这表明美丽中国经济建设存在较为显著的"马太效应"。

与经济建设相比，美丽中国政治建设更能体现出中国特色。从 2018 年的评价结果可知，北京、内蒙古、宁夏、新疆的得分位居前四位，北京作为国家首都和政治中心，其美丽中国政治建设必定首当其冲，而内蒙古、宁夏和新疆作为我国省级自治区，不仅承担民族融合与区域治理的重任，同时也在"一带一路"倡议中扮演关键角色，因此这些地区的政治建设受到国家的重点关注与支持。整体来看，美丽中国政治建设无论在空间地域上还是在时间跨度上均未呈现出显著的分布特点。基于地域维度的横向对比，各个区位均有高水平政治建设省份的分布，例如北部地区的内蒙古、西部地区的新疆、东南部地区的安徽等。基于时间维度的纵向对比，从 2013 年到 2018 年，天津、黑龙江、山西等省份政治建设得分呈现出下降态势，而贵州、湖北、河南则表现出明显的增长态势，其余大部分省份的得分相对稳定。

4.1.3 文化建设和社会建设维度的结果分析

文化建设和社会建设同样是美丽中国建设不可缺少的部分。表 4 显示了各省份文化建设和社会建设指标的具体得分及变化情况。

表 4　　　　　　　　　文化建设和社会建设维度的评估结果

省份	文化建设指标			社会建设指标		
	2018 年得分	2013 年得分	得分变化	2018 年得分	2013 年得分	得分变化
上海	71.62	70.20	↑1.41	58.06	55.77	↑2.29
北京	37.33	29.67	↑7.66	78.05	83.53	↓5.47
浙江	36.95	26.50	↑10.46	52.06	44.56	↑7.50
江苏	25.62	20.25	↑5.37	61.57	43.66	↑17.91
天津	25.54	14.91	↑10.63	41.37	42.17	↓0.80
山东	22.90	15.87	↑7.03	32.21	25.07	↑7.14
贵州	21.27	18.24	↑3.03	39.40	23.72	↑15.68

---

① 王学义、熊升银：《中国经济发展方式转变综合评价及时空演化特征研究》，《地理科学》2020 年第 2 期。

省份	文化建设指标			社会建设指标		
	2018 年得分	2013 年得分	得分变化	2018 年得分	2013 年得分	得分变化
山西	20.91	17.79	↑3.12	28.12	23.04	↑5.08
广东	19.17	14.80	↑4.37	76.41	64.80	↑11.61
甘肃	18.57	13.70	↑4.87	25.03	14.90	↑10.13
青海	18.52	14.30	↑4.22	30.78	20.80	↑9.97
云南	17.92	15.14	↑2.77	18.99	9.63	↑9.36
福建	17.86	13.70	↑4.16	39.38	32.51	↑6.87
河南	17.79	14.37	↑3.42	20.82	11.13	↑9.69
新疆	17.64	15.35	↑2.29	29.67	25.12	↑4.55
河北	16.96	11.54	↑5.42	36.79	25.98	↑10.81
宁夏	16.69	12.50	↑4.18	32.25	23.40	↑8.86
陕西	16.01	14.48	↑1.53	32.35	21.14	↑11.21
湖北	16.00	11.94	↑4.06	32.36	22.51	↑9.85
四川	15.28	12.87	↑2.41	25.61	12.99	↑12.63
海南	15.01	11.46	↑3.54	36.33	28.75	↑7.58
安徽	14.46	11.77	↑2.69	25.27	15.53	↑9.73
西藏	14.21	24.03	↓9.82	16.19	7.85	↑8.33
辽宁	14.11	10.60	↑3.51	39.13	33.17	↑5.95
江西	13.85	11.21	↑2.64	20.63	11.78	↑8.85
湖南	13.62	10.69	↑2.92	23.41	14.86	↑8.55
广西	12.73	9.05	↑3.67	34.67	20.44	↑14.23
内蒙古	12.51	7.43	↑5.08	30.61	22.23	↑8.38
重庆	11.75	8.84	↑2.91	37.16	24.58	↑12.58
吉林	11.08	8.15	↑2.93	27.39	18.83	↑8.57
黑龙江	8.62	6.08	↑2.55	26.65	20.29	↑6.36

从表 4 的评价结果可知，2018 年各省份美丽中国文化建设的平均得分为 19.76 分，远低于生态文明建设指标的平均得分，其中上海市获得最高分 71.62，而排名第二的北京得分仅为 37.33，另外有 23 个省份的得分低于平均值，这说明美丽中国文化建设与经济建设相似，都存在发展不平衡的问题。进一步对比各省份 2018 年的得分情况可知，上海、浙江、江苏、山东等东部沿海地区的文化建设水平处于领先位置，而黑龙江、吉林、内蒙古、辽宁等北部和东北部地区则处于落后位置，这可以在一定程度上反映出美丽中国经济建设与文化建设存在一定的空间正相关性。需要指出的是，贵州、山西、甘肃、青海等西部和西北部地区同样获得了较高的得分，这可能是地方政府对文化传承的重视以及国家"一带一路"倡议支持等因素共同作用的结果。此外，从时

间维度来看，2013 年到 2018 年，我国各省份文化建设指数绝大部分呈上升趋势，其中浙江、天津的进步速度最快，仅西藏的文化建设得分出现下降。

美丽中国社会建设的整体情况优于文化建设。从 2018 年的评价结果来看，社会建设指数最高分为 78.05（北京），最低分为 16.19（西藏），平均分为 35.76，大部分省份得分介于 20—40。其中北京、广东、江苏、上海、浙江五省位列得分榜前五位，陕西、宁夏、青海、新疆等西部地区以及辽宁、河北、内蒙古等北部地区的得分处于中间位置，河南、湖南、西藏、云南等中部地区和西南地区的社会建设排名靠后，整体来看，美丽中国社会建设水平在地域上呈现东高西低的分布态势。进一步对比 2013 年和 2018 年的得分情况可以发现，美丽中国社会建设与文化建设一样，随着时间的推移各地区得分呈现绝对的增长态势，其中，江苏和贵州的表现最为抢眼，5 年内美丽中国社会建设指数增值超过 15 分，31 个省级单位中，仅北京的得分出现了小幅度的下降。

4.2 美丽中国建设综合评价结果分析

美丽中国建设综合评价反映了各地区政治、经济、文化、社会和生态文明的整体发展情况。2018 年各省份美丽中国建设综合指数最高为 62.75（北京），最低为 31.03（湖南），平均得分为 38.30，这意味着美丽中国建设进程存在较大的地域差异，大部分省份的综合得分低于平均值。表 5 对我国 31 个省份 2018 年和 2013 年的美丽中国建设综合评价得分及排位情况进行了汇总。

表 5   美丽中国建设的综合评估结果

省份	2018 年得分	2013 年得分	得分变化	2018 年排名	2013 年排名	排名变化
北京	62.75	53.90	↑8.84	1	1	—
上海	51.07	39.73	↑11.33	2	4	↑2
广东	47.80	39.86	↑7.93	3	3	—
浙江	46.10	40.58	↑5.53	4	2	↓2
内蒙古	45.31	39.23	↑6.08	5	5	—
江苏	42.64	36.88	↑5.76	6	7	↑1
福建	41.59	36.31	↑5.27	7	8	↑1
重庆	39.22	33.89	↑5.33	8	11	↑3
贵州	38.18	26.78	↑11.40	9	29	↑20
青海	38.16	32.84	↑5.31	10	14	↑4
陕西	37.82	32.11	↑5.70	11	17	↑6
西藏	37.78	38.61	↓0.82	12	6	↓6
宁夏	37.48	32.80	↑4.68	13	15	↑2

省份	2018 年得分	2013 年得分	得分变化	2018 年排名	2013 年排名	排名变化
新疆	37.31	33.14	↑4.17	14	13	1
江西	36.94	32.09	↑4.85	15	18	↑3
四川	36.55	31.42	↑5.13	16	19	↑3
云南	36.22	29.05	↑7.16	17	26	↑9
海南	36.12	32.51	↑3.61	18	16	↓2
辽宁	35.86	34.56	↑1.30	19	9	↓10
山东	35.55	30.49	↑5.06	20	21	↑1
湖北	35.10	28.09	↑7.01	21	27	↑6
河北	34.68	29.82	↑4.87	22	23	↑1
黑龙江	34.28	33.38	↑0.91	23	12	↓11
甘肃	34.07	27.63	↑6.44	24	28	↑4
吉林	33.81	29.49	↑4.32	25	24	↓1
安徽	33.64	30.48	↑3.17	26	22	↓4
广西	33.02	29.49	↑3.53	27	25	↓2
天津	32.56	34.45	↓1.89	28	10	↓18
山西	32.43	31.10	↑1.32	29	20	↓9
河南	32.17	22.99	↑9.18	30	31	↑1
湖南	31.03	26.05	↑4.97	31	30	↓1

从省份间的横向对比来看，2018 年北京、上海、广东、浙江领跑美丽中国建设综合评价榜，虽然这些地区生态文明建设单项指标得分并不是很高，但经济建设、文化建设及社会建设稳居前位，这表明美丽中国建设需要政治、经济、文化、社会和生态文明的全方位发展。另外，内蒙古、贵州、青海、西藏等西部和北部地区的综合得分排位同样靠前，这可以在一定程度上反映出生态文明建设在美丽中国建设中的核心地位。湖南、河南、湖北等中部省份以及吉林、辽宁、黑龙江等东北省份的综合排位靠后，这主要是由于上述地区的经济、文化和社会建设水平处于低位，无法支撑美丽中国建设"五位一体"发展的总体要求。

基于时间维度的纵向对比可知，2018 年美丽中国建设综合评价指数的平均分比2013 年高出 5 分以上，且各省份综合得分大多呈现上升趋势，这表明美丽中国建设在稳步向前推进。具体来看，2013 年到 2018 年，美丽中国建设综合排位前五的省份非常稳定，从第六位往后开始出现不同程度的排位波动，其中贵州和云南的上升幅度最大，天津、辽宁和黑龙江的排位则显著下滑。得分变化上，上海和贵州的进步最为显著，增值超过 10 分，而西藏和天津则是仅有的两个得分下降的省份。另外，值得注意的是，无论是 2013 年还是 2018 年，河南、湖南的综合排位均处于尾端，这一方面可能是源于产业结构、生态资源等方面的天然劣势，另一方面也反映出中部地区是美丽中国建设的薄弱环节。

根据美丽中国建设的单维度评价和综合评价的得分情况，可将我国31个省份美丽中国建设的发展情况进行类别细分：（1）全方位发展型。2013年到2018年，广东、山东、湖北、陕西、四川等12个省份经济建设、政治建设、文化建设、社会建设、生态文明建设五个一级指标得分均呈现上升态势，表明上述省份美丽中国建设取得全方位发展和进步。（2）"经济—文化—社会—生态文明"引导发展型。2013年到2018年，上海、江苏、浙江、福建等12个省份除了政治建设指标外，其余4个一级指标均呈现上升态势，且综合指数也保持增长，说明上述省份美丽中国建设整体发展良好，但在政府信息透明度和政府工作效率等方面仍有待提高。（3）"政治—文化—社会—生态文明"引导发展型。吉林的经济建设指标得分呈下降趋势，但其余4个一级指标均保持增长，进而引导美丽中国建设综合指数的提升。（4）"文化—社会—生态文明"引导发展型。内蒙古、辽宁、黑龙江三省份美丽中国建设综合得分有所提高，但一级指标中，经济建设和政治建设得分出现下滑，这表明上述省份美丽中国建设的发展进步是依靠生态文明、文化和社会建设来实现的。（5）"经济—文化—生态文明"引导发展型。2013年到2018年，北京的经济、文化和生态文明指数均显著提升，但政治和社会建设得分出现小幅下降。考虑到北京的政治和社会建设指标得分已经位居全国各省之首，因此，得分的小幅波动可能是由于上述两个指标的发展已经达到某个瓶颈。（6）倒退型。天津和西藏两省份的美丽中国建设综合得分呈下降态势，其中天津的退步主要由于经济发展受限以及政治和社会建设的停滞；西藏综合得分仅下降0.82分，属于小幅度的波动。表6对美丽中国建设类别细分的具体信息进行了汇总。

表6   **基于得分变化的美丽中国建设类别细分**

类别名称	指标得分变化情况	具体省份
全方位发展型	综合得分提升，5个一级指标得分提升	广东、山东、湖北、陕西、江西、四川、湖南、河南、贵州、河北、宁夏、青海
"经济—文化—社会—生态文明"引导发展型	综合得分提升，经济建设、文化建设、社会建设、生态文明建设得分提升，政治建设得分下降	上海、江苏、浙江、福建、重庆、海南、安徽、山西、云南、新疆、广西、甘肃
"政治—文化—社会—生态文明"引导发展型	综合得分提升，政治建设、文化建设、社会建设、生态文明建设得分提升，经济建设得分下降	吉林
"文化—社会—生态文明"引导发展型	综合得分提升，文化建设、社会建设、生态文明建设得分提升，经济建设、政治建设得分下降	内蒙古、辽宁、黑龙江

类别名称	指标得分变化情况	具体省份
"经济—文化—生态文明" 引导发展型	综合得分提升, 经济建设、文化建设、生态文明建设得分提升, 政治建设、社会建设得分下降	北京
倒退型	综合得分下降	天津、西藏

5 生态文明建设导向的美丽中国建设的实现路径

5.1 坚持"五位一体"的全方位发展战略

早在党的十八大就明确了以生态文明建设为导向, 政治建设、经济建设、文化建设和社会建设全面共进的"五位一体"战略布局, 然而, 在美丽中国建设的进程中, 部分地区并没有把握好五大要素之间的平衡。例如, 上海、江苏、浙江等东部沿海地区在生态文明、经济、文化和社会四个方面的建设上都取得了进步, 但在美丽中国政治建设上却呈现疲软态势。天津和西藏更是由于经济建设、政治建设等方面的不力, 导致美丽中国建设的综合指标下滑。以"五位一体"的全方位发展战略推动美丽中国建设必须做好以下几点:第一, 将生态文明建设放在核心位置, 以生态文明的进步驱动经济、政治、文化和社会的绿色转型和发展。第二, 努力平衡经济建设与生态文明建设之间的关系, 避免因过度追求经济效益而造成资源的浪费和生态环境的破坏①。第三, 充分发挥政治建设的支撑作用, 一方面, 以科学合理的政策制度引导美丽中国建设向正确的方向前进;另一方面, 以高效透明的政府工作助力生态文明的发展, 提高美丽中国的建设效率。第四, 通过社会建设和文化建设, 丰富人们的物质和精神生活, 提高人们的综合素养, 在全社会树立起尊重自然、顺应自然、保护自然的生态文明理念。需要注意的是, 由于历史因素和地域因素, 美丽中国建设的五个构成要素在各省份的发展存在很大的差异, 因此, 在实际工作中, 地方政府应根据区域的发展现状, 采取灵活的措施来调整和平衡美丽中国建设中各要素之间的关系, 始终贯彻"五位一体"的总体战略布局。

5.2 将生态文明融入经济与政治建设中

根据第四部分的分析可知, 当前美丽中国生态文明建设与经济建设尚未实现协同

① Wang, Q., Zhao, Z., Shen, N., Liu, T., "Have Chinese Cities Achieved the Win-Win between Environmental Protection and Economic Development? From the Perspective of Environmental Efficiency", *Ecological indicators*, Vol. 51, No. SI, Apr. 2015.

共进。由于我国仍处于发展中国家之列，作为价值链中的"世界工厂"，需要在全球范围内配置资源，然而长期的粗放式发展给生态环境带来了极大的负担①。为了践行绿色发展，完成美丽中国建设的战略目标，在大力推进生态文明建设的同时，还应将生态文明的思想内涵融入经济建设之中。一方面，提高绿色技术创新投入，大力发展循环经济、环保经济，从铺张粗放式的增长模式向绿色生态式的增长模式转型。另一方面，推进绿色产业的发展，引导传统工业企业的生态转型，从根源上改变经济发展的理念，实现经济增长与生态文明的"双赢"。此外，由于我国农村的生态建设与文明发展之间存在一定的错位，因此在生态文明理念与农业与农村经济融合时，应格外注重生态与文明之间的平衡，全面推进美丽农村的建设②。

基于本文的评估结果，从 2013 年到 2018 年，美丽中国政治建设水平并未表现出明显的增长态势，部分省份甚至出现较大幅度的下滑，这说明政治建设是美丽中国建设中最薄弱也最容易被忽视的一环。当前，我国的生态文明建设与政治建设并未表现出很高的契合度，许多地区的政治建设仍以稳定社会和服务经济增长为基本出发点，对此，加强生态文明理念与政治建设的融合刻不容缓。首先，应积极推进创新生态的政策体制与法律法规的完善，一方面，在政策制定和体制改良的过程中更多地考虑生态文明建设的要求，构建绿色和谐的执政理念③；另一方面，灵活设置环境规制，在不影响企业生产与创新的同时，实现节能减排和生态发展。其次，地方政府还应加强对区域环境信息的采集与管理，提高环境信息的透明度，并基于企业的环境绩效来设置必要的扶持和补贴政策。

5.3 以样板试点引导各地区的建设与发展

全面建成美丽中国需要合理规划不同区域的建设目标和方向，样板试点设置作为我国战略发展的重要指导思想，同样适用于美丽中国建设。2015 年，杭州成为全国首个省部共建的美丽中国建设试点城市，其后续的高速发展和对周边地区的辐射效应证实了样本试点的有效性。基于美丽中国建设的地区差异和分布格局，结合"五位一体"的发展原则，可以对全国进行美丽中国建设区域规划，并在各区域内设置样板试点。根据本文的评价结果，美丽中国建设大致可分为东北华北片区、华中片区、华东片区、华南片区和西北西南片区五个建设片区。在东北华北片区中，北京毫无疑问是美丽中国建设的典范，可将其设为该片区的样板试点，以此推动区域内其他省份的建设进程。

① 李强、韦薇：《长江经济带经济增长质量与生态环境优化耦合协调度研究》，《软科学》2019 年第 5 期。
② 田珍都、王伟：《建立美丽农村——我国农村环境保护与整治现状及对策》，《红旗文稿》2019 年第 23 期。
③ 郭昊昕：《绿色发展理念视域下美丽中国建设路径研究》，《边疆经济与文化》2018 年第 11 期。

华中片区的美丽中国建设指数普遍偏低，其中湖北的整体排位相对靠前，故可以湖北为华中片区的样本试点，发挥地区交通枢纽的优势，探索美丽中国建设的新方向。华东片区的发展态势整体向好，其中上海2018年的综合指数位列第二，因此可将其设为该片区的样板试点。在华南片区中，广东的综合美丽指数最高，同时考虑到广东位于华南地区的核心位置，一方面可以承接港澳地区的溢出资源，另一方面可以带动广西、海南的建设与发展，故该片区可将广东设为样本试点。西北西南片区的生态环境和地域文化优势显著，由于该片区范围较广，综合考虑各省份美丽中国建设情况及地区区位，建议将四川设为该片区的样本试点，积极寻找以生态文化为突破口的美丽中国建设路径。

5.4 以优势要素牵引弱势要素

在美丽中国建设的进程中，不同地区具有不同的发展优势，为了实现美丽中国各项指数的均衡发展，就要以优势要素牵引弱势要素。根据第四章的评估结果，东南沿海地区在经济建设和社会建设上处于绝对的领先位置，然而在政治和生态文明建设上仍有较大进步空间，因此，这个区域在推进美丽中国建设时，可以充分利用其经济发展优势，将更多的资金投入到环保技术创新、自然保护区开发、城市绿化项目等生态文明建设领域，牵引地区生态文明水平的进步。相反，在中西部地区，生态环境受工业化进程的影响较小，其生态建设水平处于全国前列，但在经济、社会和文化建设上与东部地区有较大差距，对于这些地区，一方面可以充分利用其生态与环境的优势，大力发展旅游、生态养殖与种植以及文化创意等产业，刺激地区经济和社会的发展，另一方面也应注重地区基础教育的完善和优良文化的传承，将生态发展与文明发展紧密结合。此外，地方政府应积极响应国家相关政策，并借力国家发展战略来实现优势要素的牵引效应，例如，"一带一路"倡议不仅给中西部地区经济和社会的发展带来了契机，同时有助于各地区优势资源的输送与转移，实现区域间的协同共进[1]；而"脱贫攻坚"则为我国落后地区的经济和文明建设提供了有力的支持，这些国家层面战略都是美丽中国建设的重要助力。

---

① 刘卫东：《"一带一路"战略的科学内涵与科学问题》，《地理科学进展》2015年第5期。

探索中国水治理之道：系统管理与协商对话

王慧敏

（河海大学 水文水资源与水利工程科学国家重点实验室，南京 210098）

摘要：面对水短缺深刻情势和新时代水利工作十六字方针，从模式、机理、内容、考核四方面诠释新时代水治理的内涵，指出新时期水治理要保障底线安全、强化空间承载、适应动态发展和体现空间正义。在经过全面系统的水治理推进的现实思考后，构建了水治理的系统管理 PSR 分析框架，探索了将制度安排与决策科学相结合的协商对话现实水治理路径，促进水治理效率提升。

关键词：水治理；系统管理；协商对话

21 世纪以来，洪水、干旱、水污染等水问题异常突出，特别是近几年我国极端水灾害事件的频繁发生，对人类的生存和社会经济的发展构成了严重威胁，已成为当今国际社会和科学界普遍关注的全球性问题。气候变化和人类活动又进一步加剧水资源时空分布与其他资源配置不协调，与人口、耕地、经济布局不匹配；加剧水资源供需矛盾、水资源浪费、水环境污染等。面对严峻水情，水资源变化的不确定性与水资源计划控制式管理的矛盾愈演愈烈，传统基于确定性的水资源短缺的调度、控制已难以适应不确定性加大的环境变化；传统模式下集中式决策的治理体制也难以满足日益复杂性的水资源问题，水资源治理改革势在必行，必须要思考如何落地习近平总书记提出的"节水优先、空间均衡、系统治理、两手发力"十六字新时代水利工作方针和科学指南。

1 中国水短缺特征分析

现阶段中国水资源情势发生深刻变化，水资源短缺逐渐呈现以下特征。

基金项目：国家重点研发计划项目（2017YFC0404600）；国家自然科学基金重点项目（91846203）

作者简介：王慧敏（1963—　），女，山西阳泉人，河海大学商学院教授、博士生导师，博士，研究方向：复杂资源系统运行与管理、大数据驱动的灾害风险管理与应急管理、资源环境管理制度及政策等。

1.1 水量型缺水

我国是水资源相对短缺的国家，人均水资源量仅为世界平均水平的28%，水资源的空间分布与土地、人口和生产力布局错位。中国水资源短缺是现实，全国城市年缺水量高达60亿立方米。按照国际标准，人均水资源数量低于3000立方米为轻度缺水，低于2000立方米为中度缺水，低于1000立方米为重度缺水，低于500立方米极度缺水。目前我国有16个省份属于重度缺水，6个省份属于极度缺水，现阶段全国大约有67%的城市存在严重缺水问题，缺水较为严重的城市比例占20%，全国范围内城市的缺水量将突破60亿立方米。海河、黄河、辽河流域水资源开发利用率已经达到106%、82%、76%，远远超过国际公认的40%的水资源开发生态警戒线。京津冀区域人均水资源量仅有286立方米，为全国人均水平的1/8，世界人均水平的1/32，远远低于国际公认的人均500立方米的"极度缺水"标准。

1.2 水质型缺水

水质型缺水一般指水污染和水环境的恶化导致的水短缺。主要表现在：（1）地表水污染"失控"加剧湖泊富营养化问题。有学者[①]指出，全国有80%左右的工业废水及生活污水的直接排放，污染了大量的江河湖泊，其中河段污染极为严重，已丧失了水体的使用功能，75%的河段已不适宜作为饮用水的水源，城市中九成以上水资源受污染严重，且一半的重点城镇饮水源地水质不达标。从2000年到2016年点源污染量，增加了约71.3%。尽管工业污水排放量有所下降，但城镇污水排放量却增加了1.3倍，生活污水占比上升为73.7%。（2）地下水严重超采扩展地下水污染趋势。2017年，全国223个地级及以上城市开展了地下水水质监测工作，水质较差或极差占比达66.6%，主要污染指标除总硬度、溶解性总固体、锰、铁和氟化物可能由于水文地质化学背景值偏高外，"三氮"污染情况较重，部分地区存在一定程度的重金属和有毒有机物污染。90%城市的浅层地下水不同程度地遭受有机或无机污染物的污染，据环保部门对118个大中城市的调查，地下水严重污染的城市占64%，轻污染的占33%，目前已经呈现由点向面的扩展趋势。此外，由于水资源过度开发及水污染问题，我国西北地区生态失衡，华北地区超采严重，呈现漏斗区，华中地区地面沉降，东北三江平原沼泽湿地、长江中游地区湖泊湿地、洞庭湖湿地和江汉湖群湿地面积分别缩减了53.4%、59.4%、47.2%和51.1%，结果由于缺水造成的干旱问题也越来越严峻，塔里木河、

---

① 于占海、刘蓉静：《浅析威海市文登区的水污染及其治理》，《水能经济》2016年第3期。

黑河下游地区河床干涸、绿洲萎缩、沙漠化扩展，生态严重恶化。总体看来，水污染恶化趋势仍在继续发展，污染控制的速度赶不上污染增加的速度，污染负荷早已超过水环境容量①。

1.3 效率型缺水

我国工业和农业用水浪费现象仍十分严重。农业作为用水大户，占总体用水量的60%以上。"土渠输水、大水漫灌"的农业灌溉方式目前仍在普遍沿用，但是在用水过程中利用率仅为0.4左右，甚至不及发达国家的一半。据统计，华北地区农业用水率约50%，而黄河流域则仅为三成，用水大户西部有九成左右为农业用水，但灌溉水利用系数也在三四成，最高也仅为六成。虽然我国近年来不断更新农业灌溉技术，积极推动农业用水技术创新及进步，但是我国2015年的农田灌溉水有效利用系数也仅为0.536，距离发达国家0.8的水平仍然存在较大差距。工业领域的用水设施及技术的革新有效促进了工业用水效率的提升，2005年我国万元工业增加值用水量为58.3立方米，是发达国家（美国8立方米，日本6立方米）的7—10倍②。我国工业用水的重复利用率约为80%，远低于发达国家的水平。在部分地区，如广东和新疆等地，工业用水重复利用率仅为20%—40%，远远低于全国平均水平，仅相当于美国20世纪70年代初和日本20世纪80年代初的水平，工业用水效率较低。

1.4 工程型缺水

我国部分地区处于水丰富地区，但是经济社会的发展使得用水需求不断增加，然而由于各种引水、供水的缺乏难以满足这种需求，出现了供不应求的状态。因此，我国水资源总量并不缺乏，但是未得到有效利用（尤其是在长江、珠江等地区）。根据李伟和南春辉的研究③，目前西南地区的规模型水库占全部储水工程的0.14%，供水能力不到全部的25%，但是该地区大多数的工程为小型或者引水型，多方面供水能力不高。从贵州来看，2020年全省需水量分别为159多亿立方米，然而即使考虑在建水利工程新增供水量，届时仍将缺水60亿立方米；有近40个市区或县城急需解决防洪问题；近1300万农村人口饮水不安全；水土流失严重，年均土壤侵蚀量达2.5亿吨，相当于每年流失40多万亩耕地的表层土④。相较于农村地区，近年来城镇化进程的快速发展导

① 仇保兴：《城镇水环境的形势、挑战和对策》，《建设科技》2005年第22期。
② 黄锡生：《完善我国水权法律制度的若干构想》，《法学评论》2005年第1期。
③ 李伟、南春辉：《对解决西南地区工程性缺水问题的思考》，《海河水利》2012年第4期。
④ 秦长海、甘泓、汪林等：《海河流域水资源开发利用阈值研究》，《水科学进展》2013年第2期。

致城市水利基础设施滞后于经济社会的发展需求，城市更容易受到这种工程型缺水的冲击。根据赵勇等早先的研究①，在 365 个城市样本中，79 个城市（占全部 29%）缺水是供水工程缺乏而引起的，且分布较为分散，多为中小型、山区及沿海城市，这与全国地区缺水分布情况一致。

水资源短缺特征直接呈现出水资源空间分布不均、与区域社会经济空间发展格局不匹配以及水资源空间利用普遍失衡等问题，这就需要去思考新时代赋予水治理的深刻内涵，只有这样，才能付之于清晰的治理行动。

2　新时期水治理的内涵诠释

2.1　内涵诠释

人类文明史是一部人与自然互动的史诗，人水关系变迁是其中的核心篇章。面对这一时代背景与国内实际，2015 年党中央提出了生态文明建设并将其作为"十三五"规划重要内容。水生态文明是将生态文明的理念融入水资源开发、利用、治理、配置、节约、保护各个方面和各个环节，在尊重自然规律、历史规律的前提下，既要重视"生命之源"和"生产之要"的功能，更要兼顾"生态之基"的作用，做到生活、生产和生态用水的合理配置，这是治理理念的提升。而 2019 年习近平总书记提出的十六字水利工作方针则是治理的行动指南，因此有必要从生态文明观的视角重新诠释水治理内涵。

新时期水治理应以实现人水和谐为目标，具体而言，水治理概念集中体现了对象特征与管理特征。一方面，水治理体现了水资源管理这一对象特征，即解放思想，变革人水冲突这一思维定式，综合考虑人类认识规律与能动规律，水生态系统的阈值规律与时滞规律，将人类发展的生产、生活需求与水生态系统的服务能力相统一，在人水二元差异性交互影响下强调以可持续发展为目标，实现人水和谐共存。另一方面，水治理还体现了"最严格"这一管理特征。2011 年中央一号文件提出的最严格水资源管理制度，一直作为水治理的行动准则。"最严格"代表着底线与极限，底线是指适宜的水质与水量供给服务及生境支持服务，极限则意味着以最大努力进行水治理；"最严格"代表着精准定位与精细管理，通过实事求是地精准识别和差异管理，实现因水制宜、因地制宜、因时制宜、因人制宜；"最严格"强调管理标准动态化，在水治理过程中，需要结合时代背景、自然禀赋、人文素养动态调整治理标准。可见，新时期水治

---

① 赵勇、裴源生、陈一鸣：《我国城市缺水研究》，《水科学进展》2006 年第 3 期。

理具有丰富的概念内涵，将从模式、机理、内容、考核四方面阐述其内涵结构：

（1）水治理模式：治理＋运作

主要包括两个层面：治理层面侧重于通过政策规则的设计实现利益主体间关系的协调，运作层面主要侧重于通过市场、技术、工程等途径提升水治理效率，集中体现了"双手发力"的治水理念。前者主要处理人水关系与人人关系，根本在于人，通过对人的治理实现人水、人人的协调。后者关键在于明确合理地配置政府、市场及公众之间的权利、责任和利益，从而形成有效的制衡关系。该结构具有以下重要特征：第一，强调政府在水治理中的地位和作用，通过制度安排的规则设计实现包含政府在内所有参与者之间的公平相容；第二，尊重人类的随机偏好属性，以追求可持续发展为目标，设计激励约束规则，促进多利益相关者参与的激励相容；第三，强调公众参与，以"平等自愿"为原则形成水治理的协调机制，各主体间形成相互依存、相互监督、相互约束的关系，提高主体参与积极性的同时降低治理的执行成本。

（2）水治理机理：动态＋适应

水治理系统是一个"自然生态—经济社会"复合系统，存在复杂的内在联系，系统具有主体适应性，主要通过具有传导性的作业机制实现，即政策引导下微观主体用水认知和用水行为的变化会适应性地带来中观用水群体（产业部门等）之间的竞合关系发生变化，长期会动态扩散并影响到宏观国民经济系统水资源利用方式、部门产出水平、地区产业结构调整，随着水文化价值观的共同认知形成将进一步影响整个水治理系统的正式制度和治理结构改变，并将引导作用从经济社会子系统传导到整个系统。因此，需要将水治理重心从依赖命令控制型转移到综合利用经济激励政策和社会化手段，通过激励多利益相关者主动控制自我需求，使水治理系统产生可持续、动态适应的自我驱动力。

（3）水治理内容：水量＋水质

水治理内容主要体现在以效率为目标，提高水量与水质两个方面管理水平。水量主要指供水总量，要考虑用水效率与耗水系数，包括三方面工作：一是节水型社会建设，在合理控制总量增量的同时努力提升单位用水效率；二是水脉联通建设，通过合理规划、系统联通，打造山水林田湖系统，增强水生态系统弹性，提高水量调蓄能力；三是海绵城市建设，提高人类生产生活区域的水资源调蓄能力，降低耗水率。水质主要指纳污容量，包含外源排污总量与内源排污总量，需要考虑纳污能力利用效率与生态修复成本，包括两方面工作，一是资源节约型社会建设，推动循环经济与治污设备提标改造，减少排污需求，控制污水流向；二是水生态环境综合整治，通过工程与非工程措施，提高水生态环境质量，提升多利益主体的爱水意识，弱化排污偏好，提升环境容量。

（4）水治理考核：能力＋承载力

水治理落实的关键在于考核模式的合理可操作，考核应以激发多利益相关者节水、爱水、享水的内在动力为目标，突出短期考核与长期考核相结合、定性考核与定量考核相结合。包含两方面内容：能力考核与承载力考核。前者侧重于分析治理制度落实能力，包括执行、监管、考核、完善四个环节，着重从信息管理、社会管理、评估管理、问责管理四个方面设计能力考核指标体系；后者侧重于分析治理定量标准，现阶段的考核要素主要是水质与水量的底线安全性评估，也就是水生态系统服务脆弱性评估。

2.2 内涵要点

（1）保障底线安全

中国水资源形势已经不得不去思考底线问题了，西北能源基地缺水导致的生态问题，西南水电基地的水资源严重浪费，黄淮海流域水资源紧缺引发社会经济承载问题，丰水地区的水质恶化带来的污染问题等，无不接触到区域或流域的水资源底线安全。党的十八大以来，习近平总书记多次强调底线思维，底线安全就是要坚持治理。因此，新时期治水思路需要时效式地监控水资源系统安全，具体包括：一是社会经济生活、生产和生态用水的供水安全，确保社会经济的持续发展；二是水资源储备与水循环安全，满足日益增长的需水要求；三是水灾害的防御安全，最大限度地保障生命财产安全。

（2）强化空间承载

水治理在底线安全的基础上，还要强调有效的空间承载。一直以来，水资源承载力主要通过水量来刻画，对水资源利用效率考虑甚少。但随着水危机问题的突出，承载问题也加倍加剧。水资源空间承载表面上看是水量问题，但究其深层次原因还在于水质或水利用效率问题。因此，现阶段水利工作仍要将水利的技术进步与技术创新作为重要任务，通过控制水污染、提升水资源利用效率，以水资源对经济社会发展的刚性约束，倒逼经济和产业结构调整[1]，从而促进水资源的空间承载，真正达到水资源空间均衡的有效治理。

（3）适应动态发展

随着水资源情势加剧，水治理应具有更强的适应性、灵活性和可持续性，现阶段水资源管理理念逐渐由以预测、控制为特征的技术管理向以沟通、协调为特征的"交互—适应—协调"管理转变，管理目标由"人—水"关系的绝对水量供需平衡向全面

---

[1] 王晶：《贯彻"空间均衡"强化承载能力刚性约束——关于"空间均衡"的学习心得》，《水利发展研究》2018年第7期。

考察"人—水"关系与"人—人"关系的相对水量分配的多利益相关者"满意"方向转变，管理模式逐渐由统一、综合管理向适应性管理转变①。那么，水治理必然也要动态创新适应人类活动行为和经济社会发展变化的相关制度规则和政策，它的有效落实在很大程度上离不开水资源适应性系统管理的现实运行，原因在于水资源适应性管理正是通过一系列相关制度、规则、政策，规范和约束人的行为，改变人们的用水方式，达到人与人之间利益关系的协调。

（4）体现空间正义

水资源作为社会资源的一种，空间均衡不单单是地理的空间分配，更多的是价值的社会分配。水资源空间正义所要表达的应该是水资源在空间生产过程中公平与正义的价值追求，根源在于人在空间生产关系中所面临的自由选择、机会均等和全面发展。只有坚持"以人为本"的原则，才能保证水治理在生产与消费过程中空间均衡的公平与公正。同时，空间正义既是水资源空间均衡的目标追求，也是衡量水资源空间治理有效性的重要标准，在某种程度上水资源配置在空间上得以均衡，也是有效治理的重要体现。因此，水治理价值取向是空间正义本身的要求，在水治理过程中，空间的生产、发展与扩张需要充分考虑各空间之间的关系，强调空间用水主体权益的公平。

3 中国水治理系统观：系统管理

3.1 推进中国水治理的系统思考

新时期水治理强调底线、承载、适应与正义，这是行动要求，那么如何能更好地促进水治理行动的系统推进呢？本文概括如下②：

（1）治理稳定与适应性

考虑气候等不确定因素对水资源开发利用的影响，提高水治理能力系统建设是有效应对水资源需求的增加和供给的不确定的重要路径。适应性体现在对不确定环境下水资源供需关系的适应，即对人口规模、经济发展水平、技术更新、用水结构、气候因素等要素变化的应对能力。由于水治理的核心思想与社会—生态系统的供需关系紧密相关，影响供需关系的各类要素的变化都会对水治理造成影响。因此，可从水资源配置结构、水资源价格、水资源供给量等方面考虑治理，这些治理行动既要适应水资源环境变化，又要确保在一定时期内制度具有稳定性，才能有效调控水治理过程中的

---

① 王慧敏、佟金萍：《水资源适应性配置系统方法及应用》，科学出版社2011年版，第15页。
② 王慧敏：《水资源协商管理与决策》，科学出版社2018年版，第67—68页。

系统变化，从而保持水资源供需关系的平衡。

（2）治理效率与服务性

单纯依靠市场手段造成水资源开发利用的公共地悲剧。由于水资源属于准公共物品，在许多情况下难以明晰产权，造成水资源过度开发、污染等问题。在无有效约束的条件下导致一些流域出现断流、水华爆发等严重现象，给区域造成巨大的经济损失，正是由于市场失灵才会需要政府的干预和管理，国家将水资源管理提到水资源开发利用的战略高度，制定了三条红线的标准。有效的政策和制度体系能够实现水资源的统一调度、排污标准的落实和节水设施的使用等系统行动，提高政府治理效率。同时，政府依据自身优势，提供水资源的相关信息和数据，为水治理提供可靠、有效的依据，提供更好的服务。在水治理中，政府的干预和管制起到不可替代的重要作用，主要通过一系列政策法规、规范章程等约束各类利益相关者的行为。

（3）治理公平与协调性

水治理包括对水资源的开发、利用和保护，在社会—生态系统背景下，水资源开发利用受到各类因素的影响，其管理工作也涉及林业部、农业部、电力部等多个部门和主体。如，实施天然林保护、退耕还林还草等生态建设，可以进一步增强林业作为温室气体吸收汇的能力，一定程度上提升区域应对气候变化的能力；加快区域生态建设步伐，提倡高效农业建设等生态建设重点工程，大大提高森林覆盖率，控制水土流失，等等。从系统的角度提倡多主体参与协商治理，是实现科学、合理水资源管理的重要保障。如何规范或协调好多主体协调治理机制，需要考虑水治理多方主体的公平以及制度实施过程中的协调与平衡，这对治理能否公平展开更为重要，既可以保护用水主体弱势群体，又可以保证制度透明，促进水治理更为有效。

（4）治理效果与系统性

水治理涉及各类利益相关者，不同利益相关者具有自身的知识和信息储备。面对各类水资源问题，需要综合考虑各类知识，方能制定出更为合理、科学、有效的管理模式和制度安排体系。具体包括重视对社会—生态系统的定期监测，并在此基础上积极开展各类不确定因素对水资源开发利用的影响的研究；重视开展微观层面广大用水主体的沟通和协商，了解各类利益相关者的诉求和偏好；重视社会媒体、科研机构、NGO 等第三方主体的知识储备；更要注重水治理各项制度之间的逻辑性，制度间的联系性，避免制度重复与叠加，强化制度制定与落实的有效集成和融合，促使制度体系严谨、完善、优化与科学，才会具有更好的治理效果。

3.2 水治理的系统管理 PSR 分析框架

"压力—状态—响应（PSR）"分析框架最初是一种生态系统健康评价模型，20 世纪八九十年代由经济合作与发展组织（OECD）和联合国环境规划署（UNEP）共同发展成为用于研究环境问题的框架体系。PSR 模型认为人类与环境之间的互动关系表现为"压力"，这些"压力"会导致"状态"发生偏离，随之就会产生相应的应对变化"响应"活动。PSR 框架中，P 指代社会系统中人类活动引起的资源环境及社会的压力因素，S 指代生态系统和资源环境当前所处的状态或趋势，R 指人类在环境、社会经济活动中的主观能动性的反映、资源的部分可恢复性以及环境本身对污染的吸纳能力。PSR 框架体系回答了"发生了什么?""为什么发生?""我们将如何做?"三个可持续发展的基本问题。

深入落实新时期治水思路过程中，水治理除了持续强化"三条红线"刚性约束外，还必须充分考虑其所面临的不确定环境，落实工作要与区域水资源、水环境承载能力相协调。水治理不仅是自然科学问题，更是社会科学问题，水治理必须要置于社会经济发展的大系统中，将水生态系统和经济社会系统看作一个整体，坚持以水定城、以水定地、以水定人、以水定产，做到因水制宜。因此，PSR 系统分析框架恰好可以深刻描绘水资源与社会经济发展的运行关系，并基于此深入探讨中国水治理问题，找出该系统水资源问题及其产生的来龙去脉和关键原因，总结有哪些响应行动，寻找有利于变化环境下水治理的有效途径，从而保障经济、生态和国家安全。

图 1 是水资源与社会经济发展关系的 PSR 系统分析。在图 1 中，水资源开发利用（包括生活、工业、农业、环保等）和人类活动具有较强的不确定性，带来不断变化的水资源需求，对水生态子系统造成"压力"（P）。水生态子系统自身有水文、大气等运动决定了水资源的供给生产力，由于不确定"压力"（P）的不断增加和有限的水供给下造成水资源紧缺、污染等一系列不确定的"状态"（S），经济社会子系统通过经济政策、社会政策和环境政策等行动调整，实现对水生态子系统的"响应"（R）。经济社会子系统与水生态子系统通过"压力—状态—响应"形成一个反馈，通过多渠道方式的选择为水治理提供一个宏观管理框架和系统治理思路。

在 PSR 框架下，"压力"反映了水治理过程中人类进行经济社会发展活动对水资源造成的负荷，主要体现水生态系统中大气运动、水循环等明显变化导致的水资源生成和供给的时空、数量变化、自然灾害等，以及经济社会发展产生的水资源消耗、污染物排放、人口压力等。它回答了产生水资源水环境承载压力的原因。由于 PSR 是一个循环过程，"压力"不仅是"状态"形成的原因，也是"响应"的结果。因此，在人—水这个大的复杂系统中，压力的最终表现形式为保障人类生活、生产活动所必需的水资源量，即水资源需求量。

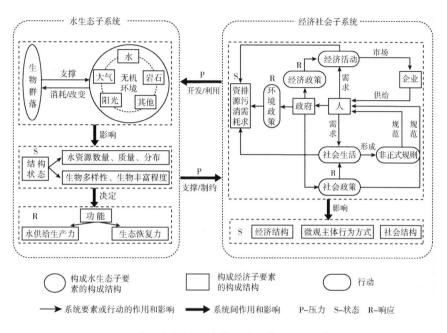

图1 水资源与社会经济发展关系的 PSR 系统分析

"状态"反映了特定时间内水资源系统及社会经济发展系统的结构和功能现状。治理过程中每一特定时间的系统状态是现有的"压力"和"响应"活动共同影响的结果，系统状态的相对稳定和平衡是"响应"活动追求的目标。在"压力"刺激下，水资源状态会发生进一步的改变，负面变化主要表现在：（1）水资源供给不能充分满足经济社会发展需要，废弃物排放量超过水生态系统的自净调整能力，"人水问题"凸显、水生态系统受到干扰和破坏；（2）水资源配置引发不同群体间利益冲突形成"人人冲突"问题，即争水或水冲突问题。因此，"状态"的最终表现形式为水生态子系统可使用的水资源量，即水资源供给量。

"响应"表征了人类面临水资源及水环境诸多问题所采取的对策与措施，"响应"是对"状态"变化的反应，也是人类活动"压力"的指导。它回答了人类做了什么、应该做什么以及怎么做的问题。水治理的"响应"行动就是指通过"三条红线"倒逼和约束人类活动行为，包括一系列的技术创新和制度创新，通过环境保护、生态修复和调整人类活动双管齐下，阻止、减缓水生态系统的不利变化，协调经济社会发展使之与环境承载力相适应。"响应"对系统"压力"和"状态"的调节作用，反映了在受到刺激后水治理如何采取行动，达到一个新的状态的过程。因此，响应的最终表现形式为协调水资源供需关系的一系列制度和规则。

根据 PSR 系统框架分析，水治理在不确定的"压力"下，将会面临不同的"状态"情景，促使"三条红线"刚性约束将根据不同情景"状态"采取不同的应对和规划方案，更需要水治理能够及时根据这些不确定的"状态"及时地、系统地调整策略和实施手段，这表明水治理要更具时效性、动态性与适应性。

4 中国水治理的现实路径：协商对话

在深刻理解水生态文明的建设理念基础上，新时期水治理必须要以提高水资源用水效率、改善水资源用水方式、协调用水主体利益为目标，以水资源可持续利用为指导，通过人人关系的协调来实现人水关系的和谐。这场水治理改革需要关注两点：一是这场变革不似以往过分注重人水关系的和谐，而是以期通过人人关系的调整适应人水关系的改变；二是这场变革在人水关系既定下会系统考虑水治理过程中各用水主体适应性行为与主体规则变迁的内在规律，实现基于多主体合作的水资源分配。而解决这场以人的适应行为和利益诉求为核心的治理变革需要协商对话（以下简称协商）的介入和深入，即将制度经济学与系统决策科学结合，通过宏观协商制度安排与微观主体行为决策的互馈作用促进协商，提升水治理效率。

4.1 水治理的协商定义

协商的来源与民主进程密不可分。从政治学角度看，协商或公共协商是协商民主的核心概念，是理解协商民主的起点。在英语和德语语境中，deliberative/deliberativer 一词的基本含义包括审议、聚集或组织起来进行对话和讨论等内容，协商民主是对代议制民主的进一步深化，其强调平等、自由、理性地沟通和对话，达成共识和集体行动[1]。从经济学角度看，协商是双方进行效用谈判，调整并确定双方的均衡效用，使双方的效用动态化和最大化的一种有效交易方式[2]，其主要作用在于通过各方利益诉求的表达形成有效的利益分配机制，对不完全的利益分配合约机制进行补充。

在信息管理领域，协商管理表述为协商控制，大量学者研究了基于数学方法的协商共识模型构建理论和基于信息技术的协商控制系统建设方法等[3]。在水资源管理领

---

① 王河江、陈国营：《协商民主理论述评》，《浙江工业大学学报》（社会科学版）2012 年第 2 期。
② 张建武：《集体协商谈判的经济学分析》，《中州学刊》2001 年第 3 期。
③ 陈桦、张尧学、马洪军：《多媒体服务质量（QoS）协商控制系统》，《清华大学学报》（自然科学版）1998年第 S1 期。

域，胡鞍钢等①认为它是介于水行政和水市场之间的"准市场"方式，是一种谈判和投票机制，是作为行政方式和市场方式之间的第三种机制提出来的。实际上水资源协商一直是我国水治理中的一项重要工作，例如水资源配置方案中的"科学分析、民主协商、政府裁决"已经成为一个成熟的程序②。周申蓓等③指出其不仅是一种资源配置机制，更是一种多元价值融合、一种民主政治安排和多元主体的利益磋商妥协，其意义在于将水资源的竞争性行为转变为合作性行为，从更广泛的角度和范围去考虑资源管理的行政方式与市场方式的协调调用，解决管理中立法问题和跨界管理行为合法化问题，使得水资源管理行为跨界更加有效。

国内外关于跨界水资源协商管理的研究主要方式是通过协商机制的设计来实现水量分配和水质协同治理。在水治理中，各协商参与者的利益诉求需要顺利的表达，协商机制才能发挥应有效用。协商意义的实现，需要通过权威主体构建协商平台促成各方的利益表达，更需要制定明确的协商目标和协商规则，这依赖于对协商进行有效的制度设计和管理。目前，国内外对协商的内涵并没有统一的界定。水资源协商可理解为通过制度安排、机制设计、法制保障等方式实现涉水多元主体利益诉求的顺利表达，通常表现为一种治理机制或治理模式，其本质是对涉水多元主体的利益协调管理。具体而言，它关注的问题是社会不同利益如何得到有序的集中、传输、协调和组织，而以各方同意的方式进入体制，以便使决策过程常规性地吸收社会需求，将社会冲突降低到保持整合的限度。

水资源协商过程的实质是公共政策的制定过程，即通过权威性的价值分配方案对社会公共利益关系协调的集中反映，这同时也就决定了它是各种社会利益关系的调节器。科学的公共政策制定是协商的最终目标，即协商决策，就是从利益分配的角度出发，使多个利益主体在一起商量如何分配利益的问题，取得各方对利益分配方式的决策的认同，实现资源治理政策的有效执行。

4.2 水治理路径与协商对话

水治理的现实路径是基于系统管理框架的协商对话，包括制度安排与决策科学两个层面。

---

① 胡鞍钢、王亚华：《转型期水资源配置的公共政策：准市场和政治民主协商》，《中国水利》2000 年第 11 期。
② 矫勇：《合理制定水资源配置方案 强化水资源科学管理》，《水利规划与设计》2004 年第 S2 期。
③ 周申蓓、汪群、王文辉：《跨界水资源协商管理内涵及主体分析框架》，《水利经济》2007 年第 4 期。

4.2.1 水治理效率与协商制度安排

水治理效率的提升离不开协商，而协商离不开制度安排。实际上，协商是为了实现利益共容，本质上就是稀缺资源分配效率的有效性问题。制度安排对水资源协商至关重要，要充分考虑制度施行实际情况或者利益相关者的行为、关系，才能促使水资源冲突情况下共容利益最大化。实践证明，制度与效率之间存在着相互作用，制度是决定效率的关键影响因素。

有效率的制度对水治理的重要性主要体现在制度的功能上。首先，制度能降低水资源协商过程中的交易成本。科斯认为，交易成本是获得准确的市场信息所需要支付的费用，以及订立和执行各种经常性契约的费用。制度设计合理会减少治理过程中的协商环节，提升治理效率，从而降低治理成本。其次，有效率的制度可以推进合作发生。制度可以认为是人们在分工与协作过程中行为的多次博弈而形成的协议，避免了协商过程调整反复，也减少了协商过程的不确定和信息不对称性，这种制度会提高治理效率。最后，制度有效更利于激励的实现。激励是治理工作效率提升的有效手段，制度则是激励行为的行事规范，目前在部分流域或地区采用水生态补偿机制或水权转让补贴等手段来促进水权协商的有序进行，在一定程度上缓解了这些地区水资源紧缺问题，所以有效率的制度会带来意想不到的激励效果。总之，水治理需要协商对话制度的不断创新来提高治理效率，提升水资源利用效率。

4.2.2 水治理行动与协商决策选择

基于协商的水治理需要通过合理的制度安排，科学的主体行为决策，不断提高水治理在经济、社会和环境方面的效益，使其在一定时期内达到水资源可持续利用目标。在协商制度安排基础上，水治理过程中参与协商的行为决策选择要具有前瞻性，要从种类繁多的适应性政策中细化、优选出可供选用的决策方案，应关注：一是研究协商决策应该首先立足于当前PSR系统状态、分析水资源问题，并兼顾未来可能发生的变化；二是水资源系统的安全性分析是水治理协商决策选择参考标准之一；三是水治理应紧密贴合"地区发展驱动"，才能进行有效的协商对话。因此，本文按照"系统诊断—决策构建及模拟—决策实施与学习"（SIS方法）思路，构建水治理协商决策选择程序。具体程序如下。

系统诊断：为了有效落实水治理行动，水资源协商决策需求源于现实的区域系统状态和水资源问题。由于我国各区域自然条件和社会经济发展有较大差异，水资源问题的表现方式也各不相同，因此协商决策应基于系统管理的PSR框架分析区域水资源现状，关注水资源系统压力状态及其现实影响因素，通过对现状PSR诊断分析，深入了解影响区域健康发展的不利因素和已有政策措施的应用效果。在此基础上，还需要通过预测或者情景分析估计未来自然系统变化和经济社会发展下水资源问题的发展趋势，以明晰潜在的协商决策需求及其轻重缓急。

决策构建及模拟：在水治理中，一般需要对最重要和最紧急需要解决的问题，设计并给出可操作的决策方案。需要对不同决策情景下水治理问题及系统 PSR 状态变化进行再次分析，观察水治理行动决策增强适应能力、改善系统 PSR 状态的预期效果。并且，从协商决策的成本效益、经济、社会、环境影响和 PSR 改善能力等多个方面，综合分析水治理中协商决策的优缺点和适用范围，才能为水治理高效提供更充分的参考信息。

持续实施与学习：水治理协商决策的实施应该是一个不断通过反馈、吸收积累经验，调整、改进实践适应变化的过程，是一个"干中学"的治理过程。在协商决策实施的全过程中，需要定期通过信息监测系统、数据采集系统、社会调查等收集实施后的情况变化，包括水资源问题的直接表现形式、发生频率、程度及对利益相关者的影响。分析实施的具体效果和成本，并再次诊断水资源系统 PSR 状态，判断决策措施是否有助于改善系统的压力状态。分析预期效果和真实效果的差距及原因，寻找改进的方法，并通过学习调整下一阶段的协商治理实践行动。

在此选择程序中，将 PSR 分析贯穿于协商决策选择的全过程，最终目的就是随着水治理的变化来不断学习和调整协商行为，促进水治理行动的有效落地。

综上所述，新时期水治理不仅仅是协商制度安排的过程，更是协商决策优化的系统过程（如图 2 所示），既需要制度经济学及公共政策选择的理论来促进协商规则的一致，更需要系统决策科学达成协商方案的统一，两者有效结合有助于现阶段复杂的水资源协商顺利高效达成，从而提升治理效率。

4.2.3 以智慧水利强化协商对话，推进水治理进程

复杂的、系统的水资源协商过程需要充分利用信息智能技术和智能化平台来实现水系统监测自动化、资料数据化、决策定量化、管理信息化等。近年来，大数据、人工智能等技术，对江河湖海等水利工程期测、设计、施工、水资源管理等水利活动进行透彻感知、全面互联、智能应用和泛在服务[1]，智慧水利已全面渗入新时代水治理体系和治理模式，已逐步将河湖水系连通的物理水网、空间立体信息连接的虚拟水网和供水—用水—排水调配相联系的调度水网形成了一体化的水联网[2]。因此，加强智慧水利建设，不论是在时间空间上，还是在管理技术上，都能够极大地降低水资源协商过

---

[1] 蔡阳：《智慧水利建设现状分析与发展思考》，《水利信息化》2018 年第 4 期。
[2] 颜永：《中国水利建设的成就问题和展望》，《建筑工程技术与设计》2015 年第 13 期。

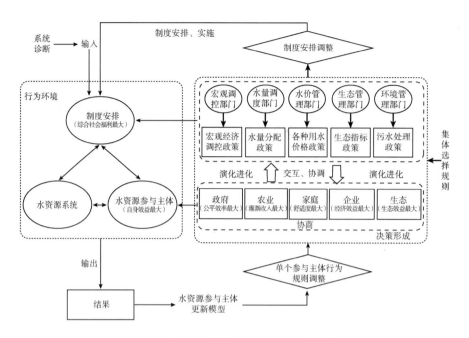

图2 基于协商对话的水治理现实路径框架

程的信息不对称问题，提高治理的组织优化效率。为了更有效促进协商对话，还需进一步完善智慧水利建设。

（1）顶层设计，科学谋划总体框架。智慧水利建设需要科学谋划，应立足国家需求，明确智慧水利定位，确定目标任务，梳理、整合、优化业务流、数据流，涵盖体制架构、总体架构、业务架构、信息架构和系统架构，提升协商工作效率和效能。智慧水利建设还要关注智慧水利体制机制服务，从政府机关到流域委员会都要实现智慧行政。

（2）需求牵引，优化再造业务流程。在智慧水利建设环境下，明确水资源开发利用、城乡供水、节水等业务需求，考虑不同区域差异特点，按治理过程中的水资源管理、水生态修复、水环境保护和水灾害防御四大水问题优化水资源协商业务流程，提高协商效率。同时，适应智慧水利建设需要，构建适度超前的业务流程技术标准，为技术进步、功能拓展和性能提升预留发展空间，还应体现差别化的建设标准，并对智慧水利应用及影响因素进行分析。

（3）加强创新，保障协商对话网络安全。建立健全技术创新激励机制和风险分散机制，扶持重点技术型企业，加大技术创新投入，推进产学研用结合，实现关键信息基础设施安全可控，同时，构建安全体系，保证信息安全，抓住及时发现漏洞、及时修复漏洞两个关键环节，保障水利大数据、关键信息基础设施网络安全。

此外，以智慧城市建设为契机，相关政府部门可通过各类媒体、社区及传播方式宣传智慧城市的用水理念，增强全社会参与节水、爱水、享水活动的意识，转变公民用水行为，建立公众参与机制，完善配置信息发布制度、安全反馈机制和举报制度，提升公众参与的积极性，构建公开、民主、透明的水治理监管体系，全面推进水治理中的社会监管，加强水资源在社会空间上的治理，为智慧水利的建设创造良好的社会效应。

自创生谐生智能系统与智慧城市发展

（1. 大连理工大学 系统工程研究所，大连　116024；

2. 大连理工大学 大数据与智能决策研究中心，大连　116024）

摘要： 本文首先通过对自创生系统及谐生智能的分析，提出智慧城市是一类自创生的"谐生智能系统"，个人智能、社会智能与人工智能在呈现互相促进的共同发展过程，在整体上构成"谐生智能系统"的自创生过程。在此基础上，探讨智慧城市的发展战略。从信息化建设、信息技术研发能力培养及信息技术产业培育的互动来探讨智慧城市建设的直接任务。进而，从自创生和谐生智能发展的视角对智慧城市发展的长期任务加以探讨。

关键词： 自创生系统；谐生智能；智慧城市

1　引言

城市的智慧化发展是建设美丽中国的重要方面，值得采用复杂系统管理的理论与方法对其加以深入考察。自 2008 年 IBM 公司提出智慧地球（Smarter Planet）并把智慧城市（Smarter City）作为智慧地球的重要抓手以来，智慧城市在世界范围内获得了极大关注。过去十年来，这一城市发展思潮对于中国的城市发展和城市治理的影响尤为显著，各地城市的智慧城市建设如火如荼，方兴未艾。与之相应，针对智慧城市的研究也呈现欣欣向荣的态势。

基金项目： 国家自然科学基金面上项目（71871042）；国家自然基金重点项目（71531001）；教育部人文社科规划基金项目（18YJA630118）；大连科技创新基金重大项目（2018J1CY009）

作者简介： 夏昊翔（1972—　），男，浙江新昌人，大连理工大学教授、博士生导师，博士，大连理工大学大数据与智能决策研究中心副主任，研究方向：复杂系统、计算社会科学、集体智能、知识管理。

我国当前对智慧城市建设的主流理解是利用新一代的计算机信息技术提升城市的运营、管理（及治理）和发展规划。其根本着眼点在于通过引入新近发展的信息技术来进一步提升城市信息基础设施和信息处理平台，从而通过这种机器智能的发展来提升城市解决各类问题的能力。从较为早期把智慧城市的基础技术定位于数字城市与云计算、物联网、大数据及人工智能等技术的综合①②，到近期对"城市大脑"③④、区块链和智慧城市的融合⑤⑥以及"数字孪生"⑦等的关注，大多反映了这一思路。这些工作对推动智慧城市发展起到十分重要的作用。城市信息基础设施的加强、信息加工处理能力的提升以及利用新一代信息技术与系统解决城市的运营、治理和规划诸方面的问题，无疑是智慧城市建设的重要方面。但如果仅从这一信息技术视角来认识智慧城市，则具有一定片面性。笔者曾从物理城市—社会城市—数字城市三重耦合的视角，对智慧城市的本质内涵进行过一定探讨⑧，提出城市的"智慧"表现为三种智能形态综合形成的"整体谐生智能"（Evolutionary Holistic Intelligence），从而智慧城市的建设过程是谐生智能的演化过程。从这一认识出发，本文拟进一步从复杂系统的角度对智慧城市进行分析，以期对现实智慧城市建设有一定参考意义。

2 基础概念探讨

2.1 整体谐生智能

笔者从"整体谐生智能"角度讨论了智慧城市的"智慧"本质上是三种智能形态综合而形成的"整体谐生智能"。⑨为进一步深化本文的分析，首先对这一"整体谐生智能"加以简述。

整体谐生智能在概念上源于20世纪80年代以来一些学者对"超级有机体"（Superorganism）和"梅塔人"（Metaman）等的探讨。根据Kevin Kelly在《失控》

① 王静远、李超、熊璋、单志广：《以数据为中心的智慧城市研究综述》，《计算机研究与发展》2015年第2期。
② 李德仁、邵振峰：《论物理城市、数字城市和智慧城市》，《地理空间信息》2018年第9期。
③ 王金宝：《浅谈城市大脑与智慧城市发展趋势》，《自动化博览》2020年第5期。
④ 谭鑫：《运用城市大脑推进城市治理现代化》，《学习时报》2020年7月20日第7版。
⑤ Bhushan, B., Khamparia, A., Sagayam, K. M., Sharma, S. K., Ahad, M. A., and Debnath, N. C., "Blockchain for Smart Cities: A Review of Architectures, Integration Trends and Future Research Directions", *Sustainable Cities and Society*, Vol. 61, No. 102360, Oct 2020.
⑥ 谈毅：《区块链与智慧城市群相互赋能发展策略研究》，《人民论坛·学术前沿》2020年第5期。
⑦ 徐辉：《基于"数字孪生"的智慧城市发展建设思路》，《人民论坛·学术前沿》2020年第8期。
⑧ 夏昊翔、王众托：《从系统视角对智慧城市的若干思考》，《中国软科学》2017年第6期。
⑨ 夏昊翔、王众托：《从系统视角对智慧城市的若干思考》，《中国软科学》2017年第6期。

一书中的界定，超级有机体是"一群彼此和谐共处产生由群体决定的整体现象"的生物体集合①，即一类生物体形成群体之后这个群体又一定程度上呈现有机体特征。关于这一"超级有机体"的讨论逐步从生物学界向系统科学界及社会科学界扩展，与人类社会的"集体智能"概念日益紧密地耦合——人类社会可理解为不断发展的、呈现集体智能的超级有机体②③或"全球脑"④。有人把这样的"超级有机体"或"全球脑"称为"梅塔人"⑤，其核心意义是一致的：人类社会在整体上正在现代信息技术的支持下形成智能性的超级有机体或"梅塔人"。从这一观念出发，笔者在文献⑥中进一步分析了智能的三种形态——生理智能、社会智能及广义的人工智能，并提出在现代社会中，三种智能正彼此交叉渗透、共同进化，形成一种"整体谐生智能"（Evolutionary Holistic Intelligence）。在城市的情景下，这种"整体谐生智能"是智慧城市的使能器。

基于"整体谐生智能"的智慧城市理念的实质是克服单纯基于信息技术视角的智慧城市建设中过度强调用计算机和人工智能技术来提升城市的运营与治理的不足，更加强调人的智能和机器的智能的协同作用。这种协同作用自计算机诞生以来就引起了学界的很大关注，尤其是 20 世纪 70—80 年代以来，伴随着人机接口技术（Human-Computer Interface，HCI）和计算支持协同工作（Computer Supported Collaborative Work，CSCW）研究领域的发展，人们对这一问题的认识持续取得深化。在概念上，从 20 世纪 90 年代有学者提出人和计算机的"共生智能"（Symbiotic Intelligence）的概念⑦，到今天学界对以人为中心的人工智能的广泛探讨⑧，都反映了机器智能和人的智能的协同与综合的趋势。对于这样的多种形态的智能的协同与综合，笔者采用"谐生智能"这一提法，而不采用学界曾讨论过的"共生智能"，根本原因在于强调多种智能形态（人

---

① Kelly, K., *Out of Control: the New Biology of Machines, Social Systems and the Economic World*, Boston: Addison-Wesley, 1994, p. 98.

② Lovelock, J. E., *Gaia, A New Look at Life on Earth*, Oxford: Oxford University Press, 1979.

③ Hylighen, F., "The Global Superorganism: An Evolutionary-Cybernetic Model of the Emerging Network Society", *Social Evolution & History*, Vol. 6, No. 1, Feb. 2007.

④ Hylighen, F., Lenartowicz, M., "The Global Brain as a model of the future information society: An introduction to the special issue", *Technological Forecasting and Social Change*, Vol. 114, No. 1, Jun 2017.

⑤ Stock, G., *Metaman: The Merging of Humans and Machines into a Global Superorganism*, New York: Simon & Schuster, 1993.

⑥ 夏昊翔、王众托：《从系统视角对智慧城市的若干思考》，《中国软科学》2017 年第 6 期。

⑦ Johnson, N., Rasmussen, S., Joslyn, C., Rocha, L., Smith, S., and Kantor, M., *Symbiotic Intelligence: self-organizing knowledge on distributed networks driven by human interaction*, In Proceedings of the 6th International Conference on Artificial Life, MA: MIT Press, 1998, pp. 403 – 407.

⑧ Riedl, M. O., "Human-centered artificial intelligence and machine learning", *Human Behavior and Emerging Technologies*, Vol. 1, No. 1, Feb. 2019.

的个体生理智能、人类社会的集体智能以及广义的机器智能）呈现你中有我、我中有你的交叉渗透和融合，并彼此"和谐"以更好地解决现实的问题，而不仅仅是不同智能形态的共生。同时，强调和谐共存的多种智能形态融合而形成的智能系统的"生长"与演化特性。

2.2 自创生系统

自创生系统理论是智利学者 Maturana 与 Varela 于 20 世纪 70 年代提出的系统理论。其中，自创生系统（Autopoietic System）是指始终进行自我维护和自我复制的系统①。自创生系统的思想提出之后引起了学界的很大关注。其中，Luhmann 把自创生的概念引入社会系统理论，以广义通信的概念为基础来理解各类社会系统的自创生本质②。

较之于通常的系统理论，自创生系统理论具有鲜明特色。通常的系统理论是基于系统成员实体的系统理论，而自创生系统理论是面向过程的系统理论。自创生系统被理解为实现自身组元的产生和维持的反应的网络（Network of Reactions）。这样，系统的组元及系统本身是在这一反应网络——内部自创生过程——中动态生成和维持的。反应网络自身形成一个递归式的闭环结构，通过这一反应网络，系统逐步形成其组元、边界以及系统本身。

通过新陈代谢而维持自身生存和发展的生命系统是自创生系统理论最初提出的背景系统。这类系统也是说明自创生系统的最好实例。组成高等生命系统的基本组元是细胞，然而组成生命的细胞往往处于不断的新陈代谢之中——旧细胞不断凋零而新细胞不断补充从而实现生命系统整体的自创生和自维持。从而，对于依靠新陈代谢而维持的生命系统而言，认识这类系统的关键在于理解新陈代谢这一自创生机制。现实的很多社会系统具有类似的自创生特性。

2.3 自创生谐生智能系统

把自创生和整体谐生智能两者放在一起考察，可以看到自创生是所讨论的谐生智能系统的核心特征：谐生智能系统的发展在根本上是一个自创生过程。究其本质，在一个谐生智能系统中，承载智能的载体——包括人、媒体介质、计算机等——是随时变动的；而知识与智能本身，实际也是不断自我更新的。因此，理解智能系统，关键

---

① Maturana，H. R.，Varela F. J.，*Autopoiesis and Cognition*：*The Realization of the Living*，The Netherlands：D. Reidel Publishing Co.，1980.

② Luhmann，N.，"The Autopoiesis of Social Systems"，*Sociocybernetic Paradoxes*：*Observation*，*Control and Evolution of Self-Steering Systems*，R. F. Geyer and J. van der Zouwen，eds.，*Sage*，London，Jun 1986，pp. 172-192.

点在于理解其自我创生、自我维持和自我更新的动态机制。进一步考察人类社会中的各类谐生智能系统，其整体智能的发展则又是三种形态的智能发展的交汇和耦合过程。如果仅考虑单个的个人，其个体智能的发展过程是其认知发展过程。如果把个人放在一个社会系统内部考察，则个体认知发展过程（暨个体智能发展过程）又是所在社会系统的整体社会智能发展过程的组成部分，社会智能和个体智能（"生理智能"）的发展彼此交融、相互促进。进而，计算机科学与技术的兴起推动了人工智能的发展。人工智能的发展依托于个体智能与社会智能。例如基于知识的系统中使用的知识来自人类社会的知识积累，而背后的"推理机制"和机器学习算法的设计来自开发人员的个体与社会智能。反过来，人工智能又对人类的个体智能与社会智能起到越来越显著的增强作用，从个人助手到大规模复杂问题求解。因此，个体智能、社会智能与人工智能在呈现互相促进的共同发展过程，在整体上构成"谐生智能系统"的自创生过程，由图1所示。

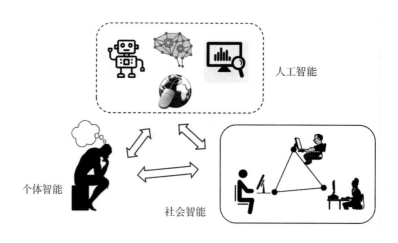

图1　自创生谐生智能系统构成

3　基于自创生谐生智能系统理念的智慧城市

当前国内主流的智慧城市建设思路主要着眼于引入先进的信息技术来提升城市运营效率和效能。这固然是智慧城市发展的重要方面，但如仅限于此则存在片面之处。以上关于自创生谐生智能系统的分析为从更全面的视角考察智慧城市提供了有益的启示。一方面，正如笔者在文献①中所指出的，智慧城市不单是所谓"智慧技术"支持下

---

① 夏昊翔、王众托：《从系统视角对智慧城市的若干思考》，《中国软科学》2017年第6期。

的城市，而更应是拥有"整体谐生智能"并能实现其内生发展的城市。这样，智慧城市建设不应单纯地追求提升性能、普适性以及信息分析能力来取代人的智能，相反，应把重点放在人的智能、社会的智能和机器的智能的彼此渗透和融合发展，以更为强大的整体谐生智能来推动城市运行效能的提升。这种整体谐生智能系统发展的理念是当前智慧城市建设中需要加强的方面。另一方面，内生于智慧城市的"整体谐生智能系统"还是一类自创生系统。

3.1 整体谐生智能视角下的智慧城市发展

基于整体谐生智能的理念，可以进一步分析智慧城市建设的核心任务。在当前的信息技术支持下，城市在本质上是物理城市、社会城市、赛博城市的三重耦合，是一个"物理—社会—赛博"系统，可理解为一种"超级有机体"，其中物理城市构成这一超级有机体的"肌体"，而社会城市和赛博城市共同构成其"心智"。从单纯的信息技术视角出发，人们倾向于把智慧城市界定为"赛博—物理"系统（Cyber-Physical System），从而计算机信息系统（即赛博系统）构成城市物理系统的"大脑"及"神经系统"。这一观点的根本不足在于弱化了人和社会在城市中的主体地位——个人的生理智能和整个城市的社会智能是城市"智慧"的核心要素，人工智能应起生理智能和社会智能的增强器的作用，而非取代它们。因此，智慧城市建设固然应重视人工智能的提升，同时还应致力于生理智能与社会智能的发展以及三种智能的配合、耦合乃至融合；智慧城市不单是智慧技术支持下的城市，而更应是拥有"整体谐生智能"并能实现其内生发展的城市①。

这给智慧城市建设带来两点启示。第一，当前各地城市普遍开展的智慧城市建设项目背后的核心理念基于物联网、新一代移动互联网、云计算、大数据、区块链、新一代人工智能等一系列技术，在提升城市信息基础设施基础上构筑"城市大脑"，从而提升城市的运营与管理。其思路还是信息技术应用的思路。从谐生智能的视角看，智慧城市建设不仅应该提升城市信息系统暨广义人工智能意义下的城市智能，更应该考虑广义人工智能和人员个体的生理智能以及城市的社会智能的深入融合，实现整体谐生智能的全面提升。基于此，在智慧城市的具体建设项目中，不仅应考虑计算机信息系统的设计与部署，还应该深入分析新一代信息技术带来的城市运营模式的变迁和城市管理业务的再造。20世纪末期，正值企业信息化建设备受学界和业界关注之际，笔者所在的课题组开展了国家自然科学基金重点项目《信息化与管理变革》的研究，其

---

① 夏昊翔、王众托：《从系统视角对智慧城市的若干思考》，《中国软科学》2017年第6期。

核心点是从系统视角把企业再造和信息化问题综合起来加以研究①②。当前智慧城市的情景跟企业信息化的情景有相通之处。现在人们关注的焦点是城市信息化及人工智能意义下的城市智能化，进一步的智慧城市建设更应关注信息化与城市运营和管理流程再造的综合，亦即作为超级有机体的城市的整体谐生智能的提升。

第二，这一整体谐生智能视角下的智慧城市的长期发展目标还应更多地着眼于城市的可持续发展以及城市创造与创新能力的提升。近年来，不少学者追溯了智慧城市的概念源流及研究进展③④，相关的研究与实践工作主要涉及城市数字化、城市智慧增长（Smart Growth）和可持续发展以及创新型城市三个方面。智慧城市建设的根本目标在于提升城市发展的品质，提高城市的宜居性（Livability），实现城市的经济可持续、社会可持续和生态可持续发展⑤，而城市信息化（数字化）以及城市创造创新能力的提升是实现这一根本目标的核心路径。这需要在智慧城市发展中更多地把解决城市运营和管理的直接问题的智能和实现可持续发展城市和宜居城市的战略性智慧的提升结合起来，实现智慧城市建设的阶段性举措和战略部署的综合。

3.2 智慧城市发展的自创生特性

如前面所分析的，人类社会的各类谐生智能系统本质上都属于自创生系统，城市的谐生智能系统同样也不例外，属于一类自创生系统。即，应从城市整体的知识与智能系统的持续发展的视角理解智慧城市。智慧城市是一个过程系统而不应静态化地理解为一个实体系统。

换而言之，应按照生物系统不断新陈代谢来获得自维持和自生长的思路认识智慧城市的持续成长过程。智慧城市的发展不是通过若干建设项目一蹴而就的建设过程，而是贯穿城市发展始终的持续更新和持续改进过程。从相对短期看，这一过程通过新兴信息技术的引入和相应城市运营与管理系统的调整，促进人工智能同个体智能及社会智能的融合，从而提升城市运行的效率和效能。从中期看，通过新兴信息技术的有效应用以及城市运营与管理系统的提升，推动城市相关产业的发展，在生态可持续性和社会环境宜居性等诸方面提升城市发展品质。从长期看，则应把城市在经济、社会、

① 王众托等：《信息化与管理变革》，大连理工大学出版社 2000 年版。
② 王众托：《企业信息化与管理变革》，中国人民大学出版社 2001 年版。
③ Meijer, A., Bolívar, M. P. R., "Governing the Smart City: a review of the literature on smart urban governance", *International review of administrative sciences*, Vol. 82, No. 2, Apr. 2016.
④ Silva, B. N., Khan, M., and Han, K., "Towards sustainable smart cities: A review of trends, architectures, components, and open challenges in smart cities", *Sustainable Cities and Society*, Vol. 38, Apr. 2018.
⑤ 许庆瑞、吴志岩、陈力田：《智慧城市的愿景与架构》，《管理工程学报》2012 年第 4 期。

生态等诸方面的直接建设内容同城市深层文化、教育、科技能力等更为软性的发展目标综合起来，实现智慧城市的长期发展目标。

4 对智慧城市发展战略的思考

基于前面从自创生谐生智能系统角度对智慧城市概念实质的探讨，可以对智慧城市的发展战略进行进一步探讨。

4.1 城市智慧化同信息技术科技能力及产业发展的互动

在当前阶段，人们对智慧城市建设的关注大多集中于城市信息基础设施和信息系统的建设，从前几年集中于云计算平台和大数据中心的建设到近年来更多地关注从5G通信网络建设到基于新一代人工智能技术的"城市大脑"开发，这些都是这一思路下智慧城市建设的主要关注点。从智慧城市的长期发展来看，这无疑也是当前阶段的合理选择。但是从前面城市整体谐生智能的分析，智慧城市信息系统建设应该和城市运营和管理流程的改进综合起来加以规划，着眼于广义人工智能的嵌入以及三种智能的综合集成。

进一步看，我国发展智慧城市应该把城市信息化及智能化建设的实际工作（从云计算环境、大数据平台到"城市大脑"）同国家在信息技术及关联产业的培育以及相应的信息技术发展及研发能力的培养三方面结合起来。特别是，应利用城市智慧化建设的契机，培育信息技术关键前沿领域的科学技术能力，并努力实现致力于这些关键技术领域的先进本土企业的成长。这三方面的互动如图2所示。

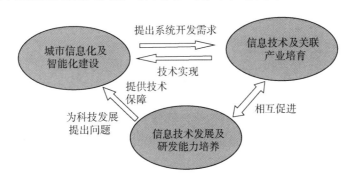

图2 城市信息化及智能化建设、信息技术发展及研发能力培养、信息技术及关联产业培育的互动

在上述三方面的互动中，信息技术发展及研发能力培养是根本保障；信息技术及其关联产业培育是关键纽带；而城市信息化及智能化建设则为前两者提供支撑环境。

这三方面应相辅相成，互相推进。同时，上述三方面的互动通常涉及政府、企业、科研院所三类主体。对于其他的科学技术领域，通过这种多方参与和互动而促进科技研发、应用及产业三方面相互促进、协调发展的模式也是具有借鉴意义的。这实际上是城市科技创造力与创新能力培养的一种值得深入探讨的模式。

在上述三方面中，无论是信息技术发展及研发能力培养还是城市信息化与智能化建设都应同信息技术及关联产业培育结合起来。这里，信息技术及关联产业不应狭义地理解为信息技术产业本身乃至于更窄的计算机与网络等产业部门，而应该广义地理解为和信息技术的发展紧密结合在一起或由信息技术产业衍生产生的一系列产业。

4.2　对智慧城市长期发展战略的思考

正如前面分析所指出的，从长期看，智慧城市的发展是贯穿城市生命期全程的整体自创生过程，应超越城市信息系统建设这一视角来考察智慧城市发展的长期目标和长期发展路径。结合我国开展智慧城市建设工作的实际，提出一个双层发展框架，如图3所示。

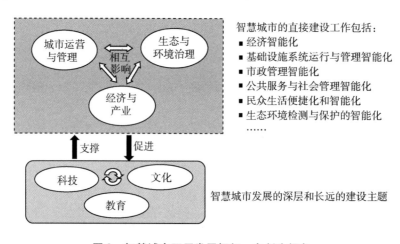

图3　智慧城市双层发展框架：自创生视角

结合学界对智慧城市相关问题的讨论，智慧城市的直接建设工作总体而言涉及三个方面——智慧化的城市运营与管理（社会治理）、智慧经济与产业以及智慧化的生态与环境治理。这三个方面彼此结合、相互促进，构成智慧城市近期建设和中期建设的主体内容。首先，是新一代信息技术基础上的城市信息基础设施的建设及城市"数字孪生体"的构建，并在此基础上构建数字化的"城市大脑"，用于辅助城市运行中的各类决策——跨越从个人日常出行到突发危机时间下的首长决策的各类问题。在此基础上，通过城市系统重构促进广义人工智能（城市信息系统）与人类智能的深度融合，从而提升城市的运行与管理。具体的建设工作涉及城市基础设施系统运行与管理智能化、民众生活的便捷化和智能化等方方面面。

其次,把城市信息化(数字化)同可持续和绿色发展理念综合,推动智能生态和智能环保系统建设,建设重点是利用物联网、大数据分析和人工智能系列技术实现对环境质量的精确健康和有效管理,实现智慧城市和低碳城市、绿色城市、可持续城市、海绵城市等理念的融合。

最后,实现智慧城市建设和智慧产业发展的融合,具体包括前面所述的支持智慧城市建设的信息技术相关产业,信息技术与其他产业的融合所新生的产业(例如制造业),以及其他战略性新兴产业。新一代"智慧"技术的飞速发展正在给"数字经济"带来新的发展契机,作为数字经济的主要承载体,城市的发展和数字经济的发展紧密关联,这也是智慧城市建设的重要方面。

上述三个方面彼此影响、相互促进,构成智慧城市建设的直接建设内容的主体。

需要说明的是,城市文化、教育、科技等方面的建设一方面是智慧城市的直接建设工作的组成部分。例如,智慧校园建设、智慧展馆建设等在很多城市的智慧城市建设内容中占有一席之地。另一方面,笔者认为城市的科技、文化及教育发展同时是智慧城市发展的更为长远和深层的主题。智慧城市的长期发展尤其需要对这些方面加以持续关注。这是因为社会智能是谐生智能中尤为根本的组成部分;而社会智能的发展从长期来看十分依赖城市的科技、文化、教育等软要素的提升。科技、文化、教育三方面还存在相互促进的关系,三方面综合起来推动智慧城市的长期发展,实现智慧城市发展的战略目标。

总体来看,智慧城市的以上建设任务之间彼此推动,整体上形成城市发展的自创生过程。以上构成了智慧城市发展的总体战略性过程。

4.3　社会心智空间的提升与三个空间的贯通

以上对智慧城市发展战略的认识的核心是把以创造力培育为核心的智慧城市科技发展作为智慧城市长期发展的关键工作,提出智慧城市的进一步发展应注重创新型城市的建设,这实质上是着眼于第三空间即"社会心智空间"的提升来看待智慧城市的长期发展。对此加以进一步分析说明。

前面谈到,当前智慧城市建设的主要着眼点在于利用新一代信息技术推动城市的综合发展质量和管理水平,提升城市的宜居性。这是智慧城市建设的重要内容。但究其本质,这方面的建设主要是着眼于赛博空间和物理空间的贯通融合,通过赛博空间来支持、提升物理空间中运转效能。从更长远的视野看,除了这两个空间的融合之外,智慧城市的长期发展更有赖于第三空间即"社会心智空间"的提升以及第三空间同前两个空间的进一步贯通，从源头上增强城市的"智能性"以及这种"城市智能"的可持续性。而第三空间的提升的关键在于城市科技、文化、教育诸方面的协调发展和城市创造力的培养。可以用图4对城市创造力培育与科技发展同智慧城市整体发展的关系加以简单说明。

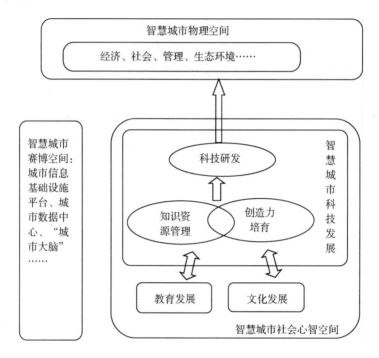

图4 智慧城市社会心智空间是城市长期发展的支撑

城市的科技能力提升是发展智慧城市社会心智空间的重要环节。科技能力的提升一方面涉及具体的科技研发，另一方面还应立足于知识资源的管理和城市创造力的培育。后者是前者的保障和支撑。进而，城市的知识资源管理和创造力培育，需要把城市的科技发展同教育、文化的发展结合起来共同推动。这样，科技、文化、教育等方面的发展是智慧城市社会心智空间提升的主要形式。与之相应，城市各类显性和隐性知识资源的积累以及城市创造力的培育是科技、文化、教育发展的集中体现，是城市的社会心智空间提升的核心。

从长远看，以城市创造力培育为核心的社会心智空间提升对智慧城市的第一空间（物理空间）起根本的推动作用。特别是，科技进步和科技成果的及时转化是推动经济发展方式向创新驱动转变的关键动力，这在根本上依赖于城市创造力的提升和城市的社会心智空间的发展。社会心智空间的提升也有望对城市日常运转和管理、民众生活方式以及生态环境维护等诸方面产生长远影响，推动城市向绿色、和谐、宜居、可持续的方向发展。正因如此，笔者认为，社会心智空间的发展和提升是智慧城市建设的长期主题，而提升社会心智空间的核心在于城市创造力的培育。

反过来，城市社会心智空间的提升也依赖于现实物理空间的发展与提升。通过打造城市便捷、舒适、安全、宜居的生活空间以及充满经济活力和创业就业机会的经济空间，对于城市创造力的培育也起很大的推动作用。这样，社会心智空间和现实物理空间的发展在实际智慧城市建设中应融会贯通，彼此促进。

另外，城市的社会心智空间的提升还应同城市赛博空间的发展综合起来。除了支持物理空间的更好运转，赛博空间还应为社会心智空间的提升提供支持。这需要把人的智能和计算机系统的机器智能更好地加以融合，彼此促进。例如，通过开放式在线教育（MOOC）、开放式科研和开放式技术开发等平台，赛博空间为智力资源在虚拟世界中的汇聚提供了有力支持。通过赛博空间和社会心智空间的更为紧密的贯通，智慧城市的"智能"表现为"人—机—物"的共生智能，这一方面促进社会心智空间的更大提升，另一方面共同推动现实物理空间中城市系统的持续改进。

在上述通过三个空间的深入贯通来整体推动城市智慧化发展的问题上，有必要对其中的经济发展问题进行进一步的说明。前面谈到，新一代信息技术带动下的广义的智能产业的发展对于城市经济的智能化发展具有重要意义。而智能化的制造业是其中尤为值得关注的产业门类之一。在"工业4.0"的理念下，当前制造业发展的一个重要趋势是通过建设面向生产制造的信息物理融合系统，实现智能化的、系统化的产品生命周期。这种发展无疑是重要的，但同样不可忽视的是，在制造业的这一发展中还应融入第三空间即社会心智空间的功用。三个空间的全面贯通对于制造业的提升具有深远的意义。如果说引入"工业4.0"对于中国制造业的意义在于变"中国制造"为"中国智造"的话，进一步重视社会心智空间的作用则是进一步加强"中国创造"并与"中国智造"融合。

5 结论

本文从文献①所提出的城市整体谐生智能理念出发，并引入自创生理论，从宏观战略层面对智慧城市的本质及发展路线进行了分析。党的十九大提出建设美丽中国，这是极具远见卓识的战略选择。在这一时代背景下，当前正如火如荼开展的智慧城市建设理应成为"美丽中国"建设的重要组成部分。其内在地要求我们一方面有效利用新

---

① 夏昊翔、王众托：《从系统视角对智慧城市的若干思考》，《中国软科学》2017年第6期。

一代信息技术提升城市治理，另一方面把这一较为狭义的"智慧城市"同城市的"智慧成长"（Smart Growth）以及城市创造创新能力的提升融合起来，实现智慧城市、可持续城市和创新型城市三者的内在统一。本文从自创生谐生智能系统理念出发对智慧城市进行了一定概念探讨，笔者希望这一探讨有助于深化对智慧城市本质的系统化认识，更希望对现实智慧城市建设的长期部署具有一定参考意义。

从复杂系统的视角看，很多学者指出，城市是一类典型的复杂系统（例如文献[1]）。本文侧重于概念层面的探讨，后续需要采用复杂系统的研究方法开展进一步研究。特别是，复杂科学管理理论[2]为后续研究提供了有力的武器。

---

[1] Batty, M., "The Size, Scale, and Shape of Cities", *Science*, Vol. 319, No. 5864, Feb. 2008.

[2] 徐绪松：《复杂科学管理》，科学出版社 2010 年版。

中小企业安全生产的监管与保障研究

——以安全生产标准化政策执行为例

梅 强 陈雨峰 张菁菁 刘素霞

（江苏大学 管理学院，镇江 212013）

摘要： 探索中小企业安全生产的管理之道是美丽中国建设的重要环节，其监管和保障问题属于复杂科学管理问题。但目前我国企业的安全生产形势依然严峻，安全生产的相关政策实施还需加强。本研究为探索中小企业安全生产管理之道，以安全生产标准化政策执行为例，以小见大，发现中小企业安全生产系列政策执行质量低，背离政策设计初衷的根源在于各方主体的参与度低、积极性差，未实现真正的高效联动。由此立足于复杂科学管理的基本思想，将中小企业安全生产的监管保障过程视为一个中国情境下多主体参与的、动态的、复杂的社会活动系统，将各参与组织视为有智能结构的行为决策主体，从宏观上全面把握系统运行的复杂性。借助计算实验方法，以政策为撬点，实验模拟政府监管和政府支持对提升中小企业安全生产水平的优化效果，进而探索什么样的监管和保障措施能促使中小企业走出安全生产困境。由此，探索更有效的中小企业安全生产的监管和保障措施，为最终实现我国中小企业安全生产形势的根本性好转、实现美丽中国建设提出相关的政策建议。

关键词： 复杂科学管理；美丽中国；安全生产监管与保障；中小企业

1 研究背景

党的十八大首次提出建设"美丽中国"的执政理念和基本目标，其中强调要把生

基金项目： 国家自然科学基金面上项目（71874072，72074099）；国家自然科学基金青年项目（72004081）；中国博士后基金面上项目（2020M671378）

作者简介： 梅强（1961— ），男，江苏镇江人，江苏大学副校长，江苏大学管理学院教授、博士生导师，博士，研究方向：中小企业可持续发展，安全管理；陈雨峰（1990— ），男，江苏徐州人，江苏大学管理学院硕士，研究方向：中小企业安全管理；张菁菁（1988— ），女，江苏镇江人，江苏大学管理学博士、博士后，研究方向：中小企业可持续发展，安全管理；刘素霞（1979— ），女，河北河间人，江苏大学大学副教授、硕士生导师，博士，研究方向：社会管理工程，安全管理。

态文明建设放在突出地位，融入经济建设、政治建设、文化建设、社会建设各方面和全过程。然而作为我国经济和社会发展中坚力量的中小企业（目前中小企业占比达99%），其频发的安全生产事故（2018年、2019年事故数据显示事故企业多为中小企业）不仅严重影响其自身可持续发展，更给社会稳定和经济发展带来隐患，与"美丽中国"建设目标严重相悖。对此，政府下定决心大力严查中小企业安全生产工作，并出台系列安全生产监管和保障政策以规范其安全生产不良行为，促使中小企业安全生产水平稳步提高。然而即使如此重视中小企业的安全生产问题，并付出诸多努力，可努力和回报却未能成正比，2018年、2019年依然分别有3.4万人、2.9万人因生产事故失去生命，中小企业安全生产形势依然严峻。由此，基于这一现实难题，进一步探索中小企业安全生产的监管和保障政策执行的根本困境，并寻求一个切实有效的中小企业安全生产管理之道则成为目前研究的重点。而落实中小企业安全生产的监管和保障，真正解决其安全生产困境也同时是生态文明建设、实现"美丽中国"建设目标的重要环节。

纵观中小企业安全生产监管保障问题，可发现其属于复杂科学管理问题。首先，中小企业安全生产的监管、保障过程涉及多主体参与，如安全生产的责任方为中小企业、安全生产政策的制定方和执行方为政府安全生产监管职能部门（简称安监部门）、中小企业安全生产能力的辅助方则来自市场力量如安全生产服务机构等。其次，这些参与的主体符合复杂科学管理思想的基本假设，即无论是中小企业、政府安监部门还是安全生产服务机构，都是具有系统思维大脑的智能型组织，在行为决策的过程中，既具备基本的行为判断知识及应用知识解决问题的能力（如中小企业依据所拥有的安全生产能力进行相应的安全行为决策），又能应用系统的思维模式，观察系统运行状态和环境并修正自己的行为决策（如中小企业通过观察监管压力强弱、安全生产服务机构的服务质量高低等因素，调整自身安全行为决策）。最后，中小企业安全生产的监管和保障过程是一个动态的、受内外多因素影响的复杂过程，各主体行为决策互相影响演化，并在彼此互动中形成了整个大系统的动力机制，实现从有序到无序再到有序的系统整合状态[1][2]。

然而这种有序和稳定的系统运行状态未必是积极正向的状态。现实中，虽然政府安监部门对中小企业安全生产的监管和保障的预期目标是要求中小企业注重对安全生产的风险控制和过程控制，注重安全生产的绩效管理和持续改进。但实际运行中却出

---

[1] 徐绪松：《复杂科学管理：新时代呼唤新的管理理论》，《清华管理评论》2017年第11期。
[2] 陈劲：《企业管理的新构图——基于复杂科学管理的视野》，《复杂科学管理》2020年第1期。

现政府推进难、行业指导难、企业执行难等难题。尽管国家意识层面上也认识到应通过加强安全约束和激励，保障安全生产管理制度的有效推进，但盲目的政策措施却适得其反，导致了诸如地方政府安监部门一味追求企业安全生产在形式上的合法合规，监管工作浮于表面，中小企业盲目追求表面上的安全过关，消极应付，不仅未能解决安全本质难题反增加自身负担，安全生产服务机构片面追求利润，低价低质竞争等诸多问题。中小企业安全生产的监管和保障政策的执行质量低且状态不良，偏离了中小企业安全生产水平稳步提高的预期政策目标。由此，研究中小企业安全生产的监管保障政策的执行问题，不能仅局限于对中小企业是否达到政府安监部门的管理要求等具体事务性工作的实践探讨，而是必须从宏观层面分析整个大复杂科学管理系统的运行，对该工作中任何一个参与者的单方面研究都不能很好地解决问题，必须基于复杂科学管理思想，从系统多方主体的联系和交互入手，深入剖析其整体困境。在这一过程中，需寻求关键政策抓手，打破不良的政策执行状态，通过新的"有序—无序—有序"的系统循环，达到积极正向的政策执行状态。基于以上认识，本研究将立足于复杂科学管理思想，在深刻剖析中小企业安全生产管理系统复杂性的基础上，寻求关键性的政策撬点，利用科学的计算仿真工具，模拟系统运行情境，实验政策撬点下的系统运行效果，并最终为美丽中国建设、探索中国安全生产管理之道、强化有效的安全生产监管和保障政策提供理论与实践参考。

2　文献综述

中小企业安全生产监管与保障的系列政策，本质在于，一方面，通过严格的监管，要求企业规范不良安全行为，落实企业安全生产主体责任。另一方面，通过系列的政策保障为企业安全生产能力提供必要助力。由于中小企业安全生产的监管与保障问题过于宏观，为了更好地把握和认知其中的执行困境和解决途径，本研究拟以目前中小企业安全生产管理的具体性政策执行为例，进行相关的文献探索，包括目前国内中小企业安全生产的代表性政策，如企业安全生产标准化政策、国外的企业职业健康与安全管理认证政策（Occupation Health Safety Management System，OHSMS）等。通过相关的文献搜索，对中小企业安全生产政策的执行困境和解决途径进行研究综述，以期为本研究做好理论准备。

2.1　中小企业安全生产政策的执行困境研究

中小企业安全生产政策执行的最大困境在于多数企业执行政策的积极性不高。研究发现，中小企业执行安全生产相关政策的动力多受参与收益、参与成本、政府监管、政府支持、企业员工等诸多因素影响①②。履行安全政策的相关要求并取得安全认证证书的中小企业的安全绩效高、安全事故有效减少、安全管理产出提高③④。其中，一方面，满足政府规定，提升企业绩效、增强企业竞争力正是中小企业选择执行安全认证政策要求的重要原因⑤。而从成本和收益角度来讲，满足政府要求是企业的最重要驱动力，如欧盟要求进入市场销售产品的企业必须获得职业健康与安全认证，这在很大程度上促使企业参与⑥。但另一方面，企业资源和能力是限制企业参与安全制度的制约性因素，如有研究表明，葡萄牙众多中小企业不愿执行安全政策的认证要求，其根源在于无力承担遵守安全政策要求的高额成本。因此如何通过政策扶持增加企业执行安全生产要求的能力则成为关键⑦。

中小企业安全生产政策执行的第二大困境在于政策执行过程中企业、政府部门和第三方的安全生产服务机构的联动效率低⑧⑨，而解决问题的关键在于政府安监部门必须在关注企业是否执行安全政策要求的同时，关注安全服务机构是否履行了职责，是否为企业提供了有效的安全服务⑩。政府安监部门必须保证安全生产服务机构合理利益的顺利实现，进而保障中小企业能获得执行安全要求后的附加价值⑪。与此同时，当安全政策执行过程中的信息透明度、安全证书独立性无法得到满足时，企业和安全生产服务机构将可能进行合谋，这就更加需要政府规范安全制度的运

---

① 时洪禹：《火电企业安全生产标准化建设项目评价研究》，硕士学位论文，华北电力大学，2014 年。

② 王凌虹：《企业安全生产标准化的经济效果评价方法研究》，硕士学位论文，首都经济贸易大学，2013 年。

③ Vinodkumar, N. M., Bhasi, M., "A Study on the Impact of Management System Certification on Safety Management", *Safety Science*, Vol. 49, No. 3, 2011.

④ 姚继军：《安全管理体系优化——OHSAS18001 与安全生产标准化的有效结合》，《价值工程》2018 年第 37 期。

⑤ 武剑锋、杜珂：《职业健康安全管理体系认证与企业创新》，《会计论坛》2018 年第 17 期。

⑥ Madsen, C. U., Kirkegaard, M. L., Hasle, P., et al., "To Him Who Has, More Will Be Given—A Realist Review of the OHSAS18001 Standard of OHS Management", *Advances in Intelligent Systems and Computing*, Vol. 49, 2018.

⑦ Gilberto, S., Síria, B., Fátima, M., Nuno, L., "The Main Benefits Associated with Health and Safety Management Systems Certification in Portuguese Small and Medium Enterprises Post Quality Management System Certification", *Safety Science*, Vol. 51, No. 1, 2013.

⑧ Heras-Saizarbitoria, I., Boiral, O., Arana, G., et al., "OHSAS 18001 Certification and Work Accidents: Shedding Light on the Connection", *Journal of Safety Research*, Vol. 68, 2019.

⑨ Raymond, C., Thomas, R., Paul, A., "A Model for Occupational Safety and Health Intervention Diffusion to Small Businesses", *American Journal of Industrial Medicine*, Vol. 56, 2013.

⑩ Ghahramani, A., Salminen, S., "Evaluating Effectiveness of OHSAS 18001 on Safety Performance in Manufacturing Companies in Iran", *Safety Science*, Vol. 112, 2019.

⑪ Madsen, C. U., Kirkegaard, M. L., Dyreborg, J., et al., "Making Occupational Health and Safety Management Systems 'Work': A Realist Review of the OHSAS 18001 Standard", *Safety Science*, Vol. 129, 2020.

行过程①。

2.2 中小企业安全生产政策执行的保障研究

中小企业在执行安全生产相关政策要求的过程中出现很多问题，政策的有效实施面临诸多障碍。研究表明政府安监部门必须对企业的职业健康与安全管理活动严格监管才能促使企业主动执行安全政策的要求，政府安监部门的监管是撬动安全生产相关政策有效执行的关键力量②。然而现实中，一方面，政府安监部门的指导和监管能力十分有限，低下的监管效率、有限的监管方式，限制了监管政策的顺利执行③。另一方面，从政府激励和支持政策上看，虽然政府安监部门大力号召企业参与政府构建的安全制度并获取相关证书，诸如参与安全评价制度，获取安全评价认证书，但是相应的激励，配套的技术、资金、人才的支持缺乏，也很影响企业参与的积极性和有效性④，企业是否积极参与的重要影响因素在于政府的经济支持⑤。一方面，政府安监部门的有效引导包括政策激励机制与支持系统，如对服务、环境提供技术与工具支持等都将大力促使企业参与并履行政策要求⑥。另一方面，通过保障性措施，促使专家对企业安全生产活动的检查和指导，免费且质量较高的安全培训活动也是促使政策执行取得成效的关键⑦。因此，政府培育安全生产中介机构和企业之间的良好合作环境，是保障安全政策执行效果的重要环节⑧。安全服务机构作为安全干预信息的传播者，能提高企业参与安全生产、履行安全要求的可能性⑨。安全服务机构和企业之间的信任关系越紧密，

① Gerard, I., Zwetsloot, et al., "Regulatory Risk Control through Mandatory Occupational Safety and Health (OSH) Certification and Testing Regimes (CTRs)", *Safety Science*, Vol. 49, No. 7, 2011.

② Cunningham, T. R., Sinclair, R., Raymond, S., "Application of a Model for Delivering Occupational Safety and Health to Smaller Businesses: Case Studies from the US", *Safety Science*, Vol. 71, 2015.

③ Paolo, A. B., Silvia, M. A., Patrizia, A., "Small Enterprises and Major Hazards: How to Develop an Appropriate Safety Management System", *Journal of Loss Prevention in the Process Industries*, Vol. 33, 2015.

④ Toivo, N., "The Effects of the Enforcement Legislation in the Finnish Occupational Safety and Health Inspectorate", *Safety Science*, Vol. 55, 2013.

⑤ Kirsten, B. O., Peter, H., "The Role of Intermediaries in Delivering an Occupational Health and Safety Programme Designed for Small Businesses—A Case Study of an Insurance Incentive Programme in the Agriculture Sector", *Safety Science*, Vol. 7, 2015.

⑥ Toivo, N., Kyösti, L., Maria, L., "An Evaluation of the Effects of the Occupational Safety and Health Inspectors' Supervision in Workplaces", *Accident Analysis & Prevention*, Vol. 68, 2014.

⑦ Jos, V., Ivan, I., "Essential Occupational Safety and Health Interventions for Low-and Middle-Income Countries: an Overview of the Evidence", *Safety and Health at Work*, Vol. 4, No. 1, 2013.

⑧ Laura, V. K., Peter, H., Ulla, C., "Motivational Factors Influencing Small Construction and Auto Repair Enterprises to Participate in Occupational Health and Safety Programmes", *Safety Science*, Vol. 7, 2015.

⑨ Murmura, F., Bravi, L., "Exploring Customers' Perceptions about Quality Management Systems: an Empirical Study in Italy", *Total Quality Management And Business Excellence*, Vol. 29, No. 11, 2018.

其安全建议越容易得到企业的重视与采纳[①]。而若安全服务机构技术有限、资源缺乏则会阻碍企业的继续合作，因此，在政策执行中，政府安监部门保障安全服务机构质量就变得至关重要[②]。

以上研究皆表明，政府安监部门的监管和保障既能在动力上成为政策执行的驱动力，又能在能力上保障其运行，是解决中小企业安全生产相关政策运行障碍的关键。而监管和保障的实施对象，并不单一为企业，而应包括企业和服务机构，即既要促使企业积极地参与、遵守、执行安全相关政策，也要保障安全服务的高质量，且需侧重于保障政策的整体运行环境的和谐稳定。然而，由于过去的研究多见单一性的质性研究，或因果关系的实证检验，虽有学者论证了监管和保障措施是撬动政策良好运行的关键，但也仅是论证政府政策与企业安全行为之间的相关性，既没有遵循系统复杂科学管理的本质规律，将参与政策运行的相关组织视为具有智能性行为决策的主体，深入探讨其整体运行问题，也没有对政策运行中主体参与质量低、互动有限的根源及对策进行全面深入研究，更欠缺进一步的研究探索面对系统运行困境时，政府监管和保障政策的具体措施。基于此，本研究以复杂科学管理的基本思想为指导，运用实验仿真的系统分析工具，模拟异质性组织在政策运行中的行为决策和交互演化过程，以政策为撬点，观察不同的政策措施下系统的演化状态，以此解决中小企业安全生产困境，寻求促使中小企业安全生产形势根本性好转的监管和保障之道，实现真正的"美丽中国"。

3 中小企业安全生产监管和保障的系统模型构建——以安全生产标准化政策执行为例

为了更好地把握和准确认知中小企业安全生产的监管与保障问题，本研究拟以目前中小企业安全生产管理的具体性政策执行为例进行模拟性研究，以小见大，探索真正适合中国情境的中小企业安全生产的管理措施。其中，中小企业安全生产标准化制度是目前政府出台的规范中小企业安全生产行为、保障安全生产水平提升的核心政策（2014年2月，国家安全生产监督管理总局要求在冶金等工贸行业开展企业安全生产标准化工作，同年8月《中华人民共和国安全生产法》在总则中明确提出推进企业安全生产标准化工作）。该政策的执行过程为：政府首先设立系列科学客观的安全生产达标

① Tsalis, T. A., Stylianou, M. S., Nikolaou, I. E., "Evaluating the Quality of Corporate Social Responsibility Reports: The Case of Occupational Health and Safety Disclosures", *Safety Science*, Vol. 109, 2018.

② Legg, S. J., Olsen, K. B., Laird, I. S., Hasle, P., "Managing Safety in Small and Medium Enterprises", *Safety Science*, Vol. 71, 2015.

准则，其次监督并保障中小企业建立、完成和保持所规定的安全标准化准则。其目标在于，通过督促企业积极执行安全生产标准化政策，完成相关的安全认证，进而实现安全生产水平的本质性提升。在这一过程中，各主体的交互行为表现为：中小企业在自身认知水平、政府政策、安全服务机构的服务质量等交互因素影响下，做出追求形式达标或真正安全的行为决策。安全服务机构在市场竞争环境、政府政策、中小企业需求等交互因素影响下，做出片面追求服务利润或重视服务质量的行为决策。政府安监部门在企业状态、服务机构状态、宏观政策等交互因素影响下，做出一味追求达标企业数量或真正重视企业真实安全水平的政策行为决策。即各异质性主体在彼此行为策略的交互演化中，逐渐形成一个稳定有序的政策运行状态。本研究拟依据现实情境，以复杂科学管理的基本思想为指导，采用计算实验技术方法，对该政策的执行过程进行仿真模拟，为后期的政策实验构造平台。

3.1 模型构造假设

1. 根据研究目的和实验目标，假设中小企业安全生产标准化政策中的企业均为《企业安全生产标准化基本规范》要求的中小企业类型，对企业不做地区性的划分；

2. 实验情境中的政府安监部门主体指地方安监部门，对系统中所有的中小企业安全生产标准化情况进行监管并提供政策支持；

3. 假设系统中的安全生产服务机构都是具备相应资质的合法机构，不对安全生产服务机构的安全生产标准化评审资质做等级的划分；

4. 为便于统计和分析，假设系统中的中小企业的总量和安全生产服务机构的总量保持不变，随着时间的推移两者的总量不会出现增减；

5. 本研究假设初始状态时，系统中的中小企业全部都是没有参与安全生产标准化政策的企业。通过对选择参与安全生产标准化政策的中小企业的数量、中小企业对参与的态度、参与意愿等情况的观测和统计，来表示不同政策环境下中小企业安全生产标准化政策执行效果；

6. 为便于分析，假设政府安监部门对安全生产服务的监管能够有效提升市场中安全生产服务机构为企业提供的服务质量和服务效果。

3.2 模型主体构建

系统中的主要行动者，包括政府安监部门、中小企业和安全生产服务机构。中小企业群体通过感知系统环境中的政府安监部门监管严格程度和支持程度，改变自身对安全生产标准化的态度，政府的监管严格、政策支持充足时，中小企业具备执行安全标准化政策的意向并开始参与政策运行；政府安监部门在仿真系统中的主体行为包括对中小企业群体安全状况进行监管，为中小企业执行安全标准化政策提供多种途径多个层面的政策支持；同时政府安监部门还要监管安全生产服务机构以确保其提供高质量的服务。政府安监部门的监管严格程度通过监管系数 p 来体现，政策支持力度通过支持系数 a 来表示。

3.2.1 中小企业主体构建

首先，中小企业会判断所处环境中的政府监管严格程度和政策支持力度，做出是否执行安全生产标准化政策的决策，即是否就安全生产标准化工作进行投入（SafetyInput），每个实验周期内，中小企业对安全生产标准化的投入量的大小取决于中小企业对安全生产标准化工作的重视程度，即安全生产标准化意识（SafetyCog）。中小企业对安全生产标准化的意识取决于政府监管的严格程度和政策支持的力度，本研究将其假设为（α 和 β 为固定系数）：

$$SafetyCog_{i,t} = A_{i,t} = K_o\ (\alpha p \cdot \beta a)\ + e_o$$

中小企业越重视安全生产标准化认证工作，其安全投入量越大。本研究将其假设为：

$$SafetyInput_{i,t} = I_{i,t} = C \cdot e_{i,t/(l-s)}^{A} + C_0\ (C_0\ 为控制常数变量；C>0，C_0>0)$$

$$InputIntention_{i,t} = M_{i,t} = k_1 \cdot A_{i,t} + e_1\ (k_1\ 和\ e_1\ 为固定系数)$$

中小企业在搜集和分析实验系统中的外部监管压力后，会对本企业的安全生产标准化工作设定一个具体的工作目标，本研究中该目标以中小企业安全水平（SafetyLevel，$S_{i,t}$）表示，中小企业安全水平越高，所需要的安全投入也越高，具体为：

$$SafetyLevel_{i,t} = S_{i,t} = k_2\ (\alpha p \cdot \beta a)\ + e_0$$

感知到政府监管严格程度和政策支持力度后，中小企业参与安全生产标准化政策的意识（SafetyCog）先是会有所提升，进而中小企业的安全生产标准化投入意愿（InputIntention）会有所增强，中小企业进行达标创建投入的收益为 $E_{i,t}$。$F(s)$ 表示中小企业达标创建投入收益，包括安全减损收益 $L(s)$ 和安全增值收益 $Z(s)$。$F_{i,t}(s)$ 表示中小企业 i 在第 t 个周期的参与安全标准化制度的收益。C_0 和 L_0 为控制常数变量。$I_{i,t}(s)$ 是中小企业 i 在第 t 个周期内的达标创建安全投入量。只有当每期的达标创建收益大于达标创建投入时，中小企业在下一个试验周期内才会在无监管压力的情况下主动进行达标创建投入。

$$E_{i,t}\ (s)\ = F_{i,t}\ (s)\ - I_{i,t}\ (s)$$
$$F_{i,t}\ (s)\ = L_{i,t}\ (s)\ + Z_{i,t}\ (s)$$
$$L\ (s)\ = L \cdot e^{l/s} + L_0\quad (L>0,\ l>0,\ L_0>0)$$
$$Z\ (s)\ = l \cdot e^{-l/s}\quad (l>0)$$

政府安监部门通过加强对安全生产服务机构的监管，促进安全生产服务机构为中小企业达标创建提供高质量的安全生产服务，本研究中安全生产服务机构的服务质量水平用安全生产服务技术水平系数 $T_{i,t}$ 表示（$T_{i,t}$ 表示第 t 期安全生产服务机构 j 服务技术水平系数），$T_{i,t}$ 和政府安监部门对安全生产服务机构监管系数相关，$P_{j,t}$ 表示第 t 个实验期安全生产服务机构感知到的监管严格程度（$P_{j,t}$ 取值在 0 - 1），B 为控制系数，具体表示为：

$$T_{i,t} = \frac{B \cdot P_{j,t}}{1 + B \cdot P_{j,t}}$$

政府安监部门对中小企业参与安全标准化的三种不同的支持策略给中小企业带来的收益通过中小企业投入成本的抵减项体现，将中小企业获得的支持收益定义为事前支持收益（R_0）、事中支持收益（R_1）和事后支持收益（R_2）之和，即 $R_{i,t} = R_0 + R_1 + R_2$。$\theta$ 表示政府安监部门购买服务的支持系数，$\varepsilon T_{j,t}$ 表示监管安全生产服务机构提供高质量服务的支持系数，直接经济奖励系数 δ（取值在 0 - 1）。

$$R_{i,t} = k_3 \left(\theta + \varepsilon T_{j,t} + \delta \right) I_{i,t} \qquad (0 < \delta + \varepsilon T_{j,t} < 0.5)$$

综上，中小企业在政府安监部门监管和政府安监部门支持下的达标创建收益为：

$$E_{i,t}(s) = F_{i,t}(s) - I_{i,t}(s) + R_{i,t}$$

以上就是中小企业主体的决策过程。

3.2.2 安全生产服务机构主体

在中小企业安全生产标准化政策执行的系统中，安全生产服务机构的主要行为就是为安全标准化认证提供安全服务，具体包括中小企业参与安全标准化之前、过程中和认证评审过程中的技术支持和方法指导，本研究在模拟实验中并不区分安全生产服务机构在三个不同阶段的服务，假设用安全生产服务机构整体的服务技术水平 $T_{i,j}$ 代表其服务水平和服务能力（$T_{i,j}$ 表示第 t 期安全生产服务机构 j 的技术水平系数），安全生产服务机构的服务供给行为抽象为营利性组织的生产过程，将其收益函数定义为：

$$E_{j,t} = P_{j,t} T_{j,t} L_{j,t}^n K_{j,t}^m - (1 + \tau) C_{j,t} - F_{j,t}$$

其中，$E_{j,t}$ 表示安全生产服务机构 j 在第 t 个实验周期的收益情况，$P_{j,t}$ 表示 t 实验周期内 $T_{i,j}$ 服务技术水平下的服务价格，$T_{j,t}$ 表示当前试验周期内政府安监部门对服务质量的监管严格程度，$L_{j,t}^n$ 表示当前实验周期内安全生产服务机构提供服务所需要投入的人力资本情况，$K_{j,t}^m$ 表示当前实验周期内安全生产服务机构提供服务所需要投入的资金情况，$F_{j,t}$ 表示当前实验周期内安全生产服务机构的服务水平（即服务技术水平 $T_{j,t}$）不满足当期政府安监部门设定的服务水平时受到惩处，τ 表示安全生产服务机构的服务水平超过政府安监部门的设定的服务水平时获得的政府奖励系数，构成服务成本的抵减项，这可以理解政府安监部门对高质量服务的支持。

3.2.3 政府安监部门主体

政府安监部门主体在每个实验周期内，首先会判断实验系统中进行达标创建投入的中小企业数量的增长率 φ（取值在 0-1），根据增长率 φ 的变化情况，设定当前实验周期内的监管系数 p、政策支持系数 a 的值、对安全生产服务机构的监管系数 pj 的值。在后期的实验过程中，p、a、pj 和 Tg 的值也可以根据的实验目的进行设定。

进行达标创建投入的中小企业数量的增长率 φ 为：

$$\varphi = \frac{NumFirm_t - NumFirm_{t-1}}{NumFirm_{t-1}}$$

监管系数为：

$$P = \begin{cases} 3.0 & \varphi > 0.25 \\ 1.5 & 0.15 < \varphi > 0.25 \\ 0.5 & \varphi > 0.25 \end{cases}$$

政策支持系数为：

$$\alpha = \begin{cases} 3.0 & \varphi > 0.25 \\ 1.5 & 0.15 < \varphi > 0.25 \\ 0.5 & \varphi > 0.25 \end{cases}$$

对安全生产服务机构的监管系数为：

$$pj = \begin{cases} 1.5 & \varphi > 0.25 \\ 1.0 & 0.15 < \varphi > 0.25 \\ 0.5 & \varphi > 0.25 \end{cases}$$

政府安监部门设定的服务水平为：

$$Tg = \begin{cases} 2.5 & \varphi > 0.25 \\ 2.0 & 0.15 < \varphi > 0.25 \\ 1.5 & \varphi > 0.25 \end{cases}$$

政府安监部门对提供高质量服务水平的安全服务机构的奖励系数为：

$$\tau = \begin{cases} 0.2 & T_{j,t} > 2.5 \\ 0.1 & 1.5 < T_{j,t} < 2.0 \\ 0.05 & T_{j,t} < 1.5 \end{cases}$$

政府安监部门发现 $T_{j,t}$ 低于政府在当前实验周期内设定的水平时，会对相应的安全生产服务机构采取一定的惩罚措施以促使该机构在下一个实验周期内能够积极提供高质量的服务。惩罚措施对机构的影响通过 $F_{j,t}$ 表示，将其界定为：

$$F_{j+l,t} = \upsilon P_{j,t} \cdot T_{j,t} L_{j,t}^{n} k_{j,t}^{m}$$

其中 υ 表示政府安监部门对低质量服务提供者的上一个实验周期的收入的惩罚比例，这其中包含一个假设，即实验系统中所有机构对收入都是公开的可以获取的。惩罚系数 υ 为：

$$\upsilon = \begin{cases} 0.25 & T_{j,t} < 1.5 \\ 0.15 & 1.5 < T_{j,t} < 2.0 \\ 0.05 & 2.0 < T_{j,t} < 2.5 \end{cases}$$

4 中小企业安全生产的监管和保障实验——以中小企业安全生产标准化政策执行为例

在中小企业安全生产监管和保障的复杂科学管理系统中，政府政策是制度运行的撬点，是保障中小企业安全生产水平提升的关键。本研究以中小企业安全生产标准化政策执行为例，在所搭建的计算仿真实验平台上，通过不同的政策情境模拟实验，分析中小企业安全生产标准化政策有效运行的关键性措施。具体设置四种实验情境，实验情境一中，系统中只存在政府安监部门监管，分析单一监管措施对政策执行的影响；实验情境二中，系统内只存在政府安监部门支持，分析单一支持措施对政策执行的影响；实验情境三中，同时存在安全监管和安全支持，分析两种措施对政策执行的保障效果；实验情境四中，分析三种具体的政府支持策略（支持策略1：政府为中小企业直接购买安全生产服务；支持策略2：政府通过对安全生产服务机构的监管确保其为中小企业提供高质量的安全生产服务；支持策略3：政府对安全生产达标中小企业的直接经济奖励）对政策执行的保障作用。

实验一：只存在监管措施的情境

实验一旨在分析单一监管措施对政策执行的影响。首先观察存在政府监管和不存在政府监管的情境下，中小企业积极参与政策执行的数量变化（实验结果如图1所示），结果表明，在有政府监管的情况下，中小企业积极执行政策的数量逐渐提升，在前28个实验周期内，呈现快速递增的趋势；第28个周期后，执行政策的中小企业数量逐渐稳定。与存在监管相反的情况是，当不存在监管时，执行政策的中小企业的数量逐渐降低，到第30个实验周期后，数量为0。

进一步设置不同监管系数，观察执行安全标准化政策的中小企业数量，发现随着监管系数的提升，执行安全标准化政策的中小企业数量逐步攀升（详见图2a到图2c）。当监管系数从0.5增长到1.5时，执行安全标准化政策的中小企业数量增长有限，当政

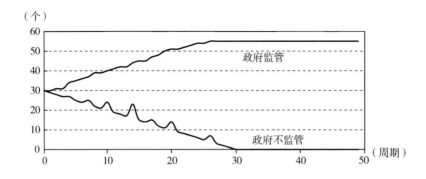

图1 只存在监管措施时执行安全标准化政策的中小企业数量

府监管系数从1.5增长到3.0时，执行安全标准化政策的中小企业数量呈现明显提升趋势。研究结果表明不存在监管的情况下，中小企业不会主动选择积极参与和执行安全标准化政策。且执行安全标准化政策的企业数量随监管强度的上升而增加。由此表明监管是促使中小企业积极参与、遵循安全标准化政策的重要推力。

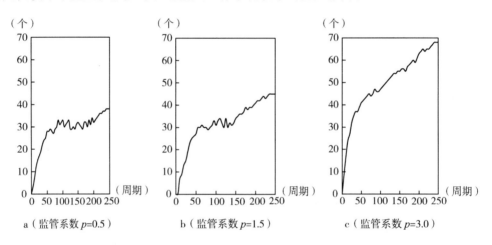

a（监管系数 *p*=0.5）   b（监管系数 *p*=1.5）   c（监管系数 *p*=3.0）

图2 监管系数0.5—3.0下执行安全标准化政策的中小企业数量

实验假设中小企业能够承受的平均监管水平，即监管系数为3.0，当逐步提高监管力度和严格程度时，中小企业执行安全标准化政策的意愿不增反降的情况（详见图3a到图3c），实验结果表明监管系数从3.5增长到4.0时，中小企业执行安全标准化政策的意愿迅速降低，监管系数在第125个实验周期时就已经接近0，监管系数增长到6.0时，在第75个实验周期时，执行安全标准化政策的意愿就已经接近于0。这一现象说明过于严格的政府监管是不合理的，中小企业在超出自身承受范围的监管力度下，反而拒绝参与。可见，为了促使中小企业积极参与，监管的力度必须在中小企业能够承受的范围内。

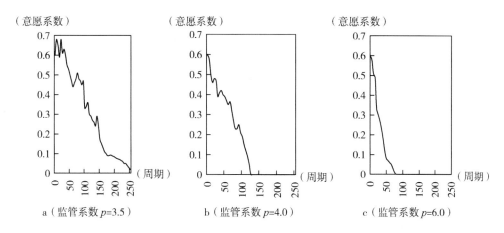

图3 监管系数3.5—6.0下中小企业的安全标准化政策执行意愿

实验二：只存在支持措施的情境

实验二旨在分析单一支持措施对政策执行的影响。实验结果表明（如图4所示），存在支持措施时，积极执行安全标准化政策的中小企业数量呈现波动性的小幅度增长趋势，远高于没有支持措施下的参与企业数量。但与上一个实验的结果比较发现，单一支持措施下执行安全标准化政策的中小企业数量，较单一监管措施下的执行安全标准化政策的中小企业数量呈现出不稳定的波动，可见监管对政策运行的影响作用强度更大。

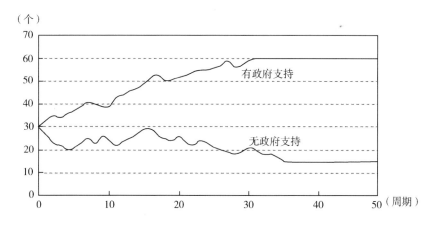

图4 只有支持措施下的执行安全标准化政策的中小企业数量

进一步设置支持措施的力度，实验结果表明，随着支持力度的提升，积极执行安全标准化政策的中小企业数量呈现快速增长的趋势，且支持系数在1.5时的企业数量明显高于1.0和0.5时的企业数量，且在1.5时，安全生产水平达标的中小企业数量的增长趋势较明显，详情见图5a到图5c。

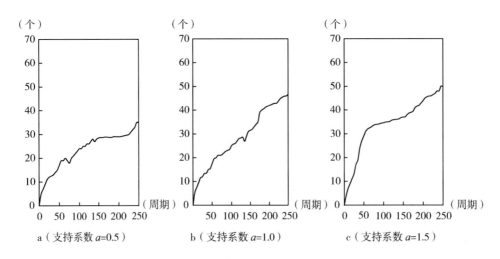

图5 政策支持力度0.5—1.5下执行安全标准化政策的中小企业数量

通过对只存在监管措施和只存在支持措施下执行安全标准化政策的中小企业数量分析可以看出，监管系数在0.5和1.5时执行安全标准化政策的中小企业的数量与支持系数在0.5和1.0时的数量相比，差距不大。但监管系数在3.0时执行安全标准化政策的中小企业数量比支持系数在1.5时的数量多。

实验三：监管措施和支持措施共有情境

实验三旨在分析企业安全生产标准化政策在监管措施和支持措施同时存在的情况下的运行状态。当系统同时存在监管措施和支持措施时，与只存在监管措施和只存在支持措施的情况下，执行安全标准化的中小企业的数量整体较多，且不同的监管和支持水平下，执行安全标准化政策的企业数量的增长变化趋势更加明显（如图6所示）。分析可知，监管措施和支持措施双管齐下的政策执行效果明显优于只存在监管措施和只存在支持措施的政策执行效果。因此，政府安监部门要同时加强对这一工作的监管和支持力度。

进一步实验不同监管力度和支持力度下，中小企业对安全生产标准化政策的重视程度。实验结果如图7a到图7c，表明，既有监管措施又有支持措施的情况下，系统中中小企业对安全生产标准化政策的态度都会呈现上升趋势，在前100个周期内，随着监管系数和支持系数的提升，中小企业对安全生产标准化政策的态度迅速改善，且改善的速度呈现越来越快的趋势，监管系数 $p=3.0$ 和支持系数 $a=1.5$ 的情况下，中小企业安全生产态度总体水平高于前两种情况，说明随着政府安监部门对中小企业监管力度和支持力度的加强，中小企业安全生产标准化政策的运行质量得到有效提升。

进一步实验，政府对安全生产服务机构监管系数变化的情景下（此时，政府对企

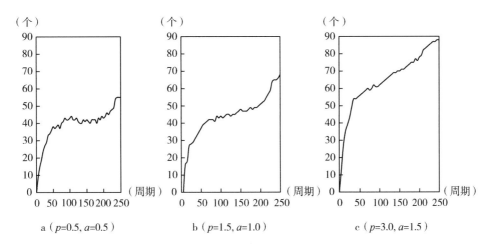

图6 监管措施和支持措施同时存在时执行安全标准化政策的中小企业数量

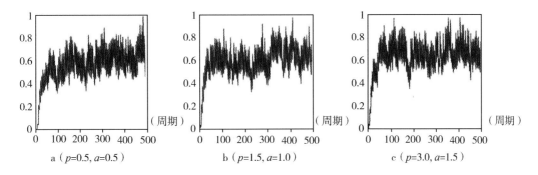

图7 不同监管和支持力度下中小企业执行安全标准化政策执行意愿的变化情况

业的监管系数保持 $p = 3.0$ 不变），安全生产服务机构服务水平的变化情况（详见图8a到图8c）。实验结果表明，同一个监管水平下，在250个循环周期中，服务水平都呈现上升趋势；随着政府安监部门对其服务质量监管的严格程度的提升（即对安全服务机构的监管系数 pj 的提升），安全生产服务机构的服务水平呈上升趋势，pj 从0.5上升为1.0时，服务水平上升趋势不是很显著，pj 从1.0上升为1.5时，服务水平上升趋势明显，pj = 1.5时的服务水平在第200个实验周期时就超过了 pj = 1.0时的最高水平，实验结果有效说明了政府安监部门对安全生产服务机构服务质量的监管能够促使安全生产服务质量提升。

进一步实验在政府安监部门加强对低质量安全服务水平的监管、高质量安全服务水平的支持策略下，安全生产服务机构在实验周期内的收益（利润）变动情况。结果表明，随着政府的对服务质量的奖励系数 τ 和政府对低质量服务的惩罚系数 ν 不断提升时，安全生产服务机构在试验周期内的利润比低一个等级的奖励和惩罚系数下的利润要高：奖励系数 τ = 0.1，惩罚系数 ν = 0.15 情况下的安全生产服务机构的利润高于奖

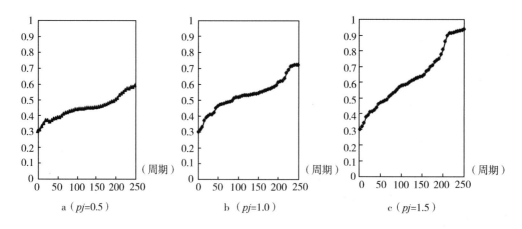

a（pj=0.5）　　　　　　b（pj=1.0）　　　　　　c（pj=1.5）

图8　不同监管力度下安全生产服务机构的服务水平变化情况

励系数 $\tau=0.05$ 和惩罚系数 $\nu=0.05$ 下的利润，奖励系数 $\tau=0.2$、惩罚系数 $\nu=0.25$ 情况下的安全生产服务机构的利润高于奖励系数 $\tau=0.1$ 和惩罚系数 $\nu=0.15$ 下的利润。因此，政府安监部门必须加强对安全生产服务机构的监管和支持力度。

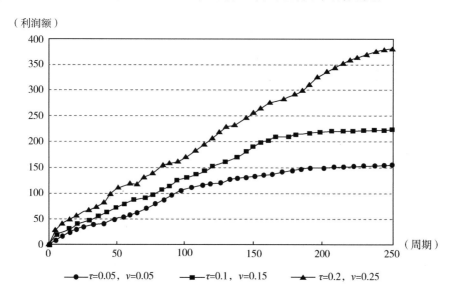

图9　安全生产服务机构在不同监管和支持系数下的利润变动情况

实验四：三种支持策略的影响作用

实验四旨在分析三种不同的支持策略对安全生产标准化政策执行的影响效果和保障作用。实验设定监管系数为3.0，观察支持策略1（图10a）、支持策略2（图10b）、支持策略3（图10c）三种支持策略情境下，中小企业对执行安全标准化政策的重视情况，分析发现，三种情境均能提升中小企业的政策执行重视程度，且支持策略3的作用强度稍弱于另外两种支持策略。对比图10a和图10b，系统演化前期，支持策略1比支持策略 2 作用强，系统演化后期，支持策略 2 的作用强于支持策略 1，可以得出在政策执行前期，可以支持策略 1 为主，政策执行后期可以采用支持策略 2，为中小企业提供高质量服务。

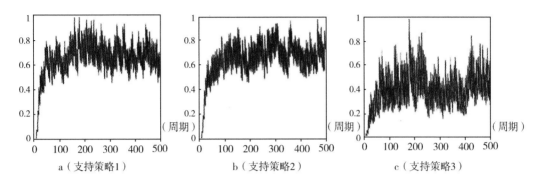

a（支持策略1）　　　b（支持策略2）　　　c（支持策略3）

图 10　不同支持策略下的中小企业对安全标准化政策重视程度的变化情况

5　研究结论

中小企业安全生产的监管和保障过程是一个多主体参与的复杂系统，本研究以中小企业安全生产系列政策中的代表性政策——中小企业安全标准化政策执行为例，刻画主体属性、模拟现实情境，运用计算实验方法，探索促进中小企业安全生产水平提升的有效监管、保障之道，以实现"美丽中国"的建设目标。研究发现，为促使中小企业积极执行安全生产相关政策，需从宏观上把握政策允许的复杂特性和运行困境，从政府安监部门主体、安全生产服务机构主体和中小企业主体彼此之间动态的互动和交往过程进行深入探究。以监管和保障措施为撬点，促使多主体的高效联动。主要研究结论如下：

（1）中小企业安全生产的监管和保障过程是一个多差异性的主体参与的、复杂的和动态演化的社会活动系统。以安全标准化政策为例，该政策的执行过程，是中小企业、政府安监部门、安全服务机构等多主体共同参与过程，是在一定时期内和一定的法律、制度、技术和市场环境下，各个主体按照各自的行为法则和决策机制进行沟通、联系和交往的有机统一过程。政策执行的目标应为各方主体各司其职、真正落实各自责任（如中小企业群体主动地参与安全生产；安全生产服务机构充分提供高质量的技术支持和方法指导等），通过主体的有效联动最终实现安全政策的顺畅、高效运行。这其中，监管和保障措施是促使安全标准化政策完成预期目标、进入良性锁定的关键撬点。

（2）中小企业安全生产的监管和保障系统进入不良锁定的根源在于政府安监部门

对中小企业执行安全标准化政策的过程和结果的监管、支持不到位，对系统中的安全生产服务机构的服务行为监管不到位。因此，必须以监管和保障措施为撬点，通过对安全政策执行过程的严格监管，促使中小企业主动地参与到政策运行的过程中去，通过对安全生产服务机构的服务过程和服务质量的严格监管，规范安全生产服务机构群体的服务质量，切实发挥安全生产服务机构在中小企业安全生产过程中的技术支持和方法指导的积极作用。

（3）政府安监部门对中小企业和安全生产服务机构的严格监管和政策支持能够显著提升中小企业安全生产相关政策的运行质量。且通过实验运行可发现，企业安全生产标准化政策的运行可分为两个阶段，第一个阶段是政府安监部门和中小企业的交互阶段，在此阶段应加强政策执行过程的监管以及对中小企业参与积极性的各项政策支持（如直接出资为中小企业购买安全生产服务），促使主动参与政策运行的中小企业数量增多，政策运行也越来越稳固；第二个阶段是政府安监部门和安全生产服务机构、中小企业的交互阶段，在此阶段政府安监部门在加强对中小企业监管的同时，监管和支持安全生产服务机构的发展以确保安全生产服务机构能够为中小企业提供企业需要的高质量服务，充分发挥安全生产服务机构的技术支持和方法指导作用。由此表明，在中小企业安全生产的监管和保障过程中，监管和支持都是企业安全生产水平提升的重要助力，但两种策略都应同时存在且分具体情况予以实施，从而最终保障中小企业安全生产相关政策的顺利运行，并最终实现其预期目标。

我国能源系统多能互补运行中的复杂科学问题分析

谭忠富[1]，王冠然[1]，潘　伟[2]

（1. 华北电力大学 经济与管理学院，北京　102206；

2. 国网溧阳市供电公司，常州　213300）

摘要： 党的十九大明确倡导"创新、协调、绿色、开放、共享"，电力发展"十三五"规划提及"绿色""有序""转型"，可再生能源发展"十四五"规划明确指出要优先发展分布式可再生能源。多能互补包括供能类型之间互补、供能区域之间资源互补、用能替代方式之间互补、供能与用能之间时间互补等。用户用能呈现出多样化，如采暖业的热负荷、炼油业的电负荷、造纸业的蒸汽负荷、商场的冷负荷、工业锅炉的燃气负荷等。面向用户电、热（热水、蒸汽）、冷、气（燃气）等多种用能需求，可以通过电采暖、电制冷、电转气、储能（蓄热蓄冷储气储电）、电动汽车、客户群需求响应与风电、光伏发电、小水电、地源热、秸秆发电、天然气冷热电三联供等互补来实现能源梯级综合利用。可见，多能互补协同运行是未来能源供应与消费的综合互补形态，即根据客户的能源利用需求（电力、蒸汽、采暖、制冷），凭借天然气冷热电三联供、储能与需求响应技术等，充分开发利用太阳能、风能、地热能、生物质能等，实现经济、环境、生态之间的协调发展。

关键词： 多能互补；源网荷储；协调机制；合作优化模型

1　我国能源系统推进多能互补的价值体现

1.1　多能互补协同运行有助于消纳清洁发电并减少环境污染排放

《能源发展"十三五"规划》全文 7 次提及"多能互补"：构建多能互补供需协

基金项目： 国家自然科学基金重点项目（71531009）

作者简介： 谭忠富（1964—　），男，辽宁松原人，华北电力大学经济与管理学院教授、博士生导师，博士，研究方向：电力市场、综合能源系统；王冠然（1997—　），男，甘肃陇南人，华北电力大学经济与管理学院硕士研究生，研究方向：综合能源系统；潘伟（1976—　），男，江苏常州人，国网溧阳市供电公司高级技师，研究方向：综合能源系统。

调的智慧能源系统；推进多能互补形式的大型新能源基地开发；鼓励具备条件地区开展多能互补集成优化的微电网示范应用；构建多能互补分布式发电示范工程等。我国煤炭消费约一半用来发电，火电平均供电煤耗 321 克标煤/千瓦时（日本为 306 克标煤/千瓦时，韩国为 300 克标煤/千瓦时），尽管发电二氧化硫、氮氧化物及烟尘减排效率达到 95%、70%—90% 和 99%，但排放仍然占全社会总排放量一半（我国二氧化硫排放接近欧盟国家总和的 5 倍）；2019 年北京 PM2.5 浓度 41 微克/立方米，比之前有了大幅下降，但发达国家大型城市 PM2.5 浓度在 20 微克/立方米以下。我国水电、风电、光伏发电装机容量均处于世界第一，但却存在严重的弃水、弃风、弃光（如 2018 年水电、风电、光伏发电装机 3.52 亿千瓦、1.84 亿千瓦、1.74 亿千瓦，但全国弃水电量 691 亿千瓦时、弃风电量 277 亿千瓦时、弃光电量 54.9 亿千瓦时；2019 年新疆风电弃风率 13.9%、弃风电量 66.1 亿千瓦时，甘肃弃风率 7.6%、弃风电量 18.8 亿千瓦时）。随着清洁能源发电装机的不断增加，需要抓紧研究"风光水火"电打捆互补外送，防止清洁发电弃能情况的进一步加剧。

1.2 多能互补协同运行有助于减少发电与电网的投资冗余

电力系统成本的 10% 是为了满足仅占 1% 时间边际需求而发生的，每年峰值电力负荷中约 5% 是在约 50 小时发生的，但其余 8700 多小时只能闲置。为满足新增用电需求，要么建设集中式发电大机组，以满足未来多年的电力需求，要么分期建设满足较短年份的分布式电源。在用电需求低速增长阶段，选择分布式电源供应可以灵活跟踪用电需求变化，降低集中式发电带来的容量投资冗余。电力需求一般只是呈现出季节性紧缺、时段性紧缺，为了解决短暂尖峰时段的用电缺口，发电与电网不得不增加容量等来应对。如果用分布式光伏、风电来满足部分超标的用电需求（上午 10 点到 12 点用电高峰），就可以延缓或者避免为满足短时尖峰负荷而引起的发电、变电站、输电线路的扩容；另外，通过尖峰电价、可中断电价等可以引导用户资源与发电资源进行互补，如电蓄冷、电蓄热、电动汽车充电等在特定时间转移峰荷从而避免或减少电力备用投资（某些发电机组、变电站从一开始就不需要建那么大），同时又消纳了新能源发电。

1.3 多能互补协同运行有助于促进能源成本进一步下降

基于"风光水火"电的出力互补性，利用存量跨区输电通道（2019 年一些交流特高压线路利用率 20%），打捆送出更多的可再生能源电力，如云南水电装机比重近 70%，水电丰枯期出力与"夏小冬大"负荷特性不匹配，造成水电丰水期弃水较严重，而广东、贵州以火电为主，广东、贵州与云南通过水电、火电类型间互补及区域间互补，既减少弃水又节约煤炭资源；类似地，内蒙古火电、风电打捆向华北互补外送，甘肃风电、光伏发电、火电互补打捆向江西外送等。与集中式发电远距离传输相比，分布式新能源发电不仅就地"自发自用"，可以减少输电过程损耗（线损），还可"余量上网"，不足从"大网购电"；对于城市产业园区，以天然气冷热电三联供为核心，互补整合光伏发电、小风电、地源热泵、污水源热泵等，利用用电低谷可以将电力转换成制冷制热制气并进行储能（蓄冷储热储气储电），继而可以实现连续供冷供热供电供气即多能互补转换。美国2009—2019年各类能源发电平准化成本数据显示：天然气调峰电厂下降30%，核电（不计退役拆除成本）上升26%，煤电下降2%，天然气冷热电三联供下降32%，地面光伏下降89%，地热发电上升20%，陆上风电下降70%，带储能的塔式光热发电下降16%。我国可以"风光水火"电互补打捆输送到园区，园区开发光伏发电、风电、地热等，结合冷热电三联供、蓄能、电采暖、电锅炉、电动汽车充放电等形成"冷热电气"互补，实现综合降低能源成本。

2 国内外多能互补典型项目分析

斯坦福校园多能互补系统：利用电网对校园供电的同时，采用热泵、太阳能发电与余热回收进行联合供热，再采用燃气机组冷热电三联供；相比原有系统，实现了50%减排指标，提高了52%能效。荷兰电力供需匹配项目、欧盟FENIX项目、丹麦EDISON项目：建立需求响应补偿激励措施，即尖峰电价、峰谷分时电价引导电力用户和分布式电源出力匹配；由负荷聚合商（售电商）汇聚分布式发电、储能、柔性可中断负荷等进行互补，参与电能市场、辅助服务市场、碳排放市场等互补交易等获取收益；通过互补用电来避峰用电，降低用能成本。美国Opower能源管理公司：针对用户制冷、采暖、用电、用气等进行分类列示，提供相近用户耗能的横向纵向对比；对用户用能数据进行挖掘以便后续用能过程改进提升，促进综合用能精准投资；累计帮助用户节能90多亿度电量，节费十多亿美元，二氧化碳减排120多亿磅。日本东京电力公司融合电力、燃气、热电联产、氢能、蓄电池、电气化热泵、地源热泵等设施，实现供应侧多能互补；为客户提供供电、供燃气、供暖、供冷、电动汽车充放电、智能家居的供需双侧互补方案；提供电力、燃气、冷热的组合价格和用能设备匹配的用能互补方案；客户不需要初始投资，以服务费形式摊销到设备的全生命周期。奥迪公司在德国建成了工业级的早期电制气工程（容量6MW，电解水制氢，氢气与二氧化碳合成甲烷），并入天然气网络直接向天然气公司出售多余的甲烷（将可再生能源转化为甲烷的效率为50%—70%，再经过燃气机组将甲烷转化为电的效率为30%—38%，如果将电转气与热电联供结合，总体效率可达40%—50%）。德国意昂集团业务涵盖电力和天然气的生产、输配、销售等各个环节，向住宅建筑提供低成本的供热和供热互补方案；针对市政和商业客户，建设小型热电联产系统；针对工业用户，进行热电联产项目的开发、融资、建设、项目管理、安装调试与运行；开发水力、风力、光伏、光热、生物能源等进行冷热电气互补，电能自发自用，多余上网参与电力交易。德国"E-Energy计划"在6个综合示范区扩大分布式能源生产规模，推进电动交通新型充电模式，高比例可再生能源与电力市场实时电价、储能、电动汽车、用户需求响应互补结合。德国RegModHarz项目，建设2个光伏电站、2个风电场、1个生物质发电、1个抽水蓄能电站；这些发电资源与电动汽车以及用户侧储能共同构成了"虚拟电厂"，能够平抑风电、光伏功率输出的波动性；参与电力现货市场获得用能价格信号，引导多种能源的转换储存，达到用能成本最优化且实现100%清洁能源供能。

我国国家级、省级工业园区分别达552个、1991个，各类园区集中了70%工业用能。从用能形式来看，工业园区和公共建筑群具有电、冷、热等多种能源需求，存在较大的多能互补、集成提效空间。协鑫智慧能源公司在苏州工业园区打造多能互补集成优化示范工程，包括两个天然气热电联产中心、3个区域能源中心、10个分布式能源（天然气、储能、地源热泵等）等，形成了超过100万千瓦的清洁能源系统和"六位一体"多能源微网。天然气热电冷系统、光伏发电、风能发电、储能技术、节能技术和低位热能有机融合，实现能源梯级利用，能源综合效率达到70%；为商业区、工业区、住宅区等不同用户提供蒸汽、热水、直流电、交流电、空调制冷、储能等；利用浅表地热资源和屋顶热资源转化为供暖空调系统和热水，各热源物理阶梯接入与可再生能源互补利用，实现冷、热负荷需求与供能匹配；供能侧与需求侧双向调峰，相比于单侧调峰，调峰设备容量可以减少一半。新奥集团为打破传统能源分项规划模式，进行源、网、荷、储整体优化布局；进行园区多区块多能统一调度，发挥区块间多能互补协同效应，提升可再生能源清洁能源利用率；打破能源"竖井"，冷、热、电、气一体化供应，电网、热网、气网互联互通，形成光伏、地热、燃气、余热、储能等多能互补高效集成，梯级利用，就近消纳提高能效；已为全国300多个园区、城市综合体提供清洁能源整体解决方案服务（国家首批23个多能互补示范工程中入选了2个）；先后在湖南长沙黄花国际机场、山东青岛中德生态园、上海腾讯数据中心、河北廊坊生态城、株洲神农城、江苏盐城亭湖区医院等实施泛能网技术，能源综合利用效率达80%以上，减排各类污染物50%以上。上海电力大学临港新校区在960亩的校园中，建设了10栋公寓楼的空气源热泵辅助太阳能热水系统、约2兆瓦屋顶光伏发电系统、300千瓦风力发电系统、1套混合储能系统，49千瓦光电一体化充电站（车棚可利用光伏发电直接为电动车充电）以及一体化智慧路灯（路灯集成了照明、通信、监控、充电桩功能）；光伏发电"自发自用，余电上网"，利用风力发电实现风光互补；空气源热泵、太阳能光热互补形成制热水装置；光伏、风电、储能、太阳能热水器、空气源热泵互补一体智能管控，满足学校电、冷、热（含热水）、气需求。广州大学城面积18平方千米，包括10所大学和1座中央商务区，容纳14万大学生和11万名员工。配置2台燃气蒸汽轮机发电机组和2台中压、低压蒸汽余热锅炉。通过非补燃双压余热锅炉回收燃气机的高温烟气，生产中压蒸汽和低压蒸汽，中压蒸汽进入抽凝式汽轮机发电；余热锅炉生产高温热媒水作为生活热水，满足热水热负荷需求；吸附式空调制冷器利用富余的热媒水及汽轮机抽汽，满足冷负荷需求，在冷负荷高峰时，供冷不足的部分通过集中式电制冷站补充；热负荷与冷负荷低谷时，汽轮机利用剩余抽汽进入燃气轮机与汽轮机发电，用于满足电力需求。国网客服中心北方园区，集生产、办公、生活为一体，总建筑面积14.28万平方米，以电能为唯一外部能源，包括光伏发电、地源热泵、冰蓄冷、太阳能空调、太阳能热水、储能微网、蓄热式电锅炉七个子系统，规模化高效利用区域内可再生能源，对园区冷、热、电、热水进行综合分析、统一调度、多种能源综合协调供应；每年节约运行费用超过千万，实现了100%电能替代，能源自给率超过50%。

3 国内外多能互补研究现状分析

在20世纪90年代，为了提高多种能源利用比例和减少温室气体排放，传统的能源生产和消费模式发生了巨大变化，如欧洲一些国家提出了多能互补系统概念，在原有"20—20—20"目标基础上，提出了"40—27—27"能源战略目标，以期实现多种能源的互联、互补、互济利用[1]。在欧盟第五框架（The Fifth Programming, FP5）的基础上，尽管未提出统一的多能互补系统概念[2]，但实施和发展了多个项目，如Energie项目将大规模可再生能源接入运行系统中，力求与传统能源进行协同平衡发展；Microgrid项

---

① Wei, C., Xu, X. Z., Zhang, Y. B., Li, X. S., "A Survey on Optimal Control and Operation of Integrated Energy Systems", *Complexity*, Vol. 2019, Dec. 2019.

② European Commission, "The Fifth Framework Programme", http://ec. Europa. eu/research/fp5. European Commission.

目从用户侧角度，实现了可再生能源与其他各类型能源的互补利用；在第六框架（FP6）和第七框架（FP7）中，开展和实施了 Trans-European Networks、Intelligent Energy 多能互补系统项目①②。在英国，HDPS 项目更多致力于大电网与可再生能源之间的协同发展，HiDEF 项目实现了分布式能源与集中式能源之间的协同发展③④。在德国，每年投入 3 亿欧元，研究能源系统的优化协调和安全供应⑤。在美国，能源部和相关部门制定了能源价格相关政策，促进了各类多能互补供应商的发展，如爱迪生电力公司、太平洋燃气电力公司等⑥⑦；在系统结构上，天然气系统逐步接入电力系统，增强了各能源子系统之间的耦合关系，增加了天然气所占比例⑧；在运行技术上，为了逐步提高清洁能源的比重，重点关注了冷热电联供技术（CCHP）的推广使用，在 2007—2012 年投入了 6.5 亿美元，建设一个高效能、低投资、安全可靠的多能互补系统，有助于促进能源领域的创新性革命。在加拿大，政府承诺将在 2050 年实现温室气体的排放量削减到 2006 年的 60%—70%，出台了多项研究报告和指导意见，有力推进了社区多能互补系统（Integrated Community Energy Solutions，ICES）相关研究，如 ecoENERGY、Clean Energy Fund、Building Canada Plan 等⑨⑩。在日本，煤炭、石油、新能源、燃气等一元化管理模式转变为多元化能源协同耦合发展模式⑪⑫；作为亚洲最先开展和实施多能互补系统研究的国家，政府逐步推进了电力、热力、燃气、可再生能源一体化集成发展⑬。

---

① European Commission, "The Sixth Framework Programme", http：//ec. Europa. eu/research/fp6.

② European Commission, "The Seventh Framework Programme", http：//ec. Europa. eu/research/fp7.

③ EPSRC, "SuperGEN-highly Distributed Power Systems（HDPS）", http：//www. supergen-hdps. org.

④ EPSRC, "SuperGEN-highly Distributed Energy Future（HiDEF）", http：//www. supergen-hidef. org.

⑤ BMU of German, "Energiekonzept der Bundesregierung-langfristige Strategie Fur Die Kunftige Energieversorgung", http：//www. Bmu. de/files/pdfs/aldermen/application/pdf/energiekonzept_ bundesregierung. pdf.

⑥ "Energy Information Administration. International energy outlook 2011", Annual report-DOE/EIA-0484, https：//www. eia. gov/pressroom/presentations/howard_ 09192011. pdf, 2011.

⑦ IEA, "World energy outlook", International Energy Agency, US, 2013.

⑧ DOE of United States, GRID 2030. a National Vision for Electricity's Second 100 years, https：//www. energy. gov/sites/prod/files/oeprod/DocumentsandMedia/Electric_ Vision_ Document. pdf, 2003.

⑨ Government of Canada, "Combining Our Energies：Integrated Energy Systems for Canadian Communities", http：//publications. Gc. ca/ collections/collection_ 2009/parl/xc49 – 402 – 1 – 1 –01e. pdf, 2009.

⑩ Natural Resources Canada, "Integrated Community Energy Solutions-a roadmap for Action", http：//oee. Nrcan. Gc. ca/sites/oee. Nrcan. Gc. ca/files/pdf/publications/cem-cme/ices_ e. pdf, 2009.

⑪ QUEST, "Integrated Community Energy Solutions：Organizational Primer for Community Builders", http：//www. questcanada. org /pdf/QUEST Ⅲ WhitePaperFinal. pdf.

⑫ Nakanishi H., "Japan's Approaches to Smart Community", http：//www. ieee-smartgridcomm. org/2010/down loads/Keynotes/nist. pdf, 2010.

⑬ Tokyo Gas, "Challenge for the Future Society：Smart Energy Network", http：//www. tokyo-gas. Co. jp/techno/cha llenge/002_ e. html.

2014 年 APEC 会议上，习近平主席表明将在 2030 年实现我国二氧化碳排放量达到峰值[①]。1993 年我国能源部撤销之后，电力、石油、煤炭等各类能源分属不同部门进行管理，直接制约了各类能源之间的协同有机发展，直到 2008 年，我国重新成立了国家能源局，从国家层面对能源行业进行统一管理，并于 2010 年成立国家能源委员会，开始制定各类符合当前我国能源安全、能源需求、发展战略的相关指导意见和发展政策[②③]。在 2016 年，为了推动和发展多种能源的协同发展和有效利用风电、光伏等可再生能源，国家发改委、国家能源局等多部门发布了各项指导意见和规章制度。在科研方面，也启动了多项多能互补系统相关项目，如 973、863 研究计划中，与英国、德国、新加坡等多个发达国家进行合作研发，致力于推广建设清洁、高效、安全、可持续的多能互补体系[④]。

4 多能互补体系中的复杂科学问题

4.1 "风光水火"电互补协同运行市场机制分析模型

分析火电、水电、风电、光伏发电的地域差别特征、季节差别特征、时段（昼/夜）差别特征，再利用用户群之间地域、时段的用电差别特征，可以在更大的范围内进行调峰调谷，平抑可再生能源发电的地域差别性、时段/季节差别性等，以利于可再生能源发电（注：比新能源发电种类多了水电，水电相比新能源光伏发电、风电，随机性不强）的消纳。为此，需要构建市场机制，引导各个主体参与市场化运营。发电侧（火电、水电、核电、风电、光伏发电）与需求侧（大用户、售电商）分别参与日内、日前、月度、年度市场报价，分别参与辅助服务市场进行双边协商定价或集中竞价；火电具有很强的调峰能力，调峰手段不应只考虑技术问题，更应注重经济效益，通过构建合理的市场激励机制，即对新能源发电提供辅助服务而获得合理补偿。利用好不同类型发电上网电价互补性、不同地域发电环境减排额互补性、不同地域用电价格差别互补性等，通过价格机制引导利用好不同区域来风、来光、来水的时间/季节互补性，促进电源类型之间发电置换、区域之间发电置换、可再生能源发电跨区消纳，电量接收地区会压缩电厂上网电量从而导致税收利益减少，但可以从绿色证书市场交易、碳排放市场交易角度进行回补，电量接受地区获得了收益同时减少了排放。上述

① 孙宏斌、郭庆来等：《能源互联网：理念，架构与前沿展望》，《电力系统自动化》2015 年第 19 期。
② 姚建国、高志远等：《能源互联网的认识和展望》，《电力系统自动化》2015 年第 23 期。
③ 韩董铎、余贻鑫：《未来的智能电网就是能源互联网》，《中国战略新兴产业》2014 年第 22 期。
④ 严太山、程浩忠等：《能源互联网体系架构及关键技术》，《电网技术》2016 年第 1 期。

每一种情景均需要构建模型进行分析。

4.2 "风光水火"电互补协同运行多主体合作优化模型

新能源发电、用电负荷具有一定的随机性和波动性，预测不能达到100%准确，必须借助可调性电源发电或储能才能实现发用电实时平衡，可以从区域内入手研究优化配置火电/水电对风电/光伏发电的调峰深度；从区域间入手研究"风光水火"电的联合优化调度运行；根据地域的发电资源禀赋特征，优化"风光"电、"风水"电、"风火"电、"风光水"电、"风光火"电、"风光水火"电、"风光水火"电打捆运行的各自容量配比；火电机组、水电机组、抽水蓄能、可中断用户负荷等提供调峰调频辅助服务，即通过平滑稳定地调整机组出力、储能或调节负荷，削峰填谷，实现电力平衡；火电深度调峰需要频繁启停机组或者增减机组出力，运行成本会提高；"风光水火"电打捆运行的收入涉及不同类型发电的电量电价，合作后的利润分配不能简单按照电量电价分析，需要考虑发电排污费用、火电启停成本、煤耗率等总体变化；在此基础上，构建合作博弈利益分配模型在多主体之间进行合作效益分摊。

4.3 "冷热电气"互补协同运行市场机制分析模型

"冷热电气"多能互补各主体间的交易需要完善的交易市场，通过构建市场化的运行机制来实现最佳经济运行效果。通过季节性/时段性价格机制引导低谷弃风和弃光时段新能源发电应用于"煤改电"锅炉、地源/空气源热泵、电采暖、电动汽车充电等；通过新能源发电市场交易机制（现货、中长期、期货、差价合约等）以实现发电置换；通过用电、用气、用热、用冷等市场价格机制引导"冷热电气"的转换利用及"蓄冷蓄热储电储气"等；通过调峰电价机制实现调峰电源与新能源发电之间的利益均衡；分析用户群依尖峰、峰、平、谷段随分类能价（冷、热、气、电）变动而波动的规律，即用户用能对能价的时段响应而引导削峰填谷；分析不同类型能源供应成本与用能价格耦合关系，用于"冷热电气"多能耦合下价格链机制设计。

4.4 "冷热电气"互补协同运行多主体合作优化模型

"冷热电气"供应互补、需求互补、供应与需求间互补，涉及多类主体间合作共生利益的合理分配。燃气冷热电联产、光伏发电、小型风电，园区内自发自用，剩余卖给大网，售能价格如何设计；不足从大网购买，购能价格如何设计；燃气发电对光伏发电的深度调峰，如何进行调峰定价来合理补偿；用能低谷时段可能废弃的新能源发电可以直接转换为制冷制热制气，转换为制冷制热制气的成本需要分析；冷、热、气如果不能消纳掉，需要转换为储电蓄冷蓄热储气，其分别的成本需要分析；用能高峰阶段，储电蓄冷蓄热储气开始释放"冷热电气"，释放供能的价格需要分析；相对于"冷""热""气"等，电能惯性小、响应快、易于传输、易于转换成"冷""热"甚至"气"，"冷""热"一般依靠风机、锅炉、空调、热泵等电能驱动的转换设备来完成，可以间接通过电能耗损以及设备性能（如泵的机械效率、锅炉的热效率、空调制冷系统）折算出"冷""热""气"的消耗量，多能互补的成本传递链需要分析；冷价、热价、气价、电价的价格信号可以引导用户合理用能，使得用户用能成本下降及更多消纳新能源发电。基于上述的成本链、价格链分析，继而构建"冷热电气"多主体互补运行联合经济调度优化模型及合作效益分配模型。

4.5 "源荷储"互补协同运行市场机制分析模型

我国一些地区电力峰谷负荷差十分明显，最大负荷是最低负荷的两倍（超过90%的峰值负荷的时间往往累计不到100小时，只相当于365天的1%，而为了保证这1%，必须保留大量冗余发电、输配电容量）。通过对电价引导用户用电调节实现柔性负荷控制，既能节省电力投资，也可减少环境排放。在新能源发电机组出力高峰时段，通过降价激励用户用电，增加新能源发电利用（源荷互补）；通过电动汽车充电价格、储能（蓄冷蓄热储电储气）充放电价格与新能源发电互补，解决用电负荷与新电源出力不同步的问题（源储互补）；通过电价引导利用储能系统与可控负荷可以解决风电和光伏发电间歇性随机性导致的预测出力误差（源荷储互补）；根据用能高峰段、平段、低谷段，优化设计多时段能源价格，以激励用户集群将一部分用能（用冷用热用气用电）从高峰段转移到平段或低谷段（时段互补），既减小峰谷差，又消纳新能源发电（增加夜间风电消纳、中午光伏发电消纳，即源荷互补）。

复杂系统视角的信息产业创新
网络演进研究

邵云飞　王江涛

（电子科技大学 经济与管理学院，成都　611731）

摘要： 本文基于信息产业的演化规律，将信息产业创新网络划分为形成期、成长期和成熟期三个阶段，并在复杂系统的视角下分析了不同阶段的创新网络特征，进而提出了信息产业创新网络演进概念模型。接着，本文采取多案例的研究方法，分别分析了信息产业中 4G 和 5G 的创新网络演进过程，并结合信息产业的演进概念模型，提出了 4G 和 5G 的演进历程与复杂系统视角的创新网络匹配模型，并对两者进行了比较分析。最后得出了信息产业演化的各个阶段需要采取不同的创新模式，并同创新网络中的其他主体进行合作，以适应各阶段特征的结论。

关键词： 复杂系统视角；信息产业；创新网络演进

1　研究背景

在全球化和互联网浪潮的推动下，我国信息产业得到快速发展，2018 年，整体运行呈现"稳中有进、稳中育新"的特征。其中，电子信息制造业主营业务收入较 2017 年增长 9.0%；2019 年规模以上电子信息制造业增加值同比增长 9.3%[①]。但相较于美国、日本、韩国，我国电子信息产业却集中于全球价值链低端环节，呈现出"大而不

基金项目： 国家自然科学基金面上项目（71572028；71872027）；国家自然基金重点项目（71832004）

作者介绍： 邵云飞（1963— ），女，浙江金华人，电子科技大学经济与管理学院教授、博士生导师，博士，研究方向：创新管理、新兴技术管理、组织与人力资源管理；王江涛（1994— ），男，陕西周至人，电子科技大学经济与管理学院硕士研究生，研究方向：组织与人力资源管理。

① 《2019 年规上电子信息制造业增加值同比增长 9.3%》，中国产业发展研究网，http://www.chinaidr.com/tradedata/2020-02/133344.html.

强"的特征。信息产业是第二次世界大战以后发展起来的新兴产业，对于信息产业的概念界定，目前国内外仍未统一①，尚缺乏权威且统一的信息产业定义②。马克卢普是最早对信息产业进行系统性研究的，他在 1962 年出版的《美国的知识生产与分配》明确了知识产业（或部门）的范围，即"教育、研究和开发、传媒、信息机器、信息服务"。马克卢普和波拉特等经济学家开创了信息产业与信息经济研究的先河，形成了信息产业学说。后来学者们进一步审视马克卢普和波拉特的学说，形成信息产业观。特别是新一代信息产业的生产要素、需求多样性、相关产业以及政府等因素对企业创新产生了显著影响③。信息产业可以理解为以信息技术为基础，对信息进行收集、加工、存储、流通、传播和服务的行业以及信息设备制造行业的总称。

复杂科学管理思想是一种面对 21 世纪时代特征的新的管理思想④。作为复杂科学管理思想的主要构成部分，学者们将复杂系统相关理论与实践进行了结合。其中，针对复杂生态和社会系统的不确定性需构建更灵活、更具有适应性的治理组织⑤。随着信息产业生态系统的形成，创新网络中节点间知识流动对网络结构演变的影响成为学者们关注的问题。同时，创新网络的本质体现为其自身就是一种知识流动的复杂适应系统⑥。因此，从复杂系统的视角分析信息产业创新网络的演化，对于信息产业发展具有重要意义。近年来，从政府部门到相关企业，在推进信息产业创新网络升级方面做出了一系列努力，涌现出了一批重视技术创新网络建设的电子信息企业。例如，华为 2016 年与客户和合作伙伴成立了绿色计算机产业联盟，共同拓展基于 ARM 的绿色计算机产业；2018 年 2 月发起并推动成立了跨行业、跨产业的 GIO（全球产业组织），共同推动数字化转型的框架、规范、标准和节奏⑦；中兴通讯作为德国电信 5G 创新实验室的合作伙伴，深入参与了 NGMN 的 5G 工作，与全球科研公司及全球网络供应商合作，致力于推动 5G 全球创新⑧。《中国制造 2025》明确提出，强化企业技术创新主体地位，支持企业提升创新能力，瞄准国家重大战略需求和未来产业发展制高点，定期研究制

---

① 谷峰、蒋志华、王亚敏：《信息产业综合评价研究文献综述》，《经济研究导刊》2014 年第 19 期。

② 张志俊：《信息产业的界定与统计指标体系的设计》，《统计与决策》2005 年第 15 期。

③ 陈鲁夫、邵云飞：《"钻石模型"视角下战略性新兴产业创新绩效影响因素的实证研究——以新一代信息产业为例》，《技术经济》2017 年第 36 期。

④ 徐绪松：《复杂科学管理：新时代呼唤新的管理理论》，《清华管理评论》2017 年第 11 期。

⑤ Cooney, R., Lang, A. T. F., "Taking Uncertainty Seriously: Adaptive Governance and International Trade", *European Journal of International Law*, Vol. 18, No. 3, June 2007.

⑥ 贾卫峰、楼旭明、党兴华：《技术创新网络内节点间知识流动适应性规则研究——CAS 理论视角》，《科技进步与对策》2017 年第 34 期。

⑦ 《华为研究发展：每年二三十亿美元投入前沿研究》，科技新闻网，http://www.dogame.cn/gundong/2020/0709/32870.html.

⑧ 《布局全球＋中兴通讯的"自我颠覆"》，https://www.yicai.com/news/4601951.html.

定重点领域技术创新路线图，加快建立以创新中心为核心载体、以公共服务平台和工程数据中心为重要支撑的制造业创新网络。可见，关于信息产业创新网络的研究已经成为政策制定者、实践工作者和理论研究者共同关注的焦点。

以技术创新为核心的创新网络逐步成为信息产业创新的生态系统，信息产业技术创新网络的复杂性使得研究其发展演化过程更具有现实意义。后文安排如下：从复杂系统的视角对信息产业创新网络进行理论探究，同时从形成期、成长期和成熟期三个阶段进行分析；并在此基础上提出信息产业创新网络的演进概念模型；接着进行研究设计，然后以信息产业中4G和5G的案例来分析创新网络的演进过程，进一步丰富复杂系统视角的信息产业创新网络演进的研究。

2 理论分析与模型的提出

为了理解信息产业创新网络演进过程的特征，保障信息产业创新网络演进研究的科学性，本文有针对性地在研究过程中嵌入了复杂适应系统理论、生命周期理论、网络演化理论等展开分析工作。由于复杂适应系统理论没有对主体的性质进行特定的限制，因此理论和方法可以用于解释信息产业复杂系统。复杂系统中的互动一般具有以下特征：（1）互动具有结构条件。互动必须发生在两个或两个以上的主体间。（2）互动具有时间和空间属性。互动总是在特定的场中进行的，同一行为在不同的时间、不同的场合具有不同的意义。（3）互动机制的可解释性。互动双方在一定的规范下使用统一或相通的符号、规则。（4）互动主体的利益驱动性。互动主体都基于行动者一定的需要与利益，试图去影响或调和另一方的行动。（5）互动主体的相互依赖性。这种依赖性可能是直接的，也可能是间接的；可能是亲和的，也可能是排斥的。（6）互动会带来一定的效果，会对互动双方及其所属系统和环境产生影响。[①] 复杂系统中的互动特征，表现了系统中主体关系的复杂适应性。因此，本研究运用复杂适应系统理论、网络演化理论来分析信息产业创新网络的演化过程。同时，信息产业创新网络演化与生物体成长类似，都具有生命周期特征，而发生在产业内的主体创新行为过程作为演化的组成部分，同样呈现出生命周期的阶段性特征。因此，本研究将信息产业创新网络的演化阶段与复杂适应系统的演化阶段进行类比。

Fleming 等把技术作为一个复杂适应系统进行研究[②]，创新网络之中各个主体之间

---

① 徐绪松：《复杂科学管理》，科学出版社 2010 年版。

② Fleming, L., Sorenson, O., "Technology as a Complex Adaptive System: Evidence from Patent Data", *Research Policy*, Vol. 30, No. 7, Aug. 2001.

相互联系、相互制约，形成一个非线性的复杂系统；而信息产业的企业往往因为对核心技术的需求而成为网络中的核心企业，信息产业的企业和上下游企业一起共同形成了对高校及科研机构核心技术的需求。信息产业创新网络内知识量的不断增加、知识转移的范围不断扩大，使得整个产业的获利水平不断提升，进而会加大产业的核心竞争力，从而促进整体产业的不断发展；促进信息产业的企业为更新现有的核心技术而不断增加研发投入，从而进一步促进创新网络的发展。本研究运用产业生命周期的划分方法将信息产业划分为形成期、成长期和成熟期①，依据复杂适应系统理论分别阐述创新网络形成期、成长期和成熟期的特征，并在网络演化理论的基础上形成复杂系统视角的信息产业创新网络演进概念模型。

2.1 创新网络的形成期特征分析

复杂适应系统理论对主体、非线性、聚集、多样性和内部机制等概念内涵和特征进行了描述和界定②。信息产业创新行为的复杂性和一致性特征决定了复杂适应系统理论应用在创新网络当中的合理性，同时也决定了从复杂系统视角看待创新网络各阶段演化特征的科学性和可行性。如果想要形成复杂系统，那么要素之间需要存在复杂动态的交互作用，且交互作用包含线性和非线性两种，只有后者才能催生非加和效果以及具有复杂性的强涌现行为③。信息产业创新网络的形成过程同样伴随着多种非线性作用。伴随着创新模式的多样化，从降低创新风险和提高创新效率角度考虑，创新的专业化分工更加明显；创新空间增大、创新周期缩短促使主体在持续的交互合作过程中组成创新共生体，也就是创新网络④。复杂适应系统理论将主体主动性视为系统演化的基本动因，从而使得主体主动性或者说适应性成为分析系统宏观功能或现象的基本出发点。复杂适应系统理论通过将主体适应性视为系统整体演化的基础，保证了在实际研究中能将宏观与微观进行统一分析。从复杂系统的视角来看，信息产业的企业由星点式分布向集群式分布的迈进，是信息产业的形成初始和萌芽阶段，特点是一定数量信息技术设备制造企业和信息服务企业以及相关企业集中地出现在一定的地域范围内。根据生命周期理论，本研究将这一阶段划分为形成期。在该阶段，初级生产要素、行业规则和政府的主导作用是信息产业形成的主要因素，通过政府扶持来建立相应的信

---

① Chen, C. C., Chen, Y. T., Chen, M. C., "An Aging Theory for Event Life-Cycle Modeling", *Systems, Man, and Cybernetics-Part A: Systems and Humans*, Vol. 37, No. 2, Apr. 2007.
② 宜云干、朱庆华：《基于复杂适应系统理论的网络信息生态分析》，《情报科学》2009 年第 27 期。
③ 王涛：《动态系统理论视角下的复杂系统：理论、实践与方法》，《天津外国语大学学报》2011 年第 18 期。
④ 刘丹、闫长乐：《协同创新网络结构与机理研究》，《管理世界》2013 年第 12 期。

息产业园区,并在税收、土地、金融等方面给予一系列的政策优惠。对产业园区建设来说,在此阶段,重要的是建立企业合作机制,根据产业分工原则与产业关联效应,有目的地选择企业入园,为形成开放活跃、相互依存的协作网络奠定基础。在此阶段,成本优势出现,但受环境影响较大,市场需求不大,相关的支持性产业和服务机构很不完善,产业链上分工和合作程度较低,集聚效益尚不明显,企业间主要是同质竞争。因此,集群在该阶段的竞争力最弱,创新能力不足。

这个阶段创新网络的核心是单个信息产业企业,单个企业为了促进自身的技术进步,在本企业内构建创新网络,设立信息产业技术创新的研发部门与研发机构,利用现有的条件进行组织结构的优化与技术创新。在创新的过程中,企业通过市场调研发现需要调整的技术方向,将技术改进方向交给研发部门,形成可行性高的技术创新研发项目,相关技术研发部门集中企业内部的研发人员进行技术创新,创新型成果将在生产部门进行实践检验,生产的技术创新型成果由销售部门投入市场,并获得市场信息,重新调整其创新方向。企业在发展过程中,为更好地支撑自身的发展,会逐步形成一个以技术部门为核心,以企业内市场部门为先导,以销售部门为后继,且具有核心竞争力的技术创新网络。以企业为主导的技术创新网络的建立有助于创新成果的独享性,提高企业的市场竞争力,但由于创新网络的主体单一性,网络的发展受到极大的限制。企业的技术创新网络需要本身搜集大量的市场信息,并将其传递给企业内部的核心技术研发部门,研发部门通过对市场的技术信息进行提取、分解、消化、创新等一列的活动,在大量研发的技术上提出适应市场发展的新技术,进而将其应用到企业的生产过程中;同时,创新型技术要能够通过市场考验,促进企业产量和利润的增长,又需要销售部门及时反馈市场信息,在企业内部构成自身技术创新发展的封闭环路。此种技术创新网络需要企业进行大量的资金和人员投入,且由于封闭环路涉及主体的多样性,技术创新网络的反馈周期相对较长,企业内部人员的专业性较弱,网络内部各要素之间的协同性较差,任何一个要素的不良反馈都将对整个系统造成极大的损害,技术研发由单独企业承担,企业技术研发风险较大。

2.2 创新网络的成长期特征分析

复杂适应系统理论认为在事物不断演化和成长的过程中,系统中主体可以通过自身的学习不断改善自己的行为模式,并且在复杂的动态系统中不断进行协调、适应和相互作用[1]。在信息产业中,可以把参与信息产业系统活动的各成员称为主体,且各主

---

① Holland, John H. , "Hidden Order: How Adaptation Builds Complexity", *Leonardo*, Vol. 29, No. 3, Jan. 1995.

体之间相互作用，这意味着，信息产业系统中所有要素都可以与环境及其他主体不断地进行某种交流，主体在学习过程中不断地积累经验，并能够根据学到的经验，通过对自身及环境的整体分析，进而改变主体的内部结构，或是转变主体的行为方式，最终以适应自身对环境的变化。适应性规则为系统的演变进化提供了强大的基础。简言之，即适应性造就复杂性。在复杂系统中，主体不断与环境相互融合、协同进化，以适应环境的复杂多变。结合生命周期理论，信息产业在演化的过程中也遵循着类似的演进规律，在信息产业快速发展的这一阶段，本文将其划分为成长期。

在成长期，信息产业规模快速扩张，信息产业企业之间的竞争日益剧烈。单个信息产业为了占有市场份额，会主动推动技术创新的发展，建立以自身为主导的创新网络也是很多信息产业企业推进技术创新的一种方式。需求、竞争、区域文化、要素互动构成影响信息产业发展的四大因素和条件。市场需求性、相关与支持性产业、同业竞争、外来投资成为信息产业发展的主导动力。企业间的协同创新行为会促进网络结构的演化，特别是科学技术、政府行为能够促进网络演化，有利于网络内主体间协同创新行为的形成[1]。初级生产要素和政府机制是该阶段竞争优势的主导因素，成本优势继续发挥作用，政府在政策导向和提供服务中地位突出。企业是信息产业的基础，是信息产业的核心成员。企业活动不仅包括企业自身内部的运作，还包括与外部其他组织所进行的信息技术、资本、物质、人才以及知识的交流和交换转化，并把它们转化为企业的生产力，同时经过内部转化系统，生产出信息产品或提供信息服务和新知识，实现企业的生存价值。市场需求的不断上升并带动了上下游产业链的发展，外来投资和出口的不断增强使企业的数量快速增加，产业规模逐渐扩大。在信息产业集群内部，因为获取、使用相同或相近的资源，使得企业之间必然产生竞争。这些资源包括自然资源、客户资源、市场资源、政策资源、服务资源、人力资源以及各种物质资源。竞争的主体从单一企业拓展为产业群，竞争的表现形式为同类信息产业群之间以资源为基础的合作式竞争或有损竞争对手利益的冲突性竞争。区域性文化营造了社会网络优势，加强了企业的根植性，品牌优势还不明显处于积累阶段，技术创新及竞争力在迅速增强。

2.3 创新网络的成熟期特征分析

基于复杂适应系统理论，伴随着信息产业的不断发展，信息产业创新网络中各主

---

① 吴钊阳、邵云飞等：《产业集群协同创新网络结构演化——以"一校一带"模式为例》，《技术经济》2018年第37期。

体与环境之间不断地进行着信息的交流、物质的交换以及能量的传递，系统中各主体在动态变化的相互作用下，复杂系统视角的创新网络的功能、行为和结构将不断完善并趋于成熟。结合生命周期理论，在信息产业创新网络趋于成熟的这一阶段，本文将其划入成熟期。在成熟期，信息产业内企业的数量比较恒定，企业的进入速度放缓，并出现边际递增为零的现象，部分企业发展为大型企业或跨国公司，在全球价值链上不断攀升，信息行业已成为该区域经济的支柱产业。依赖低成本的初级生产要素的地位迅速下降，竞争优势主要依赖于创新型生产要素，创新网络已经成熟，不管是在垂直产业链上的企业合作分工还是在水平企业间的竞争合作，都达到一种协同的创新。国内需求会达到最大，国内市场逐渐饱和，需求的国际化成为主流。相关和支持性产业非常发达，尤其是有高度发展的专业性服务行业支撑产业发展。同时，政府的作用力减弱，外来投资迅速减少，需求的精致性和复杂性也导致企业的风险性增加，信息产业的竞争力达到最大。

经过成熟期后信息产业的演进方向会出现三种路径。一是可持续发展阶段，即产业的升级①，向更高层次演进。信息产业内的企业在技术创新和产品创新的推动下，为取得竞争优势而不断采取合作创新的模式，出现新的信息产品与新的竞争合作模式。随着信息产业竞争力的提高、品牌形象的树立，集群内不断通过技术创新进行着产品的更新换代，促使产业向更高端发展，高层次的产业继承和发展了原有产业集群的优势②。如我国北京中关村的电脑业，因电脑关键技术获得突破而使中关村由原先的纯进口组装产业转向部件生产、软件开发等较高层次电脑产业发展。二是走向衰亡或复兴阶段。信息产业产品的国内外市场萎缩和衰退，高级和专业型生产要素的培育和创造能力缺乏，外资撤资，企业效益下滑甚至出现亏损，有企业开始迁出，产业供应链逐步解体，就会走向衰亡。如果出现新的机遇，信息产业也可能进入复兴阶段，可能在原产业基础上或与其他产业交叉而产生另一种新类型的产业。三是迁移，即信息产业向其他地区转移③。成本上升是中小企业向更低成本地区转移的主要原因。而其他国家和地区，政府会通过改善投资软硬环境，出台更加优惠的政策和措施来吸引投资，吸引产业内企业集体迁入。尤其是一些由外商投资而形成的中小企业产业群，会出现投资的转移和集群集体迁移等现象。因此，防止产业转移的关键是加强集群的根植性，

① 马健：《信息产业融合与产业结构升级》，《产业经济研究》2003年第2期。
② 李琳、邓如：《产业生命周期视角下多维邻近性对集群创新的动态影响——以中国电子信息产业集群为例》，《软科学》2018年第32期。
③ 马永红、李玲等：《复杂网络下产业转移与区域技术创新扩散影响关系研究——以技术类型为调节变量》，《科技进步与对策》2016年第33期。

促进中小企业集群与所在地的文化和制度的融合，形成信息产业独特的文化环境，这也可以为信息产业带来持续的生命力和创新力。

2.4 概念模型

复杂适应系统理论在战略组织设计①、供应链管理②、创新管理领域③、产业集群④以及跨国公司、生态系统或人类意识形态⑤等方面均取得了重要的研究成果。复杂适应系统理论以系统内部各主要因素的相互作用为主，通过局部模型与全局模型之间的作用和反馈来凸显研究整体的全局行为⑥。而信息产业创新网络的影响因素主要存在于信息产业内部及与环境相互作用的系统外部。信息产业演化由内在动力和外在作用力共同作用，竞争和协同的相互转化推动信息产业系统演化⑦。从信息产业演化的外部动力来看，国家政策、社会环境和市场需求之间存在复杂的作用机制，市场需求的变化会不仅受到社会环境的影响，同时还会对社会环境产生影响；国家政策在这两者之间起到了协调和平衡的作用；它们三者共同作为外部因素推动信息产业的发展。从信息产业演化的内部动力来看，社会网络、信息技术和基础设施则推动着信息产业内部的变化，信息技术的进步离不开基础设施与社会网络的支持，基础设施与社会网络也因着信息技术的进步而发生变化；社会网络和基础设施是信息产业资源的不同体现形式，与信息技术共同构成信息产业的内部动力。外部动力和内部动力相互影响、相互联系，共同为信息产业的非线性演进提供了动力来源。本文将信息产业的演进划分为形成期、成长期和成熟期。这三者代表了信息产业演进过程中的三个标志性阶段，在形成期创新网络中，适应性创新对信息产业规则的制定、产业园的形成起到了关键的作用；在成长期创新网络中，协同式创新为信息产业之间的协同发展起到了至关重要的作用；在成熟期创新网络中，信息产业将最终形成系统化的产业发展，依赖于系统式创新，信息产业将在品牌、资源、环境、文化等方面形成与其他产业具有明显差异性的新

---

① McKelvey, Bill, "Perspective-Quasi-Natural Organization Science", *Organizationence*, Vol. 8, No. 4, July 1997.

② Choi, T. Y., Dooley, K. J., Rungtusanatham, M., "Supply Networks and Complex Adaptive Systems: Control Versus Emergence", *Journal of Operations Management*, Vol. 19, No. 3, May 2001.

③ Chiva-Gomez, R., "Repercussions of Complex Adaptive Systems on Product Design Management", *Technovation*, Vol. 24, No. 9, Sep. 2004.

④ 张向前、许梅枝：《基于 CAS 理论的知识型人才流动与产业集群互动研究》，《科技进步与对策》2014 年第 24 期。

⑤ Lewin, R., *Complexity: Life at the Edge of Chaos*, Chicago: University of Chicago Press, 1999.

⑥ Akgün, Ali, E., Keskin, H., Byrne, J. C., et al., "Complex Adaptive System Mechanisms, Adaptive Management Practices, and Firm Product Innovativeness", *R&D Management*, Vol. 44, No. 1, Jan. 2014.

⑦ 王欣、靖继鹏：《信息产业演化的动力机制研究》，《情报科学》2009 年第 27 期。

格局。网络演化理论认为网络主体数量和性质变化可以显示出网络成长和演化的过程，信息产业创新网络可以根据自身所处的网络位置和特征，加强信息互动，促进创新网络的完善与演化。综上，本文提出信息产业创新网络演进的概念模型，如图1所示。

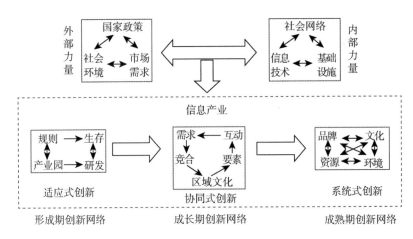

图1 信息产业创新网络演进的概念模型

3 研究设计

3.1 研究方法

本文采用多案例研究方法，通过深入探讨、系统剖析以及挖掘动态过程和所处情景脉络，对研究问题进行有效回应和解释。同时，作为理论构建导向的多案例研究，既要基于现有文献研究逻辑，从大量定性资料中识别和提炼出共同主题，又要保持开放、避免偏差。本研究采取相互递进的4G和5G案例来进行分析，通过进行案例内分析和跨案例的比较，有利于相互验证，寻求多方支持，进而构建复杂系统视角下的演进逻辑。

3.2 案例选择

之所以选择4G和5G作为案例研究对象，主要原因如下：第一，4G和5G在信息产业领域拥有丰厚的技术资源和研发成果。以4G为代表的互联网信息产业，依托行业经验，在保证现有市场的同时谋求升级迭代。以5G为代表的物联网信息网络，依托4G互联网技术，尝试突破移动互联网的局限性，建构新的物联网信息产业生态系统。第二，从信息产业升级迭代的角度看，移动通信技术是信息产业未来发展的战略方向，市场内生需求改变、技术变革突破、新兴革命性"搅局者"出现促进信息行业发生颠覆式革命和价值链重构。第三，从复杂系统的角度看，移动通信技术可以视作一个完整的系统进行分析研究，分析其系统的结构、特征与功能，研究系统从低级到高级，从无序到有序的逐渐变化和发展的规律。第四，4G 和 5G 在各自的演进过程均具有典型性和代表性，在极大程度上能代表信息产业在移动通信技术领域的发展状况。

同时，在此过程中，不同层级的移动通信技术研发与市场互动的逻辑，能较好地阐述技术轨迹及其演进逻辑。

3.3 资料收集

在资料收集方面，4G、5G 等信息产业领域公共数据非常充足。本研究采用文献检索法和观察法相结合的科学方法进行资料收集，此外，也从专利数据库、上市公司数据库中获取研究资料。对文本资料、信息产业研究报告、媒体报告等公开资料进行交叉验证分析，有利于获取多样化数据资源和进行相互验证，从而对所提炼的理论概念和思想进行验证与分析。

为了提高研究时的信度和效度，建立并完善案例资料库。基于分析后的案例资料，本研究再次深入探讨理论模型，充分调查和考证本研究中设计到的关键问题。在案例收集过程中，避免主观判断的误导，保证案例资料的客观性和公正性。

4 案例分析：4G 与 5G

4.1 信息产业中 4G 与 5G 概述

4G 是第四代移动通信技术的简称，是能够传输高质量视频图像以及图像传输质量与高清晰度电视不相上下的技术产品。在不同的固定无线平台和跨越不同频带的网络中，4G 可提供无线服务，并在任何地方宽带接入互联网，提供信息通信以外的定位定时、数据采集、远程控制等综合功能。同时，4G 系统还是多功能集成的宽带移动通信系统，是宽带接入 IP 系统。

5G 是第五代移动通信技术的简称，其核心的原理就是通过完善相关核心技术来提升通信网络的性能，进而满足当下移动通信网络市场的需求。5G 的性能目标是高数据速率、减少延迟、节省能源、降低成本、提高系统容量和大规模设备连接。凭借低时延、高可靠、低功耗的特点，5G 的应用领域非常广泛，不仅能提供超高清视频、浸入式游戏等交互方式再升级；还将支持海量的机器通信，服务智慧城市、智慧家居；也将在车联网、移动医疗、工业互联网等垂直行业大显身手。

4.2 复杂系统视角的4G创新网络演进分析

4.2.1 4G的演进历程

（一）形成期（2004—2009年）

LTE（Long Term Evolution，长期演进）项目是3G的演进，始于2004年3GPP（第三代合作伙伴计划）的多伦多会议。LTE实际上是4G的雏形，并非人们普遍理解的4G，而是3G与4G技术之间的一个过渡，是3.9G的全球标准，它改进并增强了3G的空中接入技术，采用OFDM和MIMO作为其无线网络演进的唯一标准。国际电信联盟（ITU）在4G的发展进程中无疑起到了非常重要的作用，正是因为它的存在，全球较为统一的4G标准才能够确立。在各区域也有低一级别的电信组织，例如欧洲的ETSI、美国的ATIS、日本的TTC和ARIB、韩国的TTA、印度的TSDSI以及我国的CCSA。区域的电信组织网络一般服务于各所在区域，代表了各区域的自身利益。各区域电信组织为了争夺网络标准存在激烈的竞争，最终，全球确立了以TD-LTE、FDD-LTE为核心的4G网络标准。网络标准的确立为4G芯片的研发指明了方向。之所以确定这一时期为形成期是因为这一时期确定了4G网络标准，标志着4G概念的确立，同时，这一时期创新网络处于雏形，主体间的联系较为单一，合作时间较短，缺乏稳定性。

（二）成长期（2009—2017年）

2009年10月26日，国际电信联盟在德国德累斯顿征集遴选新一代移动通信（IMT-Advanced技术）候选技术，包括中国的TD-LTE-Advanced在内，共有6项4G技术入围成为候选技术提案。这标志着4G移动通信进入了发展阶段。这一阶段表现在各企业的研发与商用，其中研发和商用网络往往是相互依存的。在4G的研发方面，在各区域竞争的过程中，欧洲走在了世界前列，但是4G的商用离不开各大移动通讯公司的合作。在我国，移动、电信和联通推动着4G网络的应用。eMBB（Enhanced Mobile Broadband）指增强移动宽带，在4G技术中，移动宽带的增强、网速的提升是4G区别于3G的重要特征。在4G网络中，人和网络是构成协同创新网络的两大要素，人与人之间借助网络使其"距离"得到缩小，人与人之间的互相联通得以更好实现，例如人们之间的网络视频使人们感觉虽远隔千里但近在咫尺。这一时期形成的复杂网络主要表现在人与网的交互。

（三）成熟期（2017年至今）

2017年世界移动通信大会上海展期间，中国联通与爱立信、高通三方联合宣布：在全球范围首次成功实现基于eMTC（CAT-M1）VoLTE功能的应用演示。2018年4月，中国电信开始正式商用 VoLTE，电信用户可以开通使用。VoLTE 功能解决了 4G 应用过程中一大难题，使得上网和通话可以同时进行，同时通话质量也更为清晰。与此同时，4G 的国际漫游也得到了进一步的合作发展。这意味着 4G 进入了成熟期。4G 成熟期的创新网络呈现出了系统性的特征，尤其表现在商业应用方面，这一时期凭借着 4G 技术的成熟稳定，云计算、大数据等概念相继提出，直播产业、手游产业等也在 4G 技术的支撑下得到巨大发展，随着自媒体的发展，也催生了一批又有一批"网红"的产生。这一过程更多地体现了复杂的融合过程，网络直播带动了网络学习、销售产品、消闲娱乐等方面的发展，网络游戏、手机游戏也更加逼真、更加生动。这都依赖于与 4G 网络的融合。4G 网络与复杂的社会网络的融合，形成了系统式的网络，系统式的网络需要系统式的创新带动其发展。

4.2.2　4G 的演进历程与复杂系统视角的创新网络匹配

在 4G 的演进历程中，从复杂系统的视角来看，其发展阶段过程中的形成期、发展期和成熟期分别对应适应式创新、协同式创新和系统式创新。在形成期，国际电信联盟协调各方力量、主导 4G 标准的制定，为 4G 芯片的研发奠定基础、指明方向。这一过程的发生，正是为了适应社会环境的变化，人们已逐渐发现 3G 仍然具有很大的局限性，因而通过权衡各方因素最终确立了 4G 标准。在成长期，企业之间的合作与竞争促进了 4G 技术的产生，在研发网络中，各研发企业通过协同式的创新促进了技术的发展。这一阶段的技术发展为下一阶段的商业应用奠定了基础。在成熟期，依赖于 4G 技术的商业应用得到了广泛的发展，这不仅代表着 4G 技术的成熟，而且是 4G 技术的延伸。这一阶段形成的创新网络是系统性的，是以 4G 技术为核心，带动相关领域系统式发展。综上所述，形成 4G 演进历程与复杂系统视角的创新网络匹配图，如图 2 所示。

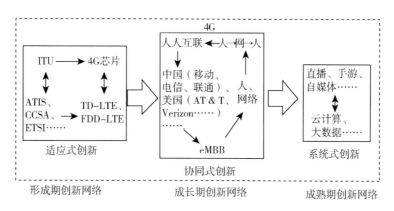

图 2　4G 演进历程与复杂系统视角的创新网络匹配

4.3 复杂系统视角的5G创新网络演进分析

4.3.1 5G 的演进历程

（一）形成期（2013—2018 年）

5G 是最新一代蜂窝移动通信技术，是 4G（LTE-A、WiMAX-A）的延伸。5G 的性能目标是高数据速率、减少延迟、节省能源、降低成本、提高系统容量和大规模设备连接。Release-15 中的 5G 规范的第一阶段是为了适应早期的商业部署。Release-16 将于第二阶段完成，作为 IMT-2020 技术的候选提交给了国际电信联盟。ITU IMT-2020 规范要求速度高达 20 Gbit/s，可以实现宽信道带宽和大容量 MIMO。3GPP 将提交 5G NR（新无线电）作为其 5G 通信标准的提案。5G NR 可包括低频（FR1），低于 6 GHz 和更高频率（FR2），高于 2.4 GHz 和毫米波范围。

与 4G 的形成期类似，这一时期国际电信联盟依然起着重要的作用，通过遴选适当的技术标准协调着 ATIS、CCSA、ETSI 等区域联盟的利益，同时也促进了 5G 的全球化发展。

（二）成长期（2016—2019 年）

2016 年，世界各大电信行业开始加速研究 5G 技术。5G 研发的目标是实现"万物互联"，即在 4G 人物互联的基础上增加了物物互联。确定了 eMBB、eMTC 和 URLLC 三大应用场景，国际电联应用场景划分为移动互联网和物联网两大类。凭借低时延、高可靠、低功耗的特点，5G 的应用领域非常广泛，不仅能提供超高清视频、浸入式游戏等交互方式再升级；将支持海量的机器通信，服务智慧城市、智慧家居；也将在车联网、移动医疗、工业互联网等垂直行业"一展身手"。简单来说，5G 更快、更安全、信号更强、覆盖面积更广、应用领域更广泛。

在 5G 研发的过程中，随着 3GPP 5G NR 标准 SA 方案的发布，可以看到 5G 将在提高速率和降低时延方面有重大突破，除能解决移动互联网的发展之外，5G 的毫秒级延迟还将解决机器之间的无线通信需求，有效促进车联网、工业互联网等领域的发展。突破性技术创新使得在 5G 时代，将出现"万物互联"的场景。

（三）成熟期（2019 年至今）

2019 年 5G 的商用元年，标志着 5G 走向成熟。按照 4G 的演进逻辑，5G 应该也存在类似的演进过程，并且随着 6G 概念的逐步推出，5G 最终的历程将与 4G 有共通之处。虽然 5G 刚刚步入成熟期，但是根据 5G 的标准以及应用场景的提出，5G 在成熟期的未来发展可以在一定程度上进行预测。在 5G 时代，人工智能必将随着技术的进步而有质的飞跃，在无人驾驶、智能家居、VR/AR 等领域将很有能得到蓬勃发展，当然也有可能带来一些意想不到的"副产品",就好像在 3G 时代我们没有预测到"直播""网红""流量"等新兴概念。

4.3.2　5G 的演进历程与复杂系统视角下的创新网络匹配

在 5G 的演进历程中,从复杂系统的视角来看,与 4G 的演进历程类似,其发展阶段历程中的形成期、发展期和成熟期分别对应适应式创新、协同式创新和系统式创新。在形成期,国际电信联盟协调各方力量,相继提出了 Release-15 和 Release-16 标准。这一进程需要国际电信联盟与各区域联盟相适应、技术标准与研发条件相适应以及区域联盟与区域需求相适应,以此形成复杂视角的创新网络。在成长期,以 eMBB、eMTC 和 URLLC 三大应用场景为研究方向,不仅企业之间在研发过程中需要相互协同,不同行业之间也需要协同,国家也要通过给予政策倾斜以平衡研发的方向,因为 5G 的目标就是要万物互联,所以在技术的研发方面更要注意相互协同。在成熟期,基于较为成熟的 5G 技术,各领域也将系统性地得到发展,将形成系统性的创新网络。综上所述,形成 5G 演进历程与复杂系统视角的创新网络匹配图,如图 3 所示。

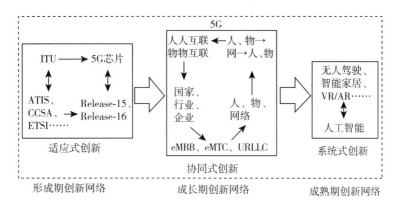

图3　5G 演进历程与复杂系统视角的创新网络匹配示意

4.4　4G 与 5G 创新网络演进过程比较分析

通过上述分析,信息产业中 4G 和 5G 的发展有一定的类似性,同时也表现出了复杂性和系统性。在 4G 和 5G 的发展演进过程中,多维度、多主体的创新网络的形成、发展直到成熟,具有一定的规律性和继承性。4G 和 5G 同属信息产业,其更多地表现出信息产业中技术的迭代升级,伴随着技术的发展,各相关领域也随之而发生变化,同时还可能产生新的产业、新的市场。相比较于 4G 而言,5G 的演化阶段更为复杂,主要体现在形成期与成长期的交互促进,5G 技术的标准一开始并没有完全形成,而是在研究的过程中逐渐提出来的,可以说 5G 技术模糊的标准为技术的研发指出了大概方面，而研发的过程使得 5G 技术标准由模糊变得更明确，最终成为规范。在研究的过程中，依然可以基于复杂系统视角，从适应性创新和协同式创新的角度来划分 5G 的演进过程。综上所述，4G 与 5G 的比较分析如表 1 所示。

表 1   **4G 与 5G 的比较分析**

演进阶段	比较项目	4G	5G
形成期	时间	2004—2009 年	2013—2018 年
	创新类型	适应式创新	适应式创新
	技术标准	TD-LTE、FDD-LTE	Release-15、Release-16
	动力来源	国家政策、社会需求……	国家政策、相关产业发展需求……
成长期	时间	2009—2017 年	2016—2019 年
	创新类型	协同式创新	协同式创新
	核心目标	以移动通讯公司为核心的协同创新	以国家、行业、企业为核心的协同创新
	网络特点	主要依靠企业之间的合作与竞争	涉及国家、行业、企业的合作与竞争
成熟期	时间	2017 年至今	2019 年至今
	创新类型	系统式创新	系统式创新
	应用场景	直播、手游、自媒体……	无人驾驶、智能家居、VR/AR……
	网络特点	以流量和网速带动的产业发展	移动通信产业与其他产业的融合发展

5 结论与启示

5.1 研究结论

与其他产业不同，信息产业是以技术为核心发展起来的产业，其更加依赖于技术的进步和市场的变化，以"适应式创新""协同式创新""系统式创新"为代表的创新方式在产业演进过程中取得重要作用。本文运用复杂适应系统理论、网络演化理论等研究了信息产业创新网络各阶段特征，选取信息产业中 4G 和 5G 为研究对象，考察了复杂系统视角的 4G 和 5G 演进过程与创新网络之间的关系，提出了 4G 和 5G 演进历程与复杂系统视角的创新网络匹配模型。具体结论如下：

复杂系统视角下，信息产业的演进存在不同的发展阶段，不同的发展阶段对应着不同的创新方式，本文提出信息产业的演进存在着形成期、成长期和成熟期三个阶段；形成期对应着适应式的创新方式，成长期对应着协同式的创新方式，而成熟期则对应着系统式的创新方式。在每一时期，创新方式可能是以多重的、复杂的形成存在，但适应式创新、协同式创新和系统式创新反映了信息产业不同阶段的主要特征。

4G 和 5G 作为信息产业的主要代表之一，在人们的生活中扮演着越来越重要的角色。复杂系统视角下，4G 和 5G 创新网络演化的过程同样具有信息产业演化的特征，在形成期，4G 和 5G 创新网络以技术标准的制定为特征，以适应性创新的方式形成了 4G 和 5G 的雏形；在成长期，以技术的研发为特征，国家之间、企业之间存在着激烈的竞争，也存在着相互的合作，这一阶段主要以协同式创新为主；在成熟期，技术的商业应用是 4G 和 5G 创新网络演化过程的主要表现，4G 和 5G 与外部环境的融合需要系统式的创新。

5.2　研究启示

在复杂系统视角的信息产业演进的过程中，每个阶段需要同创新网络中的其他主体进行各个方面的创新，每个阶段应该采取不同的创新方式，以适应各个阶段的特征。所以，针对信息产业不同的演进阶段，政府、行业与科研机构也要结合企业协同创新的阶段和特征，针对性地进行合作，实现内外联动、互利共赢的共同目标。

针对信息产业演进过程的不同阶段，相关企业应当建立不同的创新机制，以促进自身创新网络与信息产业创新网络的演进相匹配。复杂系统视角的信息产业创新网络的构建不仅有利于把握其整体的演进趋势，而且有利于企业找准自身的定位。从国家层面来看，应当结合信息产业的发展阶段的特征，制定有利于信息产业发展的政策，促进信息产业高质量快速发展。

从 4G 和 5G 创新网络的演进过程来看，技术的迭代升级推动着创新网络的演进。4G 和 5G 的研发与应用对许多行业都产生了深远的影响，在复杂系统的视角下，企业可以从 4G 和 5G 的创新网络演进过程得到 6G 创新网络可能演进的规律，从而有利于6G 的探索。从 4G 到 5G，复杂系统视角的创新网络与其他行业的联系越来越紧密，可以预见 6G 必将深刻地影响未来的生活方式。

基于大数据挖掘的爆款产品影响要素分析

房 帆　郭淑慧　谭跃进　吕 欣

（国防科技大学 系统工程学院，长沙　410073）

摘要：随着互联网的迅速发展和广泛应用，各电商平台每天都会产生大量的在线交易和用户评论数据。挖掘商品评论和销售大数据中蕴含的产品属性及用户需求，能够对产品设计进行科学指导，实现精准营销。然而由于伪好评现象的存在，互联网商品评分数据存在严重失真问题，因此，有必要通过有效的商品评论文本数据提取用户真实满意度。本文使用评论文本的情感得分替代平台显示的商品评分来反映用户满意度，通过分析产品属性与用户满意度和商品销量的关联特性进一步挖掘热销商品的产品属性。基于苏宁易购网站6000个电视机商品的51万条评论数据，我们发现商品伪好评率高达20%。分析结果表明，用户满意度高且销量高的爆款电视机产品具备苏宁自营、WebOS系统或Android系统、LED背光、价格适中、款式轻薄等产品属性。本研究通过挖掘电商平台产品销售和评论大数据来设计爆款产品，研究思路和成果可以应用到其他产品的设计及销售，对开展在线电商大数据挖掘、分析产品竞争优势、优化产品设计、增加企业利润和形成品牌效应具有重要的理论和实践价值。

关键词：在线数据挖掘；情感分析；用户满意度；销量预测；爆款产品设计

基金项目：国家自然科学基金项目（91846301，71690233）；湖南省科技计划项目（2018JJ1034，2019GK2131）

作者简介：房帆（1997—　），女，辽宁沈阳人，国防科技大学系统工程学院硕士研究生，研究方向：移动社交平台大数据挖掘；郭淑慧（1996—　），女，河北唐山人，国防科技大学系统工程学院硕士研究生，研究方向：社交媒体大数据挖掘与大规模人群行为分析；谭跃进（1958—　），男，湖南长沙人，国防科技大学系统工程学院教授、博士生导师，博士，研究方向：复杂系统管理与集成；吕欣（1984—　），男，湖南常德人，国防科技大学系统工程学院教授、博士生导师，博士，研究方向：大数据挖掘与应急管理。

1 引言

随着互联网产业的快速发展，网上购物已经成为一种更为普及的购物方式。截至2019年6月，中国网络购物用户规模达6.39亿人，较2018年年底增长2871万人，占网民整体的74.8%；手机网络购物用户规模达6.22亿人，较2018年年底增长2989万人，占手机网民的73.4%，继续保持稳健的增长势头。[1]

在移动互联网时代，爆款产品的知名度、销量能够在短时期内产生巨大爆发，产生巨额销售金额和利润，获取极大的市场份额。打造爆款产品成为企业实现飞跃的重要引擎。通过用户购买、比较和评价的数据可以分析出影响用户满意度、产品销量的产品属性特征，探索爆款产品的相关问题——如网红产品的特点、如何设计制造爆款产品，对确定销售决策、产品设计制造等问题具有重要意义。本文主要从用户满意度、产品销量两个方面对爆款产品的影响因素进行分析。

用户评论被认为是监测和提高客户满意度的卓有成效的信息来源，特别是它们传达了用户相对明确的意见[2]。关于在线评论的研究方面，网络社区的作用已被许多研究讨论[3]。Zhou等[4]分析了Agoda.com上发布的关于四星级和五星级酒店的用户评论，确定了影响顾客满意度的17个因素，并将这些属性根据施加的影响类型进行分类，从而比较了不同等级酒店、不同所有权的属性和不同来源客人的观点之间的客户满意度。Engler等[5]提出了一个在线产品评级的顾客满意度模型，模型以顾客的购买前预期和实际产品性能作为评级的决定因素，实验表明，这两个因素对在线产品评级都有显著影响。Lim等[6]的研究发现，网站的可用性、可信性和服务质量会影响用户在网站上的购买满意度。Guo等[7]使用狄利克雷分布来识别酒店访客所提供的顾客服务的关键维度，

① 中华人民共和国国家互联网信息办公室：《第44次中国互联网发展状况统计报告》，http：//www.cac.gov.cn/2019－08/30/c_1124938750.htm.

② Kang, D., Park, Y., "Review-based Measurement of Customer Satisfaction in Mobile Service: Sentiment Analysis and VIKOR Approach", *Expert Systems with Applications*, Vol. 41, No. 1, 2014.

③ Guo, Y., Barnes, S. J., Jia, Q., "Mining Meaning from Online Ratings and Reviews: Tourist Satisfaction Analysis Using Latent Dirichlet Allocation", *Tourism Management*, Vol. 59, April 2017.

④ Zhou, L., Ye, S., Pearce, P. L., et al., "Refreshing Hotel Satisfaction Studies by Reconfiguring Customer Review Data", *International Journal of Hospitality Management*, Vol. 38, April 2014.

⑤ Engler, T. H., Winter, P., Schulz, M., "Understanding Online Product Ratings: a Customer Satisfaction Model", *Journal of Retailing and Consumer Services*, Vol. 27, November 2015.

⑥ Lim, Y. S, Heng, P. C, Ng, T. H, et al., "Customers' Online Website Satisfaction in Online Apparel Purchase: A study of Generation Y in Malaysia", *Asia Pacific Management Review*, Vol. 21, No. 2, June 2016.

⑦ Guo, Y., Barnes, S. J., Jia, Q., "Mining Meaning from Online Ratings and Reviews: Tourist Satisfaction Analysis Using Latent Dirichlet Allocation", *Tourism Management*, Vol. 59, April 2017.

这些维度是酒店管理与游客互动的关键，并且感知地图可根据酒店的星级进一步确定最重要的维度。Zhao 等[①]利用在线文本评论的技术属性和客户对评论社区的参与程度来预测总体客户满意度。研究发现，主观性和可读性越高，评论字数越多，总体顾客满意度越低，多样性和情感极性越高，总体顾客满意度越高，顾客的评论参与对顾客的整体满意度具有正向影响。

除了对在线评论的特征进行建模之外，情绪分析作为顾客评价分析的一种手段，已成为人们量化用户满意度的重要方法。近年来，基于机器学习的情感分类方法以其优异的性能成为主流[②]。人们尝试通过各类机器学习算法或模型将在线评论分为正面和负面两类[③][④][⑤]。Ye 等[⑥]证明了在中文评论情感分类中的应用中，支持向量机方法的性能要优于语义定向方法。Ye 等[⑦]还探讨了在旅游博客上的评论情感分类问题中，SVM和 N-gram 方法的性能优于朴素贝叶斯方法。Wang 等[⑧]提出了一种基于句子的语言模型，在细粒度的句子层次上采用机器学习的方法进行情感分类，并根据句子的权重进行汇总以预测文档的情感极性。不同于集中在词汇特征和句法特征提取上的大多数研究，Zhang 等[⑨]考虑了词与词之间的语义关系，使用 word2vec 对相似特征进行聚类，并通过 word2vec 和 SVMperf 对评论文本进行训练和情感分类。然而不同于其他的文本情感分析，用户在线评论中往往涉及了关于产品的多方面信息或不同特征。于是研究者开始进一步分析评论中具体方面或特征的情感分析。Shi 和 Chang[⑩] 提出了一个基于层

① Zhao, Y., Xu, X., Wang, M., "Predicting Overall Customer Satisfaction: Big Data Evidence from Hotel Online Textual Reviews", *International Journal of Hospitality Management*, Vol. 76, January 2019.

② Zhang, D., Xu, H., Su, Z., et al., "Chinese Comments Sentiment Classification Based on Word2vec and SVMperf", *Expert Systems with Applications*, Vol. 42, No. 4, March 2015.

③ Cui, H., Mittal, V. O., Datar, M., "Comparative Experiments on Sentiment Classification for Online Product Review", AAAI, Boston: Massachusetts, USA, July 2006, p. 30.

④ Basari, A. S. H., Hussin, B., Ananta, I. G. P., et al., "Opinion Mining of Movie Review Using Hybrid Method of Support Vector Machine and Particle Swarm Optimization", *Procedia Engineering*, Vol. 53, No. 7, January 2013.

⑤ Turney, P. D., "Thumbs Up or Thumbs Down? Semantic Orientation Applied to Unsupervised Classification of Reviews", Philadelphia: Proceedings of the 40th Annual Meeting of the Association for Computational Linguistics, July 2002, p. 417.

⑥ Ye, Q., Lin, B., Li, Y. J., "Sentiment Classification for Chinese Reviews: a Comparison between SVM and Semantic Approaches", Guangzhou: 2005 International Conference on Machine Learning and Cybernetics, August 2005, p. 2341.

⑦ Ye, Q., Zhang, Z., Law, R., "Sentiment Classification of Online Reviews to Travel Destinations by Supervised Machine Learning Approaches", *Expert systems with applications*, Vol. 36, No. 3, April 2009.

⑧ Wang, H., Yin, P., Zheng, L., et al., "Sentiment Classification of Online Reviews: Using Sentence-based Language Model", *Journal of Experimental & Theoretical Artificial Intelligence*, Vol. 26, No. 1, January 2014.

⑨ Zhang, D., Xu, H., Su, Z., et al., "Chinese Comments Sentiment Classification Based on Word2vec and SVMperf", *Expert Systems with Applications*, Vol. 42, No. 4, March 2015.

⑩ Shi, B., Chang, K., "Mining Chinese Reviews", Hong Kong, China: Sixth IEEE International Conference on Data Mining-Workshops, December 2006, p. 585.

次产品特征概念模型的系统从在线产品评论中提取产品特征情感对。Jo 等[①]提出一个概率生成模型 Sentence-LDA，并将其扩展到方面和情绪统一模型（ASUM），对不同方面的情绪进行建模，从而实现自动发现评论中包含的方面以及对应情感。Bagheri 等[②]提出了一种新的无监督和领域无关的模型，该模型能够提取产品的显式和隐式方面，并确定这些方面的情感。在在线评论情感分析的基础上，一些学者进一步对用户满意度进行建模。Farhadloo 等[③]使用方面级情感分析方法将评论转换为半结构化数据，并使用基于每个评论的单个方面评级的贝叶斯方法对总体客户满意度进行建模，从而识别每个方面对于每个独特的产品或服务的相对重要性。Kim 等[④]提出了一种情感分析技术可对不同领域的在线评论的满意度进行分析，并提取出满意程度的详细信息。Qazi 等[⑤]采用验证性因子分析（CFA）和结构方程模型（SEM）探讨了积极、消极和中性情绪词在购买后阶段对顾客满意度的影响，研究结果显示情感词汇对预测用户满意度有显著作用。

而在销量影响因素分析方面，目前大多数关于销量预测的研究都集中于对模型的优化改进。Ribeiro 等[⑥]采用 ARIMA 方法、神经网络和先进的混合神经网络方法建立了时间序列销售预测模型对药品的销售情况进行预测。孟志青等[⑦]运用非线性机器学习的核函数技术，提出了一个适合短生命周期时尚类服装的预测方法。刘晶等[⑧]提出一种结合深度学习算法优势和涉农电商销售数据特点的皇冠模型（ICM）对线上农产品的销量进行预测。黄鸿云等[⑨]提出了一种基于改进的多维灰色模型［GM（1，N）］和神经

———————————

① Jo，Y.，Oh，A. H.，"Aspect and Sentiment Unification Model for Online Review Analysis"，Hong Kong，China：Proceedings of the fourth ACM international conference on Web search and data mining，February 2011，p. 815.

② Bagheri，A.，Saraee，M.，Jong，F. D.，"Care more about Customers：Unsupervised Domain-independent Aspect Detection for Sentiment Analysis of Customer Reviews"，*Knowledge-Based Systems*，Vol. 52，November 2013.

③ Farhadloo，M.，Patterson，R. A.，Rolland，E.，"Modeling Customer Satisfaction from Unstructured Data Using A Bayesian Approach"，*Decision Support Systems*，Vol. 90，October 2016.

④ Kim，M.，Song，E.，Kim，Y.，"A design of satisfaction analysis system for content using opinion mining of online review data"，*Journal of Internet Computing and Services*，Vol. 17，No. 3，2016.

⑤ Qazi，A.，Tamjidyamcholo，A.，Raj，R. G.，et al.，"Assessing Consumers' Satisfaction and Expectations through Online Opinions：Expectation and Disconfirmation Approach"，*Computers in Human Behavior*，Vol. 75，No. 3，October 2017.

⑥ Ribeiro，A.，Seruca，I.，Durao，N.，"Sales prediction for a pharmaceutical distribution company：a data mining based approach ｜ Previso de vendas numa empresa de distribuio farmacêutica：uma aproximao baseada em data mining"，Gran Canaria，Canary Islands，Spain：2016 11th Iberian Conference on Information Systems and Technologies，April 2016，p. 1.

⑦ 孟志青、马珂、郑英：《基于核函数技术的时尚服装需求预测方法》，《计算机科学》2016 年第 2 期。

⑧ 刘晶等：《基于深度学习的线上农产品销量预测模型研究》，《计算机应用研究》2017 年第 8 期。

⑨ 黄鸿云、刘卫校、丁佐华：《基于多维灰色模型及神经网络的销售预测》，《软件学报》2019 年第 4 期。

网络（ANN）的混合模型来预测销量。姜晓红和曹慧敏[①]提出了通过时间序列法 ARI-MA 模型预测各种商品未来一周的区域销售量以及全国销售量，并将其预测结果与简单移动预测结果进行对比，ARIMA 模型的拟合程度明显要强于后者。在销量预测的基础上，一些研究开始关注影响销量的因素。Cui 等[②]考察了在线评论对消费电子产品和视频游戏新产品销售的影响。尹小平、王艳秀[③]通过回归分析、季节分解模型等方法对影响中国汽车销量的主要因素进行了分析。李健[④]则探索了在线产品评论中哪些因素会影响消费者的购买决策，以及不同的因素对于销量的影响程度。

以基于在线评论数据的产品销量、产品满意度的相关研究为背景，部分研究开始聚焦于同时具备高销量和高客户满意度的爆款产品。张巨才、黄先超[⑤]提出电商平台的快速崛起颠覆了传统营销的宣传模式，创造出各种各样的爆款产品，同时他们提出获取流量或人气是形成爆款产品的基础。闫果红[⑥]提出了关于产品生命周期的 Gompertz 预测模型，解释了畅销型书籍与一般图书的区别及其原因。Bing 等[⑦]提出了一个可从各种电商网站产品描述界面中提取流行产品属性的无监督学习框架，该框架可通过用户评论集提取流行产品功能，且能将这些功能与相应的产品属性联系起来。Meiseberg[⑧] 分析了推荐系统、电子口碑、用户生成的内容、免费试用等不同的在线交流方式如何对产品销售产生影响。

综合上述研究现状可以发现，目前大多数工作主要是分别针对用户满意度、销量预测进行的，其分析具有一定的片面性。且多数研究均以平台提供的评分作为用户满意度衡量标准，因此受到了伪好评的严重影响。本文以电视机为例，以情感分析评分为基础重新对用户满意度进行了评估，结合用户满意度、销量两个因素探索了商品属性对于用户满意度以及产品销量的影响，提出了更加全面的爆款电视机产品的设计意见。与此同时，本文提出了产品属性与用户满意度、产品销量关联关系的挖掘框架，该方法可推广到其他产品的特征探索，辅助打造多个种类的爆款产品，对开展在线电

---

① 姜晓红、曹慧敏：《基于 ARIMA 模型的电商销售预测及 R 语言实现》，《物流科技》2019 年第 4 期。

② Cui, G., Lui, H. K., Guo, X., "The Effect of Online Consumer Reviews on New Product Sales", *International al Journal of Electronic Commerce*, Vol. 17, No. 1, October 2012.

③ 尹小平、王艳秀：《中国汽车销量影响因素的实证分析》，《统计与决策》2011 年第 8 期。

④ 李健：《在线商品评论对产品销量影响研究》，《现代情报》2012 年第 1 期。

⑤ 张巨才、黄先超：《爆款产品打造的黄金三法则》，《企业研究》2017 年第 11 期。

⑥ 闫果红：《产品生命周期 Gompertz 模型在畅销型教辅图书营销预测中的应用》，《山西师范大学学报》（自然科学版）2017 年第 2 期。

⑦ Bing, L., Wong, T. L., Lam, W., "Unsupervised Extraction of Popular Product Attributes from E-commerce Web Sites by Considering Customer Reviews", *Acm Transactions on Internet Technology*, Vol. 16, No. 2, April 2016.

⑧ Meiseberg, B., "The Effectiveness of E-tailers' Communication Practices in Stimulating Sales of Niche versus Popular Products", *Journal of Retailing*, Vol. 92, No. 3, September 2016.

商大数据挖掘，分析产品竞争优势，优化产品设计，增加企业利润和形成品牌效应有巨大作用。

2 数据描述与统计分析

2.1 数据集现状

在在线商品信息与用户满意度、产品销量关系的相关研究中，真实的大规模在线商品信息以及用户评论信息价值十分重要。作为一个全新的 B2C 网上购物平台，苏宁易购网站每月活跃用户超过 5 亿，位列中国 B2C 企业前三位。本文基于 Python 爬虫技术从苏宁易购网站获取到了两个数据集：电视机属性数据集和电视机用户评论数据集。电视机属性数据集由产品的基本属性和功能信息组成，用户评论数据集记录了 2014 年 7 月至 2019 年 3 月的 515778 条用户评论文本。

2.2 数据概况与分析

爬取的数据主要包含商品属性数据与用户评论数据两部分。在商品属性数据表中共包含 6466 条非重复商品记录，共 120 个字段，其中主要包括店铺编号、商品价格、商品标题、商品销量、品牌、上市时间、能效等级、曲面屏幕、智能电视、屏幕尺寸、屏幕分辨率、HDR 显示、屏幕比例、屏幕类型、3D 功能、操作系统、VPU、整机功率、电源电压、网络连接方式、产品颜色等。经统计，在 6466 条商品记录中，44% 的字段空值处于半数以下。在用户评论数据表中共含有 477889 条非重复商品评论记录，共 50 个字段，其中主要包括店铺编号、商品编号、评论编号、评论内容、发布时间等。电视机的价格分布于 500—160000 元，80.3% 低于 10000 元，销量范围在 0—92230 台，其中 72.8% 低于 1000 台，具体情况如图 1 所示。

店铺主要分为苏宁自营和非苏宁自营两种，其中苏宁非自营店铺占总数量的86.4%；屏幕分辨率主要分为超高清、全高清、高清和其他四种，超高清占了 72.78%，全高清和高清分别只占 11.85% 和 11.66%；操作系统主要有 Android、WebOS、YunOS 等几种，其中 Android 操作系统占 63.53%，其他操作系统占比均不足 5%；能效等级主要分为 1、2、3 三个等级，其中占比最高的是 3 级；多数电视支持 HDR 显示不支持 3D 功能；尺寸分布于 30—100 英寸，其中 55 英寸、65 英寸、43 英寸、32 英寸等尺寸比较常见；光源类型中最为常见的是 LED 背光；网络连接方式主要为有线 + 无线；曲面屏幕较少；上市时间主要为 2017 年和 2018 年；苏宁易购平台电视机商品在品牌上的数量分布较均衡，各品牌所占商品份额在 2%（松下）到 11%（创维）间分布。具体

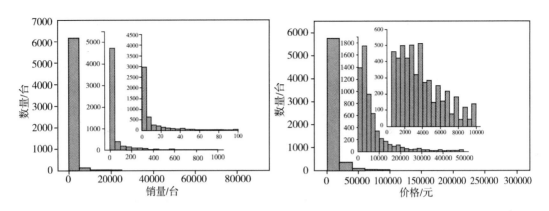

图1 电视机价格和销量分布

情况如图2所示。

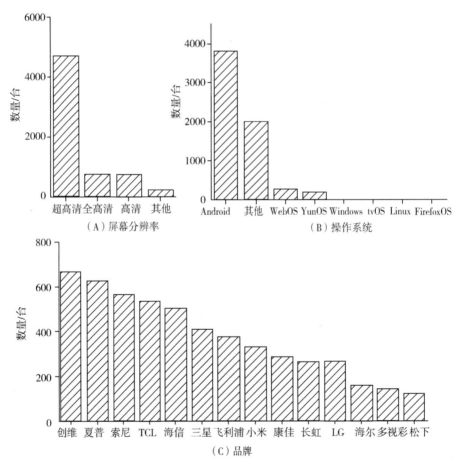

图2 电视机属性分布

用户评论数据主要发布于2014—2019年，其中大部分评论均发布于2018—2019年（88.5%）。除默认评论外，共有256974条有效评论，占总评论数的49.8%。VIP用户占比为49.9%，41.5%的用户在评论中提供了视频，33.6%的用户在评论中发布了两张以上的图片。

3 结果分析

3.1 用户评论情感分析

在线购物平台中的"好评返现"现象非常普遍，许多用户为了得到商家的返现，即使对商品的满意度不高，仍然会给予商品一个较高的评分，这一现象对商品用户满意度评估造成了较大干扰。[①] 在对商品评论数据集的分析过程中，我们可以看到很多用户的星级评分与文本评价不一致，用户的文字评论内容往往比星级评分更能反映用户的真实感受。所以我们采用分析用户评论的情感得分代替失真的商品星级评分来衡量用户的满意度。

本文选用 SnowNLP 模型对用户评论的情感极性进行分析。SnowNLP 是一种专门用于分析中文的 Python 库，其语料库均与购物相关，因此多应用于购物类评论的情感分析。为提高 SnowNLP 针对电视机购物评论的分类准确性，本文将关于电视商品的4000条积极评论和4000条消极评论根据主观判断的情感极性进行了手动标注，并分别加入 SnowNLP 的积极文本训练集和消极文本训练集。

通过优化后的 SnowNLP 模型对所有用户评论进行情感分析，256974 条评论中共有202068 条好评、54906 条差评，分别占总评数的78.6%、21.4%，其中伪好评共有51741 条，占总评论数的20%。具体分析结果如表1所示：

表1　　　　　　　　　全部评论情感分析结果

实际 \ 苏宁易购	评分好评	评分差评	总计
实际好评	201926	142	202068
实际差评	51741	3165	54906
总计	253667	3307	256974

为进一步了解用户对于产品属性的关注点、满意点以及抱怨点，本文还通过词云提取、LDA 主题提取等技术分别提取了前2%的积极评论和消极评论的词云以及积极评论主题。在积极评论中，用户主要关注产品属性以及商家服务，包括画质、品牌、画面、价格、安装、物流等。而消极评论的产生主要受到服务态度的影响（见

---

① Wang, Y., Lu, X., Tan, Y., "Impact of Product Attributes on Customer Satisfaction: An Analysis of Online Reviews for Washing Machines", *Electronic Commerce Research and Applications*, Vol. 29, May 2018.

图 3 和表 2）。

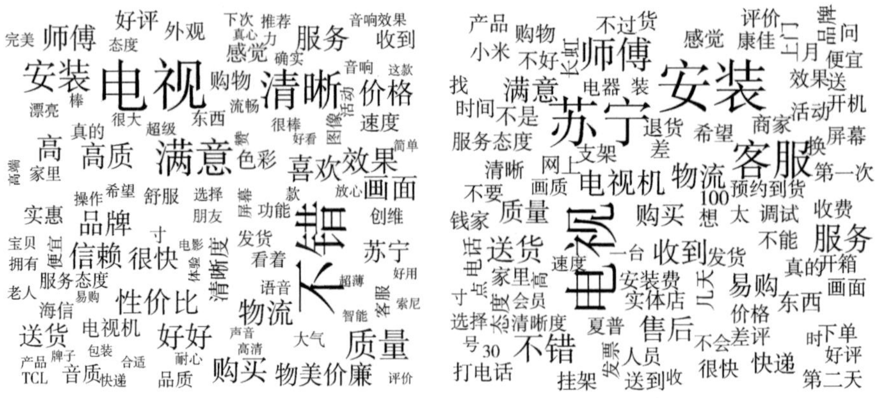

图 3　积极评论（左）、消极评论（右）词云

表 2　　　　　　　　　　　　　积极评论主题提取

主题 1		主题 2		主题 3	
关键词	概率	关键词	概率	关键词	概率
品牌	0.052	电视	0.062	不错	0.160
质量	0.052	清晰	0.047	满意	0.050
信赖	0.050	好好	0.041	安装	0.040
价格	0.037	高	0.028	电视	0.036
物美价廉	0.029	画质	0.027	物流	0.026
购买	0.029	性价比	0.023	服务	0.025
实惠	0.028	画面	0.017	很快	0.023
喜欢	0.027	效果	0.013	送货	0.021
苏宁	0.026	色彩	0.013	好评	0.019
东西	0.021	清晰度	0.013	清晰	0.018

3.2　用户满意度影响要素挖掘

经过用户评论的情感分析，我们得到了用户对于商品的评分以及每一个商品的好评率，获取了用户满意度评估的可靠依据。爆款产品主要具有两个重要的评估指标，一种是商品的用户满意度，另一种是商品的销量。具体到电视机商品场景中，本文将销量在 1200 台以上且用户评论情感得分在 0.5 以上的商品标记为爆款产品。本文首先通过二元 Logistic 模型建立了商品属性与用户满意度模型，分析了对用户满意度存在关键性影响的商品属性。

为避免伪好评对用户满意度建模造成影响，本文以用户评论情感分析评分代替平台所提供的星级评价对用户满意度重新进行了定义，并将其定义为模型输出变量（SATISFACTION）。以每个商品的商品属性信息与所有对应的用户评论连接后的信息作为模型的输入，经连接共得到256974条数据。当用户评论为积极评论时，设置 SATISFACTION = 1；当用户评论为消极评论时，设置 SATISFACTION = −1。

考虑到电视机属性信息的空值情况以及值分布情况，模型选取了以下变量作为模型的输入变量，其中连续变量有商品价格（netprice）、电视机上市年份（timetomarket）、电源电压（supplyVoltage）、产品销量（sales）、产品重量（packageWeight）；离散变量有店铺种类（shopType）、曲面屏幕（camber）、3D 功能（threeD）、智能电视（intelligenceTV）、品牌（brand）、能效等级（efficiencyStandard）、屏幕分辨率（screenResolution）、操作系统（OS）、光源类型（ligthType）、HDR 显示（hdr）、网络（network）、屏幕比例（screenProportion）、屏幕尺寸（ScreensizeCom）。由此我们可以得到一个能够根据以上变量预测用户满意度的二元 Logistic 回归模型，见式（3 − 1）：

$$\text{logit}\left[SATISFACTION_i = 1\right] = \beta_0 + \beta_1 camber_i + \beta_2 intelligenceTV_i + \beta_3 shopType_i$$
$$+ \beta_4 brand_i + \beta_5 effciencyStandard_i + \beta_6 screenProporton_i + \beta_7 os_i + \beta_8 ligthType_i$$
$$+ \beta_9 hdr_i + \beta_{10} network_i + \beta_{11} screenResolution_i + \beta_{12} ScreensizeCom_i + \beta_{13} netprice_i$$
$$+ \beta_{14} timetomarket_i + \beta_{15} supplyVoltage_i + \beta_{16} sales_i + \beta_{17} packageWeight_i + \beta_{18} threeD_i$$

$$(3 − 1)$$

在完成模型训练后，模型准确率可达到77%，准确率较高，但模型将多数在数据集占有较低比例的不满意商品预测为满意商品，存在过拟合的问题，于是本文通过 SelectPercentile 方法对模型的输入变量进行了特征选择，该方法根据输出数据计算输入数据重要性进行排序，并根据排序筛选特征。在完成特征选择后模型的具体的特征变量筛选结果如表3所示。可以发现所有的电视机属性中与用户满意度成正相关的电视机属性包括自营店铺种类，不支持 3D，是曲面屏幕，是智能电视，与用户满意度成负相关的属性包括品牌中的 KKTV \ LG \ Panasonic \ 乐视 \ 其他 \ 夏普 \ 康佳 \ 暴风 TV \ 长虹 \ 飞利浦，等等。模型的最终准确率为75%，能够解释大部分用户满意度的差异。

表 3   **商品属性与用户满意度模型变量系数及其显著水平**

特征		系数	p 值	特征		系数	p 值
店铺种类	自营	0.114	0.000	屏幕比例	16∶9	−0.011	0.000
3D	不支持	0.013	0.000	操作系统	Android	0.037	0.000
曲面屏幕	是	0.019	0.000		WebOs	0.004	0.000
智能电视	是	0.016	0.000	品牌	KKTV	−0.025	0.000
网络连接	有线 + 无线	−0.014	0.000		LG	−0.033	0.000
光源类型	LED	0.029	0.000		MCTV	0.082	0.000
	其他	0.003	0.045		PPTV	0.031	0.000
HDR	不支持	0.009	0.000		Panasonic	−0.013	0.007
	支持	0.012	0.000		TCL	0.007	0.000
能效等级	1 级	0.025	0.000		乐视	−0.021	0.000
	2 级	0.015	0.000		先锋	0.028	0.000
	3 级	0	0.000		创维	0.033	0.000
	4 级	−0.034	0.000		坚果	0.078	0.000
屏幕尺寸	100	−0.064	0.000		夏普	−0.048	0.000
	22	−0.01	0.000		康佳	−0.063	0.000
	24	−0.004	0.000		暴风 TV	−0.017	0.000
	43	0.045	0.000		海信	0.034	0.000
	45	−0.009	0.000		海尔	0.012	0.000
	50	0.016	0.000		长虹	−0.053	0.000
	55	0.049	0.000		飞利浦	−0.042	0.000
	58	0.024	0.000		其他	−0.034	0.000
	60	0.014	−0.064				
价格		0.045	0.019	销量		0.050	0.058

注：商品属性与用户满意度模型评估指标：模型准确率 75.0% ，召回率 92.3% ，精确率 79.0% 。

3.3 商品销量影响要素挖掘及预测模型

爆款产品不仅具有用户满意度高的特点，还具有销量高的特点。于是本文通过决策树模型，对商品属性与销量的关联关系进行了分析。模型输入变量为产品属性，其选取与用户满意度模型相同。输出变量的处理是将销量处于总体销量前 90% 的产品划分为爆款产品且标记为 1，其余产品则划分为普通产品且标记为 0。将数据按照 7∶3 的比例划分为训练集和测试集进行训练，最终准确率为 94.54% 。

通过逐个删除模型输入变量，根据模型预测准确率的变化来衡量每个输入变量对于产品销量的影响。经验证与产品销量存在显著影响的产品属性主要是店铺类型以及好评率，在删除掉店铺类型和好评率属性后，销量预测的准确率分别降为 89.97% 和

93.92%。将电视机数据集按销量进行排序，通过进一步观察数据可以看出销量较高的产品多为苏宁自营店铺产品，且好评率较高（图4）。

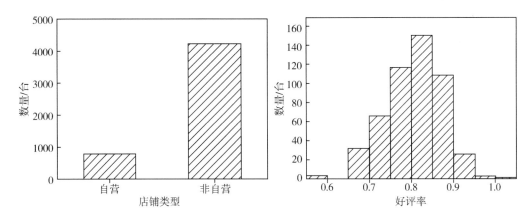

图4 高销量产品店铺类型及好评率分布

除决策树模型外，本文进一步对比了多项式回归、支持向量回归、随机森林回归等机器学习模型的销量预测性能。通过对比可以看到，决策树模型、随机森林回归、多项式回归对于电视机商品销量的预测更为准确，具体结果如表4所示。

表4   各模型评估指标对比

模型评估	模型评估值（R^2）
决策树模型	0.945
多元线性回归	0.22
支持向量回归（线性核函数）	0.031
支持向量回归（多项式核函数）	− 0.04
随机森林回归	0.42
极端随机森林回归	0.50
多项式回归（二次回归）	0.73

4 结论

本文以苏宁易购网站的电视机商品相关数据为基础，对用户评论进行了情感分析，并以情感分析结果为输入，分别建立了以二元 Logistic 回归模型为基础的商品属性与用户满意度模型、以决策树模型为基础的商品属性与销量预测模型。接着本文通过苏宁易购的电视机商品数据对模型进行了拟合，分析了对于用户满意度和商品销量存在关键影响的商品属性。最终综合商品属性与用户满意度模型、商品属性与销量模型的分析结果，总结出了爆款产品的设计建议：优先选择将电视机投放到苏宁自营店铺，设计者可参考先锋、海信、海尔、PPTV、TCL 等品牌的设计特点，将电视机尺寸设计为 43 英寸、50 英寸、55 英寸、58 英寸、60 英寸、70 英寸等，将操作系统设计为 WebOS 系统或 Android 系统，背光光源类型设计为 LED 背光，将能效等级设计为 1 级或 2 级，价格设置要适中，款式最好为轻薄款。同时建议商家在销售商品的同时，对用户评论实施相应的管理策略，提高产品的好评率。在此基础上，本文提出了可应用于其他种类爆款产品特征探索的产品属性与用户满意度、产品销量关联关系的通用挖掘框架，对开展在线电商大数据挖掘、分析产品竞争优势、优化产品设计、增加企业利润和形成品牌效应有重要理论和实践意义。

城乡融合视角下企业家社会资本及其反哺乡村贡献度研究

郑　湛[1]　冯在文[2,3]　贺路遥[1]　靳　越[4]

（1. 武汉纺织大学 传媒学院，武汉　430073；2. 华中农业大学 信息学院，
武汉　430070；3. 华中农业大学 宏观农业研究院，武汉　430070；
4. 云南大学 工商管理与旅游管理学院，昆明　650091）

摘要： 城乡融合、乡村振兴是建设美丽中国的重要战略之一，本文将企业家社会资本引入乡村振兴的反哺中，应用复杂科学管理的系统思维模式，系统地对反哺农村过程中的企业家社会资本的概念进行了界定，提出企业家社会资本结构及企业家社会资本的四种类型——纽带型社会资本、桥梁型社会资本、连接型社会资本、认知型社会资本，并进行了剖析。提出了衡量企业家社会资本反哺乡村贡献度的三个维度——企业家社会资本结构占比、社会资本联系紧密度、企业家逐利率，给出了企业家社会资本反哺乡村贡献度的算法公式。

关键词： 城乡融合；乡村振兴；企业家社会资本；反哺乡村；贡献度；算法公式

中华人民共和国成立以来的一段时间内，我国坚持优先发展工业，发展策略是侧重于城市的经济政策。随着市场经济体制的建立，资本的趋利性促使大量资本由农村流入城市，农村资本出现巨大缺口，城乡失衡、城进村衰等问题成为阻碍我国经济增长的重大难题[①]。为

基金项目： 国家自然科学基金青年基金资助项目（71503188）；湖北省教育厅人文社会科学研究资助项目（20190244）；中央高校基本科研业务费专项资金资助项目（2662020XXQD01）

作者简介： 郑湛（1975—　），女，湖北武汉人，武汉纺织大学传媒学院副教授、硕士生导师，博士，研究方向：复杂科学管理、社会网络传播；（通讯作者）冯在文（1980—　），男，湖北武汉人，华中农业大学信息学院副教授、硕士生导师，博士，研究方向：知识图谱、智慧农业；贺路遥（1996—　），男，武汉纺织大学传媒学院硕士研究生，研究方向：数字媒体；靳越（1996—　），女，云南昆明人，云南大学工商管理与旅游管理学院硕士研究生，研究方向：创新创业管理、人力资源管理。

① 梁惠清：《农民企业家投资对县域资本结构的优化》，《西北工业大学学报》（社会科学版）2012年第4期。

了早日实现城市与乡村的统筹发展，党的十九大明确指出我国将建立健全城乡融合发展体制机制和政策体制，坚持"工业反哺，城市支持农村"的发展战略。这也是建设美丽中国的重要战略之一。具有农村背景的企业家是联通城市发展与乡村建设的重要枢纽，依托该企业家群体的社会资本"以城帮农"则成为实现资源流入农村的一条便捷且高效的途径。

社会资本是社会网络关系的总和，是继人力资本、物质资本之后一种特殊的资本形式。改革开放至今，社会资本对我国广大农村的输出奠定了我国农业发展的基础[①]。农村地势偏远，农户缺乏与外界的联系和交流，社会资本极为稀缺。如果当地农村能拥有一定量的社会资本，就能增强竞争优势。王恒等学者指出对贫困山区而言，社会资本的作用尤为重要。社会资本能增强借贷双方的信任度，通过缓解信息不对称和降低交易成本提高农户从正规金融机构和民间机构或个人获取到资金支持的可能性[②]。但当前尚未有研究将城乡融合的反哺问题与企业家社会资本相联系，也未有研究明晰是何种结构的企业家社会资本在反哺农村中发挥了显著的促进作用。

为此，本文将企业家社会资本引入反哺中，系统地对企业家社会资本的概念进行了界定，对企业家社会资本的结构进行了剖析，并在此基础上通过构建算法公式，为如何测量反哺过程中企业家各类社会资本的贡献度提供了研究新范式，对政府组织怎样缩小城乡发展差距，实现城乡融合提供了具有参考价值的指导建议。

1 企业家社会资本

1.1 企业家社会资本的概念

社会资本的概念最早由学者布尔迪厄提出，随后学者们对社会资本进行了广泛的研究，所探究的社会资本包括企业层面的社会资本，也包括个人层面的社会资本。当前，由于研究目的和研究层次的差异性，企业家社会资本的概念主要分为社会网络说、社会信任说、权威关系说和社会参与说四个分支[③]。

第一类社会网络说。以布尔迪厄为代表的学者们认为社会资本本身就是一种社会网络关系。由无数个个体衔接而成的社会网络，嵌有大量实际的或潜在的资源。社会资本的形成需要拥有特定资源的成员加入，并通过个体间的交流互动，在维系内部信

---

① 汪欢欢：《城乡融合视阈下我国农村经济发展的战略走向及其实现》，《农业经济》2019 年第 12 期。

② 王恒、秦国庆、王博等：《社会资本、金融借贷与农户多维贫困——基于秦巴山区 3 省的微观调查数据》，《中国人口·资源与环境》2019 年第 11 期。

③ 陆迁、王昕：《社会资本综述及分析框架》，《商业研究》2012 年第 2 期。

任关系的基础上实现利益交换。其中社会网络可以分为两类，一类是稳定的社会联系网络。个体作为团队、组织成员，凭借其身份而与团队、组织建立稳定的社会联系。另一类是人际社会网络。加入的个体无资格要求，形成的网络也不需要实际的团队或个体作为载体①。

第二类是社会信任说。该理论认为信任是社会资本的核心要素。在社会网络中，各个个体通过"信任"形成相互联系的纽带。普特南指出信任、网络与规范构成了社会资本。并且，其中的网络不是一般性的网络，而是基于信任，个体打破自身限制形成的具有组织特征的网络，这样的网络能在个体间达成合作共识的基础上提高工作效率②。

第三类是权威关系说。支持该理论的学者们认为社会资本产生于结构性的人际关系，具体表现为个体对资源的占有和控制。当个体占有或拥有的资源越多，其话语权越大。这样的话语权是一种无形的权威，即既能左右别人的行为，也能帮助其他个体获得更多资源支持。正如该观点的代表人物科尔曼所强调的，权威存在于人际关系中，人们可以通过权力的转让，获得对其他人资源的控制权③。

第四类是社会参与说。该理论强调了社会资本形成过程中个体的参与性。一直以来个体不是独立存在的，社会资本也不是个体固有的，个体需要与其他个体或团队产生联系，而社会资本就是在这些联系中逐渐形成的，它是一种具有社会性的资本。正如亚历山德罗·波茨指出社会资本是个体基于关系网络或社会结构获取资源的能力，是个体与其他个体关系中嵌有的资产④。

以上四个分支从不同角度论述了社会资本的概念，从中可以发现四种理论都认同网络关系对社会资本的重要性。有的将社会资本等同于社会网络关系，有的认为社会资本的形成离不开个体与其他个体或团队的交流、互动、联系，社会资本是网络关系下嵌有资源的集合体。本文认为社会资本是指行为主体与社会相联系及通过联系获取稀缺性资源的能力⑤。企业家作为企业生产营运的主体，不是独立存在的个体，而是与各领域中的行为主体发生着多种多样的联系。依据复杂科学管理的新资源观论⑥⑦，这

① 边燕杰、丘海雄：《企业的社会资本及其功效》，《中国社会科学》2000年第2期。
② 帕特南：《使民主运转起来》，江西人民出版社2001年版，第167页。
③ 科尔曼：《社会理论的基础》上册，社会科学文献出版社1990年版，第73页。
④ 亚历山德罗·波茨：《社会资本：在现代社会学中的缘起和应用》，社会科学文献出版社2000年版，第83页。
⑤ 边燕杰、丘海雄：《企业的社会资本及其功效》，《中国社会科学》2000年第2期。
⑥ 徐绪松：《复杂科学管理》，科学出版社2010年版，第82—83页。
⑦ 徐绪松：《复杂科学管理的创新性》，《复杂科学管理》2020年第1期。

些联系不仅是一种关系，也是一种无形资源，同时更是企业家反哺农村的一种能力。其中，社会资本的主体是那些从农村来到城市，在城市中经过学习、成长、发展，并取得一定成就的企业家群体。该群体在城市的奋斗中可以接触到各种各样的社会个体，并在彼此交流中拥有更丰裕的社会资本。这些社会资本是企业家在农村期间无法获得的，但对农村的发展建设却有着积极的经济效益。

1.2 企业家社会资本结构

应用复杂科学管理的系统思维模式，根据建立联系的特征属性，提出企业家社会资本的四种类型：

Ⅰ——纽带型社会资本：企业家基于地缘、血缘形成的社会紧密型关系。

Ⅱ——桥梁型社会资本：企业家横向形成的紧密型社会关系，资本联系双方是同级关系。

Ⅲ——连接型社会资本：企业家纵向形成的紧密型社会关系，资本联系双方存在从属关系。

Ⅳ——认知型社会资本：企业家基于兴趣爱好等形成的紧密型社会关系。

四类企业家社会资本的关系如图1所示。

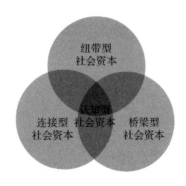

图1 四类企业家社会资本的关系示意

含有四种类型的企业家社会资本结构如图2所示。

2 企业家社会资本类型

2.1 纽带型社会资本

纽带型社会资本是企业家基于地缘、血缘形成的紧密型社会关系。纽带型社会资本由地域分布或血统等客观因素将个体加以区别、分类和集聚。在这种社会关系中，

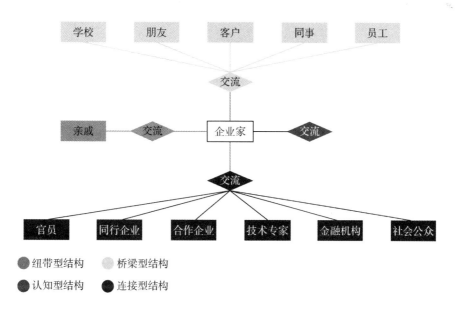

图2 企业家社会资本结构示意

个体既表现出强烈的认同感，也表现出较强的"集体忠诚"①。对于具有农村背景的企业家而言，在其尚未进入城市之前，日常生活都紧紧围绕家乡农村展开，纽带型社会资本是其占比最高的社会资本，产生关系的对象包括父母、配偶、子女、同乡好友等个体。当家乡农村发展需要外部力量时，具有反哺能力的企业家纽带型社会资本会受内在认同感和"集体忠诚"的驱使，极易对家乡农村采取积极的反哺行为。这样的行为不追求个人利益回报，为的是寻求家乡的建设和发展。但企业家的纽带型社会资本也具有一定的局限性，纽带型关系中各主体的互动交流主要集中于内部人员，社会资本流动性较差，难以与网络外部人员进行交换。

纽带型社会资本结构见图3，图中矩形表示企业家、亲戚等社会实体，菱形代表企业家等社会实体间的交流关系，椭圆形表示交流关系的属性，如：交流的级别（规模）、交流的自愿程度、交流类别，以及交流的内容性质等。图3至图6中各种图形符号的含义与图3相同，下文不再赘述。

2.2 桥梁型社会资本

桥梁型社会资本是企业家横向形成的紧密型社会关系，资本联系双方是同级关系。与纽带型社会资本相比，桥梁型社会资本中企业家与各个个体的关系较为疏远。当具

---

① 崔巍：《社会资本一定会促进经济增长吗？——基于不同社会资本类型的经验证据》，《经济问题探索》2018年第2期。

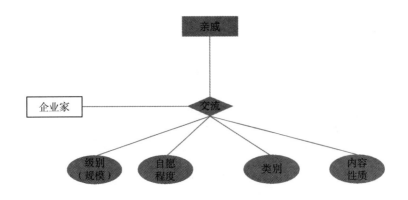

图 3　纽带型社会资本结构示意

有农村背景的企业家进入城市后，出于日常工作和人际交往的需要，企业家会和同事、朋友等各种各样社会中独立的个体建立联系。各个个体可能来源于不同的种族，也可能具有不同的社会背景，但都有着共同的利益目标。为此，桥梁型社会资本包括企业家在城市打拼阶段，由同事、朋友或由于朋友间相互引荐联系起来的社会关系。

桥梁型社会资本结构见图 4。

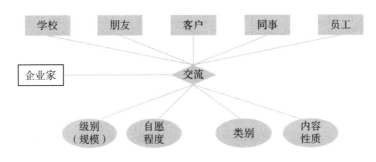

图 4　桥梁型社会资本结构示意

2.3　连接型社会资本

连接型社会资本是企业家纵向形成的紧密型社会关系，资本联系双方存在从属关系。由于社会中的各个个体存在于不同的社会层次中，无论企业家在农村还是在城市，都不可避免地需要寻求社会网络关系外部人员的帮助，在此过程中企业家会直接或间接与上层个体产生联系，这些个体主要包括政府官员、行业组织领导者、金融机构人员等。连接型社会资本可能在企业家总社会资本中的占比较低，但其表现出较为强烈的反哺能力。

连接型社会资本结构见图 5。

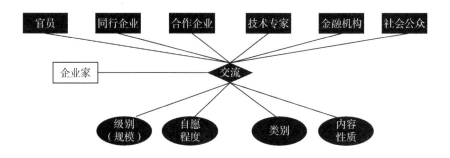

图5　连接型社会资本结构

2.4　认知型社会资本

　　认知型社会资本是企业家基于兴趣爱好等形成的紧密型社会关系。企业家社会资本存在结构中的结构。在纽带型、桥梁型和连接型社会资本中，企业家与某些个体会由于具有共同的兴趣爱好而建立起彼此信任的联系，这样的关系紧密度远高于血缘、地缘、工作关系等建立起的联系。当存在这样的情况时，我们将该关系从原有社会资本结构中剥离出来，看作认知型社会资本。因此，企业家认知型社会资本中的关联个体不具有背景或资格限制，可能涵盖社会中的所有不同个体，且产生联系的内驱动力也不具有逐利性。

　　认知型社会资本结构见图6。

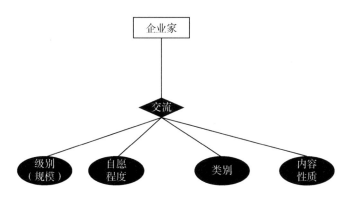

图6　认知型社会资本结构

3　企业家社会资本反哺贡献度算法公式

　　本节将构建企业家社会资本反哺贡献度的算法公式，为反哺过程中企业家各类社会资本贡献度的测量提供一种研究新范式。

3.1 企业家社会资本反哺贡献度中各变量的意义

本小节将给出企业家社会资本反哺贡献度测量中所涉及的各个变量的意义。这些变量包括企业家社会资本结构占比、社会资本联系紧密度、企业家逐利率等。

（1）企业家社会资本结构占比

社会资本结构占比是衡量各种企业家社会资本类型对企业家反哺起作用的权重，由一个四维向量构成，用符号 C 表示。即：

$$C = (C_A, C_B, C_C, C_D)$$

C_A（$0 < C_A < 1$）：纽带型社会资本对企业家反哺贡献的权重；

C_B（$0 < C_B < 1$）：连接型社会资本对企业家反哺贡献的权重；

C_C（$0 < C_C < 1$）：桥梁型社会资本对企业家反哺贡献的权重；

C_D（$0 < C_D < 1$）：认知型社会资本对企业家反哺贡献的权重。

企业家的各种类型的社会资本构成了企业家所有社会资本的总和，表示为：$C_A + C_B + C_C + C_D = 1$，$C$ 可能随时间变化而变化。

（2）企业家社会资本联系紧密度

社会资本联系紧密度用来衡量社会资本和企业家联系的紧密程度，由一个四维向量组成，用符号 T 表示。即：

$$T = (T_A, T_B, T_C, T_D)$$

T_A：纽带型社会资本的紧密度：表示企业家与家乡之间联系的紧密度；

T_B：连接型社会资本的紧密度：表示企业家与企业家之间联系的紧密度；

T_C：桥梁型社会资本的紧密度：表示企业家和政府之间联系的紧密度；

T_D：认知型社会资本的紧密度：表示企业家与他人之间通过兴趣、爱好、信仰等联系的紧密度。

T_A、T_B、T_C 和 T_D 是作用于区间 $[0, \infty]$ 上的实数。数值越大，表示企业家社会资本联系紧密度越强。

（3）企业家逐利率

企业家逐利率用来衡量企业家在参加社会活动中逐利和非逐利的程度，反映企业家进行反哺的意愿。企业家逐利率由一个四维向量构成，用符号 P 表示。即：

$$P = (P_A, P_B, P_C, P_D)$$

P_A：企业家在纽带型社会资本中的逐利成分；

P_B：企业家在连接型社会资本中的逐利成分；

P_C：企业家在桥梁型社会资本中的逐利成分；

P_D：企业家在认知型社会资本中的逐利成分。

P_A、P_B、P_C 和 P_D 是作用于区间[0，1]上的实数。数值越大，表示企业家参加社会活动的逐利性越强。0 表示完全不逐利，1 表示完全逐利。

3.2 企业家社会资本反哺贡献度的算法公式

如前言所述，具有农村背景的企业家是联通城市发展和乡村建设的重要枢纽，依托企业家群体的社会资本在企业家反哺活动中起着非常重要的作用。本节将给出企业家社会资本反哺贡献度的计算方法，为定量测量反哺过程中各类社会资本的贡献度提供算法支持。

（1）企业家社会资本反哺贡献度总算法公式

社会资本对于企业家进行城乡反哺潜在的贡献度量，用符号 Y 表示。社会资本的反哺贡献度 Y 与企业家社会资本结构占比 C、企业家社会资本联系紧密度 T，以及企业家逐利率 P 相关，如式（1）所示。

$$Y = f(C, T, P) = C_A * \frac{T_A}{P_A} + C_A * \frac{T_B}{P_B} + C_C * \frac{T_C}{P_C} + C_D * \frac{T_D}{P_D} \tag{1}$$

从式（1）可以看出，社会资本的反哺贡献度 Y 与企业家社会资本结构占比（C_A，C_B，C_C，C_D），以及企业家社会资本联系紧密度（T_A，T_B，T_C，T_D）正相关，与企业家逐利率（P_A，P_B，P_C，P_D）负相关。

下面，将分别给出企业家社会资本联系紧密度和企业家逐利率的算法公式。

（2）企业家社会资本联系紧密度算法公式

本小节将给出企业家在不同社会资本类型里的社会资本联系紧密度的算法公式。

①纽带型社会资本紧密度

纽带型社会资本是企业家基于地缘、血缘形成的紧密型社会关系。纽带型社会资本紧密度由企业家返乡紧密度、打回乡电话紧密度等 n 个不同因素来衡量，如式（2）所示。

$$T_A = f_A(t_A^1, t_A^2, t_A^3, \cdots, t_A^n) \tag{2}$$

度量企业家返乡意愿（t_A^1）的计算公式，见式（3）。

$$t_A^1 = f_{rh}(freq, dist) \tag{3}$$

其中，$freq$ 表示企业家每年返乡的次数，$dist$ 表示企业家返乡的距离。t_A^1 与 $freq$ 和 $dist$ 正相关。式（3）表示企业家每年返乡的次数越多，返乡的距离越远，则说明企业家返乡意愿越强。

度量企业家打回乡电话频繁度（t_A^2）的计算公式，见式（4）。

$$t_A^2 = f_{te} \ (hm, \ total) \tag{4}$$

其中，hm 表示企业家某段时间内（如：一个月内）中打回乡电话的次数，$total$ 表示企业家一月内打的所有电话的次数。t_A^2 与 hm 正相关，与 $total$ 负相关。式（4）表示企业家某段时间内（如：一个月内）打回乡电话占打所有电话的比例越高，企业家打回乡电话的紧密度就越强。

②桥梁型社会资本紧密度

桥梁型社会资本紧密度由企业家与企业家之间交流紧密度等 n 个不同因素来衡量，见式（5）。

$$T_B = f_B \ (t_B^1, \ t_B^2, \ t_B^3, \ \cdots, \ t_B^n) \tag{5}$$

这里，给出企业家与企业家之间交流紧密度 t_B^1 的计算公式，见式（6）。

$$t_B^1 = f_{ic} \ (inter_{en}, \ inter_{all}, \ type) \tag{6}$$

其中，$type$ 表示企业家与企业家之间交流的类型，如一起吃饭、一起开会等。$inter_{en}$ 表示某段时间内中某位企业家与其他企业家之间发生这种类型交流的总次数，$inter_{all}$ 表示这位企业家发生这种类型交流的总次数。就某种交流类型 $type$ 而言，t_B^1 与某段时间内企业家与企业家之间这种类型交流的总次数 $inter_{en}$ 正相关，与这段时间内企业家发生这种类型的交流的总次数 $inter_{all}$ 负相关。式（6）表示某段时间内，在某种交流类型上，企业家与其他企业家进行交流的次数占该企业家在该类型上的所有交流次数的比例越高，则该企业家与其他企业家之间的交流紧密度就越高。

③连接型社会资本紧密度

连接型社会资本紧密度由企业家向政府提出建议被采纳率等 n 个不同因素来衡量，见式（7）。

$$T_C = f_C \ (t_C^1, \ t_C^2, \ t_C^3, \ \cdots, \ t_C^n) \tag{7}$$

下面给出企业家向政府提出建议被采纳率 t_C^1 的计算公式，见式（8）。

$$t_C^1 = f_{ad} \ (adopted, \ total) \tag{8}$$

其中，$adopted$ 表示企业家在某段时间内（如：一年内）被政府采纳的提议总数，$total$ 表示在某段时间内（如：一年内）该企业家向政府提出建议的总数。t_C^1 与某段时间内企业家被政府采纳的提议总数 $adopted$ 正相关，与这段时间内企业家向政府提出的建议总数 $total$ 负相关。式（8）表示在某段时间内，该企业家提出建议被政府采纳的比例越高，该企业家向政府提出建议被采纳率越高。

（3）企业家逐利率

本小节将给出企业家在不同社会资本类型里的逐利率的算法公式。

①企业家在纽带型社会资本中的逐利率

企业家在纽带型社会资本中表现为完全不逐利或者完全逐利，用 P_A 表示，见式（9）。

$$P_A = \begin{cases} 0 \\ 1 \end{cases} \qquad (9)$$

$P_A = 0$ 表示企业家在纽带型社会资本中表现为完全不逐利；$P_A = 1$ 表示企业家在纽带型社会资本中表现为完全逐利。

②企业家在桥梁型社会资本中的逐利率

企业家在桥梁型社会资本中的逐利性可通过某企业家与其他企业家联系中求助成分比等 n 个因素来衡量，见式（10）。

$$P_B = f_D \left(p_B^1, \ p_B^2, \ p_B^3, \ \cdots, \ p_B^n \right) \qquad (10)$$

下面给出企业家与其他企业家联系中求助成分比 p_B^1 的计算公式，见式（11）。

$$p_B^1 = f_{hp} \left(help, \ total \right) \qquad (11)$$

其中，$help$ 表示某段时间内（如：一年内）企业家在与其他企业家联系中求助的总次数，$total$ 表示该企业家与其他企业家联系的总次数。p_B^1 与某段时间内企业家与其他企业家联系中求助的总次数 $help$ 正相关，与这段时间内该企业家与其他企业家联系的总次数 $total$ 负相关。

③企业家在连接型社会资本中的逐利率

企业家在连接型社会资本中的逐利率，可通过企业家参加公益性政府会议比例等 n 个因素来衡量，见式（12）。

$$P_C = f_E \left(p_C^1, \ p_C^2, \ p_C^3, \ \cdots, \ p_C^n \right) \qquad (12)$$

下面给出企业家参加公益性政府会议比例 p_C^1 的计算公式，见式（13）。

$$p_C^1 = f_{mt} \left(pb, \ total \right) \qquad (13)$$

其中，pb 表示企业家在某段时间内（如：一个月中）参加公益性政府会议的次数，$total$ 表示企业家在这段时间内（如：一个月中）参加政府会议的总次数。p_C^1 与某段时间内企业家参加公益性政府会议的次数正相关，与这段时间内该企业家参加政府会议的总次数 $total$ 负相关。

④企业家认知型社会资本中的逐利率

企业家在认知型社会资本中的逐利率用式（14）表示。

$$P_D \equiv 0 \qquad (14)$$

$P_D = 0$ 表示企业家在认知型社会资本中永远表现为完全不逐利。

4 研究结论

本文做了两方面的研究工作。

第一，将企业家社会资本引入乡村振兴的反哺中，应用复杂科学管理的系统思维模式，系统地对反哺农村过程中的企业家社会资本的概念进行了界定，提出了企业家社会资本结构，且对企业家社会资本的四种类型——纽带型社会资本、桥梁型社会资本、连接型社会资本、认知型社会资本进行了剖析，尤其是应用复杂科学管理的互动论对四种类型的社会资本属性进行了剖析。

第二，提出了企业家社会资本反哺贡献度的三个维度——企业家社会资本结构占比、企业家社会资本联系紧密度以及企业家逐利率，给出了企业家社会资本反哺贡献度的算法公式。

本研究为如何测量反哺过程中企业家各类社会资本的贡献度提供了研究新范式。对政府如何考量缩小城乡发展差距、实现城乡融合、建设美丽中国，提供了具有一定参考价值的指导性建议。

美丽中国和要素市场化改革

陈彦斌　王兆瑞

（中国人民大学 经济学院，北京　100872）

摘要：建设美丽中国是全面实现社会主义现代化的重要目标之一，从经济学的视角来看，深化要素市场化配置改革对于建设美丽中国具有重要意义，主要体现在三个方面：一是有助于提高资源配置效率；二是有助于改善经济结构；三是有助于推动经济高质量发展。然而，当前中国的要素市场仍存在着要素资源错配、配置效率较低和供需结构不匹配等问题。因此，进一步深化要素市场化配置改革，推动美丽中国建设，需要做好以下三个方面的工作。一是集中力量解决要素市场存在的共性问题；二是根据各个要素市场化配置改革的难易程度有序推进改革；三是积极推进要素市场主体培育和配置方式创新。

关键词：美丽中国；要素市场化改革；高质量发展

　　近年来，中国高度重视生态文明建设，并提出了建设美丽中国的具体要求。党的十八大报告明确指出"面对资源约束趋紧、环境污染严重、生态系统退化的严峻形势，必须树立尊重自然、顺应自然、保护自然的生态文明理念，把生态文明建设放在突出地位，融入经济建设、政治建设、文化建设、社会建设各方面和全过程，努力建设美丽中国，实现中华民族永续发展"[①]。党的十九大报告进一步强调要"形成绿色发展方式和生活方式，坚定走生产发展、生活富裕、生态良好的文明发展道路，建设美丽中国"[②]。由此可见，建设美丽中国涉及社会生活的各个方面，而从经

作者简介：陈彦斌（1976—　　），男，湖南省益阳市人，中国人民大学国家经济学教材建设重点研究基地执行主任、经济学院教授、博士，研究方向：经济增长、宏观政策、定量宏观模型等；王兆瑞（1994—　　），男，河南郑州人，中国人民大学经济学院博士研究生，研究方向：宏观经济政策。

　　① 《坚定不移沿着中国特色社会主义道路前进　为全面建成小康社会而奋斗——在中国共产党第十八次全国代表大会上的报告》，人民出版社 2012 年版，第 39 页。

　　② 《决胜全面建成小康社会　夺取新时代中国特色社会主义伟大胜利——在中国共产党第十九次全国代表大会上的报告》，人民出版社 2017 年版，第 23 页。

济学的视角来看，建设美丽中国就是要深化要素市场化配置改革，推动经济高质量发展。

1 深化要素市场化配置改革有助于建设美丽中国

完整的市场体系不仅包括商品市场，而且包括土地市场、劳动力市场、资本市场和技术市场等要素市场。改革开放以来，中国商品市场化改革有序推进。[①] 当前，已经建立了比较发达的商品和服务市场，97%以上的商品和服务价格已由市场说了算，市场竞争环境也在不断优化。然而，中国的土地、劳动力、资本和技术等生产要素市场发展还比较滞后。一是，存在明显的二元结构，各类生产要素远未实现自由流动。二是，生产要素价格难以真实灵活地反映市场供求关系、资源稀缺程度和使用成本，从而降低了资源要素配置效率。三是，一些妨碍统一市场和公平竞争的规定和做法仍然存在，市场规则还不健全，市场监管还不到位[②]。因此，进一步深化要素市场化配置改革，建设统一开放、竞争有序的现代市场体系，[③] 可以通过提高要素资源配置效率、改善经济结构并推动经济高质量发展，进而对建设美丽中国起到重要的推动作用。

1.1 深化要素市场化配置改革有助于提高资源配置效率

市场经济是配置资源最为有效的手段，改革开放以来，中国的土地市场、劳动力市场、资本市场和技术市场等要素市场的改革都在有序推进。土地市场方面，当前已经确立了市场配置土地资源的基本制度，政策层面对土地招拍挂出让的原则、范围、

---

① 1984年党的十二届三中全会首次明确提出，"中国的社会主义经济不是计划经济，而是以公有制为基础的有计划的商品经济"，自此商品市场改革正式开启。在改革初期，商品市场实行的价格双轨制的确在计划经济向市场经济转型过程中发挥了一定的过渡作用，但是也造成了资源错配和配置效率较低等问题。1988年中央提出物价"闯关"，试图改变价格双轨制格局，但物价失控程度远超预期，改革被迫暂停。直到1992年，在经过一系列整顿之后，价格双轨制才逐渐实现并轨。1993年党的十四届三中全会通过了《中共中央关于建立社会主义市场经济体制若干问题的决定》，明确指出要"建立社会主义市场经济体制"，商品市场改革基本完成。

② 陈彦斌、马啸、刘哲希：《要素价格扭曲、企业投资与产出水平》，《世界经济》2015年第9期；中国人民大学"完善要素市场化配置实施路径和政策举措"课题组：《要素市场化配置的共性问题与改革总体思路》，《改革》2020年第7期。

③ 习近平总书记在中共中央政治局第三次集体学习时指出："要建设统一开放、竞争有序的市场体系，实现市场准入畅通、市场开放有序、市场竞争充分、市场秩序规范，加快形成企业自主经营公平竞争、消费者自由选择自主消费、商品和要素自由流动平等交换的现代市场体系。"［《习近平谈治国理政（第三卷）》，外文出版社2020年版，第241页。］

程序、法律责任进行了系统性规定,[①] 土地招拍挂也取代无偿划拨和协议出让成为土地出让的主要方式。劳动力市场方面,城乡二元分割格局逐渐被打破,长期以来制约农村劳动力转移的户籍制度也开始出现松动,进城务工人员能够享受到更多与城镇居民相同的社会公共服务。[②] 资本市场方面,随着多层次资本市场体系逐步确立,利率市场、股票市场、汇率市场等资本市场不断完善,市场化程度不断提高。[③] 技术市场方面,通过一系列机制创新和改革深化,中国已经初步建成了与社会主义市场经济相配套的技术要素市场体系。在科技产出上,实现了科研成果从社会公共产品到有价商品的转变。在科研主体上,科研机构不但强化了其公益主体角色,也加强了其在知识产权上的市场主体角色。在科研投入上,实现了从政府包办到政府各部门、市场各主体和产业各环节有效衔接的转型。

由此可见,各个要素市场的改革都取得了显著成效,中国经济的资源配置效率也得到了一定的改善。但同时也应认识到,仍有一些市场化改革不彻底的方面抑制了资源配置效率的提高。就土地市场而言,目前仍未建立统一的出让土地的平台,增加了信息搜索的成本,降低了土地配置的效率。就劳动力市场而言,虽然城乡二元分割格局明显削弱,但城市内部的二元分割格局又有所加强[④]。体制内部门的人才优势明显,而体制外部门(尤其是民营企业和中小微企业)则由于工作稳定性较差和福利待遇不高等原因,面临较为严重的人才荒困境。就资本市场而言,利率市场化改革的不彻底使得国有企业依然能够享受较低利率的贷款,而民营企业则面临较为严重的融资难、

① 2001年国务院颁布《关于加强国有土地资产管理的通知》,要求"为体现市场经济原则,确保土地使用权交易的公开、公平和公正,各地要大力推行土地使用权招标、拍卖"。2002年7月,国土资源部颁布《招标拍卖挂牌出让国有土地使用权规定》,要求"商业、旅游、娱乐和商品住宅等各类经营用地要以招标、拍卖或者挂牌方式出让国有土地使用权"。2003年国土资源部又颁布《协议出让国有土地所有权的规定》,要求土地协议出让也必须公开和引入市场竞争机制。2004年《国务院关于深化改革严格土地管理的决定》要求"禁止非法压低地价招商",同时要求加快工业用地进入市场化配置的步伐。2007年3月《中华人民共和国物权法》对土地招拍挂范围进行了明确规定:"工业、商业、旅游、娱乐和商品住宅等经营性用地以及同一土地有两个以上意向用地者的,应当采取招标、拍卖等公开竞价的方式出让。"2008年,《国务院关于促进节约集约用地的通知》要求"今后对国家机关办公和交通、能源、水利等基础设施、城市基础设施以及各类社会事业用地等基础设施要积极探索实行有偿使用,进一步提高土地出让的市场化程度"。

② 中央和各地政府从2004年开始陆续制定促进农村劳动力转移的政策。政府鼓励农村劳动力转移,并辅以户籍制度改革,附着于城镇户籍上的各种福利开始消退。

③ 利率市场方面,存贷款利率浮动区间不断加大。2019年8月,中国人民银行宣布改革完善贷款市场报价利率(LPR)形成机制,这是推进利率市场化改革的重要一步,有利于进一步提高利率的传导效率,降低企业的融资成本。股票市场方面,新股市场化发行机制改革持续推进。2019年6月,上海证券交易所科创板市场正式开市,注册制试点也开始在该板块内进行,这是推进股票发行注册制改革的重大举措。汇率市场方面,确立了以市场供求为基础、参考一篮子货币进行调节、有管理的浮动汇率制度。2015年8月,中国人民银行决定完善人民币兑美元汇率中间价报价,进一步增强了人民币对美元汇率中间价的市场化程度和基准性。

④ 柏培文:《中国劳动要素配置扭曲程度的测量》,《中国工业经济》2012年第10期;丁守海、许珊:《中国劳动力市场的变革趋势与方向》,《教学与研究》2014年第6期。

融资贵问题。就技术市场而言，产学研脱节现象依然存在，科研成果转化为产业化生产的效率较低。与此同时，地方政府偏向生产性财政支出，也在一定程度上挤出了科研领域的要素投入[1]。如果技术要素未能流入效率较高的科技和产业领域，就不能充分发挥技术要素应有的作用，而且会影响整个技术市场的运行效率。

面对当前要素市场存在的资源配置效率较低的问题，2020 年 4 月 9 日，中共中央、国务院印发《关于构建更加完善的要素市场化配置体制机制的意见》，明确了要素市场制度建设的方向及重点改革任务，并就扩大要素市场化配置范围、促进要素自主有序流动、加快要素价格市场化改革等作出了部署。这是中央出台的第一份系统性、完整性地阐述要素市场改革思路的重要文件，充分体现了中央加快推进要素市场化配置改革的决心。通过深化要素市场化配置改革，能够进一步提高资源配置效率，有效减少不必要的资源浪费，为建设美丽中国奠定良好基础。

1.2 深化要素市场化配置改革有助于改善经济结构

建设美丽中国离不开整体经济结构的调整和优化。党的十九大报告明确指出，"我国社会主要矛盾已经转化为人民日益增长的美好生活需要和不平衡不充分的发展之间的矛盾"，这表明中国生产力的落后性从数量不足过渡到无法满足人民日益增长的对产品品质的多样化、个性化需求。长期以来要素市场管制所造成的经济结构失衡问题不断显现，其主要体现在以下四个方面。

居民收入分配结构失衡。改革开放初期，中国居民收入基尼系数在 0.3 左右。[2] 21 世纪以来，中国基尼系数不断上升并长期处于 0.4 的国际警戒线之上。其中，2008 年中国基尼系数更是达到了 0.49 的历史最高值。如果将"隐性收入"考虑在内，中国收入差距还可能更大一些。王小鲁研究发现，考虑了"隐性收入"的 2008 年中国城镇家庭最高收入组与最低收入组的收入差距为 26 倍，远高于官方公布的 9 倍[3]。由于近年来低收入家庭收入增长加快，2011 年城镇家庭最高收入组与最低收入组的实际收入差距缩小到了 20.9 倍，但依然高于官方公布的 8.6 倍。居民收入分配失衡的主要原因之一就是初次分配失衡，而资本市场管制是造成初次分配失衡的重要因素。究其原因，长期以来，中国居民收入的绝大部分都来源于要素性收入。居民部门是土地和劳动力等生产要素的提供者，要素价格管制虽然有助于通过降低成本刺激投资的增加，但是却造成居民部门收入的明显下降。

---

① 张凯强：《财政支出结构与企业的 R&D 投入》，《南开经济研究》2019 年第 2 期。
② 若无特殊说明，本文数据均来自世界银行数据库（WDI）和国家统计局官网。
③ 王小鲁：《我国收入分配现状、趋势及改革思考》，《中国市场》2010 年第 20 期。

总需求结构失衡。当前，中国总需求结构失衡较为严重，主要表现在投资率过高和居民部门消费率过低。2000 年以后，中国资本形成总额占 GDP 的比重均维持在 30% 以上，最高时达到 47%，而全世界平均投资率仅为 20% 左右。[①] 中国投资率较高已是不争的事实，越来越多的研究认为中国已然处于过度投资的状态。李稻葵等发现中国的实际投资率比福利最大化投资率高出 15 个百分点[②]，Lee 等计算得出当前中国投资率超出黄金率水平 12 个—20 个百分点[③]。相比之下，居民消费占 GDP 的比重则明显偏低。2000—2018 年中国居民部门消费率平均为 38.8%，同期世界平均水平为 57.9%，OECD 国家的平均水平更是超过了 60%。要素市场价格管制是导致总需求结构失衡的重要原因之一，低利率和低劳动力成本虽然有利于投资和出口，但是却导致居民部门可支配收入偏低，最终抑制了居民消费的增加。

消费结构失衡。除了居民部门消费率偏低的老问题之外，近年来还出现了消费转移的新现象，即居民境外消费逐渐取代境内消费。根据联合国世界旅游组织的数据，2018 年中国公民出国旅游花费达 2773 亿美元，约占全球出境游客花费总额的 16%，位居全球首位。表面上看，消费转移是由于汇率等因素形成的境内外产品价格差异，但事实上，深刻原因则在于要素市场管制。要素市场管制导致生产要素资源并未按照效益最大化和效率最优化的方式进行配置，这在一定程度上降低了企业生产效率并增加了企业生产经营成本。一些企业以牺牲产品质量为代价赚取利润，使得部分消费者对国内产品信心下降，更倾向于进行境外消费。

城乡发展失衡。乡村建设问题尤为严重，城乡之间在收入、公共服务、社会发展等方面存在着巨大差距。通过各种国家政策支持，农民和农业已经有了很大改善。但是，随着农民逐渐在城市置业，乡村建设相对落后，乡村治理问题则变得较为突出。城乡发展失衡的重要原因是城市农村土地市场分割，在农地经济重要性下降之后，农地财产属性发挥不充分，没有带来合理的收益。同时，宅基地流通不畅，大量闲置。在不合理的征地制度下，多年来城乡统筹更多是城市利用了农村的土地进行建设，但是对农村建设本身的促进还相对有限。

在经济结构存在多方面失衡的情况下，整体经济的健康持续发展受到了严重的阻碍。面对经济中较为严重的结构失衡问题，2017 年 12 月召开的中央经济工作会议指

---

① 即便放眼历史，大多国家的投资率峰值也明显低于中国：经济合作与发展组织（OECD）国家投资率最高仅为 26%；日本和韩国的投资率峰值分别为 38.8% 和 39.7%；巴西、墨西哥和印度三个新兴经济体投资率峰值分别为 26.9%、27.4% 和 38%。

② 李稻葵、徐欣、江红平：《中国经济国民投资率的福利经济学分析》，《经济研究》2012 年第 9 期。

③ Lee, H., Syed, M. H., Liu, X. Y., "Is China Over-Investing and Does it Matter?", *IMF Working Paper*, No. 12/277, November 2012.

出，我国经济"结构性矛盾的根源是要素配置扭曲，要彻底解决问题，根本途径是深化要素市场化配置改革"。党的十九大报告进一步指出，"经济体制改革必须以完善产权制度和要素市场化配置为重点"。这些认识深化了对我国经济运行面临的重大结构性失衡根源的理解。通过进一步完善要素市场化配置体制机制，推动生产要素从低质低效领域向优质高效领域流动，将有效解决要素资源错配问题，从而有助于从根本上解决中国长期以来存在的结构性问题与矛盾①。由此可见，加快推进要素市场化配置改革是解决制约全局深层次矛盾的重要突破口，对于优化经济结构具有重要意义。

1.3 深化要素市场化配置改革有助于推动经济高质量发展

1978 年党的十一届三中全会作出了"把党和国家的工作重心转移到经济建设上来，实行改革开放"的伟大决策，自此中国经济进入了长达 40 多年的高速增长。1978 年中国的 GDP 仅为 3645 亿元，在世界主要经济体中位居第十，人均国民总收入仅为 190 美元，位居全世界最不发达的低收入国家行列。1978—2007 年，中国的 GDP 年均增速高达 10%，较世界同期水平大幅高出了约 7 个百分点，甚至还超过了日本经济起飞阶段（1955—1964 年）GDP 年平均增长 9.5% 和韩国经济起飞阶段（1961—1970 年）GDP 年均增长 8.8% 的水平。② 2008 年国际金融危机之后，虽然中国经济增速整体呈下滑趋势，但依然在全球主要经济体中位居前列。2008—2013 年的平均增速为 9.15%，2014—2019 年为 6.85%。③ 2019 年中国的人均国民总收入首次超过了 1 万美元，正在从中高等收入国家向高收入国家迈进。

从增长动力来看，改革开放以来中国经济的增长主要依靠资本和劳动等要素驱动，对全要素生产率（TFP）和人力资本的依赖程度偏低。事实上，这也符合经济发展的一般规律与国际经验。一般而言，一国在经济发展初期阶段大多处于人均资本存量与劳动参与率较低的状态，增加资本投资与提高劳动参与率是提升经济增长速度最直接的方式。然而，由于中国资本市场长期存在的市场分隔、管制标准不统一等问题尚未根本解决，资金并未流向收益最大化的领域，使得整体投融资效率不高。与此同时，人口老龄化程度也在不断加深，人口红利逐渐消失。因此，继续依赖要素资源投入的粗放型经济发展模式已难以为继，需要进一步增强 TFP 对经济增长的带动

---

① 陈彦斌：《深化要素市场化配置改革》，《中国金融》2020 年第 9 期。

② 数据来源：《宾夕法尼亚大学世界表》（Penn World Tables）9.1 版。

③ 2014—2019 年世界 GDP 平均增速为 2.9%。发达经济体中，美国、英国和日本分别为 2.4%、1.9% 和 0.9%。新兴市场国家中，南非、印度和俄罗斯分别为 1%、7% 和 0.8%。由此可见，除印度之外，世界主要经济体同期的 GDP 增速均显著低于中国。

作用。

　　将经济增长动力由资本和劳动等要素投入驱动转为通过提高 TFP 的创新驱动是经济高质量发展的核心特征之一，也符合建设美丽中国的基本要求。TFP 具有规模收益递增特征，尤其是当国家经历了早期资本快速积累而进入后工业化时期，TFP 对经济增长更为重要①。近年来，中国一直致力于提高 TFP 水平。② 然而，中国经济增长对于高投资的依赖程度依然较高，资本积累对 TFP 的排斥效应也有所凸显。2008—2013 年资本积累对经济增长的平均贡献率约为 97.83%，2014—2019 年进一步上升至 99.65%。相比之下，在 2008 年国际金融危机爆发之后，TFP 增速由正转负，对经济增长的贡献也在下降。2008—2013 年 TFP 对经济增长的平均贡献率约为 -19.41%，2014—2019 年约为 -16.74%③。TFP 增速之所以在 2008 年国际金融危机爆发之后出现明显下滑，主要有几点原因。其一，全球经济放缓与贸易保护主义的抬头，导致全球化红利消退。其二，伴随着技术水平逐步接近全球前沿水平，技术追赶效应不断减弱。其三，市场化改革步入深水区导致改革红利减弱。其四，国际金融危机后对房地产和基础设施建设"稳增长"的依赖，导致资源配置效率下降。其五，高债务下僵尸企业等问题难以得到解决，进一步恶化了资金配置效率。

　　在 TFP 对经济增长拉动作用显著减弱的情况下，中国的潜在增速也出现了趋势性下滑的迹象。2008—2013 年中国潜在增速为 9.88%，2014—2019 年进一步下滑至 7.25%。④因此，需要进一步深化要素市场化配置改革，发挥市场对资源配置的决定性作用。这有利于生产要素更好地按照效益最大化和效率最大化的原则进行分配，实现要素价格市场决定、流动自主有序、配置高效公平。扭转要素市场扭曲的局面不仅有助于激发市场主体的积极性和创造性，从而推动自主创新与技术进步，还有助于降低中国经济增长对要素资源投入的依赖程度，进一步提高 TFP 对经济增长的贡献率⑤。因此，实现

　　① 陈彦斌、刘哲希：《经济增长动力演进与"十三五"增速估算》，《改革》2016 年第 10 期。
　　② 2015 年《政府工作报告》中首次提出，"要增加研发投入，提高全要素生产率，加强质量、标准和品牌建设，促进服务业和战略性新兴产业比重提高、水平提升，优化经济发展空间格局，加快培育新的增长点和增长极，实现在发展中升级、在升级中发展"。2017 年党的十九大报告进一步指出，"必须坚持质量第一、效益优先，以供给侧结构性改革为主线，推动经济发展质量变革、效率变革、动力变革，提高全要素生产率，着力加快建设实体经济、科技创新、现代金融、人力资源协同发展的产业体系，着力构建市场机制有效、微观主体有活力、宏观调控有度的经济体制，不断增强我国经济创新力和竞争力"。
　　③ 刘伟、陈彦斌：《2020—2035 年中国经济增长与基本实现社会主义现代化》，《中国人民大学学报》2020年第 4 期。
　　④ 本文潜在增速的测算方法参照刘伟和陈彦斌的研究，刘伟、陈彦斌：《2020—2035 年中国经济增长与基本实现社会主义现代化》，《中国人民大学学报》2020 年第 4 期。
　　⑤ 盖庆恩、朱喜、程名望、史清华：《要素市场扭曲、垄断势力与全要素生产率》，《经济研究》2015 年第5 期。

要素市场化配置是中国经济由投入型增长转向效率型增长的重要前提，也是实现经济高质量发展的重要保障。

2 要素市场目前存在的问题

深化要素市场化配置改革能够提高要素资源配置效率、改善经济结构并推动经济高质量发展，对建设美丽中国起到了至关重要的作用。然而，当前中国的土地、劳动力、资本和技术等生产要素市场改革还比较滞后，与新时代经济发展的要求还有差距，各个要素市场仍然存在着多方面亟待解决的问题。

2.1 信息不对称不透明导致要素资源错配

市场信息的凌乱、滞后和失真，很容易扭曲市场供求关系。从土地市场来看，虽然互联网大幅缓解了很多行业的信息不对称，但中国土地市场的信息不对称问题依旧存在。目前，还没有一个统一的土地出让平台，能够看到所有的土地出让信息，国土资源局、土地储备中心等部门也没有一个与众多品牌开发商集中沟通的平台。作为需求方的开发商，其获取土地使用权需要实地考察并挨个部门进行拜访，导致工作效率比较低。因此，信息量有限、透明度不足，加之相关利益群体的博弈造成土地要素市场化推进缓慢。

从劳动力市场来看，我国尚缺乏相对统一规范的劳动力市场信息平台，供求双方存在一定程度的信息不对称，造成了摩擦性失业。首先，政府提供的信息平台有限，不足以满足企业和求职者的匹配需求，相关行业求人倍率等劳动力市场指标数据没有定期公布，使得微观主体的供求行为存在一定的盲目性。其次，劳动力中介市场尚不完善，部分网络平台上有较多的虚假信息，中介市场规范度亟待提高。最后，部分人群找工作的主要途径还是通过亲友介绍，导致供给方掌握的信息非常有限。

从资本市场来看，资本市场本应是信息最为透明公开的市场。然而，非市场化利率和市场化利率并存，形成双轨制，并且利率政策透明度较差，使得利率容易受到信息冲击而产生较大幅度的波动。而且，非标类金融市场发展不规范。在刚性兑付等影响下，投资者对于信息不敏感，资产定价无法准确反映风险，导致"爆雷事件"频频发生。股票市场中，上市公司财务欺诈屡见不鲜，广大中小投资者信息较为不对称，容易谣言风行，严重影响市场的正常运行。民营企业和小微企业融资难融资贵，除了自身抵押品不足等问题以外，财务不透明也是制约金融机构为其提供金融服务的重要障碍。

从技术市场来看，中国技术市场交易平台主要分布在各省区层面，目前还缺乏全国统一的技术转移和技术资源共享平台。技术跨主体、跨区域的转移仍存在信息不对称的现象，并由此造成了较高的交易成本。技术市场及其技术估值体系目前发育不健全，缺乏完善的技术价值评估和信用体系。技术市场缺乏完整的市场配套服务，在知识产权披露、保护、转让、无形资产管理等环节均存在信息不对称现象。同时，由于我国科技计划项目成果的使用权、处置权和收益权分离，导致研究成果的信息在不同环节出现信息不对称，影响了技术市场的资源配置效率。

2.2 各种显性和隐性市场分割导致资源配置效率较低

从土地市场来看，中国土地市场存在明显的城乡二元市场分割①。同样是一块土地，如果是城市国有土地使用权出让，那么其价格会显著高于农村集体土地使用权出让价格。在土地出让方式上，虽然法律原则上要求城市通过招拍挂等市场手段出让土地，但行政分配手段依然发挥着重要作用，通过协议出让或其他渠道获得土地的方式依然广泛存在②。不同的土地出让方式下，土地价格可能存在显著差异。协议出让土地，容易导致土地资源浪费，也会扭曲土地资源价格而导致土地资源配置效率下降。

从劳动力市场来看，当前中国劳动力市场的资源配置机制仍不完善，劳动力市场的城乡二元分割格局依然没有完全消除，并且城市内部的二元分割格局又出现了强化趋势③。劳动力市场的双重分割，不仅增加了劳动力要素的流动障碍，而且不利于缩小居民收入差距。在此基础上，一些行政手段的采用又使得劳动力市场产生了更大的扭曲，较为明显地降低了劳动力要素的配置效率。

从资本市场来看，货币政策利率与银行间市场利率形成的市场化程度相对较高，传导也较为有效，但银行间市场利率向贷款利率尤其是中小企业贷款利率的传导不甚通畅。尤其是，资本市场目前还存在利率双轨制。货币市场利率由市场决定，但银行存贷款仍存在基准利率。资本市场分割和管制标准不统一等因素仍然限制着利率市场化的完善与到位。未来要继续坚持市场化改革方向，推动利率"两轨"逐步合"一轨"，稳步推进利率市场化的进程。

从技术市场来看，技术的价值实现要经历从研发、到实验、到市场、再到产业化

---

① 曲福田、田光明：《城乡统筹与农村集体土地产权制度改革》，《管理世界》2011 年第 6 期。
② 王媛、杨广亮：《为经济增长而干预：地方政府的土地出让策略分析》，《管理世界》2016 年第 5 期。
③ 丁守海：《中国劳动力市场的变革趋势与方向》，《人文杂志》2014 年第 10 期。

的不同阶段，每一个环节均涉及不同的参与主体。中国科技研发和技术市场各主体之间相互分割，特别是研发主体和产业化主体之间的利益诉求存在较大差异，导致创新价值链衔接存在问题。以产业需求为导向的技术需求在不同市场主体之间存在技术交易约束和价值壁垒。没有统一协调的技术要素市场，使得不同主体创新能力难以得到充分发挥。这种市场扭曲显著地抑制了企业或产业创新效率的提高，阻碍了技术要素配置效率的提升①。

2.3 要素市场供给侧与需求侧结构不匹配

土地市场存在明显的供需结构不匹配问题。以工业用地为例，从使用年限来看，工业用地的使用权出让年限一般为20—40年。然而，不同的企业对土地使用年限存在差异，有些企业土地使用年限较长，有些企业土地使用年限较短，统一的土地使用年限容易导致土地要素使用存在供给和需求的时间错配。从供给方式来看，工业用地供给主要以出让为主，但是作为需求方的企业，在土地出让的情况下要为一次性获取土地支付较高的成本。为了减少企业负担，可以通过租赁等形式向企业供应土地。此外，在传统的土地出让模式下，由于土地价格较高，政府偏好大企业投资而慷慨出让大量土地，但中小企业很难获得土地。

劳动力市场中招工难和求职难并存，体现着供需结构的不匹配。中国的技术工人面临劳动力短缺，如机床工人等专业工种长期招工难。近年来，我国每年800多万名大学毕业生，由于供需结构不匹配，很多毕业生面临求职难的窘境。大学扩招以来，各界更为关注大专院校和毕业生的数量，但较少关注教育质量。部分学校软硬件均相对较差，尤其是课程体系设计不能顺应市场的需求，因而许多大学毕业生并不完全具备雇主所需要的必要技能。

资本市场需求方复杂多样，供需主体不匹配，显著降低了融资效率。企业在创立期、成长期、成熟期和衰退期等阶段的经营规模、盈利模式和公司治理等都有着不同的特征，对于资本的需求和利率期限等的要求也有所不同。面对多种融资需求，我国的资本市场供给方却较为单一。在银行市场中，主要以国有大型银行为主。而在股票市场中，存在追求短期利益的大量散户，对长期资金入市限制较多。同时，我国间接融资占比高，直接融资市场在各种信息不对称的约束下发展缓慢。

技术市场的供需结构不匹配也较为明显。发达经济体中的企业是创新的主体，在

---

① 戴魁早、刘友金：《要素市场扭曲与创新效率——对中国高技术产业发展的经验分析》，《经济研究》2016年第7期。

技术研发中发挥了重要的作用。中国则有所不同。虽然以企业为主体、产学研相结合的技术创新体系已经基本确立，但是从现实情况来看，高校和科研院所依然是创新的主体。这导致了技术市场的供给侧与需求侧存在结构性失衡。① 产学研脱节严重、专利转化率较低等问题在应用型技术领域表现得尤为突出，显著影响了我国技术市场的整体效率。

3 要素市场的改革思路

新时代的基本矛盾决定了要素市场化配置改革的总方向，要素市场化配置改革要有利于解决美好生活和发展不充分不平衡之间的矛盾。在改革过程中，不应简单追求要素投入在不同部门不同地区获取完全相同的回报。要素收益的差异化是要素流动的关键激励因素，需要通过构建完备的市场体系来降低要素流动障碍。同时也应认识到，放开了价格，构建了市场主体和交易机制，并不一定会自动带来配置效率达到最优状态和解决所有相关问题。拉美要素市场化配置改革就是一个例证，完全放开、无有效政府管理的要素市场化配置并不能解决结构转型、收入分配不公平带来效率降低等问题。有鉴于此，要素市场改革的总体思路主要有以下三个方面。

一是，集中力量解决各个要素市场存在的共性问题。当前，中国的土地、劳动力、资本和技术等生产要素市场均存在要素资源错配、配置效率较低和供需结构不匹配等亟待解决的共性问题。针对各个要素市场共同存在的问题，改革的重点就是要构建更加完备的市场体系，消除资源配置的无效率。具体而言，要提高要素市场信息的透明度，为各个要素市场建立统一的信息共享平台，降低要素市场信息不对称的程度。与此同时，要解决各类市场分割问题，实现要素在不同部门、不同地区的无障碍流动，并且进一步赋予要素主体完备的财产选择权，提升要素市场的交易效率。

二是，根据各个要素市场化配置改革的难易程度有序推进改革。按照改革的难易程度，要素市场化配置改革可以大致划分为三类。第一类是以利率市场化和汇率市场化为主的资本要素市场化配置改革，这类改革的难度相对较小。虽然资本市场改革在一定程度上会触及政府、国有银行和国有企业的相关利益，但是只要下定决心，就能取得重要进展甚至率先取得成功。第二类是土地要素市场化配置改革，这类改革的难

---

① 目前，技术的主要提供方仍是高校和科研院所。高校、科研院所的科研项目经费70%以上来自政府，而高校与科研院所为了不断得到政府的资助，主要对政府负责而非对市场负责。企业又远未成为技术创新的主体，它们只是成果转化的受体，既不是技术的投资主体，又无权参与技术的研发过程，也就无法要求技术研发朝着适应自己需要的方向进行。

度相对较大，当前仍存在法律障碍较多和试点经验不够成熟等问题。需要进一步完善相关法律体系建设，有效落实土地的所有权和使用权。第三类是劳动力要素市场化配置改革，这类改革的难度最大。户籍制度改革是劳动力市场改革的重要组成部分，涉及相关利益格局的重新调整，会受到来自地方政府和城镇居民等多方阻力。在改革过程中，为了实现公共服务的逐步均等化，既需要中央政府的顶层设计又需要区域政策、产业政策、社保政策等与之配合，因此改革难度比较大。要素市场化配置改革应根据改革的难易程度，遵循由易到难的总体原则，有序向前推进。

三是，积极推进要素市场主体培育和配置方式创新。市场主体培育和配置方式的创新有助于使市场在资源配置中起决定性作用，进而冲破资源配置的体制机制障碍，更好地实现要素资源的自由流动。在这一过程中，尤其需要协调推进国有企业改革，解决预算软约束问题、建立现代企业制度、逐步剥离国有企业办社会职能并构建平等的要素市场需求主体。同时，调整政府职能，破除行政性垄断，培育多元化的要素市场供给主体。在此基础上，进一步创新配置方式，优化市场交易机制，提升资源配置效率。

在要素市场化配置改革的引领下，各个要素市场存在的要素资源错配、配置效率较低和供需结构不匹配等共性问题将得到有效解决，整体经济结构中存在的多方面失衡问题也将得到有效的调整和改善。与此同时，生产要素按照效益最大化和效率最大化的原则进行分配，也有助于进一步激发市场主体的创新活力，使得整体经济增长动力由资本和劳动等要素投入驱动的粗放型发展模式转向提高全要素生产率的创新驱动模式，经济增长动力的转换可以有效改善粗放型经济发展模式所带来的资源浪费和环境污染问题。由此可见，进一步深化要素市场化配置改革是推动经济高质量发展的必然要求，也是建设美丽中国的必要条件。

网上超市生鲜水果多式联运路径优化

庄燕玲[1]　孙玉姣[2]　胡祥培[1]

（1. 大连理工大学 经济管理学院，大连　116023；2. 华南理工大学 工商管理学院，
广州　510641）

摘要：近年来，网上超市生鲜水果销售模式得到了飞速发展，多式联运是提高网上超市生鲜水果运输效率的有效途径和方法，但由于网上超市具有多产地、多销地的运输网络结构，以及生鲜水果具有易腐易损性、运输量存在规模经济等特点，带来了生鲜水果运输方式和运输路径选择决策的复杂性。针对该问题的独特特点，本文将企业实际人工经验引入生鲜水果多式联运运输方式与路径选择的模型中，转化为对运输中转次数与运输时间的约束，以满足生鲜水果的新鲜度要求，同时，引入 0–1 变量将非线性模型转化为混合整数规划模型，并设计了改进的多种群蚁群算法对该问题进行求解。最后基于某大型网上超市自建仓配网络下生鲜水果运输的实例验证了该模型与算法的有效性，有利于提高网上超市生鲜水果多式联运决策的科学性，对我国生鲜水果跨区域销售模式的进一步发展具有重要意义。

关键词：运输网络；多式联运；路径选择；网上超市；生鲜商品

1　研究背景

近年来，随着国民生活水平的提高与物流网络的发展，我国的生鲜电商市场正迎来飞速发展时期。在国家政策支持及市场需求的推动下，为了争夺生鲜市场这一电子商务领域的最后一片"蓝海"，阿里、京东、顺丰等电商与物流产业巨头纷纷开始生鲜

基金项目：国家自然科学基金创新研究群体项目（71421001）

作者简介：庄燕玲（1995—　），女，福建福鼎人，大连理工大学经济管理学院博士研究生，研究方向：电子商务与物流管理；孙玉姣（1990—　），女，山东潍坊人，华南理工大学工商管理学院博士后，研究方向：物流与供应链管理；胡祥培（1962—　），男，安徽绩溪人，大连理工大学经济管理学院教授、博士生导师，博士，研究方向：新兴电子商务与智慧物流。

冷链的战略布局，标志着生鲜水果网上销售的时代正在到来。网上超市这一新兴的电子商务模式，正逐渐成为生鲜水果主流的销售方式之一。据京东数据显示，仅在2018年春节期间，其网上超市生鲜类商品销售额就同比增长了四倍。但由于我国地理面积广阔，地势地形复杂多样，受地理、气候等因素影响，我国生鲜水果的生产具有强烈的地域性，南北差异大。为满足消费者对其他地区生鲜水果的需求，就需要进行远距离运输。同时，生鲜水果与普通商品不同，它具有生鲜商品的易腐性和易损性特点，生命周期短，导致网上超市运输成本居高不下，生鲜水果损坏严重，顾客满意度低下，网上超市生鲜水果的销售模式遇到了前所未有的挑战，面临重重困难。因此，网上超市需要解决的核心问题是运输问题，Baykasoğlu 与 Subulan[①] 指出，多式联运能够为企业提供更为高效、可靠、灵活并且可持续的运输。由于路途遥远，网上超市也必须采取多式联运的方式，才能满足生鲜水果远距离、高时效的要求。在采取多式联运的情况下，网上超市如何快速地决策较优的运输路径与运输方式，以较低的运输成本满足消费者需求，是当今产业界和学术界密切关注和亟待解决的难题之一。

Sun 与 Wang[②] 研究发现，物流配送模式一直是制约生鲜农产品电子商务发展的瓶颈因素。因此，众多学者提出了适合生鲜的物流配送模式，或对当前多种生鲜冷链配送模式进行对比分析[③]，得出每种模式的适用范围。Sun 与 Wang 在研究传统物流配送模式的基础上，指出了构建电子商务物流配送系统的五大问题，并分析了生鲜农产品电子商务的物流配送模式和业务流程，对生鲜农产品电子商务物流配送模式提出了合理的建议。针对生鲜电商物流配送优化问题的研究，已有研究主要关注生鲜商品的车辆路径问题，基于传统的 VRP（Vehicle Routing Problem，车辆路径问题）研究，考虑生鲜商品的特殊性，对行车路径进行优化，如丁秋雷等[④]针对干扰事件导致鲜活农产品冷链物流配送难以顺利实施的问题，以生成扰动最小的调整方案为突破口，运用干扰管理思想，结合行为科学中行为感知的研究方法与运筹学中定量优化的研究手段，创建了鲜活农产品冷链物流配送的干扰管理模型，并采用混合蚁群算法进行了求解。已有的对生鲜商品的配送优化研究，主要集中在对区域内的"最后一公里"配送问题的

---

① Baykasoğlu, A., Subulan, K., "A Multi-objective Sustainable Load Planning Model for Intermodal Transportation Networks with a Real-life Application", *Transportation Research Part E：Logistics and Transportation Review*, Vol. 95, Nov. 2016.

② Sun, J., and Wang, X., "Study on the E-Commerce Logistics Distribution Modes of Fresh Agricultural Products", *Applied Mechanics and Materials*, pp. 744 – 746, Mar. 2015.

③ 汪旭晖、张其林：《电子商务破解生鲜农产品流通困局的内在机理》，《中国软科学》2016年第2期。

④ 丁秋雷、姜洋、王文娟、齐飞：《鲜活农产品冷链物流配送的干扰管理模型研究》，《系统工程理论与实践》2017年第9期。

研究，而网上超市的出现在给生鲜水果跨区域销售带来契机的同时，也给生鲜水果的长途运输决策带来了极大的挑战，已有的对生鲜商品车辆路径问题的研究无法解决网上超市生鲜水果的长途运输决策问题。

针对多式联运的研究，Yamada 等①指出，多式联运可促进地区和国家的经济发展，并有助于减少对环境造成的负面影响。Bouchery 与 Fransoo② 考虑了碳排放因素，指出在不影响经济增长的前提下，多式联运常常被作为减少碳排放的有效解决方案。多式联运运输网络与路径优化，目前已逐渐成为学者们研究的重点与难点问题。Marufuzzaman 与 Ekşioğlu③针对运输量随季节高度变化的生物燃料运输问题，提出了动态多式联运网络设计模型，并指出该问题为 NP-Hard 问题。针对单起点、单终点的多式联运问题，魏航等④研究时变网络下的多式联运最短路问题，将运输网络进行变形，并设计了求解时变条件下多式联运的最短路算法。Ayed 等⑤提出了一种求解时变网络下多式联运问题的混合求解方法，并在实际问题中验证了该方法能够在计算时间和内存空间之间取得较好的平衡。贺竹磬等⑥建立了具有时间和运输容量约束的多式联运模型，并设计了遗传算法加以求解。指出，多式联运可以使物流运输从整体上达到最优，不仅可以实现物流的时效性，也可以降低物流成本。针对具有多起点、多终点的复杂多式联运问题，熊桂武和王勇⑦建立了基于图状结构的带时间窗的多式联运优化模型，并提出了两层优化算法来实现运输路径与运输方式的组合优化。García 等⑧为获得更高质量的解，将运筹学与人工智能搜索方法相结合，提出了一种新的混合求解算法，并将该解决方案应用于西班牙的一家多式联运公司。上述研究为生鲜水果多式联运路径优化奠定了一定的研究基础，但已有的相关研究主要集中于普通商品的运输问题，考虑时间窗与运输容量等限制，设计智能方法进行求解。同时，为了降低求解的复杂度，已有文献中通常假设运输成本是关于运输量的线性函数，

① Yamada, T., Russ, B. F., Castro, J., Taniguchi, E., "Designing Multimodal Freight Transport Networks: A Heuristic Approach and Applications", *Transportation Science*, Vol. 43, No. 2, May 2009.

② Bouchery, Y., Fransoo, J., "Cost, Carbon Emissions and Modal Shift in Intermodal Network Design Decisions", *International Journal of Production Economics*, Vol. 164, June 2015.

③ Marufuzzaman, M., Ekşioğlu, S. D., "Designing a Reliable and Dynamic Multimodal Transportation Network for Biofuel Supply Chains", *Transportation Science*, Vol. 51, No. 2, May 2017.

④ 魏航、李军、刘凝子:《一种求解时变网络下多式联运最短路的算法》,《中国管理科学》2006 年第 4 期。

⑤ Ayed, H., Galvez-Fernandez, C., Habbas, Z., Khadraoui, D., "Solving time-dependent multimodal transport problems using a transfer graph model", *Computers & Industrial Engineering*, Vol. 61, No. 2, Sep. 2011.

⑥ 贺竹磬、孙林岩、李晓宏:《时效性物流联运方式选择模型及其算法》,《管理科学》2007 年第 1 期。

⑦ 熊桂武、王勇:《带时间窗的多式联运作业整合优化算法》,《系统工程学报》2011 年第 3 期。

⑧ García, J., Florez, J. E., Torralba, Á., Borrajo, D., López, C. L., García-Olaya, Á., Sáenz, J., "Combining Linear Programming and Automated Planning to Solve Intermodal Transportation Problems", *European Journal of Operational Research*, Vol. 227, No. 1, May 2013.

而网上超市在实际运作过程中，运输量的规模经济带来的单位成本分段线性对其运输路径的决策十分重要，已有的研究成果无法解决成本非线性的多式联运问题。由于生鲜水果的运输还需要保证水果的新鲜度和运输时间要求，使其多式联运更加复杂。

本文针对网上超市生鲜水果多式联运路径优化问题，考虑生鲜水果的特殊性和运输量的规模经济，将企业实际人工经验引入到生鲜水果多式联运运输方式与路径选择的模型中，转化为对运输中转次数与运输时间的约束，以满足生鲜水果对新鲜度的要求。针对该问题的独特特点，设计了改进的多种群蚁群算法进行求解，能够在较短时间内为网上超市提供较为科学的运输路径与运输方式组合方案。

2　问题描述与模型构建

2.1　问题描述及符号表示

网上超市生鲜水果多式联运路径优化问题，研究的是网上超市在多产地、多销地、水果具有易腐易损性、运输量存在规模经济，且具有航空、公路、铁路等多种运输方式可选择的情况下，如何选择运输方式与运输路径，将生鲜水果从多个原产地运输到多个目的地，如图1所示，网上超市需要将沈阳和丹东原产地的两种水果运往其他城市以满足消费者的需求。该问题具有以下特点：（1）生鲜水果从原产地出发后，可以选择直达或在其他地进行中转后到达目的地；（2）一种生鲜水果需要运送到多个目的地；（3）每个目的地对多种生鲜水果均有需求；（4）生鲜水果的运输具有时间紧迫性；（5）运输量的规模经济，使得运输的单位成本是运输量的分段线性函数。网上超市复杂的运输网络结构、水果具有易腐易损性以及成本分段线性等特殊性，给网上超市生鲜水果多式联运问题的建模和求解带来了极大的难度。针对水果对新鲜度要求的特殊性，作者在与国内某大型网上超市进行深度项目合作时，发现企业实际在人工进行运输路径的选择时具有一定的人工经验。在实际网上超市生鲜水果的运输过程中，中转次数的增多会带来多次中转分拣过程中装卸、搬运、分拣对生鲜水果造成的损坏，同时，中转次数的增加也会在一定程度上带来运输成本和时间的增加，因此，可在前期将中转次数较多的运输路线剔除，在方便决策的同时，也可以在一定程度上保证水果的新鲜度。本文将企业实际人工经验加入到模型中，转化为对运输路线中转次数与运输时间的约束，在满足生鲜水果对新鲜度要求的同时，也在一定程度上缩小了解空间。

网上超市生鲜水果的运输成本存在规模经济效应，当一条路径上采用某种运输方

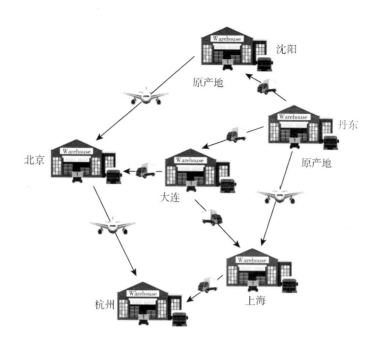

图1　网上超市生鲜水果运输示意

式的总运输量较少时，单位成本较高，当一条路径上采用某种运输方式的总运输量较多时，单位成本较低，因此，网上超市生鲜水果多式联运的单位成本是分段线性函数。成本结构中基本参数定义如下：

集合：

V：网上超市生鲜水果运输网络中节点的集合；

K：运输方式的集合，包括公路、航空、铁路等；

M：生鲜水果的集合；

R：成本分段数量。

参数：

c_{ij}^{k}：由节点 i 至节点 j 运输方式 k 的单位平均成本；

c_{ij}^{kr}：由节点 i 至节点 j 运输方式 k 在分段 r 的单位平均成本；

$F_{ij}^{k(r-1)}$，F_{ij}^{kr}：节点 i 到节点 j 第 k 种运输方式在分段 r 运输量的上下界；

q_{ijhm}^{k}：节点 h 对生鲜水果 m 的需求从节点 i 到节点 j 经由第 k 种运输方式运输的重量。

网上超市生鲜水果多式联运的分段线性成本结构如图2所示。

若直接对该成本结构进行建模，将会得到分段线性的成本函数，如式（1）所示，此时构建的网上超市生鲜水果的多式联运模型为非线性模型，很难进行求解。

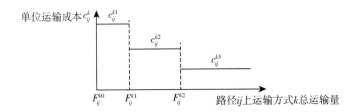

图2　网上超市生鲜水果运输分段线性成本结构

$$c_{ij}^{k} = \begin{cases} c_{ij}^{k1}, & F_{ij}^{k0} \leqslant \sum_{h \in V} \sum_{m \in M} q_{ijhm}^{k} < F_{ij}^{k1} \\ c_{ij}^{k2}, & F_{ij}^{k1} \leqslant \sum_{h \in V} \sum_{m \in M} q_{ijhm}^{k} < F_{ij}^{k2} \\ \vdots \\ c_{ij}^{kr}, & F_{ij}^{k(r-1)} \leqslant \sum_{h \in V} \sum_{m \in M} q_{ijhm}^{k} < F_{ij}^{kr} \end{cases}, \quad \forall i, j \in V \tag{1}$$

针对该难题，本文通过引入 0-1 变量，将原来的非线性模型转化为混合整数线性规划模型，降低计算的复杂度。令 q_{ij}^{k} 表示由节点 i 至节点 j 第 k 种运输方式的总运输量，有：

$$q_{ij}^{k} = \sum_{h \in V} \sum_{m \in M} q_{ijhm}^{k} \tag{2}$$

引入 0-1 变量，z_{ij}^{kr} 表示由节点 i 至节点 j 第 k 种运输方式的总运输量 q_{ij}^{k} 是否落在分段 r 上：

$$z_{ij}^{kr} = \begin{cases} 1, & q_{ij}^{k} \in \left[F_{ij}^{k(r-1)}, F_{ij}^{kr} \right] \\ 0, & otherwise \end{cases} \tag{3}$$

令 q_{ijhm}^{kr} 表示当节点 i 到节点 j 经由第 k 种运输方式的总运输量落在分段 r 上时，节点 h 对生鲜水果 m 的需求从节点 i 到节点 j 经由第 k 种运输方式的运输量对总运输量贡献的重量，可表示为：

$$q_{ijhm}^{kr} = \begin{cases} q_{ijhm}^{k}, & if\ q_{ij}^{k} \in \left[F_{ij}^{k(r-1)}, F_{ij}^{kr} \right] \\ 0, & otherwise \end{cases} \tag{4}$$

此时，可将原来的非线性模型转化为混合整数规划模型。网上超市的目标是总成本最小，因此本文综合考虑生鲜水果运输时间、中转次数、需求量以及运输量规模经济的约束，以综合成本最小为目标建立了优化模型。

基本符号定义如下：

变量：

d_{ij}^{k}：节点 i 至节点 j 之间经由方式 k 运输时的距离；

v_{ij}^k：由节点 i 至节点 j 运输方式 k 的平均速度；

u_{ij}^k：节点 i 到节点 j 第 k 种运输方式的运输能力；

c_i^{kq}：在节点 i，从第 k 种运输方式转换至第 q 种运输方式的转换成本；

t_i^{kq}：在节点 i，从第 k 种运输方式转换至第 q 种运输方式的转换时间；

Q_{im}：节点 i 对于生鲜水果 m 的需求量；

T_{im}：节点 i 对于生鲜水果 m 的运到时间限制；

G_m：水果 m 中转分拣次数的上限值；

S_{sm}：产地 s 生产生鲜水果 m 的产量。

决策变量：

x_{ijhm}^k：$0-1$ 变量，表示节点 h 对生鲜水果 m 的需求在节点间的运输方式，有

$$x_{ijhm}^k = \begin{cases} 1, & \text{如果节点 } h \text{ 对生鲜水果 } m \text{ 的需求从节点 } i \text{ 到节点 } j \text{ 经由第 } k \text{ 种运输方式运输} \\ 0, & otherwise \end{cases}$$

y_{ihm}^{kq}：$0-1$ 变量，表示节点 h 对生鲜水果 m 的需求在节点 i 运输方式的转换关系，有

$$y_{ihm}^{kq} = \begin{cases} 1, & \text{如果节点 } h \text{ 对生鲜水果 } m \text{ 的需求在节点 } i \text{ 由第 } k \text{ 种运输方式转换至第 } q \text{ 种运输方式} \\ 0, & otherwise \end{cases}$$

q_{ijhm}^{kr}：连续变量，表示当节点 i 到节点 j 经由第 k 种运输方式的总运输量落在分段 r 上时，节点 h 对生鲜水果 m 的需求从节点 i 到节点 j 经由第 k 种运输方式的运输量对总运输量贡献的重量；

z_{ij}^{kr}：$0-1$ 变量，表示节点 i 至节点 j 第 k 种运输方式的总运输量 q_{ij}^k 是否落在分段 r 上。

2.2 模型建立

网上超市生鲜水果多式联运路径选择问题的数学模型描述如下：

目标函数：

$$\min \sum_{k \in K} \sum_{i \in V} \sum_{j \in V} \sum_{h \in V} \sum_{m \in M} \sum_{r \in R} c_{ij}^{kr} z_{ij}^{kr} d_{ij}^k q_{ijhm}^{kr} + \sum_{k \in K} \sum_{q \in K} \sum_{i \in V} \sum_{h \in V} \sum_{m \in M} Q_{im} c_i^{kq} y_{ihm}^{kq} \tag{5}$$

约束条件为：

$$\sum_{k \in K} x_{ijhm}^k \leqslant 1, \quad \forall i, j, h \in V, m \in M \tag{6}$$

$$\sum_{k \in K} \sum_{q \in K} y_{ihm}^{kq} \leqslant 1, \quad \forall i, h \in V, m \in M \tag{7}$$

$$\sum_{g \in V} x_{gihm}^k \geqslant y_{ihm}^{kq}, \quad \forall i, h \in V, k, q \in K, m \in M \tag{8}$$

$$\sum_{j \in V} x_{ijhm}^q \geqslant y_{ihm}^{kq}, \quad \forall i, h \in V, k, q \in K, m \in M \tag{9}$$

$$y_{ihm}^{kq} \geqslant \min(x_{gihm}^k, x_{ijhm}^q), \quad \forall g, i, j, h \in V, k, q \in K, m \in M \tag{10}$$

$$\sum_{i \in V} \sum_{k \in K} \sum_{r \in R} q_{ijhm}^{kr} \geqslant Q_{hm}, \ j = h, \ \forall h \in V, \ m \in M \qquad (11)$$

$$\sum_{i \in V} \sum_{k \in K} \sum_{r \in R} q_{ijhm}^{kr} + S_{jm} \geqslant \sum_{g \in V} \sum_{k \in K} \sum_{r \in R} q_{jghm}^{kr}, \ j \neq h, \ \forall j, \ h \in V, \ k \in K, \ m \in M \qquad (12)$$

$$\sum_{i \in V} \sum_{h \in V} \sum_{k \in K} \sum_{r \in R} q_{ijhm}^{kr} - \sum_{g \in V} \sum_{h \in V} \sum_{k \in K} \sum_{r \in R} q_{jghm}^{kr} \geqslant Q_{jm} - S_{jm}, \ \forall j \in V, \ m \in M \qquad (13)$$

$$\sum_{i \in V} \sum_{j \in V} \sum_{k \in K} \frac{x_{ijhm}^{k} d_{ij}^{k}}{v_{ij}^{k}} + \sum_{i \in V} \sum_{k \in K} \sum_{q \in K} y_{ihm}^{kq} t_{i}^{kq} \leqslant T_{hm}, \ \forall h \in V, \ m \in M \qquad (14)$$

$$\sum_{h \in V} \sum_{m \in M} \sum_{r \in R} q_{ijhm}^{kr} \leqslant u_{ij}^{k}, \ \forall i, \ j \in V, \ k \in K \qquad (15)$$

$$\sum_{r \in R} q_{ijhm}^{kr} \leqslant N x_{ijhm}^{k}, \ \forall i, \ j, \ h \in V, \ k \in K, \ m \in M \qquad (16)$$

$$x_{ijhm}^{k} \leqslant \sum_{r \in R} q_{ijhm}^{kr}, \ \forall i, \ j, \ h \in V, \ k \in K, \ m \in M \qquad (17)$$

$$\sum_{i \in V} \sum_{k \in K} \sum_{q \in K} y_{ihm}^{kq} \leqslant G_{m}, \ \forall h \in V, \ m \in M \qquad (18)$$

$$\sum_{h \in V} \sum_{m \in M} q_{ijhm}^{kr} \geqslant F_{ij}^{k(r-1)} z_{ij}^{kr}, \ \forall i, \ j \in V, \ k \in K, \ r \in R \qquad (19)$$

$$\sum_{h \in V} \sum_{m \in M} q_{ijhm}^{kr} \leqslant F_{ij}^{kr} z_{ij}^{kr}, \ \forall i, \ j \in V, \ k \in K, \ r \in R \qquad (20)$$

$$\sum_{r \in R} z_{ij}^{kr} \leqslant 1, \ \forall i, \ j \in V, \ k \in K \qquad (21)$$

$$z_{ij}^{kr} \leqslant \sum_{h \in V} \sum_{m \in M} q_{ijhm}^{kr}, \ \forall i, \ j \in V, \ k \in K, \ r \in R \qquad (22)$$

$$x_{ijhm}^{k}, \ y_{ihm}^{kq}, \ z_{ij}^{kr} \in \{0, \ 1\}, \ \forall i, \ j, \ h \in V, \ k, \ q \in K, \ m \in M, \ r \in R \qquad (23)$$

$$q_{ijhm}^{kr} \geqslant 0, \ \forall i, \ j, \ h \in V, \ k \in K, \ m \in M, \ r \in R \qquad (24)$$

式（5）为目标函数，表示最小化运输综合成本，其中，第一部分表示网上超市生鲜水果在多式联运过程中产生的运输成本，第二部分表示运输方式转换成本；式（6）表示节点 h 对水果 m 的需求在相邻两个节点进行运输时只能选择一种运输方式；式（7）表示在某一节点内，节点 h 对水果 m 的需求只能采用一种运输方式转换方案，或者不进行转换；式（8）表示若节点 h 对生鲜水果 m 的需求在节点 i 由第 k 种运输方式转换至第 q 种运输方式，则该水果从其他节点到达节点 i 的过程中，必须有使用第 k 种运输方式的运输；式（9）表示若节点 h 对生鲜水果 m 的需求在节点 i 由第 k 种运输方式转换至第 q 种运输方式，则该水果从节点 i 出发的运输过程中，必须有使用第 q 种运输方式的运输；式（10）表示只有当节点 h 对水果 m 的需求从其他节点到达节点 i 时采用了第 k 种运输方式，且从节点 i 出发采用了第 q 种运输方式时，节点 h 对水果 m 的需求在节点 i 由第 k 种运输方式转换到了第 q 种运输方式；式（11）表示在水果 m 的运到量必须满足节点 h 对于生鲜水果 m 的需求量；式（12）表示节点 h 对水果 m 的需求在节点 j 进行中转的运入量与节点 j 自身该水果的产量之和必须大于等于节点 h 对水

果 m 的需求在节点 j 的运出量；式（13）表示在节点 j，水果 m 的运入量减去运出量必须大于等于该节点的需求量减供给量；式（14）表示水果 m 的运到时间必须满足节点 h 对于生鲜水果 m 的运到时间限制，其中，第一部分为节点间的运输时间，第二部分为节点内部的中转时间；式（15）为节点 i 到节点 j 的第 k 种运输方式的运出能力约束；式（16）表示生鲜水果 m 只有从节点 i 到节点 j 经过第 k 种运输方式运输时才能有运输量，其中，N 为一个足够大的常数；式（17）表示节点 h 对生鲜水果 m 的需求没有从节点 i 到节点 j 经过第 k 种运输方式的运输量时，则节点 h 对生鲜水果 m 的需求从节点 i 到节点 j 没有经过第 k 种运输方式运输；式（18）表示加入企业实际人工经验，节点 h 需求的水果 m 在节点间的总中转分拣次数要小于给定的上限值；式（19）、式（20）保证了节点 i 到节点 j 第 k 种运输方式在分段 r 上总运输量的上下界限制；式（21）表示节点 i 到节点 j 第 k 种运输方式的总运输量只能落在一个分段上；式（22）表示节点 i 至节点 j 第 k 种运输方式的总运输量在分段 r 上有运输量时，指示变量才为 1；式（23）、式（24）是变量取值约束。

上述模型属于混合整数规划模型，当问题规模较小时，可以利用分支定界法或随机搜索的方法进行求解，但随着问题规模的扩大，模型的解空间急剧增大。在单起点、单终点的传统多式联运问题中，一条路径上有 n 个节点，每条弧上有 k 种运输方式可供选择的情况下，该条路径上可以采用的运输方式组合共有 k^{n-1} 种，当 n 和 k 较大时，会出现"组合爆炸"问题。而本文研究的生鲜水果多式联运问题，具有多起点、多终点、多需求、顾客对运输时间有限制的独特特点，比传统的多式联运问题更加复杂。已有研究表明，多式联运多商品流问题为 NP-Hard 问题[1]，其模型已经很难在多项式时间内利用精确算法进行有效求解，本文研究的网上超市生鲜水果多式联运路径优化模型中，多产地、多销地、多种产品需求、顾客对运输时间有限制等条件增加了问题的复杂性，使得其求解空间急剧增大，有必要探索有效的启发式算法进行求解。

3 改进的蚁群算法设计

蚁群算法（Ant Colony Optimization，ACO）是一种群智能算法[2]，该算法由 Marco

---

① Chang, T., "Best routes selection in international intermodal networks", *Computers & Operations Research*, Vol. 35, No. 9, Sep. 2008.

② Dorigo, M., Gambardella, L. M., "Ant Colony System: a Cooperative Learning Approach to the Traveling Salesman Problem", *IEEE Transactions on Evolutionary Computation*, Vol. 1, No. 1, Apr. 1997.

Dorigo 于 1992 年首次提出，其基本思想是模拟蚂蚁在觅食过程中的寻路能力来解决复杂的组合优化问题。由于其原理简单、通用性强及具有协同性等特点，引起了学术界的广泛关注。同时，针对蚁群算法具有搜索时间长和易陷入局部最优等特点，许多学者进一步对蚁群算法进行了改进并获得了较好的结果。网上超市生鲜水果的运输过程与蚁群算法中蚂蚁搜寻食物的过程具有一定的相似性，但网上超市生鲜水果的运输网络具有多起点、多终点的特点，且由于各路段上的运输量存在规模经济效应，不同终点的需求在计算成本时会相互影响，因此，传统的蚁群算法无法解决此问题。本文针对该难点，在传统的蚁群算法基础上设计多种群蚂蚁同时对运输路径进行搜索，各种群之间的成本相互协同进行计算，可有效地对该复杂问题进行解的表示和求解。

3.1 基本思想

由于网上超市生鲜水果具有多产地、多销地的特点，该问题的解包含从多个起点到达多个终点的多条路径，且多条路径间的运输成本互相影响，为解的表示和求解带来了极大的难度。为降低该问题求解的复杂性，本文将多个销地对多个原产地的多种生鲜水果的需求进行拆分，得到每个销地对每个原产地的一种生鲜水果需求的集合，将多起点、多终点的多式联运问题转化为多个因运输量规模经济及运输容量限制而相互影响的单起点、单终点的多式联运问题。本文基于蚁群算法，设计了多个种群的蚂蚁同时进行搜索，每一个种群的蚂蚁负责为一个销地对一个原产地的一种水果的需求（即单起点、单终点）搜索路径，种群之间相互不干扰，即每个种群的蚂蚁会留下该种群特有的信息素，该信息素对其他种群的蚂蚁不会产生影响。每个种群的蚂蚁背负一定的运输量，当某一种群的蚂蚁选择某路段的某种运输方式后，该路段该运输方式的运输能力将相应减少，即运输能力更新，其他种群的蚂蚁再次选择该路段的该运输方式时，将受到更新后的运输容量的限制。这样在一次迭代过程中，选择该路段该运输方式的蚂蚁所背负的运输量总和将小于或等于该路段该运输方式的最大运输能力，即满足模型中的式（15）约束。当各种群的蚂蚁均到达终点后，计算各路段上的总运输量，按照运输量的规模经济计算每只蚂蚁所行走路径的总成本。

算法中以 i、j 表示节点，k 表示节点之间的运输方式。当第 n 个种群的第 m 只蚂蚁从节点 i 出发，选择运输方式 k 到达节点 j 时，将节点 j 放入 $visitedNode_{nm}$ 集合中，将采用的运输方式 k 放入 $visitedMode_{nm}$ 集合中。

3.1.1 启发函数

本文的目标是实现总运输成本最低，因此，可将启发函数表示为成本的倒数，即：

$$\eta_{ij}^{k} = \frac{1}{c_{ij}^{k}d_{ij}^{k} + c_{i}^{qk}y_{i}^{qk}} \tag{25}$$

其中，η_{ij}^{k} 表示从节点 i 选择运输方式 k 移动到节点 j 的期望程度，对蚂蚁而言，即节点 i 选择运输方式 k 到节点 j 时该条路径的能见度，成本包含节点 i 到节点 j 使用第 k 种运输方式的运输成本及在节点 i 将运输方式 q 转为运输方式 k 的转换成本，成本越高，该条路径的能见度越低。

3.1.2 信息素更新策略

在蚁周系统①中，蚂蚁不是每一步都对轨迹上的信息素进行更新，而是在一只蚂蚁建立了一条完整的路径后再释放信息素，利用的是整体信息，有利于寻找全局最优解。因此，本文设计的算法在蚁周系统的基础上，为了避免算法易早熟收敛和搜索时间长的缺点，将遗传算法中精英和排序的概念扩展应用到蚁群算法中，将精英策略与排序优化策略相结合，选择每个种群当代蚂蚁中表现最好的前几只蚂蚁进行信息素的更新，使到目前为止所找出的较优解在下一循环中对该种群蚂蚁更有吸引力，避免了蚁群算法中信息素积累过程慢、难以在较短时间内找到高质量解的缺点，使蚁群更好、更快地收敛到最优解。信息素更新策略如下：当第 n 个种群的每只蚂蚁都生成一条路径后，按路径成本对蚂蚁进行排序，每只蚂蚁对信息素轨迹量更新的贡献根据该蚂蚁的排名位次 r 进行加权，同时，只考虑 u 只精英蚂蚁。每个种群蚂蚁的信息素按下式进行更新：

$$\tau_{ij}^{nk}(t+l) = (1-\rho)\tau_{ij}^{nk}(t) + \Delta\tau_{ij}^{nk} + \Delta\tau_{ij}^{nk*} \tag{26}$$

$$\Delta\tau_{ij}^{nk} = \sum_{r=2}^{u}\Delta\tau_{ij}^{nkr} \tag{27}$$

$$\Delta\tau_{ij}^{nkr} = \begin{cases} (u-r+1)\dfrac{Q}{C^{nr}}, & \text{如果第 } n \text{ 个种群第 } r \text{ 只最好的蚂蚁在本次循环中经过边 } (i,j,k) \\ 0, & otherwise \end{cases} \tag{28}$$

$$\Delta\tau_{ij}^{nk*} = \begin{cases} u\dfrac{Q}{C^{n*}}, & \text{如果边 } (i,j,k) \text{ 是第 } n \text{ 个种群所找出的最优解的一部分} \\ 0, & otherwise \end{cases} \tag{29}$$

其中，ρ 表示信息素的挥发系数，u 为精英蚂蚁的数量，$\Delta\tau_{ij}^{nkr}$ 为第 n 个种群第 r 只表现最好的蚂蚁所搜索在边 (i,j,k) 上留下的信息素，$\Delta\tau_{ij}^{nk*}$ 为第 n 个种群当代表现

① Dorigo, M., Maniezzo, V., Colorni, A., "Ant System: Optimization by a Colony of Cooperating Agents", *IEEE Transactions on Systems, Man, and Cybernetics, Part B (Cybernetics)*, Vol. 26, No. 1, Feb. 1996.

最好的蚂蚁在边 (i, j, k) 上释放的信息素，Q 表示信息素强度，C^{nr} 为第 n 个种群第 r 只表现最好的蚂蚁所搜索到的路径的成本，即目标函数的值，C^{n*} 为第 n 个种群当代最优解的值。

为了避免算法在运行过程中因各条弧上信息素数量差异过大而导致搜索停滞（很可能出现），本文结合最大—最小蚁群算法的优点，为弧上的信息素数量设置了区间限制，即 $\tau_{\min} \leqslant \tau_{ij}^{nk}(t) \leqslant \tau_{\max}$，当 $\tau_{ij}^{nk}(t) \geqslant \tau_{\max}$ 时，将 $\tau_{ij}^{nk}(t) = \tau_{\max}$，当 $\tau_{ij}^{nk}(t) \leqslant \tau_{\min}$ 时，将 $\tau_{ij}^{nk}(t) = \tau_{\min}$，并将信息素轨迹初始量设为 $\tau_{\max}$，研究表明，将信息素初始值设为 $\tau_{\max}$ 有助于改善蚁群算法的性能。

3.1.3 状态转移规则

为了克服蚁群算法搜索时间长的缺点，并保证蚂蚁对节点和运输方式搜索的全面性，避免出现搜索停滞现象，本文设计的算法对蚂蚁的选择策略进行了改进，为蚂蚁的选择引入了先验知识，并设置了感知阈值，算法中选取一个随机数 $0 \leqslant f \leqslant 1$，当 f 未达到蚂蚁的感知阈值时，蚂蚁依概率选择下一条路径，当 f 达到蚂蚁的感知阈值时，根据先验知识，蚂蚁将直接选择信息量最大的路径，由此缩短了算法的搜索时间。同时，在信息量的刺激未达到感觉阈值的情况下，蚂蚁依概率进行节点和运输方式的选择时，根据遗传算法中轮盘赌的思想，以较大的概率选择转移概率较大的节点和运输方式，但不排除选择其他节点和运输方式的可能，从而保证了蚂蚁搜索的全面性。

在节点 i，第 n 个种群的第 m 只蚂蚁选择运输方式 k 移动到节点 j 的状态转移规则如下：

$$j, k = \begin{cases} \max \left\{ \tau_{ij}^{nk}(t)^{\alpha} \cdot \eta_{ij}^{nk}(t)^{\beta} \right\}, j, k \in allowed_{nm}, \ iff \geqslant p_0 \\ \text{依概率} p_{ij}^{nk} \text{选择} j, k, \qquad otherwise \end{cases} \tag{30}$$

节点和运输方式的转移概率表示为：

$$p_{ij}^{nk}(t) = \begin{cases} \dfrac{\tau_{ij}^{nk}(t)^{\alpha} \cdot \eta_{ij}^{nk}(t)^{\beta}}{\sum\limits_{j, k \in allowed_{nm}} \tau_{ij}^{nk}(t)^{\alpha} \cdot \eta_{ij}^{nk}(t)^{\beta}}, \quad j, k \in allowed_{nm} \\ 0, \qquad\qquad\qquad\qquad\qquad\qquad otherwise \end{cases} \tag{31}$$

其中，$p_0 \in (0, 1)$ 表示蚂蚁的感知阈值，p_0 的大小决定了蚂蚁利用先验知识的程度，f 是 $(0, 1)$ 中均匀分布的随机数，$p_{ij}^{nk}(t)$ 表示第 n 个种群的蚂蚁在时间 t 从节点 i 采用运输方式 k 到节点 j 的转移概率；$\tau_{ij}^{nk}(t)$ 表示时间 t 第 n 个种群从节点 i 采用运输方式 k 到节点 j 该条路径的信息素数量；α 表示路径上残留信息素 $\tau_{ij}^{nk}(t)$ 的相对重要程度；β 表示启发式信息 $\eta_{ij}^{nk}(t)$ 的相对重要程度；$allowed_{nm}$ 表示种群 n 中的蚂蚁 m 允许选择的节点和运输方式的集合。

3.1.4 算法终止规则

由于问题的复杂性，采用启发式算法能够在较短的时间内获得一个满意解，因此，本文为了提高求解效率，设置最大迭代次数和连续若干代内没有更好的解出现则终止两个规则，满足任一规则时，算法则终止运行。最大迭代次数终止规则保证了算法的迭代次数，连续若干代内没有更好的解出现则算法终止，是指在给定的迭代次数内，当前最优解仍无改进时，则停止计算，节省了算法运行时间。本文将两个终止规则相结合，能够有效提高算法的运行效率。

3.2 算法实现步骤

本文需要对具有运输量规模经济效应的多起点、多终点的生鲜水果多式联运问题进行求解，假设将多个销地对多个原产地生鲜水果的需求拆分后得到 n 个起点终点对，则各基本参数初始化后生成 n 个种群的蚂蚁，每一个种群的蚂蚁为一个起点终点对搜索运输路径，每一个种群有 M 只蚂蚁，M 只蚂蚁全部搜索完成后，记录当代最优解，并重新生成蚂蚁，开始下一轮迭代。本文中多个种群的蚂蚁同时对路径进行搜索，搜索过程相互不干扰，但需要满足节点间运输方式的运输能力约束，同时，各个种群还需要满足各个终点对所需生鲜水果的运输时间约束和中转次数约束，计算成本时要考虑其他种群蚂蚁的运输路径，因此，基于基本蚁群算法的步骤，本文结合所研究问题的特点对蚁群算法进行了改进，改进蚁群算法的实现步骤如下：

步骤1 将多个节点对多个原产地生鲜水果的需求进行剥离，计算所需生成的蚂蚁种群数量 N，并记录每个种群的蚂蚁所负责的起点和终点，转到下一步；

步骤2 初始化 α、β、ρ、u、Q、τ_{max}、t_{min} 等参数，令每个种群蚂蚁的总数量为 M，并对运输网络节点间各运输方式进行信息素的初始化，若两节点间不存在任何可用的运输方式，则令信息素为0，否则，$\tau_{ij}(0) \leftarrow \tau_{max}$。计算每条弧的启发信息，设置最大迭代次数 $iter_{max}$，令当前迭代次数 $iter \leftarrow 0$，当前时间 $t \leftarrow 0$，转到下一步；

步骤3 $iter \leftarrow ter + 1$，判断 $iter$ 是否大于最大的迭代次数，如果是，转到步骤13；否则，转到步骤4；

步骤4 令当前时间 $t \leftarrow 1$，将每个种群的蚂蚁放到该种群所负责的起点上，并将该起点放入各蚂蚁的 $visitedNode_{nm}$ 集合中，令每个种群当前开始搜寻的蚂蚁个体 $m \leftarrow 0$，转到下一步；

步骤5 $m \leftarrow m + 1$，判断 m 是否大于蚂蚁总数 M，如果是，转到步骤10；否则，令当前开始搜寻的种群 $n \leftarrow 0$，转到下一步；

步骤6 $n \leftarrow n + 1$，判断 n 是否大于蚂蚁种群数量 N，如果是，转到步骤5；否则，转到下一步；

步骤7　判断该只蚂蚁是否已经到达所负责的终点，如果是，转到步骤6；否则，$t \leftarrow t+1$，在运输容量限制、运输时间约束和中转次数约束下，该只蚂蚁根据式（31）计算下一个备选节点和采用的运输方式概率，转到下一步；

步骤8　结合先验知识和转移概率，选择下一个要访问的节点 j 和采用的运输方式 k，并将节点 j 放入 $visitedNode_{nm}$ 集合中，将运输方式 k 放入 $visitedMode_{nm}$ 集合中，转到下一步；

步骤9　更新每条弧上的剩余运输容量，转到步骤7；

步骤10　计算每条路段上的总运输量，并根据各运输方式成本的分段函数计算各蚂蚁所行走路径的总成本，转到下一步；

步骤11　对所有种群第 M 只蚂蚁的路径成本进行求和，得到原问题 M 个解的总成本，并对这 M 个总成本进行排序，得到所有路径的当代最优总成本，将当代最优总成本与历史最优总成本进行比较，并更新历史最优总成本，转到下一步；

步骤12　按照信息素更新策略，对各种群蚂蚁的信息素进行全局更新，并删除所有蚂蚁，转到下一步；

步骤13　判断是否在给定的迭代次数内，当前最优解仍无改进，如果是，转到下一步；否则，转到步骤3；

步骤14　输出计算结果，结束。

4　算例分析

4.1　参数设置

由于网上超市生鲜水果运输问题的特殊性，已有文献中的算例不适用于验证本文所构建的模型和求解方法。因此，本文基于国内某大型网上超市实际运行情况，获得了网上超市生鲜水果运输的一些特征，并构造了名为MT07－01—MT20－03的12个算例用于验证算法及后续的数据实验，构造方式如下：在［200千米，3000千米］范围内随机生成仓库间公路运输与铁路运输距离数据，在［200千米，2000千米］范围内随机生成仓库间航空运输距离数据；在［2，7］范围内随机生成仓库对各水果的需求量；令公路、航空、铁路的平均速度分别为100千米/小时、800千米/小时、220千米/小时；在网上超市实际运作中，公路运输与铁路运输的单位成本通常不变，而航空运输的单位成本是关于运输量的分段函数，因此，结合实际情况，令节点间公路运输的单位成本在各分段均为2元/吨·千米，节点间铁路运输的单位成本在各分段均为3

元/吨·千米，节点间航空运输在各分段的单位成本如图3所示；令最大中转次数约束为3次；各运输方式之间的中转费用与中转时间估算如表1所示。同时，本文将考虑运输量规模经济的结果与以往文献中仅考虑成本线性的情况相比，说明考虑运输量规模经济的必要性。因此，令成本线性情况下的公路运输与铁路运输的成本与前文相同，航空运输成本不考虑分段函数，设为10元/吨·千米。

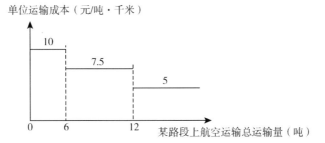

图3 节点间航空运输在各分段的单位成本

表1   各运输方式间中转费用（元/吨）与中转时间估算（h）

中转费用/中转时间	公路	航空	铁路
公路	30/2	50/4	40/3
航空	50/4	70/6	60/5
铁路	40/3	60/5	50/4

由于篇幅限制，本文以MT10-02为例，说明运输网络与迭代结果。MT10-02表示算例中有10个仓库，2种水果，结合实际情况，即某大型网上超市需要将两个原产地的水果运送到全国自建的其余多个仓库，仓库间的运输方式有公路、航空、铁路等，运输网络图如图4所示。图中，节点1的水果1需要运往其余的9个仓库，同时，节点2的水果2需要运往其余的9个仓库，此时，节点1既是水果1的起点，又是水果2的终点；同理，节点2既是水果2的起点，又是水果1的终点，水果在运输过程中受到各节点运输容量的限制以及运输量的规模经济影响。

4.2 算例计算结果

实验采用Matlab R2018a编写算法，在CPU为Intel（R）Core（TM）i7-8550U @ 1.80GHz 2.00GHz、内存为8GB、操作系统为Windows 10的PC机上运行。经过多次预实验对参数范围进行确定，将改进的蚁群算法的最大迭代次数设为200，每个种群蚂蚁数量为80，信息素的相对重要程度为1，启发信息的相对重要程度为0.5，信息素挥发系数设为0.1，最大最小信息素区间设为[1，100]，当解在10次迭代次数内没有改进

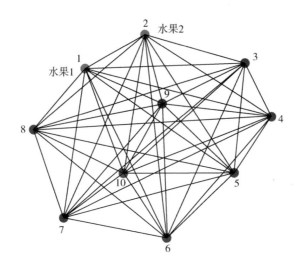

图 4　MT10 - 02 算例运输网络拓扑结构

时，则输出运算结果并结束算法。其中，MT10 - 02 算例的最优成本迭代过程如图 5 所示，所得到的运输方案如表 2 所示。

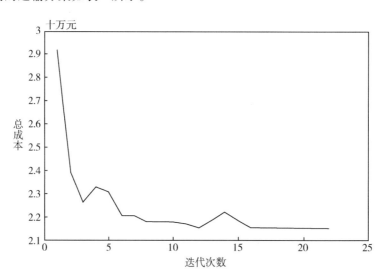

图 5　MT10 - 02 算例的最优成本迭代过程

　　从图 5 可以看出，本文所提算法具有良好的收敛性，能够在较短时间内得到较优解。从表 2 可以看出，以往文献中仅考虑成本线性的情况下，不同终点的需求各自独立地进行运输，虽然各线路单独的成本最低，但总成本却比本文考虑实际中存在成本分段线性的情况要高。在实际中存在运输量规模经济的情况下，不同终点的需求可以通过转运而在同一路段上运输，从而降低单位运输成本，节约总运输成本，如节点 2、4、9 对水果 1 的需求，第一路段均先通过航空运输到节点 4，此时，该路段上的运输量可以使得航空运输达到规模经济，虽然增加了部分转运成本，但运输量的规模经济所降低的运输成本更多，从而降低了总成本。而在网上超市实际运作过程中，节点个数远大于此，因此，通过运输量的规模经济而节省的运输成本将非常可观，本文所构建的模型与算法将能帮助网上超市在较短时间内得到较优的运输路径方案。

表 2 MT10－02 算例的运输方案

起始节点	目的节点	运输量（吨）	运输路径与运输方式组合（1—公路，2—航空，3—铁路）		总成本（元）	
			成本分段线性	成本线性	成本分段线性	成本线性
1	2	3	1（2）－4（3）－2	1（1）－10（1）－2	8961	13176
	3	7	1（1）－10（3）－3	1（1）－10（3）－3	19677	19677
	4	5	1（2）－4	1（2）－4	10225	20450
	5	6	1（1）－10（1）－5	1（1）－10（1）－5	16644	16644
	6	3	1（1）－6	1（1）－6	7800	7800
	7	4	1（3）－7	1（3）－7	8340	8340
	8	6	1（1）－8	1（1）－8	19620	19620
	9	6	1（2）－4（1）－9	1（1）－9	17658	19728
	10	4	1（1）－10	1（1）－10	8456	8456
2	1	3	2（1）－1	2（1）－1	5604	5604
	3	4	2（1）－3	2（1）－3	5240	5240
	4	5	2（3）－4	2（3）－4	4980	4980
	5	3	2（2）－5	2（2）－5	22590	22590
	6	5	2（1）－6	2（1）－6	6880	6880
	7	6	2（1）－7	2（1）－7	8172	8172
	8	4	2（3）－4（1）－8	2（3）－4（1）－8	13952	13952
	9	3	2（3）－4（1）－9	2（3）－4（1）－9	5652	5652
	10	7	2（1）－10	2（1）－10	24962	24962
合计					215413	231923

为了验证算法的精度，本文用 Cplex 对模型进行求解，并将 Cplex 计算得到的结果与本文所提出的改进蚁群算法进行对比，如表 3 所示。从表中可以看出，针对小规模算例（MT07－01、MT07－02、MT10－01），本文所提算法能够达到 100% 的精度，且运算时间均在 0.8 秒以内。对于中大规模网上超市生鲜水果多式联运问题，通过对网上超市生鲜运输路线规划人员合作研究发现，企业实际运营调度迫切需要的是能够在较短的时间内得到一种可行的较优方案。因此，本文通过增大算例规模，即增加仓库与水果的数量，来验证算法对于求解大规模网上超市生鲜水果多式联运问题的有效性。

从表 3 可以看出，针对中规模算例（MT07 – 03、MT10 – 02—MT15 – 01），本文所提算法的求解时间均不超过 3 秒，且能够达到超过 98.23% 的精度。而 Cplex 在仓库数量为 15 个，水果种类仅为 1 种的情况下，运算时间已超过 20 分钟。同时，由于网上超市生鲜水果多式联运问题决策变量较多，约束条件复杂，继续增大算例规模（MT15 – 02—MT20 – 03），Cplex 很容易出现内存溢出或计算时间过长而导致得不到结果，其中，当仓库数量为 15 个，水果种类为 2 种的情况下，Cplex 在运算了 67.7 分钟后提示内存溢出，无法继续运算，而本文所提算法的运行时间仍在 20 秒以内，可见本文所提算法能够有效求解网上超市生鲜水果多式联运路径选择问题。

表 3 改进的蚁群算法与 Cplex 计算结果对比情况

算例	总成本（元）		精度（%）	迭代次数（次）		运行时间（s）	
	MPACO	Cplex		MPACO	Cplex	MPACO	Cplex
MT07 – 01	108149	108149	100	5	76261	0.19	28.97
MT07 – 02	183927	183927	100	6	272611	0.69	115.39
MT07 – 03	279735	279707	99.98	14	434459	0.62	328.76
MT10 – 01	113291	113291	100	6	168442	0.74	113.02
MT10 – 02	215413	213415	99.06	12	120592	2.61	529.44
MT10 – 03	364205.59	362540	99.54	9	248292	2.02	866.36
MT15 – 01	122834	120692	98.23	12	370898	1.43	1250.14
MT15 – 02	263147	Out of memory	—	18	—	7.44	4063.02
MT15 – 03	383848	Out of memory	—	8	—	4.96	—
MT20 – 01	255349.95	Out of memory	—	15	—	5.40	—
MT20 – 02	336735.5	Out of memory	—	9	—	8.57	—
MT20 – 03	528018	Out of memory	—	20	—	19.91	—

注：MPACO：Multi – Population Ant Colony Algorithm，即本文所提的多种群蚁群算法；
精度 = （1 – （MPACO – CPLEX）/CPLEX）×100%。

5 结论

本文针对网上超市生鲜水果多式联运问题，考虑了实际运作过程中的运输量规模经济，通过引入 0 – 1 变量，将成本分段线性导致的非线性模型转化为混合整数规划模型，同时，针对水果具有易腐易损性的特点，将企业实际人工经验引入模型，转化为中转次数与运输时间的约束，在保证对水果新鲜度要求的同时，也在一定程度上缩小了解空间。为求解该模型，本文设计了改进的多种群蚁群算法，并基于网上超市实际运行情况构建了算例，与 Cplex 运行结果的对比验证了模型与算法的有效性，说明了考虑运输量的规模经济可有效降低网上超市生鲜水果的运输成本。

与已有研究相比，本文贡献主要体现在：（1）针对网上超市生鲜水果运输的特点，考虑了更为实际的具有运输量规模经济的多式联运问题，拓展了多式联运的研究范畴；（2）本文在构建模型时加入了企业实际人工经验，不仅有效考虑了水果对新鲜度的要求，也在求解之前缩小了解空间；（3）本文针对网上超市生鲜水果复杂的运输网络结构，设计了多种群蚁群算法，该算法可对该问题进行有效求解。

由于网上超市生鲜水果多式联运问题的复杂性，本文仅考虑了综合成本目标，接下来将进一步研究的内容包括：（1）研究各节点具有固定出发时刻的生鲜水果多式联运路径优化问题；（2）针对运输方式存在不确定性的网上超市生鲜水果多式联运问题展开研究。

基于 CSM 互动论的城乡融合发展机制与智慧化路径研究

陈畴镛　邹昕瑶　段显明　杨　伟

（杭州电子科技大学 管理学院，杭州　310018）

摘要：城乡融合发展是美丽中国建设的必然趋势，是新时代推进社会主义现代化国家建设的根本要求。本文基于复杂科学管理（CSM）的互动理论，分析城乡融合发展中要素互流互动互促机制，以及智慧化路径的关键问题，结合嘉兴市的实践示范案例，提出了"政府市场双轮驱动、资源要素融合互通、城乡发展互利共生"的实现模式。

关键词：城乡融合发展；复杂科学管理（CSM）；互动机制；智慧化路径

1　研究背景

党的十九大提出了乡村振兴战略与建立健全城乡融合发展体制机制和政策体系的要求。现阶段，我国社会的主要矛盾已转变为"人民日益增长的美好生活需要和不平衡不充分的发展之间的矛盾"，重点要解决包括城乡二元结构的发展不平衡和不充分问题。2018 年，我国城乡居民人均可支配收入比为 2.69∶1，城乡之间基础设施、公共

基金项目：国家自然科学基金—浙江两化融合联合项目（U1509220）

作者简介：陈畴镛（1955—　），男，浙江绍兴人，杭州电子科技大学管理学院教授、博士生导师，研究方向：数字经济与数字治理、科技创新管理、信息管理与信息系统；邹昕瑶（1985—　），女，浙江杭州人，杭州电子科技大学管理学院博士研究生，研究方向：信息管理与信息系统、数字治理；段显明（1964—　），男，江西都昌人，杭州电子科技大学管理学院教授，博士，研究方向：资源与生态环境管理、企业环境战略与管理；杨伟（1978—　），男，甘肃张掖人，杭州电子科技大学管理学院教授，博士，研究方向：技术创新管理与科技政策。

服务和要素配置的差距也非常明显①。城乡融合发展是解决我国社会主要矛盾的关键途径，是建设美丽中国的必然要求。2019 年 4 月中共中央、国务院印发了《关于建立健全城乡融合发展体制机制和政策体系的意见》，指出"要建立健全有利于城乡要素合理配置、基本公共服务普惠共享、基础设施一体化发展、乡村经济多元化发展、农民收入持续增长的体制机制"②。

美丽中国建设和乡村振兴战略下的城乡融合发展，是一个有机、开放、互动和整体性的复杂系统，具有城乡生产、生态、生活功能调整引起的复杂涌现机理和互动适应机理。复杂科学管理（CSM）的互动论，是分析和创新城乡融合发展体制机制的新视角新工具。城乡融合发展，需要健全要素合理配置的体制机制，构建城乡主体间新型互动的关系机制、城乡要素流动与平等交换的动力机制、促进城乡生态治理和城市公共服务优质资源向农村流动的激励机制。

党的十九大还提出了建设智慧社会的战略愿景，美丽中国和智慧社会建设相互支撑、联动推进。数字化、网络化、智能化的思维与手段，是提升人民群众获得感、幸福感、安全感目标下城乡融合复杂系统优化水平的有效途径。互联网、大数据、人工智能等新兴数字技术作为经济社会发展的新引擎和推动器，可以在促进城乡融合发展中发挥重大作用，推动要素配置、产业发展、公共服务、生态保护等方面相互融合和共同发展，推进乡村振兴和美丽中国建设。

当前，我国一些地区贯彻习近平新时代中国特色社会主义思想和党的十九大精神，对城乡融合发展做出了积极的探索，取得了明显的成效。2019 年 12 月，国家发改委等多部门联合印发了《国家城乡融合发展试验区改革方案》，将浙江嘉湖地区、福建福州东部地区等 11 个片区列为首批试验区，聚焦 11 个方面任务开展改革先行③。但目前对如何在"美丽中国"的背景下加快乡村繁荣发展、缩小城乡发展差距还缺乏理论研究，迫切需要从学理上研究如何建立健全城乡融合发展体制机制和政策体系，对实践以理论指导。本文将基于复杂科学管理（CSM）的系统思维和互动论等理论与方法，以促成城市和乡村之间的新型互动关系为导向，通过实际案例的剖析和研究，探究具有重要的理论价值和现实意义的城乡融合发展机制与智慧化路径。

---

① 国家统计局：《新中国成立 70 周年经济社会发展成就系列报告之一》，新华网，http：//www. xinhuanet. com/fortune/2019 - 07/01/c_ 1210174445. htm? ivk_ sa = 1023197a.

② 《关于建立健全城乡融合发展体制机制和政策体系的意见》，中国政府网，http：//www. gov. cn/zhengce/2019 - 05/05/content_ 5388880. htm.

③ 《关于开展国家城乡融合发展试验区工作的通知》，中华人民共和国国家发展和改革委员会官网，https：//www. ndrc. gov. cn/xxgk/zcfb/tz/201912/t20191227_ 1216770_ ext. html.

2 畅通城乡融合发展中要素互动的机制

2.1 国内外关于城乡融合发展机制的相关研究基础

现阶段针对城乡融合发展机制的研究主要关注城乡生产要素流动、城乡居民生活水平差距、城乡生态治理等问题，学者们从生产、生活、生态等方面对建立健全城乡融合发展机制进行了探讨。

首先，城乡融合发展要求彻底打破传统的城乡生产二元结构，实现城市与乡村要素的一体化联动。张海鹏[1]认为，我国要素市场改革明显滞后，要素在城乡之间的流动受到诸多限制，要素价格扭曲和市场分割现象仍然存在，严重制约城乡融合发展水平的提升。韩俊、张海鹏[2]认为"地、钱、人"是制约生产要素流动的关键问题。（1）需要建立健全土地要素城乡平等交换机制。针对土地财政及城乡二元土地市场刺激城市扩张，但农民无法同等分享城镇化发展的好处，造成城乡发展不平衡程度加剧的问题，应加快释放农村土地制度改革红利。（2）创新投融资机制，健全投入保障制度。坚持农村金融改革和公共财政精准投入，破解普惠金融下乡落实难，城乡土地置换、增值收益不足等问题。（3）建立有效的保障和激励机制，打破城乡人才资源双向流动的制度藩篱——关键是处理好"走出去""留下来""引回来"的关系，通过缩小城乡基本公共服务差距，落实返乡下乡创业支持措施，强化城乡融合发展的人才支撑。学者们广泛关注城乡融合发展的实践，总结了城市群发展、特色小镇建设等打破城乡生产要素流动障碍的可行方案[3][4][5]。

其次，城乡融合发展需要形成城乡生活新格局。一方面，当前城乡生活水平差距备受关注。城乡生活差距的最直观体现依然是基础设施差距大，城乡发展不平衡最突出的依然是公共服务不平衡。在教育、医疗卫生、社会保障等民生问题方面，习近平总书记提出要使人民群众获得感、幸福感、安全感更加充实、更有保障、更可持续[6]。然而现阶段仍面临诸多难题，如基础设施方面，水电路气网覆盖仍存在空白村，且已

① 张海鹏：《当前城乡融合发展存在的主要问题及对策思考》，新华网，http://www.xinhuanet.com/sike/2018-01/09/c_129786456.htm.
② 韩俊：《新时代做好"三农"工作的新旗帜和总抓手》，《求是》2018年第5期。
③ 周加来、周慧：《新时代中国城镇化发展的七大转变》，《重庆大学学报》（社会科学版）2018年第6期。
④ 李志强：《特色小城镇空间重构与路径探索——以城乡"磁铁式"融合发展为视域》，《南通大学学报》（社会科学版）2019年第1期。
⑤ 程响、何继新：《城乡融合发展与特色小镇建设的良性互动——基于城乡区域要素流动理论视角》，《广西社会科学》2018年第10期。
⑥ 《习近平重要讲话单行本（2020年合订本）》，人民出版社2021年版，第134页。

建成的标准较低；教育方面，探索通过寄宿制、中心小学等方式整合教育资源、纾解留守儿童教育难题的利弊初现，缩小城乡教育资源差异面临挑战；社会保障方面，新农合与城镇居民医保在待遇范围及待遇水平上存在不小差距；社会救助方面，全国农村低保共覆盖4047万人，农村低保标准水平仅为城市低保平均标准的66%。针对上述问题，韩俊[1]提出基础设施建设不仅需要持续投入，还需要研究完善管护机制；基本公共服务方面，加快解决随迁子女上学、社保、医疗、住房保障等实际问题，使更多的随迁家庭融入城市生活；完善乡村最低生活保障制度、养老体系，统筹城乡社会救助体系，推动社会保障制度城乡统筹并轨，以增强公平性、适应人口流动性。另一方面，学者们关注城乡生活协调发展的设想和方案。王利伟[2]认为应充分发挥高铁网、信息网建设的作用，通过推进乡村基础设施、公共服务能力建设，推动城市空间格局由单极化向网络化、多极化发展，为城市人才、资本、组织和资源等要素下乡参与乡村振兴提供便利，增强城市化、城市群对城乡区域发展和乡村振兴的辐射带动功能；此外，除了地方政府主导的城乡融合发展，村民自主推动也是重要力量，尤其是实现城乡治理一体化的过程中，随着乡村的集体行动、制度变迁和公共精神培育，村民可以通过自主治理、规则选择和精神变革推动公共治理和乡村振兴[3]，实现城乡一体化的治理合流[4]。

最后，生态宜居、绿色发展是城乡融合的关键因素。"生态宜居"既是乡村振兴战略的重要内容，也事关绿色发展的转型目标。张挺等实证研究发现，乡村振兴建设较好村庄的共性是生态宜居环境的改善和乡风文明的提升[5]。生态问题是乡村居民最为关切的问题，国务院发展研究中心"中国民生调查"课题组通过大样本调查发现，城乡居民对于社会环境最不满意的因素依次为环境污染和生态破坏、食品安全、贫富差距、交通、生活配套服务，其中城乡接合部、农村受访者最不满意环境污染和生态破坏（相较而言城镇居民最不满意食品安全）[6]。2015年全国生活垃圾、生活污水得到处理的建制村比例仅为62%和18%。畜禽粪污与病死动物无害化处理严重不足，城市工业"三废"和生活垃圾大量向农村排放[7]。因而，潘家华提出"打赢蓝天保卫战、综合治

① 韩俊：《以习近平总书记"三农"思想为根本遵循实施好乡村振兴战略》，《管理世界》2018年第8期。
② 王利伟：《2030年我国城乡结构演变的四大趋势及对策建议》，《调查·研究·建议》2017年第49期。
③ 李文钊、张黎黎：《村民自治：集体行动、制度变迁与公共精神的培育——贵州省习水县赶场坡村组自治的个案研究》，《管理世界》2008年第10期。
④ 姚尚建：《城乡一体中的治理合流——基于"特色小镇"的政策议题》，《社会科学研究》2017年第1期。
⑤ 张挺、李闽榕、徐艳梅：《乡村振兴评价指标体系构建与实证研究》，《管理世界》2018年第8期。
⑥ 国务院发展研究中心"中国民生调查"课题组：《中国民生调查2016综合研究报告——经济下行背景下的民生关切》，《管理世界》2018年第2期。
⑦ 范恒山：《新形势下推进城乡统筹发展的再思考》，《全球化》2017年第9期。

理水污染、筑牢生态安全屏障",是实施城乡融合发展、推进乡村振兴战略的关键[1]。

综上所述,现有文献对城乡融合发展机制已有较多研究,但针对要素互流互动互促的机制与特征的研究还不够深入,还缺少相关机制的理论探析。复杂科学管理理论中的互动论,是剖析城乡融合发展中城乡生产主体间互动、要素流动的规律,研究促进城乡融合发展中要素互流互动互促机制基本特征的有效方法。

2.2 城乡融合发展中要素互流互动互促的机制

解决城乡发展一体化过程中的问题,不能仅仅通过单边加快农村经济发展,通过农村工业化、农村城镇化等措施来有效缩小城乡居民收入差距、提升农村居民生活水平,这是由于工业集中于城镇、农业分布于农村是客观规律发展所必然产生的结果,人为地将工业等非农产业引入农村的改革思路将受到客观因素的制约,同时也将承受土地资源浪费及环境污染的代价[2]。城乡融合发展所提出的改革思路是坚持农业农村优先发展,以促进城乡生产要素双向自由流动和公共资源合理配置为关键。也就意味着实现城乡融合发展,必须要实现人口、土地、资本、技术、劳动力与人才以及生态环境等多种城乡资源要素的自由流动和互利互通。基于 CSM 互动理论,城乡融合发展本身就是一个极其复杂的系统,所包含的各类要素在融合发展的过程中不断地进行互流互动互促,所产生的相互作用对每一个要素个体以及周边环境都会产生一定的影响。

实现城乡融合发展,必须推进各类要素互流互动互促。(1)用活土地要素。探索如何通过三权分置等土地制度改革,增强城乡土地流转程度,建设城乡统一的建设用地市场。(2)盘活资本要素。探索开拓金融支持与投融资渠道,提升金融产品与城乡产业链、价值链延伸的匹配程度。(3)激活劳动力与人才要素。探索如何通过教育、医疗、养老等公共服务均等化,促进农业人口市民化,鼓励高素质人才"上山下乡",实现人力要素的双向流动。(4)催活生态环境要素。针对农村生态和环境问题相对突出、生态治理滞后的问题,探索城乡融合的生态治理体系,构建和谐的城乡生态新秩序,实现城乡环境、空间、资源多方面的共通、兼容和互补。(5)激活技术与信息要素。针对农村农业技术仍然落后、农产品技术含量低、农作物标准化不足等突出问题,探索如何深化城乡科技体制改革,不断增强农业科技供给能力。探索利用互联网、物联网、云计算、大数据等新一代信息技术,推进农业信息化、农产品电商化,推动城

---

① 潘家华:《推动绿色发展 建设美丽中国》,《经济日报》2018 年 2 月 8 日第 13 版。
② 夏正智:《关于推进城乡发展一体化的思考》,《中共天津市委党校学报》2013 年第 4 期。

市科技要素融入农村农业的途径。（6）激活其他产权要素。促进农村各类资产资源合理流动和优化配置。

城乡融合发展需要不同资源要素交叉流动和有机融合，需要构建相应的机制，实现城乡资源要素深度融合。（1）城乡要素互流的动力机制。城乡要素市场改革滞后导致城乡要素流动受限，由此产生的城乡要素错配严重制约着城乡融合发展水平的提升，扭转城乡要素错配是城乡融合发展的重要动力。（2）城乡要素流动的平等交换机制。推进城乡要素平等交换和公共资源均衡配置，关键是维护农民生产要素权益，保障农民在劳动、土地、资金等要素交换上获得平等权益。保障农民工同工同酬，保障农民公平分享土地增值收益，保障金融机构农村存款主要用于农业农村；健全农业支持保护体系，改革农业补贴制度；鼓励社会资本投向农村建设。（3）城乡要素流动的协作互促机制。需要以产业共兴、资源共享、环境共保、城乡结对、干部挂职为主要形式，开展多层次、多领域、全方位的互助协作。（4）城乡要素流动的壁垒突破机制。从市场壁垒、户籍壁垒、就业壁垒和教育壁垒等方面突破制度壁垒，是促进城乡要素流动的难点。（5）城乡要素流动的绩效评价机制。建立城乡要素流动合理性评价标准体系，监测城乡要素流动进程、水平和效益，加强对城乡基础设施建设一体化、基本公共服务均等化的评价考核，是实现城乡要素高效、有序、安全流动的重要保障。

2.3 畅通城乡融合发展中要素互动机制的 CSM 理论分析

城乡融合发展过程中各要素、各要素与组织、各要素与环境之间的互流互动互促机制具有明显的复杂性特征，具体表现为：

（1）要素互动的目的性和随机性。在 CSM 互动理论中，环境适应过程主要通过 CSM 的"随机性互动"和"目的性互动"来实现。目的性互动是由组织的目标驱动，其动力来源于组织目标的制定及其凝聚力。随机性互动是由互动对象共同形成的目标驱动。互动对象基于其自身的利益而建立关系或结成合作伙伴是一种随机性互动。目的性互动和随机性互动往往同时存在于组织系统中。城乡融合发展复杂系统的互动活动可以采用网络模型来描述，其中节点是系统中的主体，两节点之间的连线表示主体间的互动关系。按照网络中是否存在控制分配要素的主体（中心节点），互动活动可分为"无极互动"和"有极互动"。后者包括单极和多极两类。城乡融合系统中的要素流动方式存在目的性和随机性，目的性主要体现为有极互动，其主要通过中心节点的规划触发，例如城镇化、新农村建设等规划及政策引导的互动等，一旦有目的性的规则发出互动，必然导致要素互动是具有明显的目的性。另外，随机性主要体现为无极互动，其互动主要依赖于在"成本—效益"权衡下的主体互动策略，而这种策略又会随着时间、空间以及其他各类社会因素变化呈现明显的随机性，从而导致要素互动必然具有随机性。

（2）要素互动的复杂性和利益驱动性。在CSM互动理论中，互动中"无极互动"又可以分为线型互动和环形互动。线型互动中，互动对象独立工作，各自履行自己的职能，互动关系相对固定，除了程序性的互动外，较少涉及合作、协商等问题。环形互动主要是指网络模型中各节点之间都具有直接或间接的互动关系，表现为平等互联的关系模式，其所形成的协作关系大多是双向或多向流动的。同样"有极互动"又可以分为单级互动和多级互动，其中在多级互动中，整个组织网络的互动关系呈现多种形态，有多个中心结点①。在城乡融合发展要素互动的过程中，不仅有因为政策、规划所导致的线型互动，更有较为复杂的环形互动，以及现实状况中最为常见的多级互动。这往往是因为在政策、规划主导的中后期，随着市场自主变化、资源要素的深入融合，要素势必会形成双向自由流动的状态，而这种状态必然是复杂多样的，呈现出双向或多向流动的复杂关系。另外，城乡融合发展的一个关键动力是建立有效的激励机制，建立激励机制的基础是改善农民生活水平、缩小城乡发展差距。改善农民生活水平就要从农民的根本需求出发，要与农民建立起紧密的利益共同体，通过完善利益联结机制，进而实现资源相融和利益共享，最终实现要素的互动与共赢。这个要素互动的过程是以如何满足农民的利益需求为前提的，呈现明显的利益驱动性。

（3）要素互促的相互依赖性和依存性。要素在流动的过程中，不仅有互动，更会因为互动而产生互促效果，这完全符合CSM互动理论中对互动作用的描述。互动作用是指复杂系统中的各元素间或各子系统间的互动能够实现单个个体所无法实现的新的结果或目标，可以使组织更有效地利用、整合所拥有的资源和技能，从而涌现出新的资源、行为和结构②。在城乡融合发展要素互促的过程中，各要素的动态协调产生了价值共同的提升，同时也催生了要素间的相互依赖性和依存性。一方面，依赖性更多地体现在要素互促过程中的逻辑关系。从一个要素结点到另一个要素结点的影响和联系，是单向的，往往依赖性过强，会使得被依赖的结点逐渐成为中心点，对周边其他要素结点产生更为广泛的影响。如城乡融合发展中的技术要素和生态环境要素，当技术要素发挥强大的影响作用，有效地提供农村农业技术，提升农产品质量，不断增强农业科技供给能力，生态环境要素势必会受到其影响，将会衍生出更多新技术，从而运用到生态治理体系和治理能力现代化提升过程中，也会促进城乡环境、空间以及资源等

---

① 赵伟：《区域创新系统（RIS）知识流动研究：复杂科学管理视角》，博士学位论文，武汉大学，2013年。
② 参见徐绪松《复杂科学管理》，科学出版社2010年版，第102—128页。

多方面要素的互流与互动，辐射性影响力巨大。另外，依存性主要体现在元素间双向、相互的链接，在网络拓扑图中可以表示为一个要素结点的行为不仅影响另一个要素结点，同时也受到反向的影响，从而在相互间产生互利共生的关系和状态。如城乡融合发展中的人才要素、资本要素和技术要素，多种类科技成果技术的转化和应用，将大大丰富农村的各项产业发展，产业的协同发展需要人才和资本要素的极大支撑。从经济学角度来看，生产力决定生产关系，生产关系又反作用于生产力，它们之间相互依存、相互作用，生产力主要是依靠人才、技术要素而发展壮大的，生产关系决定了产业结构的分布和组成，影响着产业发展的全过程，而这中间的联系恰恰是人才要素、资本要素和技术要素相互依存的结果。

3 城乡融合发展的智慧化路径及其实现的关键问题

3.1 国内外城乡融合发展智慧化实现路径的相关研究基础

理解智慧化城乡融合，应当从"智慧城市""智慧农村"等相关研究入手。首先，智慧城市是指结合技术资本、人力资本发展城市的模式。学者们从不同视角总结了智慧城市的概念化模型，如 Etzkowitz 和 Zhou[1]，Deakin[2] 从利益相关者视角，采用三螺旋模型解释智慧城市的知识基础以及不同利益相关者在智慧城市中的作用，Nam 和 Pardo[3] 则从地方政府视角，提出了以智慧城市规划和制度为核心，考虑技术、组织和政策等内因和治理、社区、自然环境和基础设施等外部因素的智慧城市计划实施模型。Fernández-Güell 等[4]从城市需求出发，考虑社会、经济、政治和环境四个子系统，论述了智慧城市的技术推动力影响各子系统，影响城市发展的模式。Fernandez-Anez 等[5]总结了前人研究，将高校、政府、产业界和社会纳入利益相关者范围，提出智慧城市的六项任务："治理""经济""环境""流动性""人""生活"，以及面临的气候变化、社会分化、全球城市化、经济动荡、技术创新、新型治理模式六方面挑战。

---

[1] Etzkowitz, H., Zhou, C., "Triple Helix twins: Innovation and Sustainability", *Science and public policy*, Vol. 33, No. 1, 2006.

[2] Deakin, M., "Smart Cities: The State-of-the-art and Governance Challenge", *Triple Helix*, Vol. 1, No. 1, 2014.

[3] Nam, T., Pardo, T. A., "Smart City as Urban Innovation: Focusing on Management, Policy, and Context", Proceedings of the 5th international conference on theory and practice of electronic governance, ACM, 2011, pp. 185 – 194.

[4] Fernández-Güell, J. M., Collado-Lara, M., Guzmán-Araña, S., et al., "Incorporating a Systemic and Foresight Approach into Smart City Initiatives: the Case of Spanish Cities", *Journal of Urban Technology*, Vol. 23, No. 3, 2016.

[5] Fernandez-Anez, V., Fernández-Güell, J. M., Giffinger, R., "Smart City Implementation and Discourses: an Integrated Conceptual Model", *The Case of Vienna Cities*, Vol. 78, August 2018.

其次，智慧农村的研究是智慧城市的延伸。Rönkkö 等①提出城乡一体化（Urban-rural Integration）的核心是智慧城乡发展（Smart Urban-rural Development），其中资源的智慧规划（Resource-wise Planning）尤为重要。智慧城市发展使得资源需求响应能力提升，包括智能资源需求预测、共享经济（如合作购买、共享出行等）资源安排方式等，能够为纾解城乡一体化发展难题、促进城乡发展提供新的资源智慧规划能力。城乡之间的数字鸿沟（Digital Divide）仍是阻碍智慧农村发展的不利因素②。Salemink 等③从技术和社会两方面解释了数字鸿沟，综述了技术层面农村地区 ICT 技术可用性等议题研究，以及社会层面农村地区对 ICT 的态度、使用愿望和技能的相关研究，认为 ICT 技术发展不平等和农村社群参与信息社会的程度差异是导致数字鸿沟的主要原因，并提出了针对信息技术不足或数字排斥农村地区的"定制政策"（Customized Policies）方案。

实践中，智慧乡村是美丽中国的重要组成部分。李先军④在综述国外智慧农村建设的基础上，提出我国智慧农村建设应该遵循"科学规划、多方试点；加快农村信息社会基础设施建设；以促进农民增收和生活改善为导向，提升参与智慧农村建设的积极性；政府主导和多方推进结合"等原则。高国伟和郭琪⑤探索了大数据环境下智慧乡村的治理机制，提出数据驱动智慧治理、多主体共同参与、沟通协调促成共识产生等策略，以调节乡村治理中多主体间的利益关系，推进"智慧农村"进程。

3.2 城乡融合发展智慧化实现路径的关键问题

解决好农村农民与城市居民追求美好生活需求的不平衡不充分发展的问题是实现城乡融合发展的核心。面对城乡融合发展要素互流互动互促机制的特征，运用大数据、人工智能等数字化技术将为这些问题提供有力的解决方案，通过发挥技术的智慧化作用，有利推动要素形成更为合理的配置，产业更有针对性地发展，同时推动建立公共服务等多方面的协调共生机制、模式与路径，平衡城乡发展过程中的不平衡，着力打造"政府市场双轮驱动、资源要素融合互通、城乡发展互利共生"的智慧化实践路径，进一步满足农民生活根本需求，从而加快城乡融合发展改革的步伐。在智慧化实现过

① Rönkkö, E., Luusua, A., Aarrevaara, E., et al., "New Resource-wise Planning Strategies for Smart Urban-rural Development in Finland", *Systems*, Vol. 5, No. 1, 2017.
② Philip, L., Cottrill, C., Farrington, J., et al., "The Digital Divide: Patterns, Policy and Scenarios for Connecting the 'Final Few' in Rural Communities Across Great Britain", *Journal of Rural Studies*, Vol. 54, August 2017.
③ Salemink, K., Strijker, D., Bosworth, G., "Rural Development in the Digital Age: A Systematic Literature Review on Unequal Ict Availability, Adoption, And Use in Rural Areas", *Journal of Rural Studies*, Vol. 54, August 2017.
④ 李先军：《智慧农村：新时期中国农村发展的重要战略选择》，《经济问题探索》2017 年第 6 期。
⑤ 高国伟、郭琪：《大数据环境下"智慧农村"治理机制研究》，《电子政务》2018 年第 12 期。

程中，有以下几个关键问题是需要关注的：

（1）运用智慧化思维与手段统筹布局和推进城乡融合发展。城市治理智慧化已研究多年，针对农村智慧化以及城乡融合发展智慧化的研究才刚起步，智慧化作为推进城乡融合大发展、乡村振兴和美丽中国建设的创新实践路径，有较多值得探究的尝试。针对城乡融合发展这一复杂系统，利用智慧化手段将对城乡资源要素进行重新组合，形成各类要素间新的系统架构，从而推动城乡融合发展机制落地落实。但是面对复杂多样的城乡资源，如何更为合理地统筹布局智慧化应用手段，设计合理的运用场景是当下亟待研究的问题。这一问题的解决主要依靠以下几个方面：一是要提升战略定位，将城乡融合发展智慧化作为城乡融合发展的一项重要战略，做好政府和市场的协调与平衡，合理配置各要素资源，做好规划引导，促进要素的平等交易，统筹布局城乡融合治理智慧化体系建设[①]。二是要以城乡融合发展的根本目标为前提，发挥好政府作用，充分挖掘城乡资源，形成生产要素间的互流互动互促机制。三是要建立协调共生的资源网络体系，明确各要素定位，形成规范化的治理模式，逐渐实现城乡融合发展从政策规范导向逐渐转变为市场自由流动的良性循环。

（2）利用智慧化思维与手段促进和完善城乡融合发展过程中各要素的均衡供给。城市和农村的发展存在不平衡的现象，主要是各类生产要素不均衡所致，需要利用智慧化手段建立长期有效的要素均衡供给和调配的路径。从教育、医疗、文化服务、社会保障等多角度观测，智慧化手段将突破城市和农村间二元结构所带来的天然屏障，实现资源互通、共享，从而极大地促进资源要素的均等化。例如，数字技术能够以较低的成本将优质教育资源数字化，并依托互联网便捷高效地向农村和边远地区扩散，较快实现优质教育资源共享。通过建立教育资源、教育管理公共服务等平台，农村地区的教师通过网上培训、视频课堂、互动观摩等 ICT 手段，能够零距离接触先进教学方法，提高教学能力，这将有效推动城乡教育均衡发展。再如，通过数字技术可以打破城乡距离，建设远程医疗平台可以极大地降低运送病人的时间和成本、显著提高优质医疗资源的共享水平，从而为农村和偏远地区的患者提供更好的医疗服务，为乡村医务人员提供更好的医学教育。此外，在农村的文化服务方面，通过各类图书、报刊、影视等文化产品通过数字化制作和加工，可实现城乡文化一体化，大大降低文化产品传播和利用的门槛。通过打通异地医疗保障等民生信息数据库，将极大促进社会保障均等化。

[①] 郑明媚、张劲文、赵蕃蕃：《推进中国城市治理智慧化的政策思考》，《北京交通大学学报》（社会科学版）2019 年第 4 期。

（3）通过智慧化思维与手段整体推进城乡融合发展的治理能力现代化。城乡融合发展关系到国家现代化建设全局，在一定程度上决定着我国建设社会主义现代化国家的成败，对实现乡村振兴战略和美丽中国建设有重要意义。从农村消费支出、生态资源和农产品供给、城乡基础设施和公共服务等角度来看，推动农村资源与城市、全国大市场进行对接，将有效提高供给治理、拓展需求空间①。现阶段城乡融合发展还在试验阶段，通过改革试验从而形成一套行之有效、能在全国范围复制推广的改革模式是实现国家现代化发展的最终目的。大数据、物联网、人工智能等多元化的数字技术从根本上打破了传统城乡二元结构的信息壁垒，城乡间的各类生产要素所固有的生产关系、生产方式都发生了剧烈变化。从单向到双向，从二元到多元，从定势流动到自由流动，智慧化将现有的市场资源进行更适合时代变化的高效配置，优化资源要素互流互动互促机制。这样的转变定将为城乡融合发展提供极为有效、纵横联动、资源共享、要素互流互动互促的改革模式。

4 城乡融合发展机制与智慧化路径的示范案例

作为成功入围 11 个国家城乡融合发展试验区之一的浙江嘉湖片区，主要包括浙江省嘉兴市全域（南湖区、秀洲区、平湖市、海宁市、桐乡市、嘉善县、海盐县），浙江省湖州市全域（吴兴区、南浔区、德清县、长兴县、安吉县），总面积约 10043 平方千米。其试验重点为：建立进城落户农民依法自愿有偿转让退出农村权益制度；建立农村集体经营性建设用地入市制度；搭建城乡产业协同发展平台；建立生态产品价值实现机制；建立城乡基本公共服务均等化发展体制机制②。嘉兴市基于先前在城乡融合发展上的探索和积淀，近年来已逐步形成城乡融合发展的基本格局，在试验区开展试验改革的一年间积极发挥现代信息技术的支撑和引领作用，扎实推动数字乡村建设，把推动城乡融合发展作为推进区域治理现代化的重要抓手。

4.1 嘉兴市在城乡融合发展上的探索与成就

嘉兴市是我国推进城乡一体化的先行之地。2004 年，时任浙江省委书记的习近平同志到嘉兴蹲点调研，对嘉兴提出了"成为全省乃至全国统筹城乡发展的典范"的要求。15 年来，嘉兴市牢记总书记的嘱托，认真贯彻落实中央和省委的决策部署，率先

---

① 胡祖才：《城乡融合发展的新图景》，求是网，https：//www.sohu.com/a/327383411_ 117159.2019 – 07 – 17.
② 《关于开展国家城乡融合发展试验区工作的通知》，中华人民共和国国家发展和改革委员会官网，https：// www.ndrc.gov.cn/xxgk/zcfb/tz/201912/t20191227_ 1216770_ ext.html.

并坚持推进城乡一体化发展战略，走出了一条新型城镇化与新农村建设双轮驱动、生产生活生态相互融合、改革发展成果城乡共享的统筹城乡改革发展之路，城乡进入全面融合发展阶段，是全省首个所辖县（市）全部进入全面融合发展阶段的地级市。2018 年全市农村居民人均可支配收入 34279 元，连续 15 年居浙江省首位，城乡居民收入比缩小至 1.676：1[①]。

（1）以城带乡联动发展格局初步形成。将城乡纳入"一张图"，构建了以嘉兴城区为中心、5 个县（市）城区和滨海新城为副中心、43 个新市镇为骨干、400 个左右城乡一体新社区为节点、1100 个左右自然村落保护点为补充的现代化网络型田园城市布局，城乡路网、公交网、供水网、电网、信息网等基础设施实现互联共享。

（2）城乡产业布局日渐优化。农业适度规模经营步伐加快，土地经营权流转率达到 66.9%，开展整村流转的村达到 146 个，农业法人经营比例达到 78.8%，农业现代化指数居全省第三位。乡村工业转型升级步伐加快，农村"低散乱"企业得到有效整治，小微企业园（"两创"中心）加快建设，总规划用地 1.51 万亩，已开发用地 1.22 万亩，园区入驻企业 3197 家。农村新型业态加快发展，农家乐休闲旅游从业人数达到 1.48 万人，电商专业村、电商镇数量和销售额均居全国前十。

（3）城乡要素合理配置机制初步建立。农村产权制度改革不断深化，农民经济身份与社会身份加快分离，基本实现"三权到人（户）、权随人（户）走"。户籍制度改革不断深化，畅通了城乡人口自由流动渠道，城乡居民基本实现迁徙自由。财政金融支农改革不断深化，2018 年各级财政投入"三农"资金同比增长 44.7%，涉农贷款余额同比增长 10.4%，社会参与乡村建设的资金快速增长。

（4）城乡基本公共服务趋于均等。着力打造"公共服务型政府"，让城乡居民享有均等的公共服务，共享改革发展成果，城乡劳动力实现平等充分就业，全民社保基本实现，保障水平不断提高、城乡差距逐渐缩小，构建了城乡一体的社会救助体系，最低生活保障标准城乡统一，城乡教育一体化目标基本实现，农村 30 分钟和城市 15 分钟文化圈基本形成，城乡医联（共）体实现全覆盖。

（5）农村基础设施和生态环境明显改善。城乡客运一体达到交通运输部 5A 级水平，农村公路优良中等路率达到 92% 以上。小城镇环境综合整治全面完成，农村生活垃圾分类处理行政村覆盖率达 100%，农村卫生厕所普及率达 99.96%，农村生活污水处理设施行政村覆盖率达 100%，农作物秸秆综合利用率达 95.7%，累计创建省级美丽

① 国家统计局嘉兴调查队：《2018 年度全省及长三角城市主要经济指标》，嘉兴统计网，http：//tjj. jiaxing. gov. cn/art/2019/2/27/art_ 1529744_ 30544877. html. 2019 – 02 – 27.

乡村示范镇 22 个、特色精品村 75 个，16 条美丽乡村精品线逐步完善，创建 3A 级景区村庄 28 个、A 级 206 个，3 个村入围"第二届中国美丽乡村百佳范例"名单。

4.2　嘉兴市在城乡融合发展机制上的改革创新

嘉兴市在城乡融合发展试点工作推进过程中，坚持让农民过上美好生活的总目标，整合现有农村资源要素，通过打造最特色的集镇、最乡愁的村落、最宜居的社区、最江南的水乡和最美丽公路，以"一个试点"以点带面，以"五个最"以小见大，不断创新思路、谋划蓝图，全面推进城乡融合发展试验区改革工作。具体表现为：一是实现让农民增收有保障，通过建设标准厂房、运营商业用房、出租公寓用房等途径，走出一条资源变资产、资产变资本的路子，让村集体和广大农民享受到更多的改革成果。二是让服务更均衡。通过把教育、医疗、文化等优质的城市公共服务资源，以及党建＋微网格、微治理、"微嘉园"的"三微"治理模式全面导入农村，实现城乡一体、共建共享。三是让制度管根本。对照《国家城乡融合发展试验区改革方案》，梳理出需要突破的 4 个方面 27 项政策，组建了 4 个由权威专家领衔的农村改革研究团队，开展了一系列的制度创新探索。嘉兴所辖县市区在智慧化实践的道路上不断探索，这些探索的实现路径都将智慧化紧密结合其中，通过数字技术搭建资源共享平台，有效盘活土地要素、产业要素，不断拓展和延伸公共服务领域，加快实现城乡融合发展。

作为嘉兴主城区之一，秀洲区成为城乡融合发展的先行试点，以突出"规划引领、体制创新、布局优化、产业支撑、区域治理"五个方面[①]，在顶层设计、国土空间规划、土地综合整治、村镇改造提升、农村经济发展、乡村治理等 12 项方面展开试点改革工作。智慧化在扩大公共卫生服务、文化服务、教育资源共享等方面都提供了极为有力的支撑和帮助，已实现智慧医疗全面覆盖、智慧书房星罗棋布、教育资源优质共享。在生态保护和治理方面，也是积极利用信息化手段助力美丽城乡建设。

作为世界互联网大会永久举办地的嘉兴桐乡市在城乡融合发展推进过程中，以云治理平台为抓手，运用物联网、大数据、云计算、人工智能等现代治理手段，赋能乡村智治，构建了党建引领、三治融合、数字支撑的乡村治理体系。近年来，桐乡市不断加强乡村智慧网络基础设施建设，夯实智慧化发展的"硬实力"。搭建微信公众号、微家园小程序、智能水环境检测、ODR 线上矛盾化解平台等终端交互平台，实现"智

---

① 王杭徽、郁馨怡：《深耕"国字号"试验田 秀洲如何打造城乡融合发展示范》，浙江在线嘉兴频道，ht-tp：//jx. zjol. com. cn/202004/t20200409_ 11864506. shtml. 2020 - 04 - 10.

慧服务、在线监测、云端指挥"三位一体智治管理体系。通过"微嘉园"平台积分管理系统，创设针对村民医疗、教育、生活一站式服务系统，建立自治智治的良性循环的激励机制。

在城乡融合发展国家试点范围内的嘉兴平湖市，多年来充分运用数据技术，不断完善和推动数字乡村建设。一是以数字技术助力农业产销升级。不断加大对农业生产、经营、管理等全产业链的数字化改造。聚焦粮食和五大农业主导产业，先后建成涵盖蔬菜、食用菌、林果、水产等产业的农业物联网技术示范应用基地 13 个，实现大数据可视化分析平台对农产品的销售情况、增长趋势、基地实况等实时掌握。二是以数字技术守护农产品安全。建立平湖市智慧农业云平台，全市 80% 的农作物实现生产可控、安全可视、线上监管，802 家规模生产主体全部纳入主体信息库，实行"追溯 + 合格证"管理。三是以数字技术激发农村治理新动力。将平湖市沈家弄村、通界村作为试点，实行善治积分数字化管理，开发农户"善治宝"积分管理系统。村民可通过手机终端"善治宝"微信小程序动态了解积分加减明细、村内排名，并通过积分排名兑换公交卡、健康体检卡等特定公共服务，实现村域治理数字化①。

5 结论

城乡融合发展是美丽中国未来发展的必然趋势，也是新时代推进社会主义现代化国家建设的根本要求。我国最大的发展不充分是农村发展不充分，最大的不平衡是城市资源和农村资源供给的不平衡。本文在国内外就城乡融合发展机制和智慧化路径等方面的研究基础上，运用复杂科学管理（CSM）的互动论分析城乡融合发展过程中所亟待建立的体制机制，阐述了要素互流互动互促机制的基本特征，探讨了大数据、人工智能、物联网等各类数字技术促进城乡融合发展的智慧化方法，以浙江嘉兴市作为示范案例进行了分析。主要结论如下：

第一，城乡融合发展是关系美丽中国建设和国家治理体系与治理治理能力现代化的复杂系统。城市、农村作为国家治理的基本单位，各类要素资源发挥着各自作用且相互影响，构成一个复杂系统。协调好城乡关系反映我国的综合实力及治理水平，全面推动城乡融合发展将有效促进城乡间资源要素的均衡化，破除城乡二元结构发展所带来的弊端和问题，从而实现城市和农村社会一体化发展，同步同向推进国家治理体

① 平湖市农业农村局：《平湖市成为嘉兴唯一列入国家数字乡村试点地区名单》，浙江农业信息网，http://www.zj.gov.cn/art/2020/9/24/art_ 1228946499_ 58564656. html. 2020 – 09 – 24.

系和治理能力现代化建设。

第二，推进城乡融合发展的关键是建立和完善要素互流互动互促机制。建立要素互流互动互促机制将为实现可持续的社会发展提供源源不断的动力，从而推动城市、农村发展的与时俱进。其关键是要在两者间建立如土地、人口、产业、资金、生态、教育、医疗、社会保障等各类要素可持续性的流动作用机制，在政策和规定的引导下，逐渐形成市场自主引导的自治组织体系。

第三，智慧化思维与手段是推进城乡融合发展的关键路径。智慧社会是我国现代化征程和伟大复兴的宏伟蓝图战略部署的重大目标之一，无论是城市的发展还是农村的发展，智慧化思维与手段能极大地促进城乡融合发展。通过大数据、人工智能、物联网等方式，能有效促进产业、教育、医疗、文化、服务、治理等各类要素的均衡化、均等化。归纳起来，"政府市场双轮驱动、资源要素融合互通、城乡发展互利共生"是实现城乡融合发展和智慧化路径的实现模式。

蔬菜产业政策的量化评价

——基于 PMC 指数模型的分析

李优柱[1]　李崇光[2]　陈文菁[1]　陈帅朴[1]　彭　伟[1]　仝蕊蕊[1]　张乾岳[1]

(1. 华中农业大学 公共管理学院，武汉　430070；

2. 华中农业大学 经济管理学院，武汉　430070)

摘要：量化评价研究蔬菜生产、流通等环节的调控政策，对促进我国蔬菜产业的健康发展具有重要的理论与现实意义。运用复杂科学管理理论思想，使用 PMC 指数模型并结合蔬菜产业政策的关键词和高频词网络、LDA 主题生成模型共同确定政策评价体系，以 2010—2020 年 10 项蔬菜产业政策为例进行量化评价。研究发现，一方面我国蔬菜产业政策整体设计较为合理，其中 3 项政策评价等级为"优秀"，7 项政策评价等级为"可接受"。另一方面我国蔬菜产业政策还存在一些亟待改善的问题，主要表现为政策缺乏系统性，短期政策长期化，以及对蔬菜产品供应链各主体关注失衡，本文并针对上述问题，提出对策建议。

关键词：蔬菜产业政策；量化评价；PMC 指数模型；复杂科学管理

　　随着我国经济社会的发展，人民对绿色健康生活的需求日益增加，而蔬菜在饮食结构中扮演着重要的角色。自 1978 年改革开放以来，我国蔬菜产业得到迅猛发展，逐步形成体系化、规模化。特别是 2012 年后，蔬菜种植面积大幅提高，反季节蔬菜种植等技术普及，蔬菜年产量逐渐增多，其总产值已远超过粮食总产值。仅 2018 年，全国

基金项目：国家社会科学基金项目"我国蔬菜价格波动、传导机制及预警研究"（13CJY104）；教育部人文社会科学研究项目"复杂不确定环境下蔬菜价格波动风险预警及调控研究"（20YJC790069）；国家现代农业（蔬菜）产业技术体系建设专项（CARS-23-F01）；中央高校基本科研业务费专项基金项目"基于深度学习的蔬菜价格波动趋势预测研究"（2662017PY046）

作者简介：李优柱（1981—　　），男，湖南常德人，华中农业大学公共管理学院副教授、博士，研究方向：农产品价格预测预警；李崇光（1957—　　），男，湖北武汉人，华中农业大学经济管理学院教授、博士，研究方向：农产品贸易和营销、城乡经济发展研究。

蔬菜总产量约为 7 亿吨，总产值在全国农业产值中居于榜首①。但是蔬菜产业也存在诸多风险，成本提高、极端天气、市场信息不对称、产销不平衡、投机炒作等因素，都加剧了蔬菜的价格波动。从"蒜你狠"到"蒜你贱"再到"蒜你完"，这类网络名词均折射出普通大众对蔬菜价格剧烈波动的不满。价格的剧烈频繁波动不仅给生产者和消费者带来了巨大损失，也给政府的市场调控带来压力。因此，我国政府频频出台蔬菜产业相关政策措施，缓解蔬菜供销存在的矛盾，这在一定程度上保护了生产者和消费者的利益，从而推动我国蔬菜产业朝积极健康方向发展，助力美丽中国的建设。

当前国内蔬菜产业政策研究多集中于定性分析，例如，涂圣伟和蓝海涛②提出我国蔬菜调控政策还存在诸多问题，应重点提升整体系统性、内容充实性、实施有效性。穆月英③、唐步龙④认为研究蔬菜产业政策不应只重视蔬菜的生产环节，也要紧密联系蔬菜的加工、配送等环节，因为任何一个环节的疏漏都会导致政策失灵。上述方法都是在已有经验事实的基础上对现行蔬菜产业政策效果做出的定性评价。目前国内尚缺乏运用量化分析方法对蔬菜产业政策进行的评价，也缺乏专门的评价理论体系，这对于蔬菜产业相关政策的制定和调整产生重要影响。因此全面系统评价蔬菜产业调控政策，对于提升蔬菜产业发展，实现"强农兴农"的战略目标具有重要意义⑤。从现实来看，尽管从中央到地方已经陆续出台了很多支持和调控蔬菜产业发展的政策文件，但究竟这些政策对蔬菜产业发展所起的作用有多大？不同政策主体发布的政策又是否存在差异？这些问题需要通过对蔬菜产业政策进行更为细致、深入的量化评价来解决。鉴于上述问题，运用徐绪松提出的复杂科学管理理论 CSM（Complex Science Management）系统思维模式⑥，对于政策评价这一复杂问题，用结构化、模块化的方式进行评价；综合运用 PMC（Policy Modeling Consistency）指数模型、文本挖掘方法来构建评价指标体系对我国蔬菜产业政策进行量化评价。为减少 PMC 指数模型主观性因素的影响，融入 LDA（Latent Dirichlet Allocation）主题建模为蔬菜产业政策的评价提供更客观的理论依据，并构建 PMC 曲面更加直观地判断政策的优劣程度，为政策制定提出合理建议。

① 国家农业农村部：《全国蔬菜产业发展规划（2011—2020 年）》，http://www.moa.gov.cn/gk/ghjh_1/201202/t20120222_2487077.htm，2012 年。
② 涂圣伟、蓝海涛：《我国重要农产品价格波动、价格调控及其政策效果》，《改革》2013 年第 12 期。
③ 穆月英：《关于蔬菜生产补贴政策的探讨——基于稳定蔬菜价格视角》，《中国蔬菜》2012 年第 19 期。
④ 唐步龙：《果蔬质量安全治理中政府失灵的原因及对策研究》，《科技管理研究》2012 年第 32 卷。
⑤ 陈明均：《我国蔬菜产业现状与京津冀蔬菜流通体系发展建议》，《中国经贸导刊》2019 年第 19 期。
⑥ 徐绪松：《复杂科学管理的创新性》，《复杂科学管理》2020 年第 1 期。

1 文献综述

1.1 政策评价研究

政策评价是指结合一系列科学的标准与方法，全面综合地对政策体系及其阶段过程进行考察、评价、判断和总结的活动[①]。它可以有效衡量各类产业政策，找出政策存在的问题，为将来制定符合规律、契合市场发展的政策提供参考。政策评价基于现实问题，了解政策的一般性概念，讨论评价的标准，并使用数理统计方法，直观地展现了政策的过程和效应[②]。

政策评价模型研究始于20世纪60年代后期，最早由Suchman和Weiss共同研究[③]，应用于公共服务、社会行动方案以及计划的成效评估。70年代后，以实证本位为主的政策评价慢慢演化成以规范本位为主。其中在以价值判断方法论为基础的政策评估中，Edward[④]提出五类评估法和Poland[⑤]提出"三E"评估分类架构都是最有代表性的评估方法，对学术界产生深远的影响。进入21世纪后，政策评价更加着眼于政策效果的评价，目前政策评价采用以经典理论为基础、以实证为手段的复合本位研究，并在此基础上不断发展。Wollmann[⑥]创新性地提出通过对因果机制的反馈，来评价政策的好坏，并着重看其对社会经济的影响。Song等[⑦]通过对中国各省份间能源类型数据集使用分解分析法和计量经济学分析法研究中国能源强度变化背后的驱动力，得出相应政策的制定不能仅是关注于提高能源利用效率，更需要对经济结构进行根本性改革。Zhang等[⑧]利用内容分析法，从X、Y两个维度（政策工具维度和项目程序维度）对中国的光伏发电扶贫政策进行分析评价，强调要适度减少目标战略型政策，增加经济政策的实施，并重新审视低收入家庭认定政策以及重视光伏项目的运行维护阶段政策。伊文婧和熊

---

① 赵莉晓：《创新政策评估理论方法研究——基于公共政策评估逻辑框架的视角》，《科学学研究》2014年第2期。

② 王进富、杨青云、张颖颖：《基于PMC-AE指数模型的军民融合政策量化评价》，《情报杂志》2019年第38期。

③ 转引自杨雅南、钟书华《政策评价逻辑模型范式变迁》，《科学学研究》2013年第5期。

④ Edward, A., "Evaluative Research: Principles and Practice in Public Service and Social Action Programs", *Bureau of justice statistics*, Vol. 48, No. 1, 1968.

⑤ Poland, O. F., "Program Evaluation and Administrative Theory", *Public administration review*, Vol. 34, No. 4, 1974.

⑥ Wollmann, H., "The Development of a Sustainable Development Model Framework", *Energy Policy Research*, Vol. 13, 2007.

⑦ Song, F., Zheng, X., "What Drives the Change in China's Energy Intensity: Combining Decomposition Analysis and Econometric Analysis at the Provincial Level", *Energy Policy*, Vol. 51, 2012.

⑧ Zhang, H. M., Xu, Z. D., Sun, C. W., Elahi, E., "Targeted Poverty Alleviation Using Photovoltaic Power: Review of Chinese Policies", *Energy Policy*, Vol. 120, 2018.

华文①利用综合指标评价的数据包络分析方法，对钢铁企业的能源和产出效率进行评估，得出未来落后产业产能政策必将被淘汰，将会向综合指标评价的方向改进。

从国内外相关研究来看，目前学者主要采用以实证手段为主的复合型方法，但综合看这些评价方法，研究主观性较强、精确度较低、研究重点放在事后评价而忽视了事前评价，也忽略了政策自身存在的问题等，导致评价方法存在诸多不足。复杂科学管理提出注重于把结构化和多维度等思维模式应用于管理实践②，PMC 指数模型秉承这一观点，作为现阶段国际上较为先进的政策文本评价方法③，是 Estrada④ 基于 Omnia Mobilis 假说提出通过政策建模从多维度分析政策内部的一致性及优劣，研究政策文本本身所包含的逻辑关系，对政策文本进行量化评价⑤。目前，PMC 指数模型作为政策文本评价工具来使用，现阶段已经取得了一定的成果。张永安等基于 PMC 指数模型量化评价国务院创新政策，深入挖掘具体情况，找到政策薄弱环节⑥。胡峰等综合文本挖掘方法和 PMC 指数模型对机器人产业政策进行量化评价，得出目前该类政策的监管性、诊断性以及长期时效方面存在不足的结论，并提出了相应的解决方案⑦。和已有的评价方法相比，PMC 指数模型评价方法具有以下优点：（1）PMC 指数模型是通过对文本自身内容挖掘方式获取变量，因此能够在很大程度上避免主观性并提高评价精确度。（2）PMC 指数模型在获取变量时结合所收集的政策文本数据库，全面综合地考虑所有变量可能性。（3）PMC 指数模型可对同一类型的政策进行量化评价，分析政策之间的异同点，直观地展示政策在各主题方面的优势与不足。本文将 PMC 指数模型运用在蔬菜产业政策评价中，为后续蔬菜产业政策的完善提供改进思路。

1.2 蔬菜产业政策研究

目前，蔬菜产业除了运用宏观调控政策外，很大程度上也通过价格进行调控。国内外学者虽然针对蔬菜价格波动研究的视角各异，但是都证实了农产品由于自身特性

---

① 伊文婧、熊华文：《基于数据包络分析方法的淘汰落后产能政策评价及对策研究——以钢铁行业为例》，《中国能源》2014 年第 12 期。

② 徐绪松：《复杂科学管理》，科学出版社 2010 年版。

③ 转引自张永安、周怡园《新能源汽车补贴政策工具挖掘及量化评价》，《中国人口·资源与环境》2017 年第 10 期。

④ Estrada, M. A. R., "Policy Modeling: Definition, Classification and Evaluation", *Journal of Policy Modeling*, Vol. 33, 2011.

⑤ Estrada, M. A. R., Yap, S. F., Nagaraj, S., "Beyond the Ceteris Paribus Assumption: Modeling Demand and Supply Assuming Omnia Mobilis", *International Journal Economics Research*, Vol. 2, 2008.

⑥ 张永安、郄海拓：《国务院创新政策量化评价——基于 PMC 指数模型》，《科技进步对策》2017 年第 17 期。

⑦ 胡峰、戚晓妮、汪晓燕：《基于 PMC 指数模型的机器人产业政策量化评价——以 8 项机器人产业政策情报为例》，《情报杂志》2020 年第 1 期。

以及其他不可控因素，导致其价格波动频繁。政府放任不管，完全靠市场的调控，是不能解决本质问题的，反而会进一步加剧价格的波动，严重影响生产者和消费者的利益。因此，一段时间内政府必须采取一定的政策，使价格处于一个合理的区间内[①]。当前我国的蔬菜产业发展还不完善，产业内部传导效率不高，以及蔬菜的生产成本、产量、需求量的变动都导致蔬菜价格上下波动，尽管对于价格的影响程度不同，但是内部要素之间可以相互影响[②]。

在完善蔬菜价格调控机制方面，学者从各个视角提出了很多实用的应对策略。高扬[③]提出从低收入生产者和小规模菜农的利益出发，政府要通过制定相关政策，对市场进行监管，保护生产者的应得利益。彭白桦[④]指出中国目前处于经济增长的重要转型时期，蔬菜产业更容易受到来自宏观经济以及工业化演进方面的影响，市场调控必须确保农产品市场目标与经济发展相适应，同时要充分利用国际市场，并且不断加强本土市场的独立性。

在农产品价格调控政策效果与改进完善等方面，丛丽蕊[⑤]应用实证分析方法和规范分析方法，对农产品价格波动特征、调控政策的效果以及改进方向进行研究；丁声俊[⑥]认为农产品价格形成机制必须以市场为主导，政府要适时、适情、适品、适市，填补市场调节存在的漏洞，从而推进农业供给侧结构性改革，建设和规范资源配置，推动农产品产业转型升级，推动其管理、经营体系的升级，从而实现农业向着高质量高品质可持续方向发展。

目前大多数研究中，PMC指数模型在其指标的确定中主观性较强，这将导致政策评价时失灵状况的产生。因此，本文在PMC指数模型构建蔬菜产业政策评价指标的基础上，增加LDA主题模型对政策文本转化后的数字信息建模分析，可以更加客观、系统地找出政策文本中隐藏的、未被发现的主题，从而以客观的角度补充PMC模型提取的指标。本文拓展了政策评价的研究视角，创新政策评价的指标构建体系，为我国蔬菜产业健康发展提供理论和实践支撑。

① 宋长鸣、徐娟、章胜勇：《蔬菜价格波动和纵向传导机制研究——基于VAR和VECH模型的分析》，《农业技术经济》2013年第2期。
② 罗超平、王钊、翟琼：《蔬菜价格波动及其内生因素——基于PVAR模型的实证分析》，《农业技术经济》2013年第2期。
③ 高扬：《我国蔬菜价格传导非均衡性的原因及对策研究——基于市场竞争理论视角的分析》，《价格理论与实践》2011年第5期。
④ 彭白桦：《国际市场影响对国内农产品市场价格的波动影响研究——兼评〈中国农产品价格波动与调控机制研究〉》，《农业经济问题》2016年第11期。
⑤ 丛丽蕊：《中国农产品价格调控政策及其效果》，硕士学位论文，吉林大学，2018年。
⑥ 丁声俊：《农产品市场化改革成就斐然健全优质优价机制与制度创新任重道远》，《河南工业大学学报》（社会科学版）2019年第6期。

2 蔬菜产业政策量化的 PMC 指数模型的构建

2.1 框架研究

在目前研究政策量化评价的基础上，本文将 PMC 指数模型和用于自然语言处理的 LDA 主题模型进行结合，旨在探索一种有效、客观的蔬菜产业政策量化评价方法。由以上两种模型对预处理后的文本数据进行变量分类及参数识别，完善指标体系，并建立蔬菜产业政策多投入产出表，最后计算各样本的 PMC 指数并绘制 PMC 曲面，将蔬菜产业政策量化后展开评价。研究框架如图 1 所示。

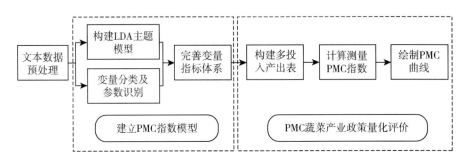

图 1 PMC 指数模型用于政策评价过程

2.2 变量构建

本文采用 PMC 指数模型对蔬菜产业政策进行量化评价，在变量的选取上要符合蔬菜产业政策的特点。一级变量的指标选取来源于 Estrada、张永安、郄海拓①等学者的研究，二级变量是对一级变量的再分，主要由两部分组成，一方面结合国家级和省级的蔬菜产业政策样本，运用 ROSTCM6.0 软件进行分词和词频统计，初步得到二级变量；另一方面使用 LDA 主题生成模型对文本进行分析，将从中得到的主题作为对二级变量的补充，并综合蔬菜产业政策特点得到每个一级变量下的二级变量指标。

词频统计的政策样本来源于白鹿智库，农业农村部、各省份农业农村厅等政府部门网站。一共收集到 45 个关于蔬菜产业政策的文本。在用 ROSTCM 6.0 进行词频统计时，剔除掉"蔬菜""农产品""农业"等干扰词组后，得到表 1 结果。使用 gensim 库对去除干扰词后的结果进行 LDA 主题建模，得到几组模型输出的关键词，经过分析获得可能的主题（见表 2）。将指标集合中未包含的主题作为二级指标加入指标集合，最

---

① 张永安、郄海拓：《"大众创业、万众创新"政策量化评价研究——以 2017 的 10 项双创政策情报为例》，《情报杂志》2018 年第 3 期。

终得到了关于蔬菜产业政策的变量指标（见表3），并给出了政策量化指标的判断标准。最后结合张永安等的研究建立蔬菜产业政策等级评价表，如表4所示。

表1 蔬菜产业政策前20个高频词及其词频

序号	关键词	词频	序号	关键词	词频
1	市场	742	11	企业	218
2	建设	492	12	质量	217
3	加强	460	13	推进	207
4	发展	431	14	设施	204
5	流通	279	15	落实	198
6	提高	243	16	稳定	196
7	部门	242	17	体系	195
8	农民	232	18	建立	187
9	完善	231	19	安全	186
10	供应	229	20	保障	186

表2 LDA主题建模结果

主题判断	用于描述主题的关键词	是否加入指标
1. 生产设施	1.1 生产 1.2 设施 1.3 提高 1.4 工作 1.5 建设	否
2. 信息流通	2.1 市场 2.2 信息 2.3 价格 2.4 流通 2.5 稳定	是
3. 产业建设	3.1 重点县 3.2 区域 3.3 产业 3.4 优势 3.5 发展	否
4. 质量保障	4.1 质量 4.2 绿色 4.3 力度 4.4 体系 4.5 保护	是

续表

主题判断	用于描述主题的关键词	是否加入指标
5. 价格预警	5.1 预警	否
	5.2 监测	
	5.3 价格	
	5.4 政策	
	5.5 高效	

表 3　　　　　　　　　　　蔬菜产业政策变量指标

一级变量	二级变量	判断依据	指标来源
X1 政策性质	X1.1 保障	判断该评价政策是否具备保障功能	由张永安等文章①修改，并加上词频结果得到
	X1.2 建设	判断该评价政策是否涉及建设蔬菜市场等机制	
	X1.3 引导	判断该评价政策是否涉及引导市场价格稳定	
	X1.4 完善	判断该评价政策是否完善产供销机制	
	X1.5 预警	判断该评价政策是否具有对未来的预警信息	
	X1.6 其他	判断该评价政策是否具有其他性质（如应急）	
X2 政策时效	X2.1 长期	判断该评价政策是否涉及长期内容（多于 5 年）	由张永安等文章②修改
	X2.2 中期	判断该评价政策是否涉及中期内容（3—5 年）	
	X2.3 短期	判断该评价政策是否涉及短期内容（1—3 年）	
	X2.4 本年	判断该评价政策是否涉及本年内容	
X3 政策措施	X3.1 补贴	判断该评价政策是否涉及补贴激励内容	由张永安等文章③和蔬菜产业政策特点修改，其中的"质量"和"信息"两项指标由 LDA 主题模型补充得到
	X3.2 约束	判断该评价政策是否涉及加强市场监管	
	X3.3 供应	判断该评价政策是否从储备中增加市场	
	X3.4 保险	判断该评价政策是否有涉及蔬菜产业保险	
	X3.5 质量	判断该评价政策是否有保障蔬菜产品质量的措施	
	X3.6 信息	判断该评价政策是否涉及供应链交易中的信息流通	
X4 政策领域	X4.1 经济	判断该评价政策是否产生经济效益	由张永安等④、Ruiz Estrada⑤ 文章修改
	X4.2 社会	判断该评价政策是否对市场产生作用	
	X4.3 科技	判断该评价政策是否涉及关于蔬菜产供销的新技术	
	X4.4 环境	判断该评价政策是否涉及环境（蔬菜的生产土地之类）	
	X4.5 政治	判断该评价政策是否涉及政治内容	

---

① 张永安、郄海拓：《国务院创新政策量化评价——基于 PMC 指数模型》，《科技进步与对策》2017 年第 34 期。
② 张永安、郄海拓：《国务院创新政策量化评价——基于 PMC 指数模型》，《科技进步与对策》2017 年第 34 期。
③ 张永安、郄海拓：《国务院创新政策量化评价——基于 PMC 指数模型》，《科技进步与对策》2017 年第 34 期。
④ 张永安、郄海拓：《国务院创新政策量化评价——基于 PMC 指数模型》，《科技进步与对策》2017 年第 34 期。
⑤ Estrada, M. A. R., "Policy Modeling: Definition, Classification and Evaluation", *Journal of Policy Modeling*, 2011 (33): 523 –536.

续表

一级变量	二级变量	判断依据	指标来源
X5 政策对象	X5.1 农民	判断该评价政策是否涉及农民	由蔬菜产业政策特点修改
	X5.2 消费者	判断该评价政策是否涉及消费者	
	X5.3 经销商	判断该评价政策是否涉及经销商	
	X5.4 相关单位	判断该评价政策是否提及农业部门、市场监督管理部门等相关单位	
X6 适用范围	X6.1 国家	判断该评价政策是否涉及国家层次	由张永安等文章①修改
	X6.2 省市	判断该评价政策是否覆盖省市层次	
	X6.3 县区	判断该评价政策是否覆盖县区层次	
X7 政策评价	X7.1 依据充分	判断该评价政策是否有制定政策的依据	由张永安等文章②修改
	X7.2 目标明确	判断该评价政策是否有明确的目标	
	X7.3 方案科学	判断该评价政策的方案是否科学	
X8 政策作用	X8.1 价格调控	判断该评价政策是否对价格调控产生作用	由蔬菜产业政策特点以及颁布产生效果得到
	X8.2 产业结构	判断该评价政策是否对产业结构进行了优化	
X9 政策公开	—	判断该评价政策是否公开	由 Estrada 文章③修改

表4   蔬菜产业政策的等级评价表

得分	0—4.99	5—6.99	7—8.99	8—9
等级	不良	可接受	优秀	完美

3 蔬菜产业政策量化评价实证分析

3.1 待评价政策的筛选及相关 PMC 指数计算

本文研究的核心是构建量化评价理论模型，为尽最大可能对蔬菜产业政策文本进行客观评价。本文基于以下四个理论假设：（1）不考虑蔬菜产业政策是否为抵御风险性灾害而临时出台，比如特殊的雨雪或干旱天气；（2）不考虑政策是否针对某一特定目的而制定，比如对农户的优惠政策；（3）不考虑政策是否为调节特殊节日或特殊时节的蔬菜产业情况而制定，比如蔬菜需求旺盛且种植成本较高的春节时期；（4）本模型仅供评价单个政策，在实证分析时，应尽量选取受单个政策影响较为深刻的案例与时间段，以最大限度排除早期政策影响实际情况所带来的分析误差。

---

① 张永安、郄海拓：《国务院创新政策量化评价——基于PMC指数模型》，《科技进步与对策》2017年第34期。
② 张永安、郄海拓：《国务院创新政策量化评价——基于PMC指数模型》，《科技进步与对策》2017年第34期。
③ Estrada，M. A. R.，"Policy Modeling：Definition，Classification and Evaluation"，*Journal of Policy Modeling*，2011（33）：523–536.

自改革开放以来，我国蔬菜产业迎来新的机遇，也遇到前所未有的挑战。但之前的政策较为单一，且在缺少大流通格局的情况下蔬菜产业难以得到有效的发展，直到20世纪末"菜篮子"工程的实施，我国蔬菜产业焕然一新。为不断推进蔬菜产业进步，完善蔬菜产业政策体系，我国出台了大量的蔬菜产业政策，2010年是新一轮的"菜篮子"工程的起始时间，发布了全国蔬菜产业规划。2010年作为我国蔬菜产业新征程的节点，这个时间阶段的蔬菜产业政策具有较高价值的研究意义。因此本文的政策样本选取定在2010年至2020年。同时，从影响民生根本的价格调控出发，保证政策样本内容覆盖的全面性和对比性，本文选取十项具有代表性的蔬菜产业政策（如表5所示）。

表5 蔬菜产业政策汇总

序号	文件名	时间
P1	《国务院关于进一步促进蔬菜生产保障市场供应和价格基本稳定的通知》	2010年9月
P2	《国务院关于稳定消费价格总水平保障群众基本生活的通知》	2010年11月
P3	安徽省人民政府《关于促进蔬菜生产保障市场供应和价格基本稳定的实施意见》	2010年11月
P4	《中共中央国务院关于加快推进农业科技创新持续增强农产品供给保障能力的若干意见》	2011年12月
P5	国务院办公厅《关于保障近期蔬菜市场供应和价格基本稳定的紧急通知》	2013年1月
P6	国家发展改革委办公厅、商务部办公厅《关于进一步做好北方大城市冬春蔬菜储备工作的通知》	2019年11月
P7	甘肃省农业农村厅《关于印发2019年中央财政农业生产发展蔬菜产业项目实施方案的通知》	2019年11月
P8	吉林省人民政府办公厅印发《关于应对新型冠状病毒感染的肺炎疫情扩大蔬菜生产增加市场供应支持政策的通知》	2020年2月
P9	江西省人民政府办公厅《关于推动我省蔬菜产业高质量发展的实施意见》	2020年3月
P10	中共湖北省委、湖北省人民政府《关于深入推进农业供给侧结构性改革 加快培育农业农村发展新动能的实施意见》	2017年2月

PMC模型中采用二进制0和1来平衡所有变量。计算过程布置如下：首先，利用文本挖掘对二级变量进行打分，打分的结果服从[0，1]分布，满足取1，不满足取0，如式（1）、式（2）；其次，计算一级变量的值，一级变量来源于二级变量，是对二级变量加权平均而得来的，如式（3）；最后，进行PMC指数的计算，将政策的各个一级指标相加，即为该政策PMC指数，如式（4）。

10项政策的指标得分结果以及多投入产出表见表6；每项政策的一级变量分数以及最后的PMC指数如表7。

$$X \sim N[0, 1] \tag{1}$$

$$X = \{XR：[0 \sim 1]\} \tag{2}$$

表6　5项蔬菜产业政策的投入产出

	X1						X2				X3						X4					X6				X6			X7			X8		X9
	X1.1	X1.2	X1.3	X1.4	X1.5	X1.6	X2.1	X2.2	X2.3	X2.4	X3.1	X3.2	X3.3	X3.4	X3.5	X3.6	X4.1	X4.2	X4.3	X4.4	X4.5	X5.1	X5.2	X5.3	X5.4	X6.1	X6.2	X6.3	X7.1	X7.2	X7.3	X8.1	X8.2	X9
P1	1	1	1	1	1	1	1	0	0	0	1	1	1	1	1	1	1	0	1	0	0	1	1	1	1	1	1	1	1	1	1	1	0	1
P2	1	1	0	1	1	1	0	0	1	0	1	1	0	0	0	0	1	0	0	0	0	0	0	1	1	1	1	1	1	1	1	1	0	1
P3	1	1	1	1	1	1	0	1	0	0	1	1	1	0	1	0	1	1	0	1	0	0	1	0	1	0	1	1	1	1	1	1	1	1
P4	1	1	1	1	1	1	1	0	0	1	1	1	1	0	0	1	1	1	1	1	0	0	0	1	1	1	1	0	1	1	1	1	1	1
P5	1	1	1	1	1	1	1	0	0	1	1	1	0	0	0	0	1	0	1	1	0	0	1	1	1	1	1	0	1	1	1	1	0	1
P6	1	1	1	1	1	1	0	0	0	1	1	1	0	0	0	0	1	0	0	0	0	1	0	1	1	0	1	1	1	1	1	0	1	1
P7	1	1	0	0	1	1	0	0	1	0	0	1	0	0	0	0	1	0	0	1	0	0	0	0	1	0	1	1	1	1	1	0	1	1
P8	1	1	0	1	0	1	0	1	0	1	0	1	0	0	0	0	1	0	1	1	0	0	0	0	1	0	1	1	1	1	1	0	1	1
P9	1	1	0	1	1	1	0	0	0	0	1	1	1	0	0	0	1	1	0	0	0	1	1	1	1	0	1	1	1	1	1	0	1	1
P10	1	1	1	1	0	1	0	1	0	0	1	1	1	1	1	1	1	1	1	1	0	0	1	1	1	0	1	0	1	1	1	0	1	1

$$X_i = \left[\sum_{j=1}^{n} \frac{X_{ij}}{T(X_{ij})} \right] \tag{3}$$

$$PMC = \sum_{i=1}^{9} \left(X_t \left[\sum_{j=1}^{n} \frac{X_{ij}}{T(X_{ij})} \right] \right) \tag{4}$$

其中 i 为二级变量序号，t 为一级变量序号，Nt 为对应第 t 个一级变量下二级变量的个数，m 为一级变量的个数。

表7 各项政策的 PMC 指数

	P1	P2	P3	P4	P5	P6	P7	P8	P9	P10	均值
X1	1	0.83	1	1	1	0.83	0.67	0.5	0.83	0.83	0.85
X2	0.25	0.25	0.25	0.25	0.25	0.25	0.25	0.25	0.25	0.25	0.25
X3	1	0.5	1	1	0.67	0.5	0.67	0.33	0.83	1	0.75
X4	0.6	0.4	0.6	0.8	0.8	0.4	0.8	0.6	0.6	0.8	0.64
X5	1	0.5	1	0.75	0.75	1	0.5	0.5	0.75	0.75	0.75
X6	1	1	0.67	0.67	0.67	0.67	0.67	0.67	0.67	0.33	0.70
X7	1	1	1	1	1	1	1	1	1	1	1
X8	0.5	0.5	1	1	0.5	0.5	0.5	0.5	0.5	0.5	0.6
X9	1	1	1	1	1	1	1	1	1	1	1
PMC 指数	7.35	5.98	7.52	7.47	6.64	6.15	6.06	5.35	6.43	6.46	6.54
排名	3	9	1	2	4	7	8	10	6	5	—
政策等级	优秀	可接受	优秀	优秀	可接受	可接受	可接受	可接受	可接受	可接受	—

3.2 PMC 曲面的构造

PMC 曲面比指数更能展现该政策的整体状况，能够看出该政策所有指标的平衡性，更为直观地分析出政策在各个方面的表现情况。将9个一级变量的得分分为 3 * 3 的矩阵 [如式（5）]，利用 Excel 绘制 PMC 曲面。各项蔬菜产业政策的 PMC 曲面见图 2 至图 11。

$$PMC 矩阵 = \begin{pmatrix} X1 & X2 & X3 \\ X4 & X5 & X6 \\ X7 & X8 & X9 \end{pmatrix} \tag{5}$$

3.3 研究结果分析

基于上述理论假设所选取的十项蔬菜产业政策的 PMC 指数均值为 6.54，说明蔬菜产业政策相对合理，但还是存在一些需要提升的地方。根据表4的评分标准可知，本文将选取的蔬菜产业政策分成四个等级，分别为"不良""可接受""优秀""完美"。

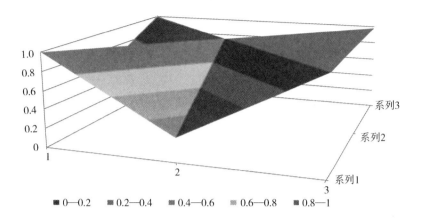

图 2 蔬菜产业政策 **P1** 的 PMC 曲面

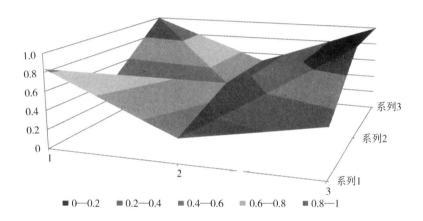

图 3 蔬菜产业政策 **P2** 的 PMC 曲面

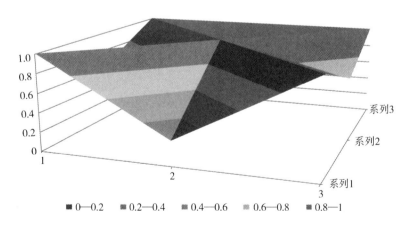

图 4 蔬菜产业政策 **P3** 的 PMC 曲面

所以可以得到，P1、P3 和 P4 三项为"优秀"，得分分别为 7.35、7.52 和 7.47，P2、
P5、P6、P7、P8、P9 和 P10 为"可接受"，得分分别为 5.98、6.64、6.15、6.06、

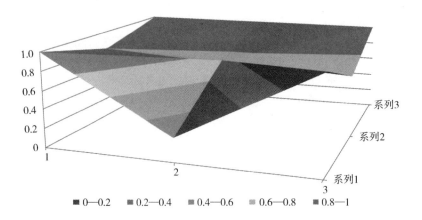

图 5 蔬菜产业政策 P4 的 PMC 曲面

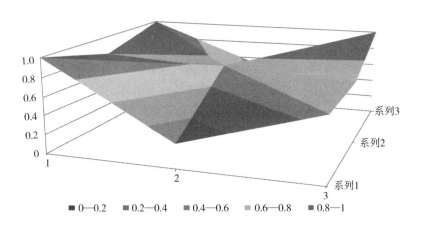

图 6 蔬菜产业政策 P5 的 PMC 曲面

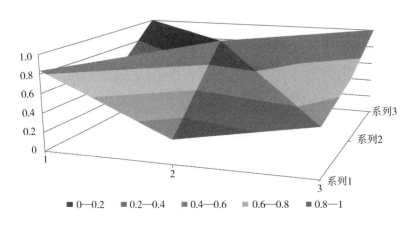

图 7 蔬菜产业政策 P6 的 PMC 曲面

5.35、6.43 和 6.46。

前文通过对十项蔬菜产业政策建模分析，得出了其 PMC 指数。为了便于直观比较

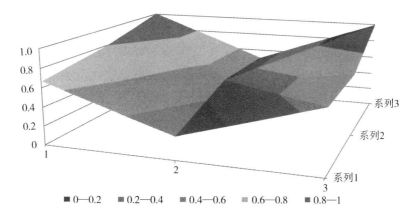

图 8　蔬菜产业政策 P7 的 PMC 曲面

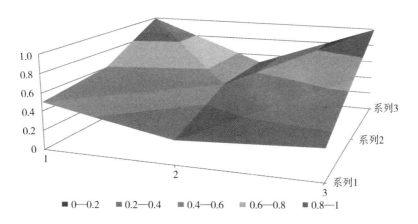

图 9　蔬菜产业政策 P8 的 PMC 曲面

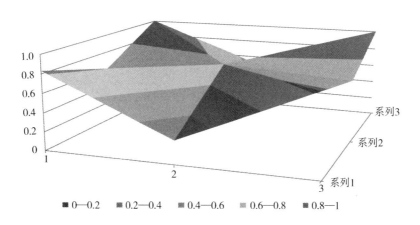

图 10　蔬菜产业政策 P9 的 PMC 曲面

各政策的优缺点，将一级指标 X1—X9 的均值计算出来，从宏观上把握分析各一级指标的均值，得到政策性质（X1）的平均值为 0.85，其中所选取的 P1、P3、P4 和 P5 四项

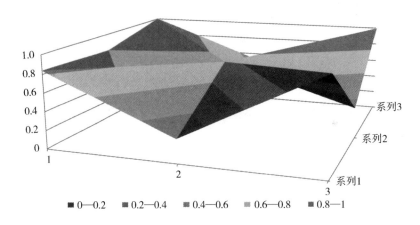

图 11　蔬菜产业政策 P10 的 PMC 曲面

政策都达到满分，具备保障、引导、完善、预警等性质；政策时效（X2）得分均较低，因为每个政策针对的方向以及预期目标不同，所以政策调控的时间范围就有所不同，导致所分析政策文本的政策时效得分均为 0.25。政策措施（X3）平均得分为 0.75，说明蔬菜产业政策措施建设内容具有多样化，旨在全面促进蔬菜产业的稳定与完善。其中，补贴激励、市场供给两方面内容最为集中，所选政策都有所涉及，而有关蔬菜保障措施和供应链交易信息流通的内容则少有涉及；政策领域（X4）均值为 0.64，说明蔬菜产业政策涉及经济、社会、科技、环境、政治的各个方面；政策对象（X5）均值为 0.75，说明蔬菜产业政策基本形成了农民、消费者、经销商、相关单位等多方主体共同参与的局面；适用范围（X6）均值为 0.70，所选取的蔬菜产业政策适用范围较为宽泛，国家级政策基本都涵盖国家、省市层面，而省级政策基本都涵盖省市、县区层面；政策评价（X7）均值为 1，说明所选取的十项蔬菜产业政策具备前瞻性的评价标准，依据严谨、目标明确、方案科学；政策作用（X8）均值为 0.6，从价格调控和产业结构两方面对各项政策所起到的作用进行评价，可以看到，前五个代表性政策能够对价格调控产生作用，所有政策中有七个政策具备优化产业结构的作用；政策公开（X9）均值为 1，说明选取的蔬菜产业政策全部为公开政策。

　　PMC 指数和 PMC 曲面方法可以很精准地分析一项政策存在的优缺点，并对存在的问题进行深度挖掘，找出内部的逻辑性原因，能够给决策者完善政策提供参考。接下来将根据每项政策的 PMC 得分情况和各项一级指标均值，对各项政策进行具体分析，并提出参考性的改进路径。

　　政策 P1 的 PMC 指数为 7.35，指数排名第三，等级为"优秀"。这项政策变量中，X4 和 X8 略低于平均水平，其他几项一级变量均高于或等于平均水平，说明蔬菜产业政策 P1 在制定时，将各个维度的指标都考虑得比较全面。在进行政策改善时，可从政策领域和政策作用等方面开始完善。政策改善顺序可以参照各项变量与变量均值之间的差异绝对值进行，差异绝对值大的变量先被改进，参考改进顺序为：X8—X4。

政策 P2 的 PMC 指数为 5.98，指数排名第九，等级为"可接受"，是这十项蔬菜产业政策中得分比较低的一项政策，这可能与这一项政策文本的特殊性有关。虽然政策 P2 的出台也是为稳定蔬菜价格，但由于政策 P2 专门针对生产者和相关部门，没有涉及消费者和经销商，所以缺少了很多相关方面的内容。并且政策 P2 制定时很多方面没有考虑充分。像政策措施方面，只涉及补贴约束和增加市场供给，在政策领域方面仅涉及经济和社会领域。参考改进顺序为：X3—X5—X4—X8—X1 或 X5—X3—X4—X8—X1。

政策 P3 的 PMC 指数为 7.52，指数排名第一，等级为优秀，是本文蔬菜产业政策中 PMC 指数最高的政策。这项政策的一级变量中 X4 和 X6 稍低于平均水平，与均值的差异均在 0.05 之内，说明政策 P3 在制定时做了充足的准备工作并且考虑相对全面。它涵盖了农民、消费者、经销商和各相关单位等广泛受众。不仅涉及市场监管、补贴激励和供应链信息流通的内容，还提供对蔬菜质量和数量的保障内容。并且其政策时效更长。虽然只是一项省级政策，但由于科学、合理的政策设计，使其成为指导安徽省稳定蔬菜生产供应以及价格的重要战略指南。如果想要对其进一步完善，参考改进顺序为：X4—X6。

另外，在政策 P1 的指导下，安徽省结合本省实际，于 2010 年 11 月 29 日发布政策 P3，在一定程度上完善了蔬菜生产基地建设，增强了大城市蔬菜自给能力，构建了一整套蔬菜流通体系，将蔬菜信息汇总，实现了信息共享；另外，加强对蔬菜市场的监管，完善产业扶持、"绿色通道"政策，切实保障了老百姓的菜篮子。在政策 P1 的基础上结合了安徽省内的实际情况，具备双重规划，考虑全面且涉及广泛，基本满足九个一级变量下的各个二级功能。为了避免早期出台的蔬菜产业政策对实际情况带来影响，这里对政策 P3 出台后近一年的安徽省蔬菜价格的稳定性进行了分析，可以了解到在政策实施前后，安徽省蔬菜价格波动得到了有效的控制，政策的实施对蔬菜市场起到了良好的调控作用，基本实现了政策初衷。所以相较其他九个政策，政策 P3 的得分高是有原因的。

政策 P4 的 PMC 指数为 7.47，指数排名第二，等级为"优秀"。P4 在制定时考虑虽也比较深入，但存在覆盖层次不够全面的问题，导致这项政策的适用范围 X6 稍低于平均水平。所以在对政策进行完善时，可首先重点考虑 X6。并且在对本政策进行改进时，一级变量下取值为 0 的二级变量就是需要改进的内容，即 X6.3。该评价政策需要扩大覆盖层次，这里已经覆盖了国家层次和省市层次，所以还需覆盖县区层次。

政策 P5 的 PMC 指数为 6.64，指数排名第四，等级为"可接受"。由于缺少关于保障蔬菜产品质量的措施，使得 X3 得分较低。并且该蔬菜产业政策未覆盖县区层次，没有对产业结构进行优化。导致 X3、X6 和 X8 均低于平均水平。其中，X8 与平均水平的差异最大，达到了 0.1，这项指标的不良表现也直接拉低了 P5 的 PMC 指数值。参考改进顺序为：X8—X3—X6。

政策 P6 的 PMC 指数为 6.15，指数排名第七，等级为"可接受"。该项政策一级变量中，X3、X4 与均值的差异均超过 0.2。政策措施方面，只涉及了补贴约束和增加市场供给，导致其该指标得分仅为 0.5，低于均值 0.25。由于仅涉及经济和社会领域，是十项蔬菜产业政策中涉及领域最少的政策之一，导致 X4 这一指标分数与均值相差 0.24。参考改进顺序为：X3—X4—X8—X6—X1。

政策 P7 的 PMC 指数为 6.06，指数排名第八，等级为"可接受"。该政策制定时很多方面没有考虑充分，X1、X3、X5、X6 和 X8 均低于平均水平。由于缺少关于蔬菜的保障措施和供应链交易中的信息流通，使得 X3 得分较低。由于政策 P7 专门针对生产者和相关部门，没有涉及消费者和经销商，导致 X5 与均值的差异为 0.25。参考改进顺序为：X5—X1—X8—X3—X6。

政策 P8 的 PMC 指数为 5.35，指数排名第十，等级为"可接受"。是这十项蔬菜产业政策中得分最低的一项政策。该政策所有一级指标得分均低于或等于平均水平，并且 X1、X3、X5 的得分与均值的差异均超过 0.2。该项政策出台的目的是应对新冠肺炎疫情，由于其侧重点单一且准备时间短，导致该项政策考虑得不够全面，需要改进的地方较多。参考改进顺序为：X3—X1—X5—X8—X4—X6。

政策 P9 的 PMC 指数为 6.43，指数排名第六，等级为"可接受"。该政策作为江西省省级政策，适用范围不涉及国家层次。政策领域也未涉及环境和政治内容。在政策作用方面，只对产业结构进行了优化，未对价格调控产生作用。上述原因导致该项政策 X1、X4、X6 和 X8 变量评分均低于平均水平。参考改进顺序为：X8—X4—X6—X1。

政策 P10 的 PMC 指数为 6.46，指数排名第五，等级为"可接受"。这项政策一级变量中，X1、X6 和 X8 均低于平均水平。由于政策 P10 只覆盖省市层次，所以 X6 得分为十项政策中的最低分，仅为 0.33。假如要完善这项政策，可对一级变量对应内容进行改进和扩充，参考改进顺序为：X6—X8—X1。此顺序并非绝对的，还应结合政策具体情况进行安排。

4 结论与对策建议

4.1 结论

本文基于 PMC 指数模型, 对 2010—2020 年我国蔬菜产业政策进行了量化评价, 主要结论如下:

（1）我国蔬菜产业相关政策总体设计较为合理, 十项政策中三项（P1、P3、P4）的 PMC 指数评分等级为"优秀", 七项（P2、P5、P6、P7、P8、P9、P10）为"可接受"。在政策时效方面, 十项政策分布得较为全面。其中, 有两项为五年以上的长期政策（P1、P3）, 两项为 3—5 年的中期政策（P9、P10）, 两项为 1—3 年的短期政策（P2、P7）, 四项仅涉及本年度内容的政策（P4、P5、P6、P8）。此外, 十项政策所发挥作用的关注点分配较为均衡。其中, 有七项政策包含蔬菜的产业结构相关内容（P3、P4、P6、P7、P8、P9、P10）, 有五项政策提到了蔬菜的价格调控（P1、P2、P3、P4、P5）。接下来政策制定可考虑进一步价格调控与产业结构优化的统一。总体来说, 已有的蔬菜产业政策从多维度促进了蔬菜产业的发展。

（2）我国相关蔬菜产业政策在一些方面仍存在着不足, 主要体现在以下几方面。第一, 政策缺少全局统筹性。十项政策各自所涉及的领域出现分布不均的情况, 政治领域仅有一项政策有所涉及（P5）, 环境领域有五项政策有所涉及（P1、P4、P5、P7、P10）, 科技领域有六项政策有所涉及（P3、P4、P7、P8、P9、P10）, 没有一项长期政策是兼顾所有领域的发展, 缺少一项统筹社会、经济、科技、环境、政治等各领域的综合性政策。第二, 政策性质未完善。虽基本兼顾蔬菜生产的保障、市场的建设以及产供销机制的完善, 但在价格的调控和对未来的预警方面, 还存在不足。尤其是近几年的政策, 不具有充分的设计依据、明确的目标和科学的方案, 无法保证政策的科学性。第三, 政策涉及对象不够全面。十项政策中只有四项涉及消费者（P1、P3、P5、P6）, 相比于农民、经销商和其他有关单位都明显较少。兼顾农民、消费者、经销商和其他有关单位的政策也只有三项（P1、P3、P6）, 缺乏涵盖整个蔬菜产供销链条的政策, 未能很好地保障多方权益。

4.2 对策建议

针对 PMC 指数模型所反映出的国内蔬菜产业政策设计中所存在的问题, 本文提出如下对策建议:

（1）在政策涉及领域方面, 建议把科技创新作为未来蔬菜产业发展的战略支撑,同时兼顾各方利益。现有的大部分政策多涉及经济、社会、与环境领域，而对科技与政治等方面有一定程度的忽视。其中，科技创新是未来蔬菜产业发展的基本前提，是加快现代化蔬菜产业建设的先导力量，是推动我国蔬菜产业经济发展的不竭资源，是践行"科学技术是第一生产力"的主要形式和必由之路。在经济学领域中，科技进步会推动投入产出率或生产率的进步，从而提高劳动生产率，产生了巨大的经济效益。蔬菜产业的发展必须兼顾国际与国内两个市场，就国际环境而言，加大蔬菜产业科技创新的资金投入，通过改革创新增强自身能力，从而抵御国际市场带来的风险。另外，打造自己的品牌和经营方式，提高国际市场上的竞争力。就国内环境而言，科技创新是优化各类型蔬菜产品供应链、优化蔬菜产业结构的可靠方法。因此，未来政府在蔬菜产业政策的设计中，应更加重视科技领域的创新发展，鼓励相关企业的自主创新与二次创新。解决好能力和动力的问题，即一方面要加大对于技术创新的资金、人才的投入，另一方面也要重视有利于创新的制度和激励机制的设计。在国内蔬菜领域内建设起有利于蔬菜产业相关技术创新的体制和社会环境。

除了大力发展科技创新之外，政策要兼顾对政治领域的涉及，更好地平衡各方利益。"三农"问题作为我国长期以来一直存在的问题，其背后的企业、政府、农户三方利益分配不均，严重影响了我国大力推进现代农业发展与农业产业化水平的提升。针对这个问题，政府应加大重视程度并进行政策调控。第一是要清楚市场准入壁垒，避免因行业垄断带来的个人或企业的额外收入。对于蔬菜产业的垄断性国企，要加大对其分配活动的管理，加大对工资福利过高、职工收入增长过快的调控力度，指导企业在国内外同行业内就职工收入进行比较，确定企业内较为合理的职工薪资福利水平。对于私营企业，也要健全法制，严格执法，坚决取缔非法收入，依法惩处偷税漏税、行贿受贿、权钱交易等非法行为。第二是要更好地完善落实农民利益保障体系，缩小菜农与城镇居民的收入差距。目前，在乡村振兴战略的实施背景下，农业与蔬菜产业的纲领性政策已较为丰富，但具体落实仍有一定障碍，在新政策制订方面，应着重关注已有政策的基层落实，更有效地保障菜农利益，提高菜农收入。

（2）在政策时效方面，建议把层次性和递进性有机地融入蔬菜产业政策的制定之中。我国目前蔬菜产业政策涉及的时效性可分为本年、短期、中期、长期四种，按其性质可归类为短期性和长期性政策，通过不同政策的时效期划分，实现蔬菜产业不同阶段的发展战略和任务。从理论层次来看，跨阶段、多层次、时效性的政策可以充分发挥其作用，但从实际情况来看，我国在制定蔬菜产业政策时，是否介入、介入时机以及调控内容等方面存在着争议，在建立应急措施的短期性政策和常态化的长效机制政策间存在矛盾。以我国蔬菜补贴政策为例，近年来虽然各级政府投入了大量资金，在不同的时间段有针对性地投入到蔬菜产业中，力求解决存在问题，推动其发展。但从总体上来看，我国蔬菜产业政策体系还不够健全，仍有很多漏洞，补贴政策不稳定，不能很好地适应实际情况，监督不到位，往往导致只是一种事后调节，缺乏整体性、系统性[①]。我国蔬菜产业政策时效性在短期性和长期性政策间缺乏一定的平衡，政策连贯性和后期监督有待加强。因此，我国未来在制定蔬菜产业政策时，应注重建立各类蔬菜产业政策的长效机制，必须区分从时效维度上影响蔬菜产业的影响力度，注重对已颁布政策的绩效评价，通过评估短期性政策来判断是否延长相关政策，并且完善蔬菜产业政策的法规条例，加强对政策执行的监督，由此不断提高蔬菜产业政策的实施效果。

（3）在政策所涉及的对象方面，应适当增加对消费者的关注，重视蔬菜产供销整体链条的协调与管理。现有大部分政策涉及的对象群体为农民、经销商与其他有关部门，而一定程度上缺乏对消费者的关注。消费者作为蔬菜产品整条供应链的唯一收入来源，是供应链经营管理的核心与导向，正是有了最终消费者的需求，才有了供应链的存在。而且，也只有让客户和最终消费者的需求得到满足，才能有供应链的更大发展。近年来，在以消费者为中心的新消费驱动下，除了菜市场、超市等传统销售渠道，电商、新零售等更加体现消费者需求的销售模式逐渐走向舞台中央。不管是蔬菜产品种类的推新还是线下门店的新颖设计，这从本质上来说都是为了迎合消费升级的浪潮，消费者对于个性化、多样化、消费体验都有了全新的需求。因此，对市场以及供应链的分析需要一个把握全局的视角。我国未来在制定蔬菜产业政策时，应当更加体现对供应链上各主体的关注，尤其是处于链条末端的消费者。一方面，政策应关注新环境下的消费者权益，使得消费者在巨大的销售模式变革中能够买得放心，确保供应链中的农户、加工商、经销商等各主体稳定的利益来源。另一方面，要与时俱进，深入理解现今的消费者需求，制定政策时也要站在企业与农户的角度，以消费者为中心，针对新颖的供应模式、销售思想等及时对政策进行调整，为蔬菜产业发展注入新的活力。

---

① 齐皓天、高群：《当前蔬菜产业补贴政策措施、问题与对策》，《中国蔬菜》2015 年第 6 期。

考虑模糊信息的海上风电送出系统
多准则评估与决策

牛东晓　余　敏　李淇琪　甄　皓

（华北电力大学 经济与管理学院，北京　102206）

摘要： 随着海上风电发展愈发迅猛，海上风电的送出系统选择也愈发重要。海上风电送出系统的选择需要综合考虑技术、经济、环境、政策等多个方面，对其进行综合评估比较，面临着较大的挑战。本文针对一座400兆瓦的海上风电场，对备选的5个送出系统仿真方案进行多准则评估。首先从技术、经济、环境、政策角度出发，针对送出系统建立多准则评价指标体系，其次考虑决策过程中信息的模糊性，通过三角模糊数确定指标权重，最后利用 TOPSIS 法，对方案进行排序优选。为之后海上风电送出系统的选择提供依据，并提出相关的政策建议。

关键词： 海上风电；送出系统；综合评价；多准则决策

随着资源匮乏和环境污染问题日益严峻，节能减排战略是促进绿色发展的关键措施，可再生能源愈加受到人们的青睐[1][2]。风电作为一种最具发展前景的可再生能源，以其清洁、低碳、经济的特点受到世界各国的重视[3][4]。2018年，全球风电装机容量累计达到650.8吉瓦，作为世界最大风电市场的中国，风力发电装机容

基金项目： 教育部哲学社会科学重大课题攻关项目"构建清洁低碳、安全高效的能源体系政策与机制研究"（18JZD032）

作者简介： 牛东晓（1962—　），男，安徽宿县人，华北电力大学经济与管理学院教授、博士生导师，研究方向：电力市场规划、能源经济；余敏（1996—　），女，陕西安康人，华北电力大学经济与管理学院硕士研究生，研究方向：能源经济、电力市场规划。

① Ren, Y., Suganthan, P. N., Srikanth, N., "A Novel Empirical Mode Decomposition With Support Vector Regression for Wind Speed Forecasting", *IEEE Transactions on Neural Networks and Learning Systems*, 2016, 27（8）: 1793 –1798.

② 洪翠、林维明、温步瀛：《风电场风速及风电功率预测方法研究综述》，《电网与清洁能源》2011年第1期。

③ 洪翠、林维明、温步瀛：《风电场风速及风电功率预测方法研究综述》，《电网与清洁能源》2011年第1期。

④ Zhao, X., Wang, C., Su, J., et al., "Research and Application Based on the Swarm Intelligence Algorithm and Artificial Intelligence for Wind Farm Decision System", *Renewable Energy*, 2019, 134（4）: 681 –697.

量更是超过 237 吉瓦①。据国家能源局公布的数据，2018 年中国新增并网风电装机 2059 万千瓦，累计并网装机容量达到 1.84 亿千瓦，占全部发电装机容量的 9.7%②，其中海上风电同比增长 42.7%。尽管现阶段陆上风电占比较大，但是，由于海上风电具有绿色低碳、发电稳定、可利用小时数高、适宜大规模开发等优点③④，也受到了广泛的青睐。依据全球海上风电发展与规划现状，海上风电场的容量以及与海岸之间的距离都将增加，全球海上风电发展呈现大规模化、集群化及深远海化的特点⑤⑥。因此迫切需要研究用于将大型海上风电场连接到附近的内陆电网的送出系统。

目前，在海上风电送出系统中，由于高压交流技术具有简单且经济高效的优点，大多数海上风电厂都采用高压交流输电（HVAC）系统为大功率输电和大规模海上风电进行并网⑦。但是由于高压交流技术存在无功补偿、潮流控制不便及随着传输距离增加成本增加的局限性，在大多数情况下，其并不是最佳输电选择⑧。高压直流输电（HVDC）由于其输电距离长成为有效替代方案⑨。随着绝缘栅双极晶体管（IGBT）的发展，新的柔性直流输电（VSC-HVDC）传输系统已成为可能。由于柔性直流输电相比传统直流输电具有更高的可控性，能够更加方便地控制线路潮流，对扰动有更快速的响应，更适合于大规模远海风电场的电力送出⑩。

近年来，大量专家对于各种传输方案的技术性可行性、经济性合理性及电网的稳定性都进行了广泛的研究⑪⑫。Elliott 等对海上风电的交流和 HVDC 送出进行了比较，

① Global cumulative installed wind power capacity from 2001 to 2019［2018 - 09 - 19］，https：//www. statista. com/statistics/268363/installed-wind-power-capacity-worldwide.

② 国家能源局：《2018 年风电并网运行情况》，国家能源局，http：//www. nea. gov. cn/2019 - 01/28/c_ 137780779. htm.

③ 沙志成、张丹、赵龙：《大规模海上风电并网方式的研究》，《电力与能源》2017 年第 2 期。

④ 王秀丽、张小亮、宁联辉等：《分频输电在海上风电并网应用中的前景和挑战》，《电力工程技术》2017 年第 1 期。

⑤ Global Wind Energy Council. Global wind 2017 report-A snapshot of top wind market in 2017：offshore wind，ht-tp：//gwec. net/wp-content/uploads/2018/04/offshore. pdf.

⑥ Wind Europe. Offshore wind in Europe key trends and statistics 2018，https：//windeurope. org/wp-content/up-loads/files/about-wind/statistics/WindEurope-AnnualOffshore-Statistics-2018. pdf.

⑦ Kong，D.，*Advanced HVDC Systems for Renewable Energy Integration and Power Transmission：Modelling and Control for Power System Transient Stability*，University of Birmingham，2013.

⑧ Wyckmans，M.，"Innovation in the Market：HVDC Light, the New Technology"，*WALDRONSMITH Management*，2003，11（1）：569 - 578.

⑨ Elliott，D.，Bell，K. R. W.，Finney，S. J.，et al.，"A comparison of AC and HVDC Options for the Connec-tion of Offshore Wind Generation in Great Britain"，*IEEE Transactions on Power Delivery*，2016，31（2）：798 - 809.

⑩ Tande，J. O.，*Wind Power in Power Systems*，John Wiley & Sons，Ltd.，2005：79 - 95.

⑪ Kong，D.，*Advanced HVDC Systems for Renewable Energy Integration and Power Transmission：Modelling and Control for Power System Transient Stability*，University of Birmingham，2013.

⑫ Sharma，R.，Andersen，M. A.，Akhmatov，V.，et al.，*Electrical Structure of Future Off-shore Wind Power Plant with a High Voltage Direct Current Power Transmission*，Technical University of Denmark，2012：63 - 67.

并着重分析了其成本，研究了不同规模的风电场建立最经济的连接形式电缆连接的长度及其输电方式，研究结果表明风电场的容量对使用交流和高压直流输电技术的年度成本之间的交叉点的位置有重大影响[①]。Pan 等介绍了柔性直流输电技术及其技术特性以及其在海上风电集成中应用的最新进展，描述了 VSC-HVDC 系统改善海上风电集成并提出了相关的控制策略[②]。Guo 等研究了模块化多级转换器（MMC）和级联两级（CTL）两种电压源转换器（VSC）拓扑，建立了不同拓扑结构下转换器的详细可靠性模型，提出了一种改进的可靠性建模和基于电压源转换器的 VSC-HVDC 传输系统的分析评估模型[③]。Vidal-Albalate 等分析了直流故障下模块化多级变流器—高压直流电（MMC-HVDC）连接的海上风力发电厂 WPP 行为，研究了 WPP 控制方法对 HVDC 链路短路行为的影响，研究表明风电厂提供的可供参考的最佳功率不是准确的 HVDC 故障研究电压源[④]。Li 等研究了将大型海上风电场与三种不同的陆上电力系统集成在一起的 HVAC、VSC-HVDC 和基于二极管整流的高压直流（DR-HVDC）输电系统的运行情况，提出了针对三种输电系统的并联运行的新颖的 DR-HVDC 和 VSC-HVDC 控制方法以及一种有效的 VSC-HVDC 海上变流器控制方法，研究结果表明所提出的方案能够进行故障穿越操作，为集成大型海上风电场提供灵活操作的高效解决方案[⑤]。以往的研究都从单个角度对海上风电送出系统进行分析，全面的比较评价较少，实际工程选择技术方案时候，需要综合考虑技术、经济、环境、政策等方面，进行多准则决策和评估，以确保海上风电送出系统的最佳选择。

因此，本文针对一座 400 兆瓦的海上风电场的送出系统进行研究，从技术、经济、环境、政策等角度出发梳理影响因素，针对海上风电的输出系统评估构建初步全面的指标体系，对五个风电场送出系统仿真方案从技术、经济、环境等角度进行多准则综合评估。

---

① Elliott, D., Bell, K. R. W., Finney, S. J., et al., "A comparison of AC and HVDC options for the connection of offshore wind generation in Great Britain", *IEEE Transactions on Power Delivery*, 2016, 31（2）：798–809.

② Pan, J., Nuqui, R., Srivastava, K., et al., "AC Grid with Embedded VSC-HVDC for Secure and Efficient Power Delivery", Energy 2030 Conference, 2009：1–6.

③ Guo, J., Wang, X., Bie, Z., et al., "Reliability Modeling and Evaluation of VSC-HVDC Transmission Systems", *IEEE Power & Energy Society General Meeting*, 2014：1–5.

④ Vidal-Albalate, R., Beltran, H., Rolán, A., et al., "Analysis of the Performance of MMC under Fault Conditions in HVDC-based Offshore Wind Farms", *IEEE Transactions on Power Delivery*, 2016, 31（2）：839–847.

⑤ Li, R., Yu, L., Xu, L., et al., "Coordinated control of parallel DR-HVDC and MMC-HVDC systems for offshore wind energy transmission", *IEEE Journal of Emerging and Selected Topics in Power Electronics*, 2019, 99：1–10.

1 方法与模型

1.1 三角模糊数定权重

经典的权重确定方法是层次分析法中 Saaty 给出的构造两两比较判断矩阵的方法，尽管其清晰明了、简单易行，但忽略了专家在评价时思维过程固有的不确定性和模糊性。三角模糊数表达的是一个区间的概念，给定可能性区间的上限、下限及取值可能性最大的中限值。相比之下，使用三角模糊数比使用传统层次分析法中1—9 及其倒数作为标度值来描述重要性程度更为合理。因此，本文通过三角模糊数来确定权重。

1.1.1 三角模糊数

定义模糊数 M 为一个三角模糊数，那么其隶属度函数（见图1）：

$$\mu_M(x) = \begin{cases} x/(m-l) - l/(m-l) & x \in [l, m] \\ x/(m-u) - u/(m-u) & x \in [m, l] \\ 0 & \text{其他} \end{cases} \quad (1)$$

式中 $l \le m \le u$，l、m、u 分别表示最小可能性值、大的可能性值、最大可能性值。因此，三角模糊数 M 可表示为 (l, m, u)。

1.1.2 单层次排序的权重

单层次排序权重的确定主要是确定评价指标相对于准则层各准则的权重。

步骤一：构建三角模糊数判断矩阵。表示通过专家对各层指标的相互比较，得到该层的

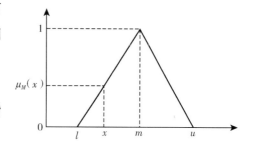

图1　三角模糊数的隶属函数

三角模糊数判断矩阵 M。$M_{ij} = (l_{ij}, m_{ij}, u_{ij})$ 为三角模糊数，表示第 i 个指标相对第 j 个指标的重要程度。$u_{ij} - l_{ij}$ 的值越大，表示判断越模糊，当差值为 0 时，表示判断是非模糊的。本文采用0.1—0.9 标度法，如表1所示：

表1　　　　　　　　　　　　　　**0.1—0.9 标度法**

标度	含义	标度	含义	标度	含义
0.1	后者极端重要	0.4	后者稍微重要	0.7	前者明显重要
0.2	后者强烈重要	0.5	两因素同等重要	0.8	前者强烈重要
0.3	后者明显重要	0.6	前者稍微重要	0.9	前者极端重要

步骤二：计算各因素在其所在层的模糊综合度。设 M_{ij} 表示当前层因素 i 与因素 j 在

三角模糊数判断矩阵中的取值，则第 i 个因素在当前层的模糊综合度 S_i 为：

$$S_i = \sum_{j=1}^{n} M_{ij} \otimes \left(\sum_{i=1}^{n} \sum_{j=1}^{n} M_{ij} \right)^{-1} \quad (2)$$

式中：$\otimes$ 为 2 个三角模糊函数的乘积计算。对于三角模糊数 $M_1 = (l_1, m_1, u_1)$ 和 $M_2 = (l_2, m_2, u_2)$，定义 $M_2 \otimes M_1$ 为：

$$M_1 \otimes M_2 = (l_1 \times l_2, m_1 \times m_2, u_1 \times u_2) \quad (3)$$

$\sum_{j=1}^{n} M_{ij}$ 的值可以根据模糊判断矩阵中各因素的取值，通过以下公式计算得到：

$$\sum_{j=1}^{n} M_{ij} = \left(\sum_{j=1}^{n} l_j, \sum_{j=1}^{n} m_j, \sum_{j=1}^{n} u_j \right) \quad (4)$$

$\left(\sum_{i=1}^{n} \sum_{j=1}^{n} M_{ij} \right)^{-1}$ 可表示为：

$$\left(\sum_{i=1}^{n} \sum_{j=1}^{n} M_{ij} \right)^{-1} = \left(1 / \sum_{i=1}^{n} u_i, 1 / \sum_{i=1}^{n} m_i, 1 / \sum_{i=1}^{n} l_i \right) \quad \forall l_i, m_i, u_i > 0 \quad (5)$$

步骤三：计算可能度。设 $S_1 = (l_1, m_1, u_1)$ 和 $S_2 = (l_2, m_2, u_2)$ 是两个因素模糊综合度，则 $V(S_1 \geqslant S_2)$ 的可能度定义为：

$$V(S_1 \geqslant S_2) = \sup_{y \geqslant x} \{ \min [\mu_{s_1}(x)], [\mu_{s_2}(x)] \} \quad (6)$$

可能度的计算见图 2，公式为：

$$V(S_1 \geqslant S_2) = hgt(S_2 \cap S_1) = \mu_{S_2}(d) = \begin{cases} 1 & m_1 \geqslant m_2 \\ \dfrac{l_2 - u_1}{(m_1 - u_1) - (m_2 - u_2)} & m_1 < m_2, l_2 - u_1 \\ 0 & 其他 \end{cases} \quad (7)$$

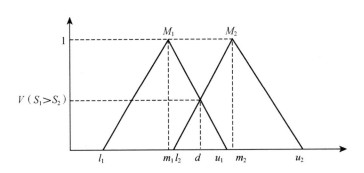

图 2 可能度计算

得到可能度后，即可得可能度矩阵 V：

$$V = \begin{pmatrix} V\,(S_1 \geqslant S_1) & V\,(S_1 \geqslant S_2) & \cdots & V\,(S_1 \geqslant S_n) \\ V\,(S_2 \geqslant S_1) & V\,(S_2 \geqslant S_2) & \cdots & V\,(S_2 \geqslant S_n) \\ \vdots & \vdots & & \vdots \\ V\,(S_n \geqslant S_1) & V\,(S_n \geqslant S_2) & \cdots & V\,(S_n \geqslant S_2) \end{pmatrix} \tag{8}$$

步骤四：计算单层次排序的权重向量。当前层第 i 个的权重分量 $w_i^{(0)}$ 取为：

$$w_i^0 = \min \{V\,(S_i \geqslant S_K): k = 1,\ 2,\ \cdots,\ n\} \tag{9}$$

对 $w_i^{(1)}$ $(i = 1,\ 2,\ \cdots,\ n)$ 即：

$$w_i^{(1)} = w_i^{(0)} / \sum_{j=1}^{n} w_j^{(0)},\ i = 1,\ 2,\ \cdots,\ n \tag{10}$$

通过以上四步计算可得评价指标之间的相对重要度，以及评级指标对于准则层各准则的权重。

1.1.3 层次总排序的权重

层次总排序权重的确定是确定准则层各准则相对目标层的权重。设评价指标 i 的取值为 A_i，对准则层 j 的权重为 w_{ij}，则准则对目标层的权重：

$$w_j = \sum_{i=1}^{n} A_i \cdot w_{ij} \tag{11}$$

1.2 基于 TOPSIS 综合评价方法

理想点法（TOPSIS）是一种逼近于理想方案的排序方法，该方法适用于有限方案多目标决策分析，即在有限个方案中，对方案进行排序择优。其中，正理想解——所有研究方案中的最优方案，负理想解——所有研究方案中最劣方案。采用 TOPSIS 首先需要确定正理想解与负理想解，将实际可行方案与正负理想解比较，计算出距离正负理想解的欧式距离，进行方案排序，认为靠近正理想解又距离负理想解最远的方案为最优方案。传统的 TOPSIS 在确定权重时容易将重要性程度评价的取值局限在固定而且有限的数字，忽略了各个指标重要性比较时的模糊性，因为各个指标的相对重要性不能简单用数值大小比较，界限是模糊的，而三角模糊数恰好可以解决这一问题。本方法的计算步骤如下：

步骤一：构造多目标原始矩阵 X，由于不同的指标单位、数量级大小相差很大，为了消除数值大小差距与不同指标差异性，必须将目标矩阵归一化，因此得构建标准化无量纲矩阵。构造原始多目标矩阵如下：

$$X = \begin{bmatrix} x_{11} & x_{12} & \cdots & x_{1n} \\ x_{21} & x_{22} & \cdots & x_{2n} \\ \vdots & \vdots & \cdots & \vdots \\ x_{m1} & x_{m2} & \cdots & x_{mn} \end{bmatrix} \tag{12}$$

研究的指标均为正向指标，其得分越大越好，因此选择最优方案的指标得分峰值为上界，则有对于矩阵元素 x'_{ij} 的标准化方法如式（13）：

$$x'_{ij} = \frac{x_{ij}}{\max\ (x_{i1},\ x_{i2},\ \cdots,\ x_{im})} \tag{13}$$

步骤二：构建加权决策矩阵，根据1.1小节利用三角模糊数计算出的权重向量 $W = (w_1,\ w_2,\ \cdots,\ w_n)$ 可得加权标准化矩阵：

$$R =\ (r_i)_{m \times n} = \begin{bmatrix} w_1 x_{11} & w_2 x_{12} & \cdots & w_n x_{1n} \\ w_1 x_{21} & w_2 x_{22} & \cdots & w_n x_{2n} \\ \vdots & \vdots & \cdots & \vdots \\ w_1 x_{m1} & w_2 x_{m2} & \cdots & w_n x_{mn} \end{bmatrix} \tag{14}$$

式中，x_{ij} 为指标 x_j 的第 i 个样本的无量纲化数据，w_j 为第 j 项指标所对应权重。

步骤三：确定正负理想解

在逆指标完成正向化处理的前提下，得到 r_j^+ 正理想解和 r_j^- 负理想解分别为：

$$r_j^+ =\ \max_i r_{ij} \tag{15}$$

$$r_j^- =\ \min_i r_{ij} \tag{16}$$

步骤四：计算评价距离

第 i 组样本与正理想解的评价欧式距离为：

$$d_i^+ = \sqrt{\sum_{j-1}^{n}\ (r_{ij} - r_j^+)^2} \tag{17}$$

第 j 组样本与负理想解的评价欧式距离为：

$$d_i^- = \sqrt{\sum_{j-1}^{n}\ (r_{ij} - r_j^-)^2} \tag{18}$$

步骤五：计算各样本的贴近度

$$C_i = \frac{d_i^-}{d_i^+ + d_i^-},\ C_i \in\ [0,\ 1] \tag{19}$$

当 C_i 趋近于1时，则评价对象更贴近正理想方案；当 C_i 趋近于0时，则评价对象更贴近负理想方案。因此，贴近度 C_i 的大小体现了备选方案的优劣性，i 方案的贴近度 C_i 越大，该方案越贴近正理想解，方案越优。

2 基于三角模糊数改进的 TOPSIS 法的案例分析

本文针对一座400兆瓦的海上风电场的送出系统进行研究，对5个仿真海上风电送出系统模拟方案从技术、经济及环境等多个角度进行综合评估和比选。为了全面评估备选方案，本章首先从技术、经济、环境、政策角度出发建立多准则评价指标体系：其中技术性能包括系统适应性、传输效率、运行可靠性、系统暂态特性四个方面，经济效益包括成本费用、投资效益两个方面，环境影响包括自然环境影响以及社会环境影响；其次，考虑决策过程中信息的模糊性，通过三角模糊数确定指标权重；最后通过 TOPSIS 法对方案进行优先排序，选出最佳方案，为之后海上风电送出系统的选择提供参考。

2.1 案例介绍

2.1.1 仿真项目概况

案例所在风电场是一座400MW的海上风电场，拥有80台5.0MW风力发电机。这座风力发电厂位于最近的岛屿距离为110千米处，水深40米，电缆线路长度为200千米。该风电场的具体情况如表2所示。

表2　　　　　　　　　　　　海上风电场特性

额定功率	400MW	容量因子估计为0.4
发电机	80 台	额定功率为5兆瓦，寿命为20年
离岸距离	110km	从风电场的中心计算
传输长度	194.6km	海底121km，地下电缆73.6km

2.1.2 方案提出

对应上述风电场，电力传输系统方案考虑110km的传输长度，除了考虑高压直流电力传输系统（HVDC）外，也考虑了不同的高压交流电力传输系统（HVAC）。

由于传输距离为110km，考虑到电力传输能力的限制，在高压交流传输方案中未考虑更高的电压。三个高压直流电力传输系统分别考虑：伪双极高压直流电力传输系统、真双极高压直流电力传输系统、混合直流方案。两个高压交流方案中选择的交流电压为220kV、150kV，并且选择对应的电缆的数量以保证电力传输能力。其中，HVAC－1方案电压等级为150kV，HVAC－2方案电压等级为220kV，伪双极高压直流电力传输系统、真双极高压直流电力传输系统、混合直流方案均考虑150kV。不同的输电系统具体如表3。

表3 备选风电送出系统

输电系统	直流系统	直流系统	直流系统	交流系统	交流系统
方案编号	A1	A2	A3	A4	A5
电压等级〔kV〕	±150	±150	±150	220	150
频率〔Hz〕	—	—	—	50	50
电缆数	2（1pair）	2（1pair）	2（1pair）	1（3-core）	2（3-core）

2.2 指标体系建立

对大规模远海风电场送出系统进行综合可持续评价，需要从该体系的设计、建造、运维等过程出发，充分考虑其技术、经济、环境、社会以及相关的政策因素。因此，基于全面综合的原则，本文构建指标体系，如表4所示。

表4 原始指标表

一级指标	二级指标	三级指标	指标含义
技术性能 A	系统适应性（A_1）	系统灵活性（A_{11}）	系统拓扑结构的灵活性，进行设计、安装和改造的难度
		系统拓展能力（A_{12}）	该系统对外界环境与内在要求的适应性
	传输效率（A_2）	换流站损耗（A_{21}）	电能传输过程中在换流站上产生的能量损耗
		电缆损耗（A_{22}）	电能传输过程中在电缆线路上产生的能量损耗
		变压器损耗（A_{23}）	电能传输过程中在变压器上产生的能量损耗
		补偿损耗（A_{24}）	电能传输过程中上产生进行无功补偿的能量损耗
	运行可靠性（A_3）	计划维护停运次数（A_{31}）	项目运行周期内的计划维护停运次数
		计划维护停运时长（A_{32}）	项目运行周期内的累计计划维护停运时长
		计划维护停运范围（A_{33}）	项目运行周期内的计划维护停运范围
	系统暂态特性（A_4）	故障恢复时间（A_{41}）	从故障开始到故障解决、系统正常运行所需要的时间
		过电压保护水平（A_{42}）	过电压指峰值大于正常运行下最大稳态电压的相应峰值的任何电压
		短路容量（A_{43}）	电力系统在规定的运行方式下，关注点三相短路时的视在功率
经济效益 B	成本费用（B_1）	单位投资（B_{11}）	每千米输电线路的单位投资成本
		维护成本（B_{12}）	维护成本主要包括各年维护检修过程的材料和人工等费用
		故障成本（B_{13}）	故障成本指由于故障对电网以及用户造成的经济损失
		废弃成本（B_{14}）	废弃成本指设备退废时可回收的残余价值

一级指标	二级指标	三级指标	指标含义
经济效益 B	投资效率（B_2）	净现值（B_{21}）	净现值 = 未来报酬总现值 − 建设投资总额
		动态投资回收期（B_{22}）	净现金流量累计现值等于零时的年份
		内部收益率（B_{23}）	资金流入现值总额与资金流出现值总额相等、净现值等于零时的折现率
环境影响 C	自然环境影响（C_1）	水环境影响（C_{11}）	海底沉积物环境和海水水质环境变化
		海洋生态影响（C_{12}）	登陆点施工区域附近的海洋生物种类、多样性的影响
		资源消耗（C_{13}）	项目建设中对土地、设备原材料等资源的消耗
		声环境影响（C_{14}）	施工噪声对水下与水上生物的影响
	社会环境影响（C_2）	渔业影响（C_{21}）	在项目施工期间，对渔业产量的影响
		通航环境影响（C_{22}）	送出系统对航道，以及其电磁信号对船只、飞机的影响
		通信环境影响（C_{23}）	施工可能因误抛、拖锚对周围海底线缆运行安全造成的影响
		技术示范作用（C_{24}）	建设项目的技术示范作用
政策因素 D	政策影响（D_1）	政策合规性（D_{11}）	对海上风电、输电系统开发建设管理办法的合规程度

2.3 案例分析

2.3.1 基于三角模糊数确定权重

本文采用三角模糊数加权法计算评价标准的权重。为了最大化利用专家决策信息又考虑到专家决策的模糊性，本文邀请 3 位经验丰富的专家来判断每个标准在不同层中的相对重要性。

步骤一：构造了五个三角模糊数判断矩阵（M_1，M_2，M_3，M_4，M_5），如表 5 至表 9 所示。

表 5   **一级指标专家判断矩阵 M_1**

	技术性能（A）	经济性能（B）	环境性能（C）	政策性能（D）
技术性能（A）	(0.5; 0.5; 0.5)	(0.5; 0.6; 0.7)	(0.2; 0.3; 0.5)	(0.7; 0.8; 0.9)
经济效益（B）	(0.3; 0.4; 0.5)	(0.5; 0.5; 0.5)	(0.3; 0.4; 0.5)	(0.5; 0.6; 0.7)
环境影响（C）	(0.5; 0.7; 0.8)	(0.5; 0.6; 0.7)	(0.5; 0.5; 0.5)	(0.5; 0.6; 0.7)
政策因素（D）	(0.1; 0.2; 0.3)	(0.3; 0.4; 0.5)	(0.2; 0.3; 0.4)	(0.5; 0.5; 0.5)

表6　　　　　　　　　　　技术性能专家判断矩阵 M_2

	系统适应性（A1）	传输效率（A2）	运行可靠性（A3）	系统暂态特性（A4）
系统适应性（A1）	(0.5；0.5；0.5)	(0.4；0.45；0.5)	(0.4；0.4；0.5)	(0.3；0.4；0.5)
传输效率（A2）	(0.5；0.55；0.6)	(0.5；0.5；0.5)	(0.5；0.6；0.7)	(0.5；0.6；0.7)
运行可靠性（A3）	(0.5；0.6；0.7)	(0.3；0.4；0.5)	(0.5；0.5；0.5)	(0.4；0.5；0.6)
系统暂态特性（A4）	(0.3；0.4；0.5)	(0.4；0.5；0.6)	(0.2；0.3；0.4)	(0.5；0.5；0.5)

表7　　　　　　　　　　　经济效益专家判断矩阵 M_3

	投资效率（B1）	成本费用（B2）
成本费用（B1）	(0.5；0.5；0.5)	(0.45；0.55；0.7)
投资效率（B2）	(0.3；0.45；0.55)	(0.5；0.5；0.5)

表8　　　　　　　　　　　环境影响专家判断矩阵 M_4

	自然环境影响（C1）	社会环境（C2）
自然环境影响（C1）	(0.5；0.5；0.5)	(0.45；0.55；0.6)
社会环境（C2）	(0.4；0.5；0.55)	(0.5；0.5；0.5)

表9　　　　　　　　　　　政策因素专家判断矩阵 M_5

	政策影响（D1）
政策影响（D1）	(0.5；0.5；0.5)

步骤二：依据式（1）—式（5）计算各因素在其所在层的模糊综合度。得到一级指标的模糊综合度分别为 S_A =（0.2065；0.2785；0.3940）； S_B =（0.1739；0.2405；0.3333）； S_C =（0.2174；0.3038；0.4091）； S_D =（0.1196；0.1772；0.2576）。

步骤三：依据式（6）—式（8），计算可能度。一级指标的可能度矩阵如表10所示。

表10　　　　　　　　　　　一级指标可能度矩阵

	A	B	C	D
A	1	1	1	1
B	0.77	1	1	1
C	1.14	2.55	1	1
D	0.34	0.57	0.24	1

步骤四：依据（9）—式（10）计算一级指标权重，得到标准化的一级指标权重图如图3所示：

同样计算二级、三级指标权重后，得指标权重，见表11。全局影响因素权重如图4所示，由图中可以得出，资源消耗、政策合规性、渔业影响、系统拓展能力、系统灵

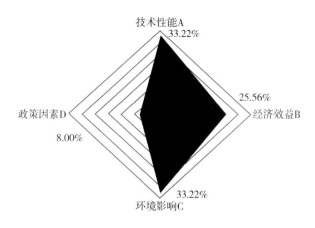

图3 一级指标权重

活性、维护成本、通航环境影响、声环境影响、内部收益率、净现值等指标需要重点关注。

表11

指标权重

一级指标	权重	二级指标	权重	三级指标	权重	三级指标全局权重
技术性能 A	0.3322	系统适应性（A_1）	0.2842	系统灵活性（A_{11}）	0.5000	0.0472
				系统拓展能力（A_{12}）	0.5000	0.0472
		传输效率（A_2）	0.2842	换流站损耗（A_{21}）	0.3636	0.0343
				电缆损耗（A_{22}）	0.6364	0.0601
		运行可靠性（A_3）	0.2842	计划维护停运时长（A_{31}）	0.2195	0.0207
				计划维护停运范围（A_{32}）	0.7805	0.0737
		系统暂态特性（A_4）	0.1475	故障恢复时间（A_{41}）	0.4404	0.0216
				过电压保护水平（A_{42}）	0.2798	0.0137
				短路容量（A_{43}）	0.2798	0.0137
经济效益 B	0.2556	成本费用（B_1）	0.4384	单位投资（B_{11}）	0.4101	0.0460
				维护成本（B_{12}）	0.3085	0.0346
				故障成本（B_{13}）	0.2171	0.0243
				废弃成本（B_{14}）	0.0643	0.0072
		投资效率（B_2）	0.5616	净现值（B_{21}）	0.4028	0.0578
				动态投资回收期（B_{22}）	0.1944	0.0279
				内部收益率（B_{23}）	0.4028	0.0578
环境影响 C	0.3322	自然环境影响（C_1）	0.5442	海洋生态影响（C_{11}）	0.4028	0.0728
				资源消耗（C_{12}）	0.1944	0.0351
				声环境影响（C_{13}）	0.4028	0.0728

续表

一级指标	权重	二级指标	权重	三级指标	权重	三级指标全局权重
环境影响 C	0.3322	社会环境影响（C_2）	0.4558	渔业影响（C_{21}）	0.3488	0.0528
				通航环境影响（C_{22}）	0.3488	0.0528
				技术示范作用（C_{23}）	0.0458	0.3025
政策因素 D	0.0800	政策影响（D）	1.0000	政策合规性（D_{11}）	1.0000	0.0800

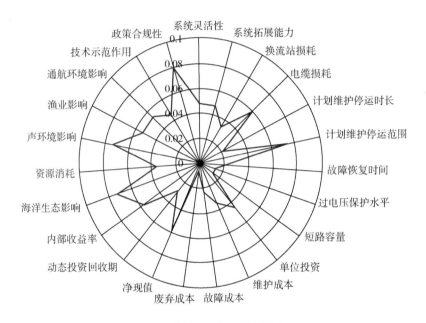

图 4　全局影响因素权重分布

2.3.2　基于 TOPSIS 法的方案排序

本文使用了一种结合定性和定量方法的混合模型，其中定量数据来自已发表的论文、研究报告等，而定性数据来自资深专家的评分。

步骤一：搜集相关指标数据，并依据式（12）至式（13），标准化后数据表格如表 12 所示。

表 12　　　　　　　　　　　标准化后得分矩阵

一级指标	二级指标	三级指标	方案得分				
			HVDC-1（VSC 伪双级）	HVDC-1（VSC 真双极）	HVDC-3（混合直流）	HVAC-2	HVAC-1
技术性能 A	系统适应性	系统灵活性	1	0.85	0.8	0.7	0.7
		系统适应性	1	0.8	0.85	0.75	0.75

续表

一级指标	二级指标	三级指标	方案得分				
			HVDC-1（VSC 伪双级）	HVDC-1（VSC 真双极）	HVDC-3（混合直流）	HVAC-2	HVAC-1
技术性能 A	传输效率	换流站损耗	0.75	1	0.8	0.7	0.65
		电缆损耗	1	1	1	0.8	0.8
	运行可靠性	计划维护停运时长	1	1	1	0.8	0.8
		计划维护停运范围	1	1	1	0.8	0.8
	系统暂态特性	故障恢复时间	0.8	0.8	0.8	1	1
		过电压保护水平	1	1	1	0.9	0.9
		短路容量	1	1	1	0.8	0.8
经济效益 B	成本费用	单位投资	0.95	0.95	0.95	1	1
		维护成本	1	1	1	0.8	0.8
		故障成本	1	0.95	0.9	0.75	0.75
		废弃成本	0.8	0.8	0.8	1	0.95
	投资效率	净现值	0.8	0.8	0.8	1	0.95
		动态投资回收期	0.8	0.8	0.8	1	1
		内部收益率	0.9	0.9	0.9	1	1
环境影响 C	自然环境影响	海洋生态影响	1	1	1	0.95	0.95
		资源消耗	1	0.95	0.95	0.85	0.85
		声环境影响	1	1	1	0.9	0.9
	社会环境影响	渔业影响	1	1	1	0.9	0.9
		通航环境影响	1	1	1	0.95	0.95
		技术示范作用	1	0.95	0.95	0.85	0.85
政策因素 D	政策影响	政策合规性	1	1	1	0.9	0.9

步骤二—步骤五：基于的步骤确定正负理想解、计算评价距离、并得出各方案的贴近度分别为 0.5925，0.5843，0.5132，0.3454，0.3101。得出方案排序为 A1 > A2 > A3 > A4 > A5。其中方案 A1 为伪双极高压直流电力传输系统、方案 A2 真双极高压直流电力传输系统、方案 A3 混合直流输电方案、方案 A4 方案为交流输电，其电压等级为 220kV；方案 A5 为交流输电，其等级为 150kV。总体上直流方案优于交流方案，其中柔性直流伪双极送出方案综合评价效果最优。

整体上直流方案整体优于交流方案，柔性直流方案最优的具体原因大致为以下几个层面：在技术层面上，柔性直流输电拓扑结构适应性与系统控制灵活性较好，没有换相失败的问题，并且可以迅速向风电场提供无功支持，可以向无源网络供电，易于扩展和实现多端直流输电，因此，柔性直流送出系统技术性能比较好；在经济层面上，高压直流输电和高压交流输电的成本造价比较时，尽管直流需要线路更少，单位输电能力的造价更便宜，但是直流断路器的价格昂贵；在环境方面，相比于混合直流，VSC-HVDC 对环境更友好，VSC-HVDC 输电系统产生的低频电场和磁场远小于国际公认的容许值，对海洋生物的影响更小；在政策方面，柔性直流输电是构建智能电网的重要装备，与传统方式相比，柔性直流输电在孤岛供电、城市配电网的增容改造、交流系统互联、大规模风电场并网等方面具有较强的技术优势，是改变大电网发展格局的战略选择。因此，总体上，柔性直流送出系统相对较优。

3 海上风电发展建议

本文针对一座 400 兆瓦的海上风电场的送出系统进行研究，对五个仿真海上风电送出系统模拟方案从技术、经济及环境等多个角度进行综合评估和比选。为了全面评估备选方案，首先从技术、经济、环境、政策角度出发建立多准则评价指标体系：其中技术性能包括系统适应性、传输效率、运行可靠性、系统暂态特性四个方面，经济效益包括成本费用、投资效率两个方面，环境影响包括自然环境影响以及社会环境影响；其次，考虑决策过程中信息的模糊性，通过三角模糊数确定指标权重；最后通过TOPSIS 法对方案进行优先排序，选出最佳方案，为之后海上风电送出系统的选择提供参考。

本文的贡献主要如下：（1）考虑到专家评分的犹豫性与模糊性，最大化利用定性信息，利用三角模糊数确定指标权重，最后利用 TOPSIS 法对五个备选方案进行排序优选，并给出相关的建议与展望；（2）本文构建的多准则评价体系从技术、经济、社会环境、自然环境、政策多个角度出发，全面考虑了各个方面的因素，为海上风电场送出系统的评价提供了依据；（3）本文提出的基于三角模糊数的 TOPSIS 排序方法可以快速高效地对备选方案进行排序优选，进而通过案例分析也验证了该模型对海上风电送出系统进行综合评估和比选的可行性。为管理者进行决策提供了参考；（4）依据不同指标权重可以明确实际工程中的管理要点，在后续项目选择和管理中进行痛点分析。最后，对大规模远海风电场送出系统建设及运行建议如下：

第一，进行海上风电送出系统选择时，不仅要关注技术、经济效益，也应该考虑到环境、社会、政策层面，需要多个角度出发，全面评估系统的特点，不仅需要考虑到技术方案现阶段的适应性，也需要考虑未来改造、运行的全生命周期成本，对于柔性直流送出系统经过示范阶段后，需要加强其市场化程度，提高其经济效益。

第二，在大规模远海风电场送出系统建设时，应远离各种海洋自然保护区、海洋特别保护区、重要渔业水域、典型海洋生态系统、河口、海湾、自然历史遗迹保护区等敏感海域，以减少对水环境、海洋生态、通航环境、渔业的影响。

第三，大规模远海风电场柔性直流送出系统的绝缘配合应采用就近保护的原则，即由本侧或本地避雷器保护其附近设备。根据过电压分析合理选取设备电压等级及绝缘裕度，保证整个系统的安全性，降低故障成本。此外，大规模远海风电场柔性直流送出系统的建设中换流站及其控制系统应充分衡量系统的整体可控性及风险后选择技术方案。

第四，应该建立安全生产制度，发生重大事故和设备故障应及时向电网调度机构、当地能源主管部门、能源监管派出机构报告，当地能源主管部门和能源监管派出机构按照有关规定向国家能源局报告，及时作出应急反应。

大数据背景下复杂项目管理创新
与系统思考

周　晶　宁　延　李　迁　刘慧敏　徐　峰

（南京大学 工程管理学院，南京　210008）

摘要：泛互联网技术和大数据驱动将对传统的项目管理范式产生根本性变革，但也为突破复杂项目管理瓶颈提供了重要契机。在大数据的背景下，本研究提出整体性协同、适应性调度、智能化服务的复杂项目管理创新模式，并分析了该创新模式下的基本理论、关键技术和应用平台。本研究把企业管理中具有重要意义的项目管理理论与泛互联网技术和大数据驱动相融合，以期增强企业核心竞争力，以及促进企业管理理论发展和拓展大数据应用领域。

关键词：大数据；企业项目管理；复杂科学；智能管理

随着市场竞争环境越来越激烈，企业间的竞争方式已经从以"产品/服务为中心"的商业模式向以"客户为中心"的商业模式转变，传统的项目管理所采用的层级化、序列性和异步处理方式难以适应越来越短的项目生命周期和动态变化的产品/服务需求等多方面的挑战。特别是在当今互联网及大数据时代，企业项目管理活动同样呈现出高频实时、深度定制化、全周期沉浸式交互、跨组织数据整合、多主体决策等特性[1]，

基金项目：国家自然科学基金重点项目（71732003）

作者介绍：周晶（1963— ），女，江苏泰州人，南京大学工程学院教授、博士生导师，博士，研究方向：大数据模式下的复杂项目管理；宁延（1985— ），男，湖南邵东人，南京大学工程学院教授、硕士生导师，博士，研究方向：项目管理；李迁（1977— ），男，安徽巢湖人，南京大学工程学院副教授、硕士生导师，博士，研究方向：大数据分析与技术、复杂工程项目管理，人工智能与区块链；刘慧敏（1979— ），女，江苏人，南京大学工程学院副教授、硕士生导师，博士，研究方向：工程管理、新产品开发与设计协同、大数据分析与决策；徐峰（1980— ），男，安徽宿县人，南京大学工程学院副教授、硕士生导师，博士，研究方向：大数据驱动下的管理决策，管理复杂性分析与计算实验、供应链管理。

① 徐宗本等：《大数据驱动的管理与决策前沿课题》，《管理世界》2014年第11期。

呈现出从系统性到复杂性的演变趋势。传统项目管理模式的运用已经捉襟见肘，难以适应新形势下的企业项目管理复杂性的要求①②③，需要创新的复杂项目管理模式。

著名研究机构 Gartner 指出：大数据需要新处理模式才能具有更强的决策力、洞察发现力和流程优化能力。基于互联网、云计算、物联网等泛互联网思维和技术，可对数据进行获取、存储、传输、融合和异构，使之转化为决策和解决问题方案的能力。

由此可见，泛互联网技术和大数据驱动，加速了项目管理的复杂性演变，对传统的项目管理思维和范式将产生根本性变革。但同时，大数据等技术变革使得项目管理的整体性、协同性和智能化的管理新模式成为可能，并且能够将潜在的驾驭项目复杂性的优势转变成现实的管理能力。但这一重要变革必须通过大数据背景下复杂项目管理模式创新才能实现。本文将从大数据背景下分析复杂项目管理的模式创新，以期对新时代的复杂项目管理研究和实践提供借鉴和参考。

1 大数据背景下项目管理的挑战和机遇

1.1 现代项目管理的发展

现代项目管理的发展可追溯到 20 世纪 50—60 年代，主要形成于兰德计划、曼哈顿计划、北极星导弹系统以及阿波罗登月计划等各类军事项目，主要是运用运筹学、PERT、关键路径法（CPM）等工具应对复杂军事项目中遇到的技术和组织问题。20 世纪 60 年代以后，公众对于项目管理的认知逐渐加强，但针对项目管理的学术研究仍处于起步阶段。

1969 年至 1972 年，美国项目管理协会（Project Management Institute，PMI）以及欧洲的国际项目管理协会（International Project Management Association，IPMA）相继成立，为项目管理的广泛传播提供了新的平台。为了能够使项目管理具备公认的解释以及标准化的说明，PMI 于 1986 年 8 月出版了第一版 PMBOK（Project Management Body of Knowledge），距今已更新了 6 次项目管理知识体系的指南。现已包括项目整合管理、范围管理、时间管理、成本管理、质量管理、人力资源管理、沟通管理、风险管理、采购管理、关系人管理十大职能。在 PMI 的推广下，PMBOK 目前已成为全球公认的知识体系，其中的十大管理职能成为项目管理研究的核心基础。

---

① 陈劲：《企业管理的新构图——基于复杂科学管理的视野》，《复杂科学管理》2020 年第 1 期。
② 李皓、阮俊虎、胡祥培、肖红喜、冯晓春：《基于物联网的设施果业智能管控系统与示范工程》，《复杂科学管理》2020 年第 1 期。
③ 徐绪松：《复杂科学管理的创新性》，《复杂科学管理》2020 年第 1 期。

我国关于项目管理理论体系的研究对 PMBOK 体系或者工程管理知识体系（EM-BOK）进行了拓展①②。也有学者运用系统科学和综合集成的思想研究重大基础设施工程的管理问题，并结合我国国情开展了面向重大工程建设项目的管理理论和方法的研究③④。

近年来，随着项目管理的不断发展，学者们相继对项目管理的理论体系进行重新审视与思考。其中关键事件是 2003 年英国的工程与物理科学研究委员会（EPSRC）资助了一个"重新思考项目管理"（Rethinking Project Management）的研究项目，其目标是重新定位、拓展、思考项目管理的概念、基本方法，制定未来的研究议程。该项目团队的一个重要贡献是系统性提出项目执行中的非理性、非工具性的因素，他们认为项目存在于复杂的社会情境，项目管理实践是一种社会行为，受历史、情境、个人价值和更广的结构框架的影响，因此需要在多层级上描述项目的复杂性，而非像 PMBOK 所描述的"最佳实践"。近年来的系统性综述也揭示了项目管理研究从关注技术向组织因素转化的过程以及强调项目的复杂性特征的趋势。

学者们对项目层级的复杂管理进行了广泛的探索，如 Bakhshi 等⑤从定义和内涵上分析了复杂性（Complex）与复杂的（Complicated）等概念的区别。Luo 等⑥对建设项目的复杂性进行了综述，并从技术、组织、目标、环境、文化和信息等维度进行了度量。也有研究关注特定方面的复杂性，如利益相关者⑦。Zhu 和 Mostafavi 提出复杂涌现一致性框架⑧，系统的能力需要与项目的复杂性相互匹配。这些研究主要是从单个项目（抑或是单个的巨项目）层面进行了重点研究，鲜有研究关注企业级项目管理的复杂性，也缺乏大数据等技术变革对项目复杂性管理模式创新的系统性思考。

① 何继善、王孟钧、王青娥：《工程管理理论解析与体系构建》，《科技进步与对策》2009 年第 2 期。
② 王卓甫、杨志勇、丁继勇：《现代工程管理理论与知识体系框架》，《工程管理学报》2011 年第 3 期。
③ 盛昭瀚、游庆仲：《综合集成管理：方法论与范式——苏通大桥工程管理理论的探索》，《复杂系统与复杂性科学》2007 年第 2 期。
④ 周晶、朱振涛、吴孝灵、雷丽彩：《大型工程的复杂性管理：组织、文化与决策》，南京大学出版社 2015 年版。
⑤ Bakhshi, J., Ireland, V., Gorod, A., "Clarifying the Project Complexity Construct: Past, Present and Future", *International Journal of Project Management*, Vol. 34, No. 7, 2016.
⑥ Luo, L., He, Q., Jaselskis, E. J., et al., "Construction Project Complexity: Research Trends and Implications", *Journal of Construction Engineering & Management*, 04017019, 2017.
⑦ Mok, K. Y., Shen, G. Q., Yang, R. J., "Addressing Stakeholder Complexity and Major Pitfalls in Large Cultural Building Projects", *International Journal of Project Management*, Vol. 35, No. 3, 2017.
⑧ Zhu, J., Mostafavi, A., "Discovering Complexity and Emergent Properties in Project Systems: A New Approach to Understanding Project Performance", *International Journal of Project Management*, Vol. 35, 2017.

1.2 大数据的发展及对管理的影响

大数据作为互联网、物联网、移动计算、云计算之后 IT 产业又一次颠覆性的技术变革，正在重新定义社会管理与国家战略决策、企业管理决策、组织业务流程、个人决策的过程和方式。国内外学者已经敏锐地意识到大数据给各个领域带来的冲击和挑战①②③④⑤⑥。

徐宗本等⑦分析和总结了大数据环境下管理与决策研究与实践所呈现出的新特征，以及理论与实践范式、支撑技术、价值开发、产业与生态系统治理四个方面所面临的重大挑战，并对大数据相关的 44 个主要领域的前沿课题进行了梳理。冯芷艳等⑧从商务管理在大数据背景下所面临的时代挑战出发，给出了社会化的价值创造、网络化的企业运作、实时化的市场洞察三个重要研究视角，提出基于大数据的商业模式创新等研究方向，讨论了若干重要的研究课题。这些研究成果为大数据背景下新的管理理论和模式的研究奠定了重要的基础。陈国青等⑨提出大数据驱动范式可以从外部嵌入、技术增强和使能创新三个角度来审视，并体现出"数据驱动＋模型驱动"的"关联＋因果"含义。

1.2.1 大数据驱动的企业运营管理决策

早在 21 世纪初期，Gans 等⑩在呼叫中心问题研究的回顾与展望中已经指出数据挖掘和数据分析的重要价值。之后，越来越多的研究者们开始意识到大数据对企业运营管理的重要影响，麻省理工学院著名的运营管理专家 Simchi-Levi⑪认为，运营管理领域

① Chen, C., L. P., Zhang, C. Y., "Data-Intensive Applications, Challenges, Techniques and Technologies: A Survey on Big Data", *Information Sciences*, Vol. 275, 2014.
② Bughin, J., Livingston, J., Marwaha, S., "Seizing the Potential of 'Big Data'", *McKinsey Quarterly*, Vol. 4, 2011.
③ George, G., et al., "Big Data and Management", *Academy of Management Journal*, Vol. 57, No. 2, 2014.
④ 陈国青：《大数据的管理喻意》，《管理学家》2014 年第 2 期。
⑤ 陈国青等：《管理决策情境下大数据驱动的研究和应用挑战——范式转变与研究方向》，《管理科学学报》2018 年第 7 期。
⑥ 冯芷艳等：《大数据背景下商务管理研究若干前沿课题》，《管理科学学报》2013 年第 1 期。
⑦ 徐宗本等：《大数据驱动的管理与决策前沿课题》，《管理世界》2014 年第 11 期。
⑧ 冯芷艳等：《大数据背景下商务管理研究若干前沿课题》，《管理科学学报》2013 年第 1 期。
⑨ 陈国青等：《管理决策情境下大数据驱动的研究和应用挑战——范式转变与研究方向》，《管理科学学报》2018 年第 7 期。
⑩ Gans, N., Koole, G., Mandelbaum, A., "Telephone Call Centers: Tutorial, Review, and Research Prospects", *Manufacturing & Service Operations Management*, Vol. 5, No. 2, 2003.
⑪ Simchi-Levi, D., "OM Research: From Problem-driven to Data-driven Research", *Manufacturing & Service Operations Management*, Vol. 16, No. 1, 2014.

的研究将从问题驱动转向数据驱动。大数据近年来也在国内逐渐兴起，国内学者指出①，随着中国制造业企业的 ERP 和 PLM 等信息化系统逐渐完成部署，企业的管理方式将由粗放式管理向精细化管理转变。

企业生产运营方面，从库存管理角度，Hu 等②研究了报童模型下消费者购买行为互相影响的库存管理问题。Elmachtoub 和 Levi③研究了基于顾客在线购买行为的最优生产决策。Qi 等④研究了数据驱动环境下产能调整策略，等等。从生产力角度，Prasanna⑤发现建立数据库获得并分析劳动市场的大数据可以提高生产力水平，但企业必须衡量获取数据的成本与大数据分析带来的收益。

总体而言，大数据环境背景下的企业运营管理决策是近几年国内外学者的研究热点和重点，这方面的研究尚处于飞速发展期，国际顶尖管理学杂志公开登文征稿⑥。

1.2.2 大数据驱动的社会公共服务管理决策

除了对企业经营管理带来影响，大数据在社会公共服务管理尤其是交通、医疗、教育、应急管理等方面的重要性已越来越显现，不断提升社会公共服务管理决策水平、实现社会公共服务管理现代化。这方面的研究主要有：交通大数据中蕴含了丰富的个体和群体选择行为，能为"感知现在、预测未来、面向服务"提供最基本的数据支撑，是最早运用数据分析的应用领域。如在道路拥挤识别方面，通过道路收费数据⑦、车牌识别数据⑧、行车时长数据⑨等，可判别道路交通拥挤状况，为交通管理者快速识别拥堵、提高道路使用率提供支撑。

此外，大数据在社会安全方面也起到了不可忽视的作用。利用大数据能把握社会安全的变化发展趋势并做出正确判断，达到防患于未然的目的，在社会安全治理方面

① 白云川：《迎接大数据时代》，《中国制造业信息化》2011 年第 12 期。

② Hu, M., Milner, J., Wu, J., "Liking and Following and the Newsvendor: Operations and Marketing Policies under Social Influence", *Management Science*, Vol. 62, No. 3, 2016.

③ Elmachtoub, A. N., Levi, R., "Supply Chain Management with Online Customer Selection", *Operations Research*, Vol. 64, No. 2, 2016.

④ Qi, A., Ahn, H. S., Sinha, A., "Capacity Investment with Demand Learning", *Operations Research*, Vol. 65, No. 1, 2017.

⑤ Prasanna, T., "Big Data Investment, Skills, and Firm Value", *Management Science*, Vol. 60, No. 6, 2014.

⑥ Sanders, N. R., Ganeshan, R., "Special Issue of Production and Operations Management on Big Data in Supply Chain Management", *Production and Operations Management*, Vol. 24, No. 7, 2015.

⑦ Cui, G., Wong, M. L., Lui, H. K., "Machine Learning for Direct Marketing Response Models: Bayesian Networks with Evolutionary Programming", *Management Science*, Vol. 52, No. 4, 2006.

⑧ Evgeniou, T., Pontil, M., Toubia, O., "A Convex Optimization Approach to Modeling Consumer Heterogeneity in Conjoint Estimation", *Marketing Science*, Vol. 26, No. 6, 2007.

⑨ Gans, N., Koole, G., Mandelbaum, A., "Telephone Call Centers: Tutorial, Review, and Research Prospects", *Manufacturing & Service Operations Management*, Vol. 5, No. 2, 2003.

大数据将是一种新型的治理手段和思维方式。朱东华等[1]以美国"大数据研究与开发计划"项目在美国国防领域的研究问题与应用入手，提出了在大数据环境下整合"目标驱动决策"与"数据驱动决策"的理念及方法构建了"评估与预测"和"监测与预警"的技术创新管理模型。

从这方面的研究中我们可以看到大数据技术为社会公共服务提供了有力支撑，原本难以甚至不能解决的问题都可以通过大数据技术得到不同程度的改善。

1.3 大数据背景下的复杂项目管理的机遇

在项目管理领域，大数据加剧了项目管理的复杂性，给企业项目管理的实践和理论提出新的挑战，需要对传统的项目管理模式进行反思[2][3]，如：

（1）互联网时代客户已经深度参与项目的全过程，需要深刻理解企业目标与客户需求的融合，传统的企业项目管理模式的层级化、程式化的特点难以适应这种变化。

（2）传统项目管理模式的一个重要指导思想就是"效率"（如时间、成本和质量），而今天"效率"不再是最主要的项目衡量标准，而是在企业更高的战略层面去认知项目价值的多元化新要求。

（3）互联网时代的市场瞬息万变，使得企业的项目目标难以在前期准确预测，传统的企业项目管理模式的刚性特征已经难以适应项目结构和资源配置的动态演化的柔性需求。

（4）在互联网大数据时代，数据已经成为一种重要的资源。如何有效利用大数据，使之成为驱动项目管理能力提升的动力，显然是传统的项目管理模式所不具备的。

但目前国内外大数据环境下项目管理方面的研究尚处于起步阶段，相关文献也大都集中在分析大数据对企业项目所产生的影响。如 Levitt[4]指出传统项目管理模式（PM 1.0）不能适应当前基于 WEB2.0 时代的项目管理，并提出了 PM2.0 模式的关注重点要落在当前互联网、移动设备及云计算等技术给项目管理带来的冲击，如分布式合作、价值链、组织结构治理、整体绩效评价及大数据驱动下的项目决策等方面。Whyte[5] 则

---

① 朱东华、张嶷、汪雪锋、李兵、黄颖、马晶、许幸荣、杨超、朱福进：《大数据环境下技术创新管理 方法研究》，《科学学与科学技术管理》2013 年第 4 期。

② 叶琼伟、张谦、王鹏：《大数据视角下基于项目管理的资源型企业信息化战略模型实证研究》，《项目管理技术》2015 年第 10 期。

③ 曾晖：《大数据挖掘在工程项目管理中的应用》，《科技进步与对策》2014 年第 11 期。

④ Levitt, R. E. , "Towards Project Management 2.0", *Engineering Project Organization Journal*, Vol. 1, No. 3, 2011.

⑤ Whyte, J. , Stasis, A. , Lindkvist, C. , "Managing Change in The Delivery of Complex Projects：Configuration Management, Asset Information and 'Big Data'", *International Journal of Project Management*, Vol. 34, No. 2, 2016.

重点分析了在大数据时代下，信息成为一项重要资产，项目管理将在诸多方面面临管理范式重构，并通过 3 个具体案例来分析了大数据环境下项目资源配置的并行性、动态性。Whyte[1] 也讨论了数字化转型对项目交付的关键影响。陶磊[2]指出在大数据时代，企业管理会面临更多的不确定性，企业必须加强大数据时代项目管理能力的建设。

一方面，大数据背景下，项目复杂程度加剧，对传统项目管理理论和实践提出了巨大的挑战。另一方面，大数据的技术变革也为进一步突破企业复杂项目管理瓶颈提供了重要的契机。现有研究对大数据已成为项目管理的重要资源以及对大数据环境下项目管理变革的重要性已经达成共识。但是，如何将大数据转变为提升企业复杂项目管理能力的驱动力，并形成大数据背景下复杂项目管理理论与模式，尚缺乏体系性的研究和思考。

2 大数据背景下的复杂项目管理创新

泛互联网技术和大数据驱动将对传统的项目管理思维和范式产生根本性变革，使得项目管理的整体性、协同性和智能化的管理新模式成为可能，并且能够由潜在的优势转变成现实的管理能力。

大数据背景下的项目管理模式创新旨在实现整体性协同、适应性调度和智能化服务。其中具体包括基于情景的项目全景式决策、数据关键资源链重构、基于时空任务单元建模及柔性集成，等等（如图 1）。

基于盛昭瀚[3]提出的复杂管理功能体系包含对复杂性问题的认识、协调与执行三大功能，本文提出大数据背景下复杂项目管理创新模式的实现包含理论、关键技术和平台等核心要素（见图 2）。

2.1 大数据背景下项目管理的基本理论

互联网和大数据的相关技术已经改变了传统企业边界、企业资源内涵，使得项目管理资源与数据信息资源深度融合，重新界定了企业项目管理与企业内部其他部门以及社会之间的关系，促进了项目管理组织形态、业务流程与运作模式的变革与演化。因此，必须将大数据与项目管理基本范式相融合而重构项目管理生态系统，研究大数

---

① Whyte, J., "How Digital Information Transforms Project Delivery Models", *Project Management Journal*, Vol. 50, No. 2, 2019.

② 陶磊：《大数据时代企业项目管理能力建设的若干思考》，《项目管理技术》2016 年第 2 期。

③ 盛昭瀚：《管理：从系统性到复杂性》，《管理科学学报》2019 年第 3 期。

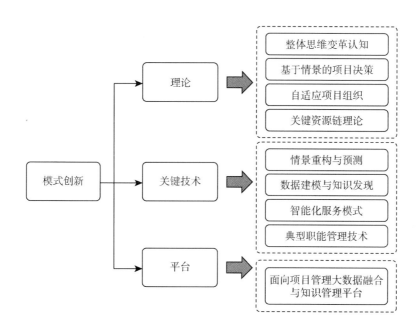

图1 大数据背景下复杂项目管理创新

图2 大数据背景下复杂项目管理模式的理论、关键技术与平台

据背景下项目管理的管理思维、基本原理和新的范式。

2.1.1 大数据背景下的项目管理思维变革

基于大数据平台及数据资源链的重构，项目管理思维从认知、方法到职能都发生着整体性的变革（见图3）。

在认知层面，要构建大数据思维和项目资源观。传统的项目管理范式是以"时间、成本、质量"为目标的"效率"管理，是基于层级、顺序、异步处理过程的管理行为。而在大数据驱动下，管理者能从不同类型数据和信息中获得洞察力，因此，大数据背

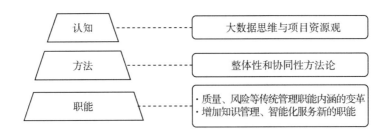

图 3　大数据背景下的复杂项目管理思维变革

景下的项目管理使大数据成为重要资源，推动传统的项目管理发生变革和演化。

在方法层面，更为强调整体性和协同性方法论。大数据背景下复杂项目管理模式的重要变革是由传统的项目离散化任务思维向整体化服务思维的转化，并在此基础上提升了企业驾驭项目管理复杂性的能力。

在职能层面，一方面，对传统的质量、风险等职能管理赋予了新的内涵，如大数据背景下项目质量的内涵不同于传统项目质量的概念，它是项目决策质量、项目传统资源质量、数据资源质量、项目业务流程质量、数据服务链质量、项目管理质量等多层次、多维度要素整合配置的项目综合质量。大数据背景下，项目质量管理的理念也由静态局部可靠性控制转变为项目全过程的动态测量与优化，通过对项目质量"大数据"进行充分的数据挖掘与情景耕耘，结合专家系统和专家经验，可更精准地揭示与预测项目质量的趋势与演化规律，从而更好地防范项目质量异动。另一方面，增加了知识管理、智能化服务等新的管理职能。

2.1.2　大数据背景下的全景式项目决策模式

大数据背景下项目生态系统一方面包括企业、社会、经济环境及广泛的企业关联主体，另一方面其管理资源又从原有传统的项目资源拓展至泛互联网资源与大数据资源，特别是这些主体的价值偏好、目的、行为及互联网、大数据之间的耦合与交叉又形成实时、多源、多维、多模态、多层次、多尺度的属性特征。传统决策方法难以解决项目决策复杂性和深度不确定性[①]。而情景决策方法能有效地分析由决策主体、决策问题、决策环境等构成的复合系统的整体行为及其动态演化路径，提高决策质量。

大数据背景下项目管理决策活动既要充分共享和利用这些资源形成的优势，提高决策质量，又要能够有效地处理和分析上述信息环境与数据资源的复杂性，使之真正成为大数据背景下项目管理决策的支撑平台，并且要能够在此基础上构建新的体现大数据驱动的"全景式"决策模式。

---

① 徐绪松：《复杂科学管理》，科学出版社 2010 年版。

2.1.3 大数据背景下项目管理的自适应组织模式

大数据背景下构建了新的多元、多层次企业项目管理生态系统，并以开放、融通、共享方式实现了虚拟的项目管理全资源互联网络，这一网络中的任何一种资源都对应相应的主体及其管理功能，在一定意义上，这又与大数据背景下项目管理组织网络重合。传统项目组织结构多层级、稳定和机制固化等属性不再适应上述组织的平台性、开放性、协同性的需求。

从大数据背景下项目管理组织模式角度认知，这一组织网络是可观测、可评价和可重组的。因此，有必要从大数据背景下项目管理整体组织行为及其功能需求出发，重构项目管理组织结构的范式。需要建立一种自适应组织模式（见图4），使其具备适应多变环境和项目多阶段功能需求的组织柔性特质；同时该类型组织在运作过程中通过构建多种类型的治理机制来诱导各利益关系人形成竞合模式。

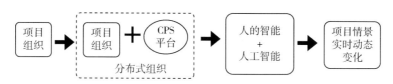

图4　自适应组织模式

2.1.4 基于大数据驱动的项目管理核心资源与关键要素重构

大数据背景下项目管理资源的重大变化是，以数据信息为基础融合而成的知识成为项目管理最基本、最重要的资源，它能极大地拓展原有项目管理信息边界、提升管理主体决策能力、增强对项目不确定性的管控。表1分析了大数据的采集、共享和价值实现的价值链。

表1　　　　　　　　　　　　　**项目管理中的数据价值链**

数据阶段	主要工作
大数据采集	从项目定义（决策）开始即形成数据始端，进而对资源整合与配置—项目任务分解—项目组织设计—管理流程安排—项目基本职能操作—项目目标评价与实现等全过程实施无间隙、连续的全景式数据采集与记录
大数据共享	根据实时项目质量、成本、进度现状数据或分析结果，通过内、外部网络，及时反馈到相关的采购、研发、质控等部门甚至供应商、承包商与用户，使各方均可在第一时间对现状和问题做出最快速、准确的处理决断
大数据价值实现	根据项目管理目标，并结合实际流程和项目现场执行，健全一套项目设计、执行、监管、分析、评价、重构等所有数据的存储、提取、分析系统，使大数据真正产生高价值，目的是对项目活动进行动态改善

大数据背景下，一方面，企业会获得在与用户及其他利益关系人交互过程及项目

实施过程中所产生的海量数据，这些数据往往被送往数据中心进行存储，但这些数据如何形成有服务价值的信息和知识是困难的；另一方面，企业要想实施整体化、协同化和智能化的项目管理模式，形成快速、准确、实时的资源配置能力，则需要有价值的信息和知识的支持。

因而，根据项目任务需求来引导数据资源向信息和知识资源转化，在此基础上所形成的"数据—信息—知识"关键资源能更好地指导和辅助项目传统资源的优化配置。依据大数据背景下项目管理全过程主体行为特征、任务特征、环境特征、组织特征，分析"数据—信息—知识"关键资源链的动态演化规律、属性描述方法与模型，研究项目管理关键资源与其他资源的融合，探索新型的项目管理关键资源管理模式。

2.2 大数据背景下复杂项目管理关键技术

2.2.1 大数据背景下复杂项目管理情景重构技术

情景重构指通过对历史情景、现实情景和未来情景的重新构造，实现对未来决策情景的预测。情景重构技术主要通过定性、定量和计算机模拟方法，其中计算机模拟的实现是真实情景—概念情景—数据情景—模型情景—计算机情景的全过程。主要包括：情景重构的效度评估方法与逐层迭代检验体系、项目数据信息挖掘与模型情景构建模式、基于异质数据融合的情景生成技术（见图5）。

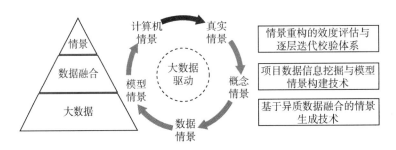

图5 大数据背景下复杂项目管理情景重构技术内涵

2.2.2 大数据背景下复杂项目管理数据建模与知识发现

在大数据背景下，数据不仅仅是管理传统的表单、流程等数据信息，还包括数据对象的描述信息，而这些信息对项目管理不同的阶段具有重要意义。需要研究：在同一个项目内，如何有效融合使得来自不同组织、不同部门的项目管理人员对数据理解具有一致性。此外，如何根据项目管理不同人员的需求，挖掘数据间的关联关系，并有效将相关数据和信息提供给相关人员，以及如何实现用户与数据的交互，提高用户对数据的使用，实现知识发现和知识挖掘。如：（1）分析项目管理不同业务、技术、管理等元数据特征和需求，研究数据管理标准，构建一整套数据规范、管控流程和技术工具，实现项目内数据的一致性和准确性。（2）对项目管理中不同的数据类型以及数据源构成，构建相应的数据采集方法，分析不同数据类型结构化、标签化及数字化处理标准，构建不同数据的存储方案。研究非关系型数据到关系型数据之间的迁移和转换方案、规则及实现路径。（3）分析现有数据的标准化和归一化数据处理基本准则和模型，结合数值归约处理方法，构建项目管理大数据处理模型库、方法库和规则库。（4）对大数据关联模型和算法进行系统归纳和总结，根据项目管理不同阶段不同人员的需求，构建相应关联规则的支持度和置信度判断准则。（5）分析项目管理各个阶段任务，构建项目管理的本体模型，研究项目管理领域不同知识之间的关系及层次结构。在此基础上，基于项目管理本体模型进行"知识挖掘"，研究项目管理的知识作用机制和交互过程。

2.2.3 数据背景下复杂项目管理智能服务模式

项目管理智能服务主要包括：（1）项目管理服务需求的自动匹配与精准化知识推送技术。项目管理过程涉及不同的项目主体，由于项目的信息和知识零散分布在不同组织不同部门、不同主体之中，要有效整合和管理这些数据，并以此形成项目管理的知识智能推送和支持，关键是建立面向项目管理的大数据融合与知识智能管理平台。此外，处理项目管理不同主体个性化需求和平台通用化之间的冲突，以及构建良好的人机交互系统是有效数据管理和推送的基础。（2）项目管理的线上线下交互机制，实现服务目标，并不断反馈优化，积累服务数据及推送经验。

2.3 大数据背景下复杂项目管理的信息与知识支撑平台的构建

面向项目管理的大数据融合与知识智能管理平台是打通整个项目管理所涉及的各个成员数据源，以及实现数据和知识开放、共享和可重复使用的重要支撑。大数据背景下的企业项目管理的本质是基于数据推动的知识管理，其目标是知识的智能化管理。有效分析、挖掘和融合项目管理知识的关键是根据项目管理具体特点形成相应的处理规则、流程和范式。由于项目本身具有跨组织、跨部门且每个参与人同时参与多个项目，这就形成复杂的项目交互多层网络，因此需要考虑在这种复杂关系中，实现数据层、大数据分析层和知识服务层构建知识的有效管理体系和智能推送（见图6）。

3 结语

研究和实践中已广泛揭示了传统的项目管理理论不能适应和解决互联网和大数据

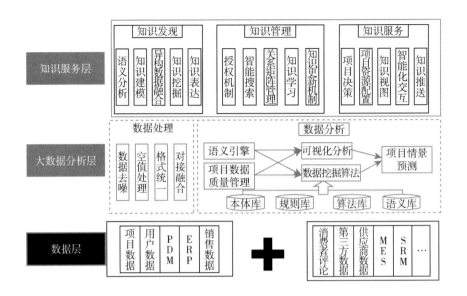

图6　面向复杂项目管理的大数据融合与知识智能服务平台功能

时代下的企业项目管理问题。而泛互联网技术的应用，使得基于大数据驱动的复杂项目管理的整体性、协同性和智能化的管理新模式成为可能。因此，构建大数据背景下复杂项目管理创新模式具有重要的理论价值。

本研究提出整体性协同、适应性调度、智能化服务的复杂项目管理创新模式，并分析了该创新模式下的基本理论、关键技术和应用平台。以期实现大数据背景下线上数据分析与线下项目管理过程的融通，从而提高大数据时代企业项目管理的集约化、智能化、适应性水平，实现互联网和大数据时代企业项目的社会化最大价值。以期增强企业核心竞争力，促进企业管理理论发展和拓展大数据应用领域。

能源革命背景下电力市场体制机制改革研究:复杂性科学视角

方德斌　余博林　赵朝阳

（武汉大学 经济与管理学院，武汉　430072）

摘要：近年来，围绕着能源革命的总体要求，我国正在加快推进电力体制改革进程。电力系统是个典型的复杂系统，电力交易的周期、方式和品种多样，因而电力体制改革的目标也是多维的，不仅要处理好政府和市场的关系，实现电力产业的市场化运行和现代化管理，还要通过电力产业绿色化发展，实现我国碳中和的宏伟目标。因而，本文基于电力系统的复杂性特征，首先梳理了电力体制改革的历史进程，并对电力市场体系进行全面分析，提出了"市场化运行—现代化治理—绿色化发展"三维一体的电力体制改革思路，系统阐述了电力体制改革的总体路径，最后介绍了定量化的系统动力学仿真和政策评估实证方法。本文研究结论可为我国加快推进电力体制改革提供政策参考。

关键词：三维一体；电力体制改革；复杂系统

1 引言

　　2014 年 6 月 13 日，习近平总书记提出推动能源消费革命、能源供给革命、能源技术革命、能源体制革命，并全方位加强国际合作，实现开放条件下的能源安全。在能源革命的四大领域里，能源体制革命居于核心地位，对其他三个领域具有支持与制约作用。习近平总书记同时强调推动能源体制革命，打通能源发展快车道，要求坚定不

基金项目：国家杰出青年科学基金项目（71725007）；国家社会科学基金重大项目（19ZDA083）

作者简介：方德斌（1976—　），男，安徽舒城人，武汉大学经济与管理学院副院长、教授、博士生导师，研究方向：博弈论、机制设计、能源与环境管理；余博林（1994—　），男，湖北孝感人，武汉大学经济与管理学院博士研究生，研究方向：能源与环境管理；赵朝阳（1993—　），男，河南驻马店人，武汉大学经济与管理学院博士研究生，研究方向：能源与环境管理。

移推进改革，还原能源商品属性，构建有效竞争的市场结构和市场体系，形成主要由市场决定能源价格的机制，创新能源科学管理模式，建立健全能源法治体系的战略思想，为推动能源生产和消费革命，构建清洁低碳、安全高效的现代能源体系提供体制保障。

电力体制改革是能源革命的重要驱动力，是当前能源体制改革的着力点。中国电力体制改革从改革开放至今，大致经历 1978—1988 年的集资办电改革、1989—2001 年的政企分开改革、2002—2014 年的市场化初期改革、2015 年至今的深化市场改革四个主要阶段。在中国电力体制四个主要改革阶段中，最具影响力的是 2002 年以来的市场化初期改革和 2015 年以后深化市场改革两个阶段。2002 年下发《国务院关于印发电力体制改革方案的通知》（电改 5 号文），提出"厂网分开、主辅分离、输配分开、竞价上网"的改革方案，拉开了我国电力市场化改革的序幕。2015 年中共中央办公厅发布《关于进一步深化电力体制改革的若干意见》（电改 9 号文），进一步提出"管住中间、放开两头"的改革路径，包括在售电侧和发电侧引入市场竞争机制、向社会资本放开配售电业务、放开输配以外的竞争性环节电价、放开公益性和调节性以外的发电计划、建立相对独立的电力交易机构等举措。随后，国家陆续推出多个领域的配套指导文件，对输配电价、交易机制、发用电计划、售电侧改革等重点工作进行具体部署，有力推动了电力市场化改革的进程。

然而，当前我国电力市场化改革进入深水区①，电力市场体制机制仍存在诸多矛盾问题。长久以来电力一直被认作是准公共物品②，并以此为基本原则组织与设计市场的供需平衡、价格形成以及交易运行等。虽然近年来电力市场化改革有所推进，但是电力的商品属性并未得以真正还原，市场供需平衡的实现仍以行政计划主导，发电与售电侧有效竞争尚未形成，第三方交易机构的独立性有待强化，市场主体准入标准并不明确，发电主体和用户之间市场交易有限，电价管理仍以政府定价为主，不能合理反映成本、供求及资源稀缺程度，新能源和可再生能源开发利用面临困难，弃风、弃光、弃水等现象时有发生，政府职能转变不到位，各类规划协调机制不完善，等等③④。这些问题的存在严重地制约了电力市场化改革的推进，亟待优化解决。

电力体制改革的核心问题是处理好政府和市场的关系，使市场在资源配置中起决定性作用和更好发挥政府作用。由于研究视角的差异，学者对电力市场的概念和内容

① 王伟：《新电改下中国电力监管体制改革路径》，《中共中央党校学报》2016 年第 5 期。
② 程雪儿、卢志刚：《中外电力改革研究与我国电力改革的展望》，《中国集体经济》2018 年第 15 期。
③ 伏开宝、曾翔：《电力市场改革现状分析与政策建议》，《宏观经济管理》2018 年第 1 期。
④ 史丹：《我国入世与能源工业的深层次变革》，《管理世界》2002 年第 8 期。

界定存在较大差异，且也随着国家政策和时间的变化而改变。经济学基本理论认为，市场机制是实现资源有效配置的主要方式，而政府是解决市场失灵与外部性的必要手段。本质上，市场经济是通过竞争，提高资源的利用效率和降低使用成本，这种资源的使用效率和使用成本是通过市场价格这一完全信息显示的，市场机制保证资源流向使用效率最高的地方，从而使得市场机制可以实现资源使用的最高效率。然而，电力行业具有很强的自然垄断特性和复杂系统特征，具有很强的外部性，需要政府宏观调控。

我国的电力市场体制机制改革的本质是在电力生产与供给中引入竞争，通过市场竞争在全社会范围内优化配置电力资源、优化电力市场政府宏观调控，降低电力生产与供给成本，促进绿色低碳发展，提高全社会消费电力的社会福利。本文研究聚焦于因政府与市场间关系而导致的资源配置效率问题和外部性问题，在能源革命背景下，以建设"清洁低碳、安全高效"的现代化能源体系为导向，以解决电力市场体制机制改革的重大现实问题为目标，尝试从"电力市场改革新战略：市场化运行—绿色化发展—现代化治理"的"三维一体"视域下研究电力市场改革，以电力市场发展逻辑和新战略、电力市场体制机制和政策路径为研究内容，通过揭示电力市场发展逻辑和能源革命对电力市场的新要求，系统性研究和探索电力市场化交易、绿色化发展、现代化治理体制机制，并创新政策体系和实施路径，预期形成还原电力商品属性的电力市场交易体制机制、促进电力绿色发展的低碳转型体制机制、优化电力配置效率的政府治理体制机制，为能源革命背景下电力市场体制机制改革提供系统的理论创新和政策参考。本文的研究对推动我国电力市场健康可持续发展，促进经济社会高质量发展，具有重要的理论意义和现实价值。

2 我国电力体制改革历程

为了理解中国电力体制机制改革的逻辑，本文梳理了中国电力体制改革的历程。从改革开放至今，中国电力体制改革大致经历集资办电、政企分离、市场化初期改革和深化市场改革四个主要阶段。

第一阶段（1978—1988 年）：集资办电改革，主要解决体制内电力供应严重短缺问题。《电力工业发展与改革的战略选择》课题组研究电价措施时，提出当前我国存在的电力短缺，在很大程度上应该归罪于电价不尽合理[①]。因此，能否尽早理顺电价，已成为

[①] 《电力工业发展与改革的战略选择》课题组：《我国的电力价格政策》，《中国物价》1990 年第 12 期。

电力工业能否持续稳定协调发展的关键。甘霖等提出电力工业展必须依靠政策，依靠改革，实行多渠道、多层次、多模式的方针①。

第二阶段（1989—2001年）：政企分离。这一时期的突出矛盾是存在政企合一和垂直一体化垄断两大问题。这一阶段以"政企分开、省为实体、联合电网、统一调度、集资办电"为主要改革内容，改革的主要成效是培育了企业的市场主体地位。朱成章认为，只要条件许可，输电与配电应该分离，因为分离可以促进各自业务的发展，有助于电力行业效率的提高②。这种观点与后来学者提出的政企分开、打破垄断等观点是相符的。政府对供电企业的宏观指导和行业管理将不断深化，供电企业作为国有控股型企业，其自律行为将更为重要，服务意识更需要加强，事实证明这一观点与后来的改革实践是完全一致的。童建栋谈到电力市场改革的时候也提出，改革的主要内容包括转变政府职能，取消行业部门对市场的控制；打破公司垄断，改变电力公司垂直一体化的经营方式，从某种意义上说，这次改革将会创造出一个崭新的电力行业③。

第三阶段（2002—2014年）：市场化初期改革，厂网分开与电力市场初步发育。2002年，下发了《国务院关于印发电力体制改革方案的通知》（国发〔2002〕5号文件，以下简称"电改5号文"），电改5与文16字方针并规划了改革路径。中国电力体制改革中许多与市场关系紧密却又悬而未决的深层次体制、机制问题，都在影响着市场建设的速度和深度。因此，中国电力市场建设之路注定是一条不平坦的道路。然而，这一阶段的电力市场改革还面临许多矛盾和问题，如电力交易机制还很薄弱，市场定价机制尚未有效形成，某些业务领域的行政性垄断依然过强，管制制度与管制专业化水平有待提高，企业生产效率还有很大的提升空间，企业产权制度单一、内部人控制甚至腐败的问题依然突出，市场配置资源的决定性作用难以发挥，产业组织间的利益博弈与矛盾突出，节能高效环保机组不能被完全有效利用，弃水、弃风与弃光现象突出。此外，现行政府管制电价政策不灵活，电价调整滞后于市场供需形势与能源成本变化，不能合理地反映用电成本与资源价格，缺乏对供需机制、竞争机制与外部性的有效反映④。

第四阶段（2015年至今）：随着中国经济步入新常态，国际国内经济形势的各种不确定因素和风险加大，电力需求出现明显放缓趋势，电力能源环境问题与安全问题凸显，如何针对新形势下的能源电力经济进一步深化改革，成为政府工作的重点。

① 甘霖、叶元煦、张文翰：《从电力短缺看我国电力工业的发展方向》，《节能技术》1993年第1期。
② 朱成章：《输电与配电分开的设想》，《中国电力企业管理》1999年第4期。
③ 童建栋：《谈电力垄断行业的改革》，《中国水能及电气化》2001年第6期。
④ 卢炳根：《区域电力市场若干思考》，《供电企业管理》2003年第5期。

2015 年至今的深化市场改革阶段，电力体制改革进入新常态，市场化步伐加快。2015 年，中共中央国务院下发《关于进一步深化电力体制改革的若干意见》（中发〔2015〕9 号，以下简称"电改 9 号文"），电改 9 与文提出了以"建立健全电力行业'有法可依、政企分开、主体规范、交易公平、价格合理、监管有效'的市场体制，努力降低电力成本、理顺价格形成机制，逐步打破垄断、有序放开竞争性业务，实现供应多元化，调整产业结构，提升技术水平、控制能源消费总量，提高能源利用效率、提高安全可靠性，促进公平竞争、促进节能环保"为总目标对当前电力市场化体制进行改革和深化。国家电网公司以服务供给侧结构性改革为主线，扎实推进电力体制改革各项任务。何勇健提出以配售电业务、输配电价机制、电力规划方法和机制、调峰和需求侧响应电价机制这几个方面作为深化电力体制改革的有效切入点[1]。刘纪鹏提出可以根据电力产品属性，引入资本经营概念进行电力市场售电侧市场化改革，从售电侧入手深化电力体制改革[2]。

中国电力体制的每一阶段改革都伴随着中国经济社会全面改革的步伐，根植于中国社会经济现实，造福于中国社会经济发展。可以说，一部中国电力体制改革史，就是一部市场经济认识史和实践史[3]。

3 电力市场体制机制的复杂性

随着电力体制改革的稳步推进，我国电力市场日趋成熟和完善，与此同时，未来的电力市场交易体系将变得越来越复杂。从电力市场交易对象的维度来看，包括电量交易、容量交易、辅助服务交易和输电权交易。从电力市场交易周期的维度来看，包括年度交易、季度交易、月度交易、日前交易和实时交易等。从电力市场交易方式来看，包括双边协商、集中竞价、挂牌、合同电量转让和发电权置换等。因此，我国电力交易体系具有多维度、多类别的复杂性特征，具体交易体系可用图 1 表示。

其中，电力交易方式最为关键，也最为复杂，由于电力交易的执行受到输配电价、电量规模、电力调度等影响，在交易方式上目前以双边协商、集中竞价、挂牌为主，多种交易方式并存。

双边协商指市场主体之间自主协商交易电量、电价，形成双边交易初步意向后，经安全校核和相关方确认后形成交易结果。电力双边交易允许交易双方通过自由协商

---

① 何勇健：《论深化我国电力体制改革的有效切入点》，《价格理论与实践》2015 年第 6 期。
② 刘纪鹏：《从售电侧入手深化电力体制改革》，《国企》2015 年第 6 期。
③ 岳凯凯：《大船掉头：真实还原中国电力改革史》，《中国电力企业管理》2015 年第 8 期。

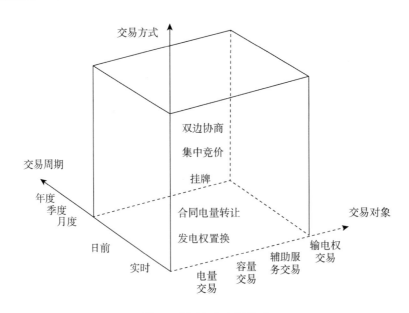

图1 我国电力交易体系

定价，更能体现自由竞争的效益，市场更加透明。其主要交易过程如图2所示：

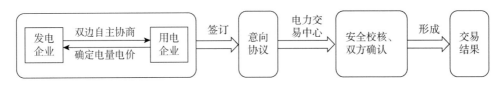

图2 电力双边交易流程

集中竞价是指电力用户和发电企业在集中的电力交易平台上采用双向报价（报价差）的形式进行电力交易。集中竞价规则是高低匹配、统一出清。其中，高低匹配是指需求方的最高价差与供求方的最低价差优先匹配，形成价差对一一成交，其匹配原则为：需求方价差 − 供求方价差 = 正值或零时，匹配成功；需求方价差 − 供求方价差 = 负值时，匹配不成功，而统一出清是指在高低匹配的原则下，选取匹配成功的最后一对价差对的算术平均值，作为全部参与方的出清价差，这个价差即统一出清价差。

挂牌指市场交易主体通过电力交易平台，将需求电量或可供电量的数量和价格等信息对外发布要约，由符合资格要求的另一方提出接受该要约的申请，经安全校核和相关方确认后形成交易结果。

合同电量转让是指市场主体可以通过合同电量转让交易，对签订的中长期交易合同电量进行调整。交易后，由新的替代方按交易结果全部或部分履行原交易合同，交易双方应签订转让交易合同，送电力交易机构登记。

发电权置换是以市场方式实现发电机组、发电厂之间合同电量替代生产的金融交易行为，主要通过集中撮合交易或双边/多边协商交易，转让或购入发电权电量，实现发电企业之间的交易，一般以年度、季度、月度或星期来安排。

综合以上分析，电力市场体制机制改革是一个非常复杂的系统工程，电力体制内个体与个体、个体与环境之间的相互作用形成了系统的复杂自适应性。电力体制改革过程中，由于电力交易体系所表现出的系统性、多维性和复杂性，亟须从多维一体的复杂系统视角出发，系统全面地研究中国电力市场体制机制改革进程。

4 电力体制改革三维一体的运行机制

为进一步推动中国电力体制改革取得进展，本文以"市场化运行—绿色化发展—现代化治理"为核心视域，系统地考察了电力体制改革的发展逻辑、理论框架、体制机制设计、政策框架和实施路径的总体问题，具体思路框架如下。

4.1 电力市场化运行

习近平总书记在中央经济工作会议上强调指出，2018 年要加快电力市场建设，大幅提高市场化交易比重。李克强总理在 2018 年政府工作报告中提出加快要素价格市场化改革。为全面贯彻党的十九大和党的十九届二中、三中全会精神，以习近平新时代中国特色社会主义思想为指导，认真落实中央经济工作会议和政府工作报告各项部署，继续有序放开发用电计划，加快推进电力市场化交易，完善直接交易机制，深化电力体制改革，2018 年 7 月下发《国家发展改革委、国家能源局关于积极推进电力市场化交易进一步完善交易机制的通知》（发改运行〔2018〕1027 号），要求提高市场化交易电量规模，推进各类发电企业进入市场，放开符合条件的用户进入市场，积极培育售电市场主体，完善市场主体注册、公示、承诺、备案制度，规范市场主体交易行为，完善市场化交易电量价格形成机制，加强事中事后监管，加快推进电力市场主体信用建设。

自 2002 年电力体制改革实施以来，我国相继开展了竞价上网试点、用户与发电企业直接交易试点以及可再生能源优先上网等一系列推进改革进程的政策和措施，目前已从根本上改变了指令性计划体制和政企不分、厂网不分等问题，初步形成了电力市场主体多元化竞争格局。为进一步提高电力经营效率，降低发电成本，2015 年电改 9 号文明确提出了"管住中间、放开两头"的电力体制改革方针。三个"有序放开"作为此次改革重点和路径，为实现电力市场化改革、促进公平竞争和节能环保

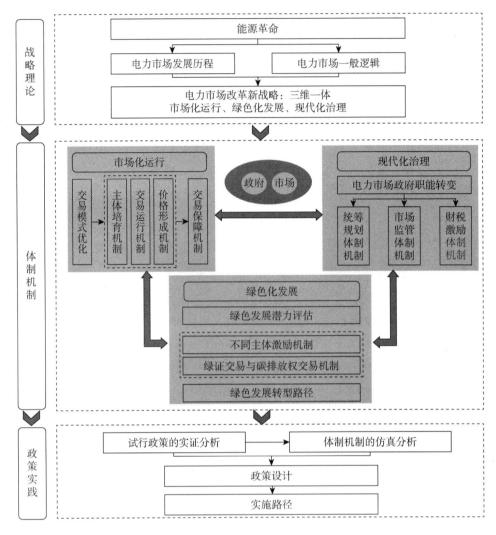

图3 电力体制改革三维一体的运行机制总体框架

指明了方向。

电力交易市场面临的问题和挑战。随着改革进程的不断深入，我国电力交易市场迎来了新的挑战，主要分为三个方面：第一，随着竞价上网工作的日益推进，电力参与者出现多样性。发电侧由于中小型发电企业的参加，使得电力拍卖日益频繁、发电侧竞争加剧。需求侧由于放开用户选择权，电力用户对电价表现出了更大的价格敏感性。供需两侧的变化给电价预测、发电企业行为分析和政府监管带来困难。第二，用户直接交易规模的扩大和用户购电偏好的转变，促使上游发电企业侵入售电市场与用户直接交易。售电模式的改变对发电企业、售电企业的定价策略和收益分配都产生了巨大影响。因此，分析用户直接交易背景下，发电企业、售电企业和用户的三方博弈关系，研究直接交易对传统售电渠道的冲击以及电价变化规律对我国直接交易建设至关重要。第三，可再生能源竞价上网一直受价格补贴和优先上网政策的双重扶持，但是随着可再生能源技术的飞速发展，财政补贴缺口日益增大，补贴拖欠问题严重影响发电企业的资金链。如何调整补贴结构，发掘现有政策潜力，更加有效率地激励可再生能源发电行业发展，还未得到有效解决。

在电力市场新模式下，电力市场交易体制机制改革要求充分还原电力作为一般性交易物的商品属性，更多地通过自由竞争与价格交换等机制来实现电力资源的优化配置。当前电力市场化交易体系已初现端倪，但是仍未能形成规模化市场，交易模式急需优化、市场主体缺乏、价格机制缺失、交易运行不畅等矛盾突出。电力市场化交易体制机制也有少量的研究成果，并且这些成果主要研究在给定的系统电价情况下如何实现最优调度，也就是在给定电力市场电价等约束下实现运行调度的最小成本。而在电力市场环境下，电价是在电力市场交易规则下事后确定的。本质上，电价是电力交易者（如交易中心）根据多个发电商和多个售电商（电力市场主体）的报价和市场对电力的需要按规定的交易规则得到的结果。电力市场交易者必须寻找合理的交易规则，实现全社会福利最大化，而发电商、售电商等作为一个独立的电力市场主体，作为参与电力市场的一个企业，必须找到自己的行为策略与报价规则，使得自己整体效益最大化。因此，电力市场化交易体制机制本质是一个典型的多人多目标决策问题。总之，应在电力市场中将独立系统运行机构与电力交易所结合，并在电力交易所中同时进行电力现货、远期合约以及期货交易，通过彼此不同的特征和适合对象来进行有益的互相补充和调节，以充分发挥电力市场的作用，真正做到市场决定价格；同时，在电力市场交易方式中，着重提出应建立和完善电力商品的期货交易机制，同时充分利用其价格发现功能和回避风险功能，防范电力市场价格波动风险，全面完善电力市场交易机制，为电力市场的最终全面放开做好准备。

4.2 电力现代化治理

展望未来，按照党的十九大提出的经济转向高质量发展阶段要求，电力领域也需要与时俱进地推动能源转型。为此亟须电力领域明确方向、统一认识、补足短板，将电力产业革命向纵深推进，争取早日实现我国电力产业的高质量发展。实现电力产业高质量发展的重要途径之一是扎实推进电力体制革命，形成统一开放、竞争有序的现代电力市场体系及权责明确、公平公正、透明高效、监管有力的电力市场政府治理体系，构建与先进生产力发展水平相适应的生产关系。构建现代能源治理体系是实现能源高质量发展的必要条件。亟须从政府管理和监管制度的现代化着手，加快推动电力体制革命和现代化治理水平，为电力产业高质量发展提供有力的制度保障，推动电力产业实现高质量发展①②。

目前，我国电力产业监管不到位，管理职能分散、多头管理局面仍然存在，电力产业规划缺乏一体化统筹部署，无法有效衔接，同时缺乏相对独立的监管体系和专业化监管能力，监管能力和监管技术有待进一步提高。并且，电力市场体系不完善，社会独立资本进入受限，市场竞争不充分，电力现货和期货市场体系尚未建立③④。因此，亟待建立健全电力市场现代化治理体系，实现智能化监管和持续动态监管。如下将从电力市场政府管理的职能和组织、电力统筹规划体制机制、创新现代化电力市场监管和治理体系三个方面进行探讨。

（1）电力市场政府管理的职能和组织

电力市场化改革前，大多数国家把电力监管归入政府的行政职能之中。随着电力产业市场化步伐的加快，市场竞争机制逐步引入并开始起作用，政府对电力市场进行监管的重要性和迫切性越来越明显。为此，一些国家普遍采取的做法是将电力监管职能从政府职能中部分或全部分离出来，设置专门的机构负责实施对电力的监管。从欧美发达国家及周边发展中国家的实践来看，国外的电力监管主要有两种典型模式。独立监管模式下，监管机构独立于政府部门，集中监管职能于一体。一方面，监管机构按照法律授权独立行使监管职能，具有较强的权威性；另一方面，监管机构独立于被监管者，与被监管者、投资者和消费者都保持一定的距离，以保持其中立性和公正性。这种监管模式因中央和地方监管机构的关系不同，又有两种表现类型：一种是垂直监管模式，即成立一个全国统一的监管机构并设立若干分支机构进行监管，如英国、阿根廷、新西兰等国家只设立国家电力监管机构，根据电力监管的实际需要，在各地设立若干办事机构。另一种是分级监管模式，采取这种方式的国家一般为美国、澳大利亚等联邦制国家。非独立监管模式的特点是政监合一，日本以及欧洲大陆法系国家如法国、德国等总体上采取这种监管模式。但由于政治、经济、市场化程度不同等原因，各国采取的具体做法也有区别之处。如日本、韩国同属东亚，政府在本国经济发展过程中，都习惯于干预企业经营，因此均没有设立独立于政府部门的监管机构。

同其他国家一样，我国监管体系的改革也始于自然垄断行业。在垄断行业引入多元化竞争主体取代单一的国营企业，必须同时制定明确的规则以保证市场的有序竞争

① Lund，H.，"Renewable Energy Strategies for Sustainable Development"，*Energy*，Vol. 32，No. 6，2007.

② Barnham，K.，Knorr，K.，Mazzer，M.，"Recent Progress Towards all-Renewable Electricity Supplies"，*Nature materials*，Vol. 15，No. 2，2016.

③ Wagner，G.，"Push Renewables to Spur Carbon Pricing"，*Nature*，Vol. 525，No. 7567，2015.

④ Schuman，S.，Lin，A.，"China's Renewable Energy Law and its Impact on Renewable Power in China：Progress，Challenges and Recommendations for Improving Implementation"，*Energy Policy*，Vol. 51，2012.

和保护消费者权益。2003 年的政府机构改革中，国家电监会的组建拉开了我国电力垄断行业监管制度改革的序幕，"政监分开"迈出了实质性一步。但是受市场经济环境相对薄弱、法律体系不健全、政府职能转变不到位等因素的制约，我国政府现行的电力监管模式本质上仍属于非独立的监管模式，是双轨监管制，即国家电监会作为国务院的直属事业单位，依照国务院授权行使对电力市场的监管职责，同时国务院有关部门又在各自职能范围内对电力市场进行监管。

（2）电力统筹规划体制机制

电改 9 号文指出：政府职能转变不到位，各类规划协调机制不完善。各类专项发展规划之间，电力规划的实际执行与规划偏差过大。这是电力行业发展中的主要问题之一，因而亟须通过改革，更好发挥政府作用，进一步强化电力统筹规划，以力求打造一个新型的电力工业体系。在这个重大问题上，新电改方案相对于上一轮改革来讲是一个创新。

现在面临的问题是如何落实"进一步强化电力统筹规划"。亟须加快政府的转型，具体来讲需要主管部门加强以下三个方面的工作。

厘清并建立科学的电力规划体系。电力规划应是科学统一的电力系统规划，包括发电、电网、用户（负荷）。电力规划不仅要实现各类电源横向多元互补，还要实现电源电网负荷纵向平衡协调。电力规划要逐步引入综合资源规划的理念，将供应侧的资源和需求侧的资源放在一起，按照一定规则进行优化组合排序，按照经济指标、环境排放、技术安全约束、电力电量平衡等指标体系，进行多方案的比选，推荐最优的规划方案。

加强电力规划管理体制机制建设。一是健全电力规划管理体系。在主管部门组织领导下，建立以国家电力规划机构为主，电力企业、行业协会、科研部门、专家学者和社会公众等广泛参与，涵盖战略、产业政策、规划、计划及后评估的科学规划管理体系。二是创新电力发展规划管理机制。建立规范的论证、听证、评估、协调、公示、审批、公布备案和滚动修订等工作机制；建立规划实施检查、监督、评估、考核、问责等工作机制；建立年度规划实施情况报告，并纳入主管部门的年度工作报告；委托第三方对规划执行情况做后评价。

加强电力规划管理的协调职能。在混合能源时代的大背景下，为了做好电力规划的统筹工作，相应的规划方案要实现清洁能源开发利用与传统化石能源开发利用的协调配合、电源建设与电网建设的协调配合、清洁能源与化石能源之间的优势互补，并且要将电源、电网、用户统一为一个整体，实施综合资源规划。此外，这个规划方案需要通过智能电网技术、先进输电技术、需求侧响应技术以及相关储能技术作为支撑，实现电源与电网、电网与用户、电源与用户之间的资源优化配置，即实现"电源—电网—负荷—储能"协调优化的规划方案。

（3）创新现代化电力市场监管和治理体系

提升电力产业政府监管现代化水平的目的是避免市场失灵、提升经济运行效率[①]。电力产业作为国民经济基础性产业，事关国家安全、经济发展以及社会稳定。加强电力产业监管是世界各国的普遍性做法，也是我国电力产业健康发展的必由之路。改革开放以来，我国政府深入推进电力产业改革，从根本上改变了以往电力产业计划经济痕迹过重的种种问题，取得了显著的成绩，为我国改革开放顺利推进、经济社会健康发展提供了强大支持。但随着经济社会的发展，我国电力产业存在交易体制机制不顺畅、市场定价机制不完善、法律政策保障不充分等问题，严重制约和影响着电力产业的发展，迫切需要进一步改革创新现代化监管和治理体系[②③]。

归结起来，国内外针对电力市场领域的规制问题的研究有一些成果，主要分为以下4类：（1）电价管制；（2）发电市场监管；（3）输配电市场规制；（4）电力市场结构监管、电力监管模式、技术支持等。

4.3 电力绿色化发展

现代经济社会发展对电力能源供应不断提升的依赖，以及人类社会对生态环境越来越高的关注，使得电力能源发展面临着前所未有的巨大挑战。推动电力绿色发展已成为世界各国能源战略调整的共同取向，也成为国际社会政治经济博弈的重要内容。能源绿色发展之路实际上就是电力系统成为现代能源供应体系之核心的发展之路。在21世纪，全球能源供应安全的重点将从20世纪的石油安全转变为电力供应安全。相对于欧美发展国家而言，我国的能源绿色发展面临的挑战更加严峻。一是承担着存量优化与持续增长双重任务；二是面临环境污染治理和应对气候变化双重压力。因此，必须结合我国的具体情况，实现能源绿色发展，从增量和存量入手，在加大力度发展非化石能源和节能降耗的同时，推动实现煤炭绿色转换利用，实现我国电力产业低碳转型升级和绿色化发展。

电力行业是关系国计民生的重要基础产业。由于我国"富煤、少油 、缺气"的能

① García-Álvarez, M. T., Cabeza-García, L., Soares, I., "Analysis of the Promotion of Onshore Wind Energy in the EU: Feed-in Tariff or Renewable Portfolio Standard?", *Renewable Energy*, Vol. 111, 2017.

② Zhao, Z. Y., Chen, Y. L., Chang, R. D., "How to Stimulate Renewable Energy Power Generation Effectively? - China's Incentive Approaches and Lessons", *Renewable Energy*, Vol. 92, 2016.

③ Perera, A. T. D., Nik, V. M., Mauree, D., et al., "Electrical Hubs: An Effective Way to Integrate Non-Dispatchable Renewable Energy Sources with Minimum Impact to the Grid", *Applied Energy*, Vol. 190, 2017.

源特点，使得我国的电力行业以燃煤发电为主，因此，实现电力行业的可持续发展成为我国经济社会发展的必然要求。在电力系统中，电能的生产环节与消费环节都会大量排放二氧化碳等温室气体。发展低碳电力，就是在电能生产环节和电能消费环节的整个过程中，利用技术层面和管理层面等多种手段，实现电能在发输配用各个环节的"去碳化"过程，使得电能的生产更为清洁，电能的利用更为高效，从而在整体上实现电力行业在国家节能减排工作中的重要作用。目前国家发展低碳经济存在主体参与意愿不高、运作机制不规范、标准制定困难等问题，这些问题的解决都需要政府介入，以纠正市场产生的外部性。

加快电力行业绿色转型是促进我国能源转型的关键。促进电力绿色发展的体制机制目前有少量的研究涉及，主要集中在探究可再生能源配额制与绿证交易机制、碳排放权交易制度这两类机制以及差别化电价与峰谷电价、可再生能源消纳这两类激励机制上。目前的研究对电力科技创新激励和环保行业用电支持这两类激励机制关注较少，没有总结出适合我国绿色低碳需求潜力的评估模式，未能揭示四种不同激励主体的合适机制，也没有揭示可再生能源配额制与绿证交易机制、碳排放权交易制度这两种机制适宜的不同场景。因此，对促进电力绿色发展体制机制的研究需要结合不同情景进行对比分析与归纳。

综上，促进电力绿色发展的体制机制研究需要解决的主要问题包括：围绕"促进电力绿色发展"核心视角，着重研究电力低碳转型的体制机制。研究内容包括：（1）寻找适应我国当前经济社会发展状况的电力市场绿色发展潜力评估模式，进行绿色发展潜力评估；（2）设计对电力市场科技创新激励、差别化电价与峰谷电价、环保行业用电支持和可再生能源消纳这四类不同的激励机制以实现对不同主体的激励；（3）通过对比可再生能源配额制与绿证交易机制、碳排放权交易制度这两种机制对电力市场绿色发展的影响，揭示两种机制所适宜的不同场景；（4）为保障电力市场的长期绿色发展，设计市场绿色发展的驱动机制与实施路径。

为解决电力市场体制机制改革的"绿色化运行"问题，以激励绿色发展为逻辑起点，围绕电力市场激励机制这一核心展开研究。首先，阐述不同的绿色发展潜力评估模式，然后对不同评估模式的适用范围进行比较，并归纳出适应目前国内状况的评估模式。其次，对四类不同的激励机制分别进行评价，并归纳出它们的适合机制。最后，分析可再生能源配额制与绿证交易机制、碳排放权交易制度这两种机制对电力市场绿色发展的影响，充分进行对比，归纳出两种机制适宜的不同场景，并设计相关政策措施。

在能源开发利用上，可再生能源开发取得革命性的进步，风能和太阳能等可再生能源大规模商业性利用；在能源利用方式上，储备技术实现突破，使得工业革命中最重要的动力驱动可由燃料转为电力，分布式、可移动能源发展也开创了新的用能模式。在新技术应用上，电力技术进步迅速，大型超大型机组的使用越来越频繁，清洁可再生能源如太阳能、风能、水力以及生物质能利用技术提高，输电技术在经历高压、超高压两个发展阶段后现进入了特高压阶段。然而，大规模风能和太阳能发电为主的可再生能源在整个电源结构中的比例将持续增长，由于其出力的波动性和间歇性，发电侧将不再可控。同时，随着分布式发电和电动汽车的普及、用户储能技术的提升，用户负荷需求将不断增长以及用电特征将不断变化，需求侧的随机性也在逐渐增大。因此，电力市场发电侧和需求侧的随机性明显增强，这对更为灵活高效的电力市场模式提出了新的要求。

5　电力体制改革的理论与实证研究

电力产业作为我国的支柱能源产业，关乎我国经济发展命脉，因此，电力体制改革任重而道远，且由于电力体制机制的复杂性和系统性，不仅需要积极开展相关理论研究，也需要进行实证检验，为电力体制改革的稳步推进保驾护航。在诸多的相关研究方法中，定量化的系统动力学仿真和双重差分检验由于方法适用性较强，显得尤其重要。

5.1　电力体制改革的系统动力学分析

系统动力学运用"凡系统必有结构，系统结构决定系统功能"的科学思想，根据系统内部组成要素互为因果的反馈特点，从系统的内部结构来寻找问题发生的根源，而不是用外部的干扰或随机事件来说明系统的行为性质。它基于系统论，吸收了控制论、信息论的精髓，是一门分析研究信息反馈系统的方法，也是一门认识系统问题和解决系统问题的方法，被誉为"政策实验室"[1]。电力体制改革牵涉面较广，系统内众多相关变量关系复杂，具有高阶非线性复杂系统的典型特征，适合运用系统动力学方法进行分析。

目前，针对传统定性分析模糊性较高、可验证性和可操作性较差的不足，在电力体制改革的相关研究中，系统动力学已广泛应用于保底供电机制仿真、电力行业碳减排反馈机制、可再生能源配额制政策实施分析、新能源发电补贴体系优化、新能源汽

---

[1] Friedman, D., "Evolutionary Games in Economics", *Econometrics*, Vol. 59, No. 3, 1991.

车市场推广、区域电网负荷预测、智能电网系统耦合等领域①。以保底供电机制仿真研究为例，我们可根据电力市场保底供电机制的相关影响机理分析，弄清楚各影响因素之间的逻辑关系，并借助 Vensim 软件绘出系统动力学流图，如图 4 所示，清晰地描述各影响因素间相互作用的动力学反馈结构和内部运行机制，从而得出优化保底供电服务机制的具体措施。

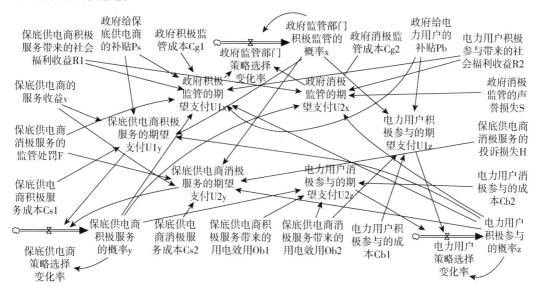

图4 保底供电服务供给的系统动力学流图

由此可见，系统动力学非常适合于电力体制改革这种复杂系统的建模和仿真，通过研究电力体制改革的系统结构和影响机理，借助计算机仿真技术，完全可以从"市场化运行—现代化治理—绿色化发展"的三维一体视角，定量分析电力体制改革中的系统结构和政策指标之间的动态关系，从而通过事前模拟分析，为推进电力体制改革制定最为有效的科学依据和政策指南。

5.2 电力体制改革的政策评估

在实证研究中，对某一政策效果进行定量评估的方法包括匹配倍差法、三重差分法、断点回归、合成控制法等。在现有的政策评估相关研究中，双重差分是广泛采用的经典方法②③。该模型有较为成熟的理论基础，能够控制研究对象的事前差异，将政

① Rashwan，W.，et al.，"A System Dynamics View of the Acute Bed Blockage Problem in the Irish Healthcare System"，*Europe Journal of Operation Research*，Vol. 247，No. 1，2015.

② 张海军、段茂盛：《碳排放权交易体系政策效果的评估方法》，《中国人口资源与环境》2020 年第 5 期。

③ 周迪、刘奕淳：《中国碳交易试点政策对城市碳排放绩效的影响及机制》，《中国环境科学》2020 年第 1 期。

策效应与其他的影响因素剥离开来。无偏的双重差分估计需要满足平行趋势假设，即处理组和对照组在政策实施前具有相同的变动趋势。因此，将某一个电改政策看作一个准自然实验，需要审慎选择处理组和对照组，并验证是否满足平行趋势假设。利用双重差分模型，实证研究电力体制改革政策的经济效应、环境效应，从而检验该政策的实施效果，可以弥补相关问题实证研究的缺失。此外，有必要进一步分析电力体制改革政策产生经济和环境影响的因果链，即探究该政策如何影响上下游产业链、能源消费和技术变革等，进而对经济发展和环境变化产生影响。对电改政策效应进行评估有利于为我国完善电力体制机制改革、推行全国电力市场化交易提供经验证据和政策建议。为了探究电力体制改革的政策效应，一般的双重差分计量模型可设置如下：

$$Indep_{i,t} = \beta_0 + \beta_1 Reform_{i,t} + \beta_2 Treat_{i,t} + \beta_3 Reform_{i,t} \times Treat_{i,t}$$
$$+ \sum \beta_j Control + \delta_t + \mu_i + \varepsilon_{i,t}$$

$Indep$ 为研究对象，可设置为重要的环境或经济变量，以研究电改政策带来的经济或环境影响。$Reform$ 为政策实施时间虚拟变量，反映某地区第 t 年是否受到某一电改政策的影响，该政策提出前设置为 0，提出年份及执行时期取值为 1。$Treat$ 为处理组虚拟变量，实施该电改政策的地区取 1，没实施的地区取值为 0。$Control$ 为控制变量。$\varepsilon_{i,t}$ 为随机扰动项。δ_t 和 μ_i 分别表示控制了时间和地区的固定效应，因此上述模型形式为双向固定效应模型。此外，需要设置一些控制变量，考虑一系列潜在因素的影响，以提高模型的拟合效果和适用性。β_0、β_1、β_2、β_j 为待估参数。β_3 是核心估计参数，表示某一电改政策对被解释变量的净影响，系数的正负反映了影响的方向。若电改政策只覆盖了试点区域的部分企业，则可设置三重差分模型对政策效应进行研究。具体地，可在上述双重差分模型的交乘项上乘以企业差异的虚拟变量，即可运用三重差分的思想研究电改政策的社会、经济和环境影响。

6　结论

目前，能源革命背景下电力市场体制改革的相关研究多是从能源革命、电力体制改革历程、电力市场化交易机制、电力产业绿色化发展、电力产业政府现代化治理等角度，单独进行研究，缺乏整体性和系统性。随着我国能源革命如火如荼地展开，从复杂科学管理视角出发，系统全面深入地推动我国电力市场体制改革迫在眉睫。要想把握能源革命的大趋势，厘清我国电力体制改革的历史进程，完善电力市场化交易机制，推进我国电力产业绿色化发展，提升我国电力产业现代化治理水平，急需以构建能源革命背景下电力市场的新模式和设计还原电力商品属性的电力市场交易机制为切入点，对电力市场进行完整、系统的深入探析。本文基于电力系统的复杂性特征，首先梳理了电力体制改革的历史进程，并从复杂系统视角对电力市场体系进行全面分析，提出了"市场化运行—现代化治理—绿色化发展"三维一体的电力体制改革思路，系统阐述了电力体制改革的总体路径，最后介绍了定量化的系统动力学仿真和政策评估实证方法。

在能源革命背景下，通过梳理我国电力市场体制机制改革的历史经验和发展逻辑，本文提出构造三维一体视域下的"电力市场体制机制新模式"，基于此设计一套能还原电力商品属性的市场交易机制、促进电力绿色发展的低碳转型激励机制、优化电力配置效率的政府管理体制机制，构建能源革命背景下电力市场体制机制的理论框架，然后利用上述理论框架探索电力市场改革的政策路径，推动中国能源革命和经济高质量发展，使之成为中国特色社会主义市场经济理论的重要组成部分。它既能够实现解释我国电力市场运行基本规律，又能够对未来的电力市场体制机制改革和中国特色社会主义市场经济改革的实践方向形成较强的理论指导力。